高等学校计算机专业系列教材

U0384694

网络协议
——分析、设计与仿真

谢晓燕　孙韩林　李刚　王晓梅　编著

清华大学出版社

北京

内 容 简 介

本书围绕因特网体系结构详细介绍了网络协议的设计思想、运行机制及仿真分析方法。首先详细介绍了网络协议分析及仿真工具的建模步骤和使用方法，然后围绕因特网中最基础、使用较多、最具代表性的协议展开分析，包括数据链路层的 PPP、以太网和 IEEE 802.11 等协议，互联网层用于分组传递的 IP、ARP、ICMP、NDP、PMTU 等协议和用于路由管理的 RIP2、OSPF2 和 BGP4 等协议，传输层的 UDP 和 TCP 协议，以及 DNS、DHCP、FTP、SMTP、POP3 和 HTTP 等经典的应用服务协议和 SNMP 网络管理协议，最后介绍了网络协议设计和形式化描述的一般原则和方法。

本书所有的案例都基于 GNS3、Wireshark 和 NS3 等开源工具，而且对涉及的每一种协议都详细给出了其特定网络环境的建模和分析方法，使读者在学习时可以方便地复现。

本书主要用作网络工程、信息安全、数据科学和物联网等专业的本科生课程教学，也可供通信或计算机网络技术领域的研究生课程教学使用。此外，本书不仅是广大网络和信息技术领域工程技术研究人员的参考工具书，对从事互联网通信系统设计或网络协议设计的读者也有很高的参考价值。

图书在版编目(CIP)数据

网络协议：分析、设计与仿真/谢晓燕等编著. —北京：清华大学出版社，2021.10(2024.9重印)
高等学校计算机专业系列教材
ISBN 978-7-302-58349-3

Ⅰ.①网…　Ⅱ.①谢…　Ⅲ.①计算机网络－通信协议　Ⅳ.①TN915.04

中国版本图书馆 CIP 数据核字(2021)第 111939 号

责任编辑：龙启铭
封面设计：何凤霞
责任校对：刘玉霞
责任印制：刘海龙

出版发行：清华大学出版社
　　　　网　　　址：https://www.tup.com.cn，https://www.wqxuetang.com
　　　　地　　　址：北京清华大学学研大厦 A 座　　　　　　　邮　　编：100084
　　　　社 总 机：010-83470000　　　　　　　　　　　　　　邮　　购：010-62786544
　　　　投稿与读者服务：010-62776969，c-service@tup.tsinghua.edu.cn
　　　　质量反馈：010-62772015，zhiliang@tup.tsinghua.edu.cn
　　　　课件下载：https://www.tup.com.cn，010-83470236
印 装 者：三河市铭诚印务有限公司
经　　销：全国新华书店
开　　本：185mm×260mm　　　印　　张：27.5　　　字　　数：634 千字
版　　次：2021 年 9 月第 1 版　　　　　　　　　　　　印　　次：2024 年 9 月第 5 次印刷
定　　价：79.00 元

产品编号：092255-01

前言

　　进入 21 世纪以来,人类社会的信息化程度不断升级。信息技术的高度应用与信息资源的高度共享,为工业、经济和人类社会向更高层次发展提供了良好的环境支撑。信息成为社会活动的战略资源和重要财富,信息技术成为推动社会进步的主导技术,信息技术人员成为领导社会变革的中坚力量。"充分利用信息技术,开发利用信息资源,促进信息交流和知识共享,提高经济增长质量,推动经济社会发展转型"成为我国新时期国家信息化发展战略的主要目标。以因特网为核心的计算机网络技术在信息化进程中扮演着非常重要的角色,培养掌握计算机网络基础理论和关键技术的高水平人才是高等学校责无旁贷的任务,"计算机网络"也成为国内外各个高校不同专业培养方案中的主要课程。

　　国内讲述计算机网络原理的教材非常丰富,这些教材从理论角度很好地解释了各种网络协议的设计思想、工作原理及其所解决的问题,但是原理解释太过抽象,导致学习者无法在短时间内领会网络协议的精髓。为此,有少量教材试图通过分析伪代码达到对网络协议的深层次解释,但对读者的算法和程序设计基础有较高要求。笔者通过长期的教学和科研实践发现,计算机网络学习的关键在于理解网络协议在真实网络中的实现细节和运行过程。为了使广大计算机网络技术学习者能够快速、低成本地对因特网核心协议有更加深入的理解,对网络协议认识完成从抽象到具象的转变,笔者在对西安邮电大学课程建设项目成果总结的基础上编写了本书。

　　本书在内容选取和编排上充分考虑了学习的递进性和应用的广泛性。在内容上,考虑到网络协议的复杂性和多变性,选取了因特网中最基础、使用较多、最具代表性的协议,采用理论和实践相结合的形式进行描述。在编排上,由浅入深按照 3 个层次递进展开:①学习仿真和分析工具,掌握网络环境建模和网络协议的分析及性能测试方法;②自底向上进行因特网网络模型构建,使用协议分析工具完成对真实网络中数据包的捕获、(统计)分析及协议流的跟踪;③学习协议设计的准则和一般方法。

　　全书共 10 章,第 1 章对网络体系结构、典型的参考模型及因特网标准进行概述;第 2 章对本书用到的 3 款工具(GNS3、Wireshark 和 NS3)的安装和使用方法进行详细讲解,目的是让读者对网络协议概念及仿真分析方法有初步了解,以利于后续章节内容的学习;第 3~8 章围绕因特网核心协议展开,首先参考相关标准对各层协议内容进行解释,然后采用工具逐层构建模拟网络,并演示和讲解协议运行的细节。具体包括数据链路层的 PPP、以太网和 IEEE 802.11 等协议,互联网层用于分组传递的 IP、ARP、ICMP、NDP、PMTU 等协议和用于路由管理的 RIP2、OSPF2 和 BGP4 等协议,传输层的 UDP 和 TCP 协议,以及 DNS、DHCP、FTP、SMTP、POP3 和 HTTP 等经典的应用服务协议和 SNMP 网络管理协议;第9 章简单介绍网络协议设计的基本内容、基本方法及差错和流量控制设计;第 10 章简单介绍使用有限状态机、Petri 网和 SDL 语言进行网络协议形式化描述的一般方法。

本书的建议讲授课时为 32~48 学时,并建议在计算机网络基础或原理课程学习完成后进行,也可以根据需要直接设课。本书对于理论课或集中实践课都是适合的教材。

本书根据编者多年的教学经验编写,其最大的特色在于选择了开源软件作为搭建模拟环境平台的工具,使读者不用担心工具软件的获取和版权问题。此外,教材中的所有案例都由编者亲自设计并完成测试,不用担心实验的可复现问题。为方便采用本书教学,编者还制作了 PPT 和微课视频,建立了测试题库,读者可以在清华大学出版社官网搜索下载。此外,编者还在超星学习通平台建立了教学示范包,可以联系作者(xxy@xupt.edu.cn)索取使用。

参与本书编写的有西安邮电大学的谢晓燕、孙韩林、李刚和王晓梅 4 位老师,其中谢晓燕编写第 1 章,孙韩林编写第 2、4 和 5 章,李刚编写第 6、8、9 和 10 章,王晓梅编写第 3、7 章,全书由谢晓燕和李刚统稿。

计算机网络是一个飞速发展的技术领域,网络协议在工业界也有不同的解释方法。由于编者水平有限,书中可能存在欠妥或不足之处,恳请各位专家和读者批评指正。我们将在吸取大家的意见和建议的基础上,在适当的时候进行修订和补充。

编　者

2021 年 3 月

目 录

第 1 章

网络协议概述

自 1969 年美国国防部高级研究计划局（Advanced Research Projects Agency，ARPA）组建世界上首个基于分组交换的试验网络 ARPAnet 以来，计算机网络技术对大型信息处理系统的计算模式和信息的收集、传输、处理与存储方式产生了深远的影响。进入 21 世纪，随着因特网进入稳步发展阶段，互联网技术向人类生活的各个领域快速渗透，所涉及的技术和应用领域也越来越全面。因特网是一个互联了遍及全世界数十亿计算机设备和智能端系统的通信网络。因特网也是一个极为复杂的系统，它不是一种单一的网络技术，而是大量不同网络的集合。在因特网中，计算机或端系统之间使用通信链路和分组交换机连接在一起，通过传输控制协议（Transport Control Protocol，TCP）、网际协议（Internet Protocol，IP）等一系列协议控制信息的接收和发送。为了降低设计的复杂性并提高可维护性，因特网采用了模块化的层次协议栈模型。而掌握计算机网络领域知识与理解各层网络协议的工作原理密切相关。为了能够更加清晰地解释因特网协议栈在工业界中的实现与运行方式，帮助读者深入理解因特网体系结构及协议的设计理念，本书采用 Wireshark、GNS3、NS3 等开源工具，通过网络模型构建、协议仿真及运行过程分析，对因特网核心协议的运行机理、设计准则和一般方法进行详细介绍。

第 1 章是 TCP/IP 协议概述，从整体上粗线条地对网络体系结构、典型的参考模型及互联网标准进行描述，目的是让读者对网络协议的背景知识、相关概念有初步了解，以利于后续章节内容的学习。

1.1 网络体系结构及网络互联

无论何种网络，技术和应用的迭代更新是不可避免的。在设计、组织和实现一个复杂系统时，"分而治之"的模块化设计已经被充分验证过，是科学而有效的。利用模块化设计方法，可以将庞大而复杂的问题转化为若干较小的易于处理的局部问题，同时也可以将众多组件间复杂的调用关系简化为局部的相对简单的交互方式。因此在绝大多数网络协议设计中，都会采用模块化方法，将网络通信所涉及的功能按照调用关系和交互方式划分为一个个相对独立的功能模块，每个模块关注的功能相对集中，且模块之间遵循层次化的调用关系，即每一层都建立在其下面一层功能的实现基础之上，每一层通过定义特定的接口以服务调用的方式向上一层提供某些特定功能，并且把这些服务的实现细节向上一层屏蔽。这样，层与层之间除了必须要传递的信息外再无其他交互。只要层次间的接口不改变，层之间的关系就会保持稳定，而且某个层内部功能或实现方式的改变也不会联动影响到其他层,这大大简化了系统设计和迭代更新的复杂度。本节将就网络协议、网络体系结构的概念模型和网络互连问题展开讨论。

1.1.1 网络协议

网络协议(Protocol),简称协议,是指数据通信参与方在数据交互过程中共同遵循的一组规则(标准或约定)。这些规则明确规定了通信中所交换的数据格式、含义及相关定时的技术细节。网络中的端系统或通信设备之间仅用通信线路连接起来是不能保障数据通信顺利进行的,还必须遵守一些事先约定好的数据格式、数据所表达的含义、通知和响应的方法与类型等。因为谁也不能保证网络中所有的端系统或设备是同一厂家生产的,且安装了同样的操作系统,且所有的系统中使用的是同一个项目组所开发的同一套软件。如果通信双方的软硬件存在差异,就会导致一方所采用的数据格式和通信流程无法被另一方识别和执行。就像你无法用媒体播放器打开一个 Word 文档,不能用微信直接发送消息给 QQ 的好友,这些都是一个道理。

网络协议必须包含 3 个基本要素:语法(Syntax)、语义(Semantics)和定时(Timing)。其中:

- **语法** 即数据与控制信息的结构或格式。
- **语义** 即语法中所定义结构的具体含义,需要发出何种控制信息,完成何种动作以及做出何种响应等。
- **定时** 即事件实现顺序的详细说明。

网络协议是计算机网络不可或缺的组成部分,设备中的硬件或软件通过交换固定格式的数据(协议报文)并采取相应的动作来实现特定的功能。例如,在万维网(World Wide Web,WWW)协议中,通过在文本中添加一些标记,就可以使这些文本在任何端系统的浏览器里呈现出一样的显示效果。例如,标记<html>和</html>之间文档是超文本标记语言(HyperText Markup Language,html)语法规则解释,浏览器窗口中可以显示的内容在标记<body>和</body>之间,<P>表示显示的时候在这里换行," "显示为一个空格,"<"显示为一个小于号"<"等。因特网中,有些协议简单而直接,如因特网控制消息协议(Internet Control Message Protocol,ICMP)和用户数据报协议(User Datagram Protocol,UDP),而有些协议复杂且晦涩难懂,如 TCP。

因特网是一个物理上覆盖全球,逻辑上涵盖人类生产生活各个应用领域的复杂巨系统,连接了大量功能、结构、性能、形态各异的硬件、软件和通信链路,也支撑着数量巨大的网络应用。要想经过因特网对远程设备和系统实施控制,必须用到网络协议。协议通常有两种不同的形式:一种是便于人来阅读和理解的文字描述,一般以标准类文档形式呈现,如 RFC(Request For Comments);另一种是计算机可以解释执行的软件代码或硬件指令序列。这两种不同形式的协议都必须对通信中的信息交换细节和过程做出精确的解释。

1.1.2 分层的网络体系结构

为了使网络协议的设计规范化,通常都会采用一种层次化模型来组织系统架构并协调网络软、硬件功能。每一种功能只隶属于某一层,一个协议层可以包含一种或多种功能,并能够用软件、硬件或两者的结合来具体实现。协议分层具有概念化和结构化的优点[RFC 3439]。分层提供了一种结构化方式来组织功能组件,模块化简化了组织结构,使系统更新和迭代更加容易。层和协议的集合称为网络体系结构(Network Architecture)。一个特定的系统所使用的一组协议也称为协议栈(Protocol Stack)。网络体系结构的规范必须涵盖足够多的信息,并保证对网络各组件所完成的功能做出精确定义,以便能够正确地实现和运行。需要明确的是,协议的实现细节和接口规范并不属于网络体系结构定义的内容,实现者可以根据自身需要进行个性化定义,但是对使用协议所交换的信息格式和交换方式必须遵从相应协议的规范定义。图 1.1 给出了一个 5 层的网络协议栈示例。

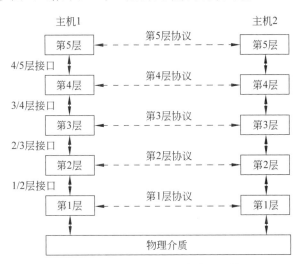

图 1.1　网络协议栈的层次体系结构

　　图 1.1 中,虚线表示功能上的虚拟通信,实线表示实际的物理通信。不同机器上构成相同层次的功能实体(Entity)称为对等实体(Peer Layer)。这些对等实体可以是软件进程、硬件设备或软硬件的结合体,能够发送或接收协议所规定的格式信息。对等实体间使用协议完成信息交换。实际上,数据并不是从一台机器的第 N 层直接传递到另一台机器的第 N 层,而是将数据和第 N 层协议控制信息传递到本地协议栈的下面一层(第 $N-1$ 层),第 $N-1$ 层添加上本层的协议控制信息后再向下传递,直到第 1 层。第 1 层将所有数据转换成适合物理介质(Physical Medium)传输的信号发送到物理介质上。信号沿着物理介质传播,介质对端机器的第 1 层就会检测到这些信号,并按照第 1 层协议的定义将信号翻译成数据。接收端机器会逐层按照对应协议的定义检查数据的规范性,然后剥离控制信息并向上传递到第 N 层。在通信两端机器的第 N 层内部看来,$N/(N-1)$接口屏蔽了本地下面各层协议的处理细节,就好像在和介质对端机器的第 N 层直接传递数据。图 1.2 给了使用图 1.1 所示 5 层协议栈实现通信时,数据在各层间传递的过程。

　　网络协议设计者在定义网络体系结构时,往往需要确定应该如何进行功能的划分。即应该分多少层,每一层都包含哪些功能。一般来讲,进行功能层次划分时应该尽可能减少层与层之间的需要传递的信息量,且层间应该定义清晰的访问接口,即降低层间耦合度。这样,当某一层内部的协议或实现方式被替换时,不会扰动到其他层的功能实现,即

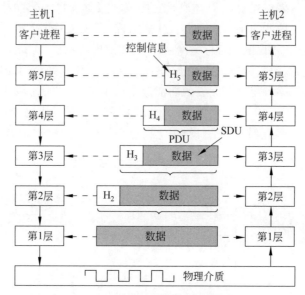

图 1.2　数据在各层间传递的过程

只要保证新协议向紧邻上层提供的服务访问方式不改变,那么这一层协议怎么改,上层协议都可以维持不变。而且同一个协议在不同主机上也可以有不同的具体实现方式。所以,任何一层协议自身都可以自由修改,而无须通知其上层和下层。

网络体系结构为组织和构建网络协议提供了一种模块化的解决方案。通过引入能够为各种网络功能和技术提供不同抽象层次的多个中间层,并将技术实现细节封装在层内部,基于层间定义良好的接口,使每一层内部的技术可以独立、自由地发展和改变。这样的设计虽然有可能导致系统负载的增加和性能的下降,但去除了不同设备、技术和应用间的紧密耦合,使系统具有极强的灵活性、兼容性和可扩充性。

1.1.3　服务与协议的关系

在开放系统互联参考模型(Open System Interconnect Reference Model,OSI/RM)中定义了两种实体间的通信(数据交换)形式。同一端不同层次实体之间的数据交换称为服务(Service)通信,通常服务都是在相邻层间进行的,原则上不建议跨层的调用。而不同端上同一层对等实体间的数据交换称为协议通信。协议是一组规则,规定了同一层对等实体之间所交换的数据包或报文的格式和含义。对等实体间所交换的信息单元称为协议数据单元(Protocol Data Unit,PDU),具体格式、语义和交换方法由具体的协议定义。对等实体间的数据交换是协议通信的主要工作,协议的实现是向上层提供服务的基本保证。服务指某一层向它的上层提供的一组原语(Primitive)。服务定义了该层可以执行哪些操作,但并不涉及这些操作的实现细节。服务与两层之间的接口密切相关,低层是服务提供者,高层是服务用户。在 OSI/RM 中定义同一端系统中相邻层实体进行信息交互的地方就是服务访问点(Service Access Point,SAP)。SAP 只是 OSI 定义的一个抽象概念,本质上就是一个逻辑接口。相邻层间服务调用所交换的逻辑数据单元称为服务数据单元(Service Data Unit, SDU)。为了协议传送效率需要，可以允许发送方将一个 SDU 分割并封装到多个 PDU 中，在接收方可以根据发送方的分割策略对多个 PDU 合并恢复出 SDU(例如 IP 协议的分段操作)。

　　在每一对相邻层次之间的接口，定义了下层协议向上层协议提供哪些原语和服务。原语(即操作)告诉服务要执行某个动作或对等实体执行了何种动作。若协议是以软件形式集成在操作系统内核中，服务原语就是一些系统调用。表 1.1 给出了实现可靠字节流所需的最基本服务原语集。熟悉 Berkeley 套接字的人员对这些调用应该非常熟悉。

表 1.1　实现可靠字节流所需的最基本 6 个服务原语

原　　语	含　　义
LISTEN	挂起，等待连接建立请求
CONNECT	向等待中的对等实体请求建立连接
ACCEPT	接受对等实体的连接请求
RECEIVE	阻塞，等待接收报文
SEND	给对等实体发送一个报文
DISCONNECT	终止连接

　　协议与服务的关系可以用图 1.3 描述。协议通信是"水平的"，而服务通信是"垂直的"。在协议的控制下，对等实体间的通信使本层能够为上层提供服务，而协议的实现通常还需要调用低层的服务才能完成。第 N 层实体之间通信必须使用 N 层对等协议，而第 N−1 层实体之间只能使用 N−1 层对等协议进行数据交换。第 N−1 层实体的协议通信所完成的某些操作可以用于向第 N 层实体提供服务。这时，第 N−1 层实体就是服务的提供者，第 N 层实体就是该服务的用户。调用服务的第 N 层实体只能看见第 N−1 层的服务而看不到 N−1 层的协议。因此说，下层的协议对上层实体来说是透明的。这种透明性的定义使得系统的迭代和协议的替换变得非常容易和便捷。换而言之，服务和协议的定义是完全分离的，服务调用过程中，本层的实体看到的只有下层的服务而没有协议的细节，这样可以很好保证每一层协议的实现细节是自由的，前提是不能改变服务接口的定义。需要强调的是，只有那些能够被高层实体"看得见"的功能才算是"服务"，并非某一层所能够完成的全部功能都属于服务。

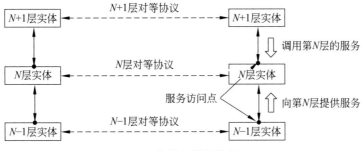

图 1.3　协议与服务的关系

1.1.4 网络互联

早期的 ARPAnet 是一个单一的封闭网络,通过租用电话线将几百所大学和政府部门的计算机连接起来,且不支持与其他类型网络的相互通信。20 世纪 70 年代中期,夏威夷大学的 ALOHAnet、BBN 的 Telenet、法国的 Cyclades、GE 信息服务网、IBM 的 SNA 等大量不同类型的分组交换网络技术相继出现。这些体系结构的着眼点往往是各公司内部的网络连接,没有统一的标准,因而它们之间很难互联起来。网络体系结构及支持其软硬件的差异,使不兼容的网络间用户的通信变得尤其困难。为了解决此类问题,国际标准化组织(International Organization for Standardization,ISO)于 1977 年成立了专门机构开展相关研究,并于 1983 年颁布了 OSI/RM [ISO/IEC 7498]。OSI 最大的特点是开放性(Open),不同厂家的网络产品,只要遵循 OSI 标准,就可以实现互联、互操作和可移植性。也就是说,任何遵循 OSI 标准的系统,只要物理上连接起来,它们之间都可以互相通信。OSI 参考模型定义了开放系统的层次结构和各层所提供的服务。OSI 参考模型清晰地区分了服务、接口和协议这 3 个容易混淆的概念。服务描述了每一层的功能,接口定义了某层提供的服务如何被高层访问,而协议是每一层功能的实现方法。通过区分这些抽象的概念,OSI 参考模型将功能定义与实现细节区分开来,概括性高,使它具有普遍的适应能力。必须强调的是,OSI/RM 本身并不是一个网络体系结构,因为它仅仅定义了一个 7 层的系统框架,并指明了每一层应该做什么事,但没有具体定义每一层的服务和所用的协议。而 ISO 为 OSI 的每一层单独制定了相应的标准,每个协议都是作为独立的国际标准发布的。

OSI 试图达到一种理想境界,即全世界的计算机网络最终都采用同一套标准规范,既然没有差异,自然互联就没有问题了。因此,OSI 发布后世界上许多大公司纷纷表示支持。然而直到 20 世纪 90 年代,也还没有什么厂家能够生产出符合 OSI 标准的商用产品。OSI 参考模型在协议发明之前就已经被设计出来了,而且借鉴的是电信网络的开放系统设计思想。这意味着 OSI 不会偏向任何一组特定的协议,通用性更强,但同时不明晰的定义增加了实现的复杂性,设计者对于每一层应该放置哪些功能没有特别好的实施方案。例如,数据链路层最初只处理点到点的网络,当广播型网络出现后,只能在模型中嵌入一个新的子层,而且在构建实际网络时,也没有能够支撑需求的服务规范。此外,技术的同质化往往会导致产品线的单一和寡头企业的技术垄断。最终,OSI 在市场化进程中宣告失败。

与此同时,在 ARPAnet 成长过程中,ARPA 还资助了卫星网络和移动无线网络的相关研究。为了支持有线网络和无线网络的无缝连接,Vinton Cerf 和 Robert Kahn 提出了网络的网络即互联网络(internetwork 简称互联网 internet)的概念模型。该模型就是后来大家所熟知的 TCP/IP 参考模型。TCP/IP 的设计初衷就是为了把两个或更多的网络互相连接,从而能够支持更大范围内的数据通信,尤其是互联不同体系结构的网络。最初的 TCP/IP 模型并没有明确区分服务、接口和协议,也没有像 OSI 那样对协议进行很好的封装,所以透明性和通用性不及 OSI。但是对于需要描述的问题,其实已经存在大量被实践校验且迭代更新了的协议实例,因此模型和协议能够高度吻合,实现起来复杂度远远低于 OSI。因此,当 OSI 处于商业化最困难时,TCP/IP 却在大学和科研机构中发展起来,迫使工业界不得不开始提供 TCP/IP 相关产品。而且 TCP/IP 的开源特性也使其在开发成本方面占据了绝对的优势。最终,在持续地观望和等待中 OSI 最终被迫出局。当然 TCP/IP 模型与协议的紧密耦合使通用性大打折扣,例如无法描述非 TCP/IP 架构的网络(例如蓝牙网络)。而且仅仅关注互联的层面,在网络链路层和物理层并没有明确的定义,导致体系结构的不完备。

　　因特网(Internet)是一个特殊的互联网络,特指由 ARPAnet 发展起来,并采用 TCP/IP 协议互联了大量不同体系结构的网络的网络。因特网是一个非比寻常的系统,不是任何个人或者组织规划设计出来的,也没有任何控制中心,然而竟能获得如此迅猛的发展,得益于其贯穿始终的开放性和国际化理念。因特网发展历程中每一次突破都有一定偶然性,产生的新技术都存在不完美之处,而最终留下来的都是那些功能实用、实现简单、成本低廉的技术。

1.2　OSI/RM 参考模型

　　OSI/RM 是国际标准化组织与国际电报电话咨询委员会(International Telegraph and Telephone Consultative Committee,CCITT)联合制定的开放系统互联参考模型,为开放式互联信息系统提供了一种功能结构的框架。OSI 参考模型定义了开放系统的层次结构和各层所提供的服务。在 OSI/RM 中将网络系统划分为 7 层,自底向上依次为物理层、数据链路层、网络层、传输层、会话层、表示层和应用层,如图 1.4 所示。下面从最底层开始依次对每一层的功能进行讨论。

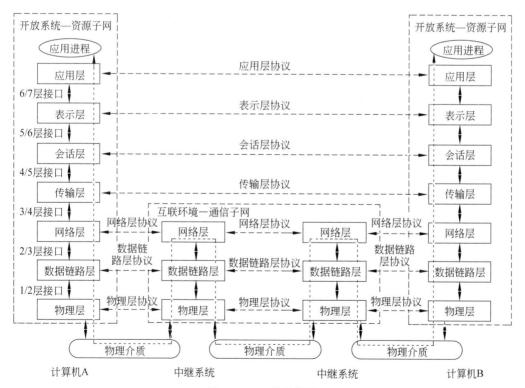

图 1.4　OSI 参考模型

1. 物理层

物理层（Physical Layer）的功能主要关注如何在通信信道上进行原始比特的传输，构建物理链路。物理层并不是物理媒体本身，它只是开放系统中利用物理媒体实现物理连接的功能描述和执行连接的规程。具体包括：针对物理媒体的电气特性使用什么样的信号来表示数据"0"和"1"，且能够保证接收端可以正确的分离并识别；一个比特的传输时间需要多久；数据的传输是否在两个方向可以同时进行；节点间的物理连接如何建立、维持及撤销；物理连接器的接插头的形状、大小、尺寸、针数等。这些除了涉及机械特性、电气特性、功能特性和时序特性等规范，还包括物理层下面所连接的物理介质的特征。

2. 数据链路层

数据链路层（Data Link Layer）是基于不可靠的物理链路构建逻辑链路，实现对传输差错的检测及纠正、数据同步、流量控制等。检测差错一般采用循环冗余校验（CRC）。数据同步通常使用封装成帧的方法，在发送方将数据分割成一定长度并添加一些控制信息（地址、SDU 数据类型、长度、差错校验系列 FCS）和首尾定界符，构造成一种特定格式的帧，然后按顺序发送这些帧。一个数据帧通常为几百或几千字节。如果要求提供可靠的数据链路，还需要使用确认、序号和定时器等机制对出错、丢失、重复的数据帧进行检测和纠正。流量控制用于避免收发进程处理速度不匹配而导致数据被"淹没"的问题，一般使用滑动窗口（Slide Window）策略解决。此外，如果是广播型的网络，数据链路层还需要解决多个通信节点对共享传输介质的访问冲突问题。为此，IEEE 基于 OSI 制定了局域网标准，将数据链路层划分为逻辑链路控制（Logical Link Control，LLC）子层和媒体访问控制（Media Access Control，MAC）子层。其中，LLC 用于提供节点间的可靠数据通信，MAC 用于对访问冲突进行检测和仲裁。

3. 网络层

网络层（Network Layer）主要控制网络的运行，完成不同网络主机间的数据传输。网络中的两台主机间可能存在多条数据通路，一个必须考虑的问题是如何将数据包从源端路由到接收方。路由可以是源节点确定，也可以是由网络选定；可以是针对特定用户端静态指定的，也可以是网络中的中继系统根据网络负载能力和当前状态随机选定。网络层另一个需要关注的问题是如何防止主机将过多的数据注入到网络造成网络拥堵，即拥塞问题。网络提供的服务质量（延迟、传输时延、抖动等），针对不同网络中寻址方案、协议设计等的差异所导致的互联问题等，也是网络层需要关注的问题。

4. 传输层

传输层（Transport Layer）的基本功能是接收来自上一层的数据，有必要的话会将较大的数据进行分割，然后传递给网络层。传输层交换的数据单元一般是规定格式的报文段（Segment）。传输层需要决定向会话层提供哪种类型的服务，是可靠的（即数据传输是按序的、无差错的、无丢失的、无乱序的），还是仅仅传输独立的报文，不需要关注可靠性。服务的类型在进程初始化阶段就确定下来。传输层已经是到达了网络中进程数据传输的端点，因此传输层的通信通常也称为端到端的通信。相应地，下面的网络层和数据链路层的通信也称为主机间的通信。端到端的通信已经不关注具体的机器类型和网络类型，传输层的另一个作用就是向上层屏蔽下面通信子网中的数据传输细节。

5. 会话层

会话层(Session Layer)允许机器上的用户间建立会话关系。会话层按照在应用进程之间的约定,按正确的顺序收发数据,进行各种形式的会话,包括对话控制(记录该由谁来传递数据)、令牌管理(禁止双方同时执行同一个关键操作)、同步(在一个较长的传输过程中设置断点,以便系统崩溃后还能恢复到崩溃前的状态继续执行)。会话层可以允许用户利用一次会话在远端的分时系统上登录,或在两台机器间传输文件。

6. 表示层

表示层(Presentation Layer)把数据转换为能与接收方的系统格式兼容并适合传输的格式。表示层以下各层关注的是如何传送数据,而表示层更关注所传送数据的语法和语义。不同的应用可能采用不同的信息编码方式,因此同样的比特序列在不同应用中会被解读为不同的含义,例如"00110000"当作无格式文本处理时可以被 ASCII 编码解释为字符"0",而在灰度图像格式中有可能被解释为某一种接近白色的灰度值。此外,不同计算机系统也可能采用不同的代码表示字符串,而且文件读写的字节组织顺序也不同。为了让计算机和应用之间能够方便地相互通信且不必关注所采用的数据表示方法,表示层通过定义一种抽象的数据结构对数据进行统一编码,来屏蔽这些数据表示差异。在机器内部仍然采用原有的数据编码以维持原有的功能,当需要与远程机器交换信息时,就使用约定的抽象数据结构对信息进行编码转换,接收方机器再根据这种统一编码将数据解读后翻译为本地的数据表达方式。这样,每一种机器都不用再关注其他机器的信息编码方式和数据存取方式与自己的差异,使通信变得简单易行。除了数据格式转换,表示层还关注数据加/解密、数据压缩/解压等。表示层为应用层所提供的服务包括:语法转换、语法选择和连接管理等。

7. 应用层

应用层(Application Layer)是应用软件与网络的接口,是 OSI 模型中的最高层。用户的通信内容通常由应用进程决定,这就要求应用层采用不同的应用协议来满足不同类型的应用需求。应用层中包含了若干独立的用户通用服务协议模块,为网络用户之间的通信提供专用的服务。例如 DNS、HTTP、FTP、TELNET、SMTP、POP3、DHCP 等。需要注意的是应用层并不是应用程序,而是为应用程序提供的服务。

1.3　因特网体系结构

如 1.1.4 节所述,TCP/IP 参考模型是在 ARPAnet 研究过程中为解决卫星和无线网络与原有的租用电话主干网络互联时遇到一系列问题而提出的。其主要设计目标就是以无缝的方式将多种技术结构相异的网络连接起来。该模型实际是由 ARPAnet 开发的一系列协议组合而成的协议栈演变而来,以其中最核心的 TCP 和 IP 两个协议来命名。由于美国国防部担心网络中重要贵重设备(主机、路由器、网关等)可能会被攻击,还增加了网络的灵活性和健壮性的关键设计目标。不同于 OSI,TCP/IP 模型只划分了 4 个层次,自顶向下依次为应用层、传输层、网际层和网络接口层,如图 1.5 所示。下面分别讨论这 4 层的功能。

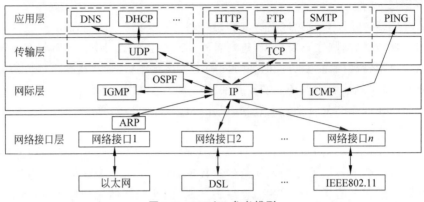

图 1.5　TCP/IP 参考模型

1. 网络接口层

网络接口层(Host-to-Network Layer)是 TCP/IP 体系结构的最底层。是互联网络层与具体物理网络的接口位置,使主机可以借助诸如以太网和 PPP 链路这样的物理网络来发送和接收 IP 分组。通过对该层接口类型的扩展,使 TCP/IP 协议可以连接任何类型的物理网络。

2. 网际层

网际层(Internet Layer)是将整个网络体系结构贯穿在一起的关键层。网际层的核心协议是 IP 协议【IETF RFC 791】,主要任务是实现在网络中任意两台主机之间传送 IP数据报(IP 协议的 PDU 格式)。根据互联网的端到端设计原则,IP 协议只为主机提供一种无连接、不可靠的、尽力而为的数据报传输服务。支持主机可以将携带上层协议数据的IP 数据报注入到任何网络中,并且让这些数据报可以独立地通过网络到达接收主机(接收主机和发送主机可以在不同的网络中,且这些网络可以是不同的体系结构)。甚至这些数据报到达的顺序可以与发送时的顺序不同,如果应用对数据顺序敏感,数据的排序工作交由上层协议完成(例如 TCP)。网际层还定义了路由和简单的拥塞控制功能,以便提高IP 数据报的传送效率。此外,网际层还定义了记录和控制 IP 报文传送状态的 ICMP 协议【IETF RFC 792】,用于路由器发现和管理组播组成员的因特网组管理协议(Internet Group Management Protocol,IGMP)协议【IETF RFC1112、2236 和 3376】,用于路由发现和管理的开放最短路径优先(Open Shortest Path First,OSPF)【IETF RFC2328】协议等。

3. 传输层

TCP/IP 参考模型中的传输层功能与 OSI 的定义是一样的,即为网络中两个应用进程间提供端到端的数据通信服务,但是其定义了更具体的协议细节。为了应对应用进程对数据传输可靠性和传输效率的不同需求,TCP/IP 参考模型在传输层定义了 TCP 和UDP 两种协议。

TCP 协议【IETF RFC 793】是一个提供可靠的面向连接服务的协议,允许一台机器上的进程准确无误地发送字节流,并交付给因特网上的另一台机器上的进程。它把进程发来的字节流分割成离散的 TCP 报文并传递给 IP 协议。为了达到可靠交付的目的,它会给 TCP 报文中添加序号、确认号、接收窗口尺寸等信息,使接收方可以了解数据收发的状态。它对发送和接收的数据分开处理,因此可以做到双向同时通信。TCP 协议还定义了一些定时器和状态寄存器进行流量和拥塞控制,因此不会造成数据在网络或接收主机中因为缓存紧张而被淹没。

UDP 协议【IETF RFC 768】致力于提供面向事务的简单不可靠信息传送服务,因此其定义了一种无须建立连接就可以使用 IP 数据报传递消息的方法。UDP 协议只是简单地抓取来自应用进程的数据,并尽可能快地把它扔到网络上,因此没有复杂的控制选项(只有固定的 8 字节),在数据传输过程中延迟小、传输效率高,适合于可靠性要求不高、不要求分组顺序到达的网络应用。UDP 将上层协议递交的报文不做处理就发送给 IP 层,传送数据的速度仅受应用进程生成数据的速度、源端和终端计算机性能及网络带宽的限制,是分发信息的理想协议(前提是对传输可靠性不做要求)。

4. 应用层

TCP/IP 参考模型的应用层为有通信需求的用户应用程序和为底层网络提供应用接口。属于应用层的概念和协议发展快、涉及面广,给应用层功能的标准化带来了复杂性和困难性。因此互联网诞生 40 年来,应用层仍然是最不成熟的一层。随着互联网的普及和网络技术的发展,很多早期的应用层协议已经销声匿迹,但仍然有一些最基础的应用被保留且延续使用至今,例如域名服务(Domain Name Service,DNS)、文件传送协议(File Transfer Protocol,FTP)、远程登录 Telnet、简单邮件传送协议(Simple Mail Transfer Protocol,SMTP)、超文本传送协议(Hypertext Transfer Protocol,HTTP)等。

综上,可以看出 TCP/IP 参考模型比 OSI 结构上更简单,协议定义也更加具体。这是因为 TCP/IP 参考模型只是对已有协议栈的归纳总结和优化。该模型不关注表示层和会话层的功能,因为计算机网络在数据通信方面没有电信网络那么多复杂的业务需求,特殊业务的数据表示和会话业务需求可以在具体应用中由应用协议完善。此外,TCP/IP 参考模型中没有定义具体的数据链路层和物理层。因为其关注的焦点是连接已有的物理网络,这两层在物理网络中已经具体实现,网络接口层只需要提供连接不同物理网络的接口。

实际上,因特网现在使用的体系结构与最初的 TCP/IP 参考模型相比已经演变了许多。但仍然以 TCP/IP 协议为核心。其中 IP 协议用来给各种不同的通信子网或局域网提供一个统一的互联平台,TCP 协议则用来为应用程序提供端到端的通信和控制功能。只是某些应用程序可以直接使用 IP 层,甚至直接使用最下面的网络接口层。在网络接口层下面的物理网络大多使用 IEEE 802 委员会提出的局域网标准结构,即将网络接口层下面的数据链路层和物理层具象化。所以学术界和工业界更愿意将因特网体系结构定义为图 1.6 所示的 5 层体系结构。而且,因特网不再是一个实际的物理网络或独立的计算机网络,它是世界上各种支持统一 TCP/IP 协议的网络的互联。

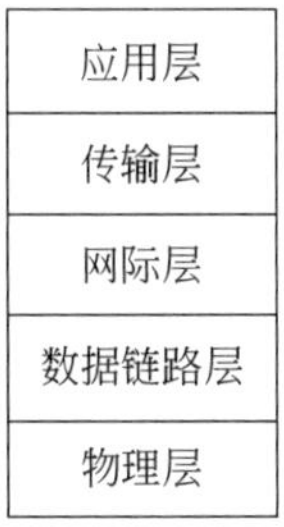

| 应用层 |
| 传输层 |
| 网际层 |
| 数据链路层 |
| 物理层 |

图 1.6 因特网体系结构

1.4 因特网标准

世界上有许多的网络产品生产商和供应商,受制于知识产权保护、产品个性化、设计者思维模式、开发习惯等多方面的因素,不同厂家的同类产品在设计和使用细节上或多或少都存在差异,这增加了用户使用难度。标准是对重复性事物和概念所做的统一规定,它以科学、技术和实践经验的综合为基础,经过有关方面协商一致,由主管机构批准,以特定的形式发布,作为共同遵守的准则和依据【GB/T 3935.1—1996】。网络标准的制定促进了网络产品的互操作性,保证网络技术产业化和市场化的良序发展。网络标准可以分为两大类:事实标准和法定标准。事实标准(De Facto Standard)指那些由处于技术领先地位的企业或集团制定(有的还需行业联盟组织认可),实际被产业界广泛采纳,但并没有经过标准化组织研发和批准的技术规范。例如早期万维网的HTTP协议、爱立信公司开发的蓝牙标准等。法定标准(De Jure Standard)指由那些被官方认可的标准化组织所研发和颁布技术准则和规范。实际上,标准化组织、企业标准化机构间的关系错综复杂。事实标准如果推行成功的话,往往最后也会演变成法定标准。事实标准按照制定方的性质和使用范围还可以进一步分为私有标准和开放标准。顾名思义,私有标准(或封闭式标准)由某个厂商制定作为其产品开发的参考依据。开放标准由某些自组织商业结盟或委员会制定,并允许在公开领域使用,目的是扩大技术市场范围。

因特网标准属于免费开放的标准,且形成了独立的组织结构和一套独特的标准化机制。在ARPAnet组建初期,美国国防部就成立了一个非正式委员会监督其运行。1983年,该委员会更名为IAB(Internet Activities Board),并被赋予了更多的使命。大约每10个IAB成员牵头一个重要方向,每年会组织几次会议研讨,并将讨论结果反馈给美国国防部和美国国家科学基金会(National Science Foundation,NSF)。讨论确定的一些应对相关问题的技术报告就形成征求意见稿(Request For Comments,RFC)。RFC被存储在网上,并按创建的时间顺序编号,任何感兴趣的人都可以从 http://www.ietf.org/rfc 下载。第一个RFC是1972年发布的RFC001(NCP协议)。

1986年,因特网工程任务组(Internet Engineering Task Force,IETF)成立。1989年,为应对工业界产品线稳定性需求,IAB重新改组,研究人员被重组到因特网研究任务组(Internet Research Task Force,IRTF)中,专门关注因特网长期发展研究。而产业化工程中的短期技术攻关则由IETF组织解决。1992年,因特网正式脱离美国政府管辖,因此成立了因特网协会(Internet Society,ISOC),作为IETF的法人对因特网进行全面管理,并在世界范围内推动其发展和使用。IAB是因特网体系结构委员会(Internet Architecture Board)的简称,它是ISOC下面的一个技术组织。这时的IAB主要负责因特网协议的开发管理工作,IETF和IRTF作为IAB的附属机构存在,而因特网标准仍然使用RFC文档形式发布。

因特网标准相关的文档包括因特网草案(Internet Draft)和RFC。

1. 因特网草案

因特网草案是 IETF 及其工作组针对研究领域形成的工作文件,任何人都可以提交因特网草案。在因特网规范制定过程中,IETF 把草案放置在其 Internet Draft 目录中供非正式审核和讨论,以便简化审核修订过程,并方便更多人员查阅及关注相关工作进展。一篇草案的生命周期是 6 个月,可以免费下载。草案不是正式的标准、论文或报告,表达的观点仅代表作者本人的观点,随时可能被更改或删除,不应在任何正式文件中引用它们。而且大多数草案都不会最终成为 RFC。

因特网草案的命名惯例如下:

- **个人提交的草案**　draft-提交人姓名-工作组名称-题目-版本号。
- **工作组草案**　draft-ietf-工作组名称-题目-版本号。

如果需要在其他因特网草案中引用草案的内容,必须标注为工作进行时(Work In Progress)。而且当草案正式成为 RFC 时,其规范引用中不能出现草案。

2. RFC

RFC 涵盖了计算机网络的许多方面,包括协议、过程、程序、概念、会议记录、意见,有些还可能是幽默调侃。RFC 是因特网标准以及因特网工程指导小组(Internet Engineering Steering Group,IESG)、IAB 和 IRTF 等机构发布文档的正式渠道,每个 RFC 有唯一的编号,且可以在 IETF 官网上免费下载。RFC 发布由 IAB 领导,RFC 编辑部直接负责,是对所描述标准的最完整、最精确的详细说明。每篇 RFC 的最权威格式是 ASCII 文本格式。

RFC 有不同的类型,最权威的是标准类 RFC,包括最佳实践(Best Current Practices,BCP)、建议标准(Proposed Standard,PS)、草案标准(Draft Standard,DS)、因特网标准(Internet Standard,STD)。STD 是因特网标准的最终形式,演化进程为 PS→DS→STD。鉴于发展到 STD 时间过于漫长,现有因特网上很多协议实际是按照 PS 执行的。此外,还有信息类(Informational)、试验类(Experimental)、历史类(Historical)三类非标准 RFC。

目前有三个途径可以使草案演进成 RFC:

(1) 通过 IETF 下的工作组。以个人名义提名的草案首先必须属于某个工作组章程所规定的里程碑。经邮件组及 IETF 会议报告中讨论,被工作组批准采纳后,成为该组的草案。然后再经过若干次 IETF 会议及邮件组讨论,确定可以进入工作组最后询问后,再提交给 IESG。

(2) 对于没有对应工作组的文档,通过领域主席(AD)个人审定提交给 IESG。

IESG 对上述两种途径提交的草案在 IETF 内部多次征询并反馈修改,确定得到所有 IESG 成员认可(No Comment),既可以批准又可以将该草案提交给 RFC 编辑部。RFC 编辑部授予其编号,进行文字格式修订后发布为 RFC 文档。这个过程最快 2 年,长的要 5 年之久。

(3) 对非 IETF 渠道提交的个人草案,RFC 编辑部会协同 IESG 进行讨论。

截至 2020 年 12 月,IETF 已经发布各类 RFC 共计 8974 项。其中,STD 有 118 项、

BCP 有 299 项、PS 有 3741 项、DS 有 139 项。截止 2021 年 2 月，历年新修订的草案数量统计如图 1.7 所示。

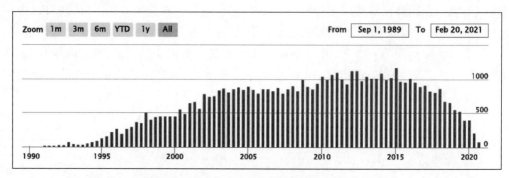

图 1.7   IETF 历年新修订的草案数量统计

第 2 章

网络协议分析

本章首先介绍网络协议分析的基本概念,然后简要介绍本书主要用到的三款软件工具,包括:

(1) GNS3,一种用于网络环境模拟的软件;

(2) Wireshark,一种用于网络流量分析的软件;

(3) NS3,一种用于网络协议模拟运行的软件。

2.1 网络协议分析概述

培养网络协议研究和网络软件开发能力,离不开对抽象的网络协议的深入理解,这需要对网络协议的内在机制和实现机理进行深入分析。网络协议分析的一种方法是静态代码分析,即通过阅读实际协议的实现代码来理解协议的工作原理、数据结构、模块结构以及主要算法等内容;另一种方法是动态的流量分析,即通过软件工具从网络上捕获实时分组并分析分组数据,在一定程度上直观地了解协议的运行情况。流量分析常用于网络的状态监控及故障诊断。

由于网络系统的复杂性,在开发了一种新协议后,难以直接部署到真实的网络环境中进行测试。网络模拟(Simulation)可以提供一种模拟的网络协议运行环境,它在实际网络流量统计分析特性的基础上,利用数学建模的方式模拟通信网络的行为,通过建立网络组件和网络链路的统计模型来模拟网络流量的传输状况,并以一定的格式输出模拟运行结果,从而提供一种获取网络设计及优化所需的网络性能指标的方法。网络模拟软件是网络新协议开发和测试的理想环境。另外,网络模拟软件中的协议实现通常能更严格地遵循 RFC 标准,因而兼具静态代码分析和动态流量分析的特点。此外,有的网络模拟软件还能接收实际网络流量作为模拟输入,并将模拟结果流量输出到实际网络中,这称为网络仿真(Emulation)。

本书中用流量分析工具 Wireshark 完成动态网络流量分析,用网络模拟工具 NS3 完成网络协议的模拟运行(NS3 也支持网络协议仿真)。NS3 中的协议遵循 RFC 标准,并以面向对象的编程方式实现,是一种理想的协议分析源代码(本书关注的是动态网络流量分析,不进行协议源代码分析)。此外,为了能灵活搭建出所需的实验网络环境,摆脱硬件网络设备的限制,本书采用 GNS3 工具模拟网络环境。GNS3 能模拟 Cisco IOS 的运行环境,而且其中的流量数据能用 Wireshark 进行分析。NS3 模拟协议运行产生的流量数据也能用 Wireshark 分析。这三种软件都是开源的,可免费使用。

2.2　GNS3 简 介

GNS3 是一款支持复杂网络模拟的图形化网络模拟器软件。模拟器的核心是 Dynamips 程序,它通过构建一个虚拟环境来运行真实的路由器网际操作系统(Internet Operating Systems,IOS)。GNS3 是 Dynamips 的一种图形化前端工具,提供了友好的用户界面。

GNS3 能模拟 Cisco 的路由器平台(1700/2600/2691/3600/3725/3745/7200)、防火墙平台(PIX、ASA)以及入侵检测系统(IDS)。通过在路由器插槽中配置 NM-16ESW 模块,GNS3 还可以模拟交换机命令。GNS3 也支持模拟其他公司的网络设备(如 Juniper 的 JunOS),甚至能连接到实际的网络中,处理真实的网络流量。

GNS3 是一种开源软件,可免费使用。但限于版权原因,GNS3 安装程序中并不包含 IOS 的映像。使用时需要通过其他方式获得 IOS,然后再导入到 GNS3 中。

2.2.1　GNS3 安装

GNS3 可以在 Windows、Mac OS X 和 Linux 系统上运行,在 Linux 系统上的性能更好。我们在 Ubuntu 系统上安装 GNS3,搭建实验环境。在 Linux 系统中安装 GNS3 有两种方式:源码安装或网络镜像安装。由于 GNS3 中包含有多个组件,这些组件的安装要求在操作系统中先安装众多的依赖软件包,因而从源码安装的过程较为烦琐。在一些 Linux 发行系统上(如 64 位 Ubuntu、Debian 等),GNS3 也提供了镜像方式安装,只需要执行几条简单的命令即可完成安装。此外,从 1.4 版本开始,GNS3 还提供了基于 Ubuntu 系统的虚拟机,其中包含有完整的 GNS3 运行环境,用户只需要下载虚拟机并在 VMware 或 VirtualBox 中运行即可。GNS3 推荐在 Windows 或 Mac OS X 系统上通过虚拟机运行。

在 Ubuntu 14.04 系统(64 位)上安装 GNS3 1.4 需要执行下列命令:

```
sudo add-apt-repository ppa:gns3/ppa
sudo apt-get update
sudo apt-get install gns3-gui
```

如果要增加 IOU(IOS on Unix)支持,还需要执行下列命令:

```
sudo dpkg --add-architecture i386
sudo apt-get install gns3-iou
```

2.2.2　GNS3 的简单使用

1. 设置 GNS3 服务器

第一次运行 GNS3 时,会出现安装向导(Setup Wizard),如图 2.1 所示,它用于设置 GNS3 服务器的运行位置。GNS3 服务器可以在本地计算机、虚拟机或远程服务器中运行。通过安装向导可以设置在本地计算机或虚拟机中运行 GNS3,但不能设置在远程服务器运行。实验中选择在本地计算机中运行 GNS3 服务器(Local Server),同时勾选左下角的"不再显示"(Don't show this again)复选框,这样下次运行 GNS3 时将不再出现安装向导。

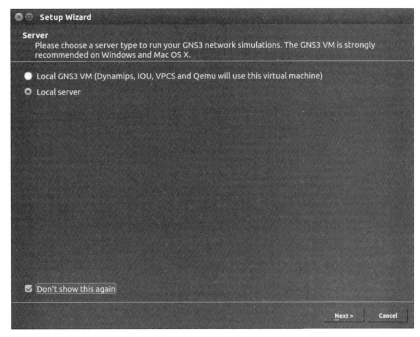

图 2.1　GNS3 安装向导：设置服务器位置

单击 Next 按钮,安装向导转到 Add virtual machines(添加虚拟机)窗口,如图 2.2 所示。由于选择在本地计算机运行 GNS3 服务器,窗口中的选项列表只选中 Add an IOS

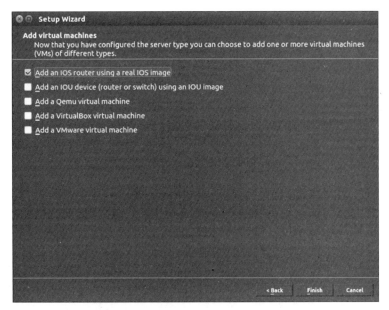

图 2.2　GNS3 安装向导：虚拟机添加选项

router using a real IOS image(添加路由器 IOS 镜像选项)。单击 Finish 按钮完成服务器设置,GNS3 将打开添加路由器 IOS 镜像窗口,如图 2.3 所示。

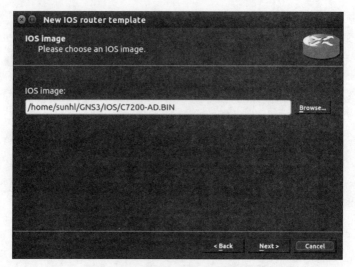

图 2.3　添加 IOS 镜像：选择镜像文件

2. 安装 IOS

（1）单击 Browse 按钮,选择要使用的路由器 IOS 镜像文件。这里使用 Cisco 7200 路由器的 IOS。

在 GNS3 中添加 IOS 镜像还可通过 Edit(编辑)菜单下的 Preference(首选项)命令,该命令将打开如图 2.4 所示的首选项配置窗口。在窗口左侧选择 Dynamips 下的 IOS routers。由于尚未安装 IOS 镜像,右侧窗口的路由器 IOS 模板信息列表为空。单击窗口

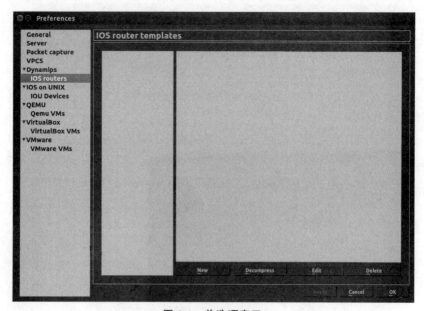

图 2.4　首选项窗口

下方的 New(新建)按钮,也会打开图 2.3 所示的窗口。

(2)单击 Next 按钮,窗口转到如图 2.5 所示页面。在此,给添加的 IOS 镜像命名,并确认与 IOS 镜像对应的路由器平台(Platform)和机箱(Chassis)。

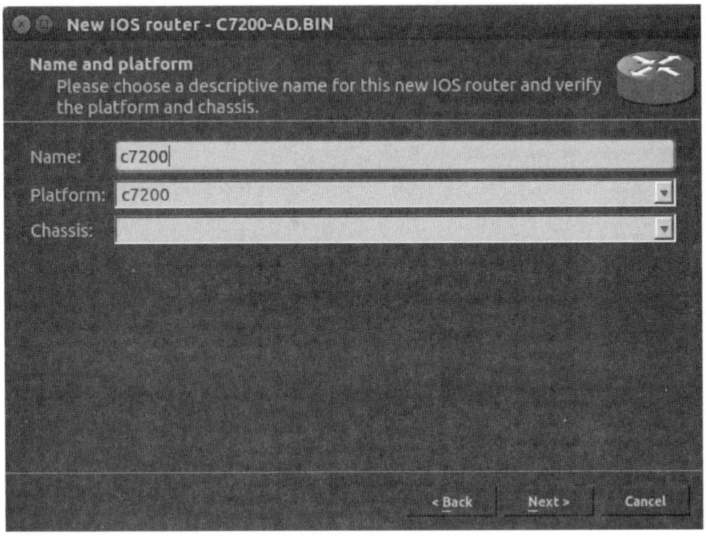

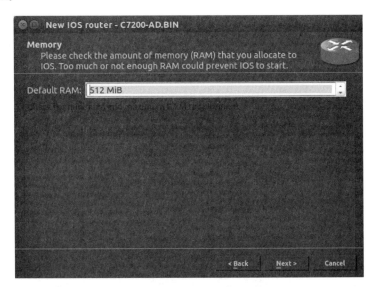

图 2.5　添加 IOS 镜像:命名路由器

(3)单击 Next 按钮,窗口转到如图 2.6 所示页面。在此设置路由器的内存大小,默认为 512 MB。

图 2.6　添加 IOS 镜像:设置路由器内存

(4)单击 Next 按钮,窗口转到如图 2.7 所示页面。在此设置路由器的接口。这里设置的接口将是该类型路由器的默认接口。

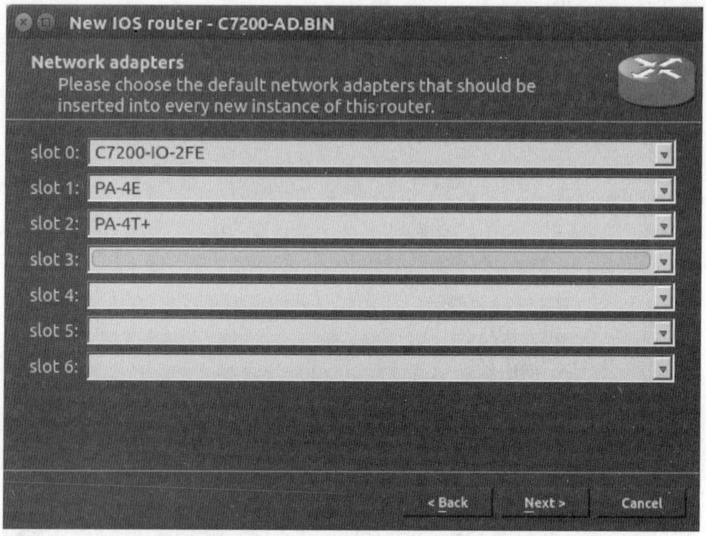

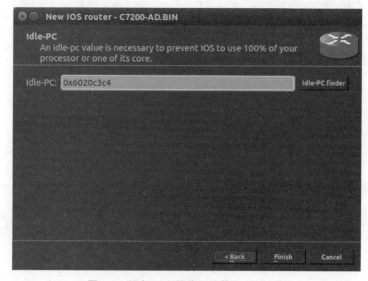

图 2.7 添加 IOS 镜像：设置路由器默认接口

（5）单击 Next 按钮，窗口转到如图 2.8 所示页面。单击 Idle-PC finder（计算 Idle-PC）按钮，为添加的 IOS 镜像计算 Idle-PC 值。Idle-PC 值影响运行 GNS3 的计算机的 CPU 利用率：若不设置 Idle-PC 值，CPU 的利用率会达到 100％。这是因为仿真核心程序 Dynamips 并不知道虚拟的路由器何时是空闲的（Idle），何时在执行有用的工作。执行计算 Idle-PC 命令将会分析运行的 IOS 进程，发现哪些代码的执行代表空循环（Idle Loop）。一旦设置了一个正确的 Idle-PC 值，Dynamips 就会在虚拟路由器执行空循环时使路由器休眠，这样可以极大地降低计算机 CPU 的消耗，而又不影响虚拟路由器执行有用工作的能力。计算 Idle-PC 值需要花费一段时间，计算完成后会弹出如图 2.9 所示的对话框，提示所采用的 Idle-PC 值。

图 2.8 添加 IOS 镜像：计算 Idle-PC 值

图 2.9　添加 IOS 镜像：确认 Idle-PC 值

需要注意的是,Idle-PC 值只与 IOS 镜像有关,而与运行 Dynamips 的主机、操作系统和 Dynampis 的版本都无关。不同版本的 IOS 甚至特性不同的同一版本 IOS 的 Idle-PC 值都不一样。

(6) 单击 Finish 按钮,完成 C7200 IOS 的添加。此时的首选项窗口将如图 2.10 所示,窗口中间的面板列出了已添加的所有路由器(此时只有 C7200),窗口右侧面板则显示了(在中间面板中)被选中类型路由器的详细信息。可以向 GNS3 添加多种类型路由器的 IOS。

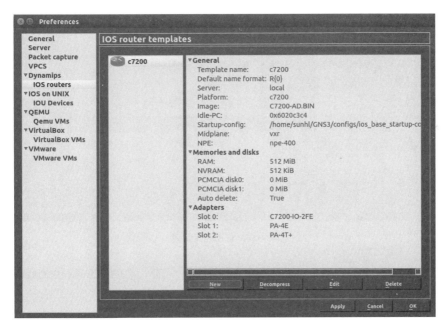

图 2.10　首选项窗口：添加 IOS 后

3. GNS3 主界面

在终端窗口中执行"gns3"命令可启动 GNS3。GNS3 每次启动时都会打开 New Project(新建工程)对话框,如图 2.11 所示,可用于建立新的模拟工程或打开已有的模拟工程文件。在此单击 Cancel 按钮。

GNS3 的主界面如图 2.12 所示。其中,窗口最左侧的设备浏览面板列出了 GNS3 支持的所有网络设备类型,包括路由器(Routers)、交换机(Switches)、终端(End Devices)、安全设备(Security Devices)、所有设备(All Devices)以及添加链路(Add a Link)。单击选取某种设备类型按钮,将显示该类型设备包含的具体设备。特别地,单击所有设备将显

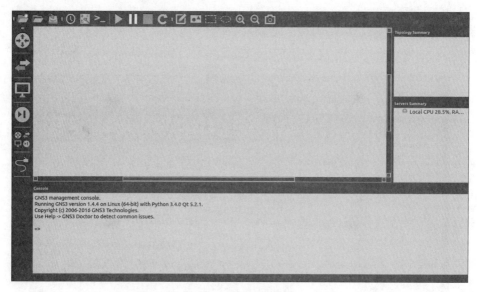

图 2.11　新建工程对话框

示包括各种路由器、交换机、终端、安全设备等在内的所有设备;单击添加链路,可在工作区中连续地连接两个设备的网络接口。

图 2.12　GNS3 主界面

　　窗口上部中间部分是工作区(Work Area),可通过图形化方式在这里创建要模拟的网络拓扑。在设备浏览面板选择设备类型后,可从显示的具体设备列表中拖拽设备到工作区,然后单击链路按钮,按需求连接工作区中的设备。

　　右侧的两个小窗口分别显示所创建网络的拓扑摘要信息和服务器摘要信息。拓扑摘要给出了网络中所有设备的列表及其状态(设备名称前的绿色标志表示设备正在运行,红色标志表示设备已关闭),在模拟复杂网络时,拓扑摘要信息能帮助用户更清楚地掌握网络拓扑结构;服务器摘要显示了 GNS3 服务器的运行位置、CPU 利用率、内存利用率等信息。

　　窗口下部区域是控制台(Console)窗口,用于显示、运行 Dynagen 命令。Dynagen 是 Dynamips 的一种文本化前端工具。

4. 网际操作系统

　　网际操作系统(Internet Operation System,IOS)是 Cisco 公司的交换和路由产品的软件平台,为不同需求的客户提供了一个统一的操作控制界面。IOS 不仅支持标准的网络互联协议(如 RIP、EIGRP、OSPF、ISIS、BGP 等),还支持大量 Cisco 专有的网络互联协议。此外,IOS 还集成了如 Firewall、NAT、DHCP、FTP、HTTP、TFTP、Voice、Multicast等诸多服务功能,是最为复杂和完善的网络操作系统之一。IOS 的命令行接口(Command-Line Interface,CLI)是配置、监控和维护 Cisco 设备的最主要用户接口。

CLI 有多种模式,常用的模式主要有:user EXEC(用户模式)、privileged EXEC(enable)(特权模式,也称使能模式)、Global configuration(全局配置模式)、Interface configuration(接口配置模式)、ROM monitor(ROM 监控模式)等。用户登录到交换机、路由器时,就处于用户模式,用户模式下只有少量命令可以使用。在特权模式下,用户可以执行所有的 EXEC 命令。EXEC 是 IOS 的命令解释器,用于解释和执行用户输入的命令。各种配置模式用于设置全局、接口或协议等的运行参数。这些参数可在特权模式下用 write 命令进行保存,当交换机或路由器重启后仍然有效。ROM 监控模式用于设备恢复,当交换机或路由器由于 IOS 镜像或配置文件损坏而无法正常启动时,就进入 ROM monitor 模式。当前可用的 CLI 命令集与所在的模式有关。表 2.1(以路由器为例)从提示符、访问方法、退出方法以及用途等方面对上述几种模式进行了汇总,也表明了几种主要模式之间的层次关系。

表 2.1　Cisco CLI 命令模式

命令模式	访问方法	提示符	退出方法	用　　途
User EXEC	连接设备	Router>	输入命令 logout 或 quit	改变终端设置 执行基本测试 显示系统信息
Privileged EXEC	在 User EXEC 模式下输入命令 enable(若设置了 enbale 密码,还需输入密码)	Router#	输入命令 disable 或 exit,退回到 User EXEC 模式	执行 show 和 debug 命令 向设备复制镜像文件 重启设备 管理设备配置文件 管理设备文件系统
Global configuration	在 Privileged EXEC 模式下输入命令 configure terminal	Router(config)#	输入命令 exit 或 end,或按 Ctrl+Z 组合键,退回到 Privileged EXEC 模式	设置设备全局属性
Interface configuration	在 Global configuration 模式下输入命令 interface	Router(config-if)#	输入命令 exit 退回到 Global Configuration 模式 输入命令 end,或按 Ctrl+Z 组合键,退回到 Privileged EXEC 模式	设置指定端口属性

续表

命令模式	访问方法	提示符	退出方法	用　途
Line configuration	在 Global configuration 模式中下输入命令 line vty 或 line console	Router(config-line)#	输入命令 exit 退回到 Global Configuration 模式 输入命令 end 退回到 Privileged EXEC 模式	设置指定终端属性
ROM monitor	在 privileged EXEC 模式下输入命令 reload,在系统启动前 60s 内按 Ctrl+C 组合键	> 或 boot> 或 rommon #> 注:#代表行号,每出现一行新的提示符,行号加 1	输入 continue 命令	设备无法加载有效镜像时,默认进入 ROM monitor 模式 恢复设备 IOS 镜像文件 密码重置

　　CLI 命令的关键字可缩写,只要当前已输入的命令字符能与其他命令相区分即可。例如,configure terminal 可简写为 config t。输入命令时,按 Tab 键也可自动补全命令关键字。

　　在任何模式下输入问号"?",IOS 会列出当前可用的命令集。IOS 还支持字帮助(Word Help)和命令语法帮助(Command Syntax Help)功能。输入命令关键字前面的若干字符后,紧接着输入问号"?"(注意之间没有空格),可以列出已输入字符开始的所有可用命令,这称为字帮助。输入命令关键字(可缩写)后,再输入一个空格,然后再输入问号,IOS 会提示后续的命令关键字或参数,这称为命令语法帮助。此外,IOS 还会记录过去最近输入的 20 条命令,可用上下箭头键或 Ctrl+P 组合键和 Ctrl+N 组合键重新显示历史命令并执行。

　　几乎所有的配置命令前都可增加 no 关键字,用于执行与命令功能相反的操作。CLI 命令对字母大小写不敏感,但设置的各种密码是大小写敏感的。

5. 创建一个简单的网络

　　在 GNS3 中创建一个如图 2.13 所示的网络。在窗口左侧选择路由器、交换机以及终端浏览按钮,分别拖曳 2 台路由器(C7200)、2 台以太网交换机(Ethernet switch)和 2 台虚拟 PC(VPCS,Virtual PC Simulator,是一款模拟 PC 的开源软件,可模拟执行如 ARP、DHCP 客户端、echo、relay、ping、trace 等命令)到工作区。单击 Add a Link(添加链路)按钮,按图 2.13 所示拓扑连接这些设备。

图 2.13　仿真网络拓扑

在工具栏中单击启动/恢复所有设备(Start/Resume all devices)按钮,启动所有设备开始运行。右击路由器 R1,选择控制台(Console)命令,打开一个连接到路由器的 Telnet 配置窗口。该窗口将显示路由器启动过程的提示信息。出现命令提示符后,进入全局配置模式,执行下列命令,设置 R1 的地址(s2/0 和 f0/0 接口),并在其上启动 RIP2 路由协议:

```
 1: R1# config t
 2: R1(config)# interface s2/0
 3: R1(config-if)# ip address  192.168.0.1  255.255.255.0
 4: R1(config-if)# no shutdown
 5: R1(config-if)# exit
 6: R1(config)# interface f0/0
 7: R1(config-if)# ip address  192.168.1.1  255.255.255.0
 8: R1(config-if)# no shutdown
 9: R1(config-if)# exit
10: R1(config)# router rip
11: R1(config-router)#version 2
12: R1(config-router)# network 192.168.0.0
13: R1(config-router)# network 192.168.1.0
14: R1(config-router)#exit
15: R1(config)# exit
16: R1# write
```

参照上述过程,配置路由器 R2 的地址(接口 s2/0 和 f0/0)并启动其 RIP2 路由协议,地址参数见表 2.2。注意,配置完成后应执行保存命令 write,该命令会将配置信息写入配置文件中。这样即使设备重启,这些配置信息仍然有效。

表 2.2　接口地址

设备	接口	IP 地 址	地址掩码	默认网关
R1	s2/0	192.168.0.1	255.255.255.0	—
	f0/0	192.168.1.1	255.255.255.0	—
R2	s2/0	192.168.0.2	255.255.255.0	—
	f0/0	192.168.2.1	255.255.255.0	—
PC1	e/0	192.168.1.2	255.255.255.0	192.168.1.1
PC2	e/0	192.168.2.2	255.255.255.0	192.168.2.1

在 PC1 上右击,选择控制台(Console)命令,打开连接到 PC1 的 Telnet 窗口。执行下列命令,配置 PC1 的地址:

```
 1: PC1> ip 192.168.1.2/24  192.168.1.1
 2: PC1> save
```

保存命令 save 将配置信息写入配置文件中,即使 VPCS 重启,这些配置信息也依然有效。注意在确认地址分配前,VPCS 会检查地址在所连接网络中的唯一性。参照上述过程,配置 PC2 的地址(地址信息见表 2.2)。

此时在 PC1 的控制台窗口中执行 ping 命令,测试与 PC2 的联通性,如图 2.14 所示。

```
PC1
Trying 127.0.0.1...
Connected to 127.0.0.1.
Escape character is '^]'.

PC1> ping 192.168.2.1
84 bytes from 192.168.2.1 icmp_seq=1 ttl=254 time=42.297 ms
84 bytes from 192.168.2.1 icmp_seq=2 ttl=254 time=27.420 ms
84 bytes from 192.168.2.1 icmp_seq=3 ttl=254 time=24.713 ms
84 bytes from 192.168.2.1 icmp_seq=4 ttl=254 time=28.010 ms
84 bytes from 192.168.2.1 icmp_seq=5 ttl=254 time=40.105 ms

PC1>
```

图 2.14　测试 PC1 和 PC2 之间的联通性

用 File 菜单下的 Save Project 或 Save Project as 命令可将仿真拓扑及其设备配置保存到一个工程文件中(文件扩展名为 gns3)。这样再次用 GNS3 打开工程文件后,可恢复仿真网络拓扑和设备的配置信息。

2.3　Wireshark 简介

Wireshark 是一款开源的分组嗅探工具(Packet Sniffer),支持上百种协议的分组结构分析,可以运行在 Linux/UNIX、Windows 和 MAC OS 等操作系统上。Wireshark 支持在多种类型的网络接口上进行分组捕获,如 Ethernet、PPP、SLIP、HDLC、WLAN、FDDI、ATM、Frame Relay、WLAN、Loopback、USB、Bluetooth、IrDA 等,甚至在 GNS3 中的虚拟链路上也可以捕获分组。

Wireshark 是 GNS3 安装包中的一个组件,安装 GNS3 的过程中也会默认安装 Wireshark。例如,在 64 位 Ubuntu 系统上安装 GNS3 1.4.4 会同时安装 Wireshark 1.10.6。

2.3.1　分组嗅探器的工作原理

分组嗅探器能在指定的网络接口上捕获发送和接收的分组,并能对捕获的分组进行分析。分组嗅探工具分为两部分,如图 2.15 所示。

(1) 分组捕获器(Packet Capture Library),用于复制从指定接口发送和接收的所有数据链路层帧;

(2) 分组分析器(Packet Analyzer),用于分析捕获的分组,如显示分组的协议层次及其字段内容、追踪 TCP 流、统计协议分布、分组长度分布等。

从指定网络接口捕获分组时,需要将网络适配器(网卡)的工作模式设置为混杂模式(Promiscuous Mode),这样分组嗅探工具就能复制到达该接口的(发送或接收)所有的数据链路层帧。在广播型网络(如用集线器连接的以太网)上,混杂模式的网卡能接收网络上的所有帧,但在交换式以太网上,由于交换机只转发必要的帧,即使网卡处于混杂模式,

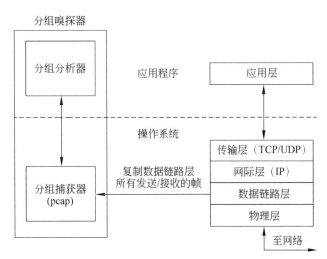

图 2.15 分组嗅探器的工作原理

也只能接收到发送给自己的帧或广播帧。

由于操作系统支持的限制，Wireshark 在不同系统上工作时所能支持的网络接口类型有所不同。

2.3.2 GNS3 中 Wireshark 的使用

本书用 Wireshark 分析 GNS3 中模拟网络中的流量。在 GNS3 中要捕获某个网络接口上的流量，可在该网络接口连接的链路上右击，选择开始捕获（Start Capture）命令并指定网络接口，就可启动 Wireshark，开始捕获经过该接口的分组。Wireshark 的主界面如图 2.16 所示，窗口主体分为三部分：分组列表窗口、分组首部详细信息窗口和分组内容窗口。

分组列表窗口（Packet-Listing Window）位于主界面上部，显示了所有已捕获的分组，其中的每一行都是一个已捕获分组的概要信息，包括：分组编号（No.，注意该编号是由 Wireshark 分配的，并不是分组任何协议的首部字段。）、捕获时间（Time）、分组源地址（Source）、分组目的地址（Destination）、协议（Protocol，分组的最高层协议。）、分组长度（Length，字节数）以及协议的相关信息（Info.）等。单击某一列的标题，就可按该列排序分组的显示顺序。

分组首部详细信息窗口（Packet-Header Details Window）位于主界面中间，其显示了在分组列表窗口中被选中分组的各层协议的详细首部字段信息，包括数据链路层协议首部、IP 协议首部、传输层协议（如 TCP 或 UDP）首部、应用层协议首部以及数据。显示的每一层协议的首部信息可通过单击协议名称前的符号展开或隐藏。

分组内容窗口（Packet-Content Window）位于主界面下部，其以十六进制字符和 ASCII 字符格式显示了在分组列表窗口中被选中分组的全部内容。

工具栏和分组列表窗口之间是分组显示过滤器的设置文本框。在此可输入显示过滤器，选择要在分组列表窗口中显示的捕获分组。

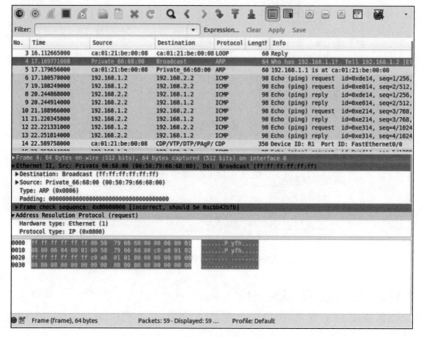

图 2.16　Wireshark 主界面

在 GNS3 链路上右击,选择 Stop Capture 命令,可结束分组捕获,但不会关闭 Wireshark。此时可在 Wireshark 中对已捕获的分组进行各种分析,还可以通过 Save 命令(在 File 菜单下)将捕获的分组存储到文件中,留待以后再用 Wireshark 或其他工具打开进行分析。Wireshark 支持将捕获的分组保存为多种格式的文件,如文本文件、pcap 文件、enc 文件、trc 文件等。

Wireshark 的 Capture 菜单下包含有捕获控制命令和捕获选项设置命令等;Summary 菜单下包含有 Wireshark 提供的流量分析、统计等相关命令。Wireshark 提供了详细的用户手册,如何利用这些命令在真实网络环境中捕获并分析流量,请读者参考手册。

2.3.3　过滤器

Wireshark 中有两种类型的过滤器(Filter)。一种用于在捕获分组时设置捕获条件,只有满足条件的分组才被 Wireshark 捕获,称为捕获过滤器(Capture Filter);另一种用于在分组显示时设置过滤条件,只有满足条件的分组才能在分组列表窗口显示,称为显示过滤器(Display Filter)。需要注意的是,显示过滤器并没有丢弃任何已捕获的分组,只是不显示不满足条件的分组。这两种过滤器所用的语法不同。

1. 捕获过滤器

Wireshark 的捕获过滤器使用 libcap 过滤语法。一个捕获过滤器可以是一个简单表达式(Primitive Expression),或由一组简单表达式通过逻辑关联词 and 或 or 连接而成。简单表达式前也可以存在表示否定的关键词 not(注意 not 的优先级高于 and 和 or)。捕获过滤器的形式可表示为:

```
[not] primitive [and | or [not] primitive …]
```

（1）简单表达式

简单表达式可以是下列表达式之一：

- [src|dst] host <host>：根据 IP 地址或域名过滤分组。可选的关键字 src 或 dst 指明根据源地址还是目的地址进行过滤。如果没有 src 或 dst 关键字，则捕获指定地址出现在源地址或目的地址字段的分组。

- Ether [src|dst] host <host>：根据以太网地址过滤分组。可选的关键字 src 或 dst 指明关注的是源地址还是目的地址。如果没有 src 或 dst 关键字，则捕获指定地址出现在以太网帧中源地址或目的地址字段的分组。

- gateway host <host>：根据经过的网关地址过滤分组，即捕获以太网帧源地址或目的地址是指定地址（对应的以太网地址）的分组，且 IP 源地址或目的地址都不是指定地址的分组。

- [src|dst] net <net> [{mask <mask>} | {len <len>}]：根据网络地址过滤分组，即来自或去往某网络的分组。可选的关键字 src 或 dst 指明只关注来自该网络或去往该网络的分组。如果没有 src 或 dst 关键字，则捕获所有来自该网络或去往该网络的分组。关键字 mask 以 IP 地址格式指明网络的地址掩码，而关键字 len 以 CIDR 前缀长度的方式指明网络地址掩码。

- [tcp|udp] [src|dst] [port <port>]：根据 TCP 或 UDP 协议端口号过滤分组。关键字 src 或 dst 指明关注的是源端口还是目的端口；关键字 tcp 和 udp 指明关注的是 TCP 协议端口还是 UDP 协议端口。注意，tcp 和 udp 必须出现在 src 或 dst 之前。

- less|greater <length>：根据长度过滤分组。关键字 less 表示捕获长度小于或等于指定长度的分组；关键字 greater 指明捕获长度大于或等于指定长度的分组。

- ip|ether proto <protocol>：根据以太网层或 IP 层指定的协议过滤分组。

- ether|ip broadcast|multicast：根据以太网协议或 IP 协议的广播地址或组播地址过滤分组。

- <expr> relop <expr>：用于创建复杂的过滤器表达式。例如，根据分组中字节或字节范围过滤。

例如，tcp port 23 and host 10.0.0.5 是一个捕获过滤器的例子，指定要捕获来自或去往主机 10.0.0.5，且其 TCP 端口是 23（Telenet 服务）的分组。

当在远端计算机上运行 Wireshark 时（如通过 SSH），捕获的分组要通过网络传输到本地进行显示，这些分组传输会在远端计算机上产生额外的流量，但通常这些流量并不是要关注分析的对象。Wireshark 会通过观察运行时的环境变量发现这种情形，并自动创建一个捕获过滤器，以过滤掉这些额外的分组捕获。

（2）捕获过滤器设置

选择 Capture 菜单下的 Options 命令可打开捕获过滤器设置窗口，如图 2.17 所示。可在 Capture Filter 按钮后的文本框中输入捕获过滤器表达式，或单击 Capture Filter 按钮，在弹出的捕获过滤器窗口中选择已存储的表达式。

　　注意,由于显示分辨率低的原因,捕获过滤器设置窗口显示可能不完整,如图 2.17 所示。可在窗口标题栏右击,选择 Move 命令,拖动窗口位置,以显示窗口底部的命令按钮,如图 2.18 所示。

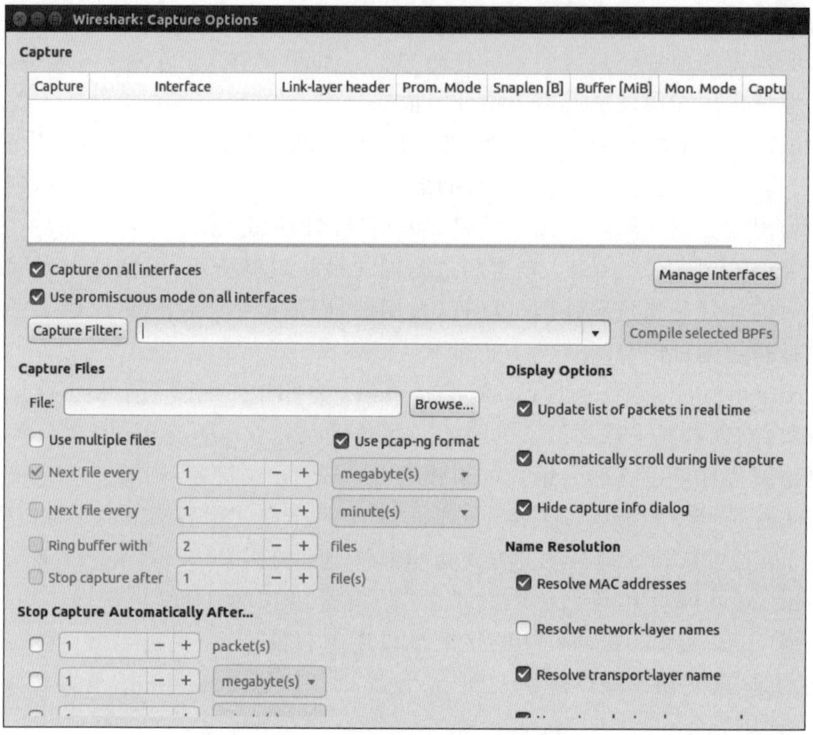

图 2.17　捕获过滤器设置窗口

2. 显示过滤器

　　默认设置下,分组列表窗口将显示所有已捕获分组的摘要信息。通过设置显示过滤器可对要在窗口中显示的分组进行过滤:只显示用户感兴趣的分组,而隐藏不关心的分组。需要注意的是,当应用显示过滤器时并不会丢弃不显示的分组,这些分组仍然存在于捕获分组文件中。

　　可根据协议及协议字段进行显示过滤器设置,协议及协议字段名称都采用小写。对 Wireshark 支持的每一种协议,分组首部详细信息窗口中列出的所有协议字段都可作为显示过滤器的设置字段。

　　(1) 显示过滤器表达式运算符

　　显示过滤器表达式由协议及协议字段满足的条件构成。可用比较运算符比较协议字段的值,用比较结果作为过滤条件;可用逻辑运算符连接多个比较表达式,构成更复杂的显示过滤器表达式。

　　比较运算符有两种表示方法,一种是英文字符,另一种类似于 C 语言的运算符,如表 2.3 所示。Wireshark 中,所有协议字段值都有其类型,如表 2.4 所示,比较运算基于协议字段值的类型进行。

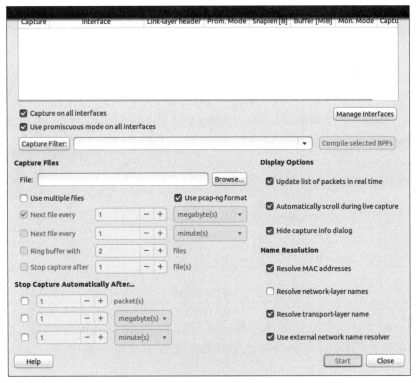

图 2.18　捕获过滤器设置窗口(移动后)

表 2.3　显示过滤器比较运算符

英 文 字 符	类 C 运 算 符	描　述	例　子
eq	==	相等	ip.src == 10.0.0.5
ne	!=	不相等	ip.src != 10.0.0.5
gt	>	大于	frame.len > 100
lt	<	小于	frame.len < 1000
ge	>=	大于或等于	frame.len **ge** 0x100
le	<=	小于或等于	frame.len **le** 0x20

表 2.4　协议字段值类型

类　型	描　述	例　子
Unsigned integer (8 位、16 位、24 位、32 位)	无符号整数。可用十进制、八进制或十六进制表示。右侧例子中的三种表达方式等价	ip.len **le** 1500 ip.len **le** 02734 ip.len **le** 0x436
Singed integer (8 位、16 位、24 位、32 位)	有符号整数。可用十进制、八进制或十六进制表示	

类　型	描　述	例　子
Boolean	布尔型,用于协议中的标志位。注意只有当某标志位为真时,才能在分组首部信息窗口中看到相应字段。若用Boolean类型的协议字段作过滤条件,Wireshark只显示包含该协议字段的分组,即协议字段为真的分组	tcp.flags.syn(TCP报文中的同步标志位)
Ethernet address	以太网地址。可用冒号(:)、点(.)或连字符(-)分割地址,每对分隔符之间可以有1字节或2字节	eth.dst == ff：ff：ff：ff：ff：ff eth.dst == ff-ff-ff-ff-ff-ff eth.dst == ffff.ffff.ffff
IPv4 address	IPv4地址。可用CIDR地址格式测试网络地址	ip.addr == 192.168.0.1 ip.addr == 129.111.0.0/16
IPv6 address	IPv6地址	ipv6.addr == ::1
String(text)	文本字符串	http.request.uri == "https://www.wireshark.org/"

Wireshark支持的显示过滤器逻辑运算符如表2.5所示。除与(and)、或(or)、非(not)等操作符外,显示过滤器的逻辑运算符还支持子字符串操作([…])和成员操作(in),以方便过滤器的编辑。

表 2.5　显示过滤器逻辑运算符

英文字符	类C运算符	描　述	例　子
and	&&	逻辑与	ip.src==10.0.0.5 **and** tcp.flags.fin
or	||	逻辑或	ip.src==10.0.0.5 **or** ip.src ==192.1.1.1
xor	^^	逻辑异或	tr.dst[0：3] == 0.6.29 **xor** tr.src[0：3] == 0.6.29
not	!	逻辑非	**not** llc
[…]	子字符串运算符,用于从字符串中截取子字符串。有多种语法格式: **格式1**:[n:m],截取从下标n(从0开始计算)开始,长度m的子串 **格式2**:[n-m],截取从下标n开始,到下标m为止(包括)的子串 **格式3**:[:m],截取从字符串开始,长度为m的子串 **格式4**:[n:],截取从下标n开始,到字符串末尾的子串 **格式5**:[n],取出字符串中下标为n的元素 Wireshark也支持用逗号(,)分隔的混合范围子串截取	格式1: eth.src[0:3] == 00:00:83 格式2: eth.src [1-2]== 00:83 格式3: eth.src [:4] == 00:00:83:00 格式4: eth.src [4:]== 20:20 格式5: eth.src [2] == 83 混合范围子串截取: eth.src[0:3,1-2,:4,4:,2]== 00:00:83:00:83:00:00:83:00:20:20:83

英文字符	类 C 运算符	描　　述	例　　子
in {…}		成员运算符,用于测试协议字段值是否属于一个集合	tcp.port **in** {80 443 8080}

（2）显示过滤器设置

熟悉显示过滤器语法后,可以在主界面的显示过滤器窗口直接输入过滤器表达式。如果不熟悉这些语法,可以通过过滤器表达式对话框来设置显示过滤器。单击显示过滤器文本框后的(编辑)Expression 按钮,可打开显示过滤器设置对话框,如图 2.19 所示。

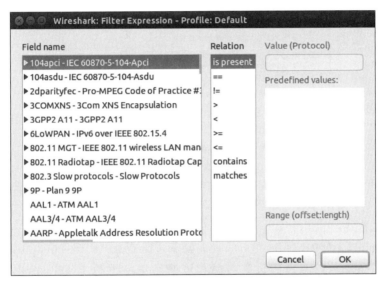

图 2.19　显示过滤器设置对话框

Field Name(字段名称)窗口中以树形结构组织 Wireshark 支持的所有协议及其字段名称,这里列出的协议和协议字段都可用于显示过滤器表达式设置。Wireshark 支持上百种协议,可通过输入协议名称开始的若干个字符快速在树中找到协议节点。单击协议节点前的符号可展开节点,以子节点方式列出相应协议的所有字段的名称。

Relation(关系)窗口给出了可用于所选择协议字段的表达式运算符,其中除"是否存在"(is present)是单目运算符外,其他都是双目运算符。若选择双目运算符,需要在 Value 文本框中输入协议字段的比较值。

预定义值(Predefined values)窗口中列出了 Wireshark 预先定义的一些协议字段值(类似于 C 语言中的枚举变量)。如果表达式中的协议字段有预定义的值,可在此选择而不用再输入。

Range 文本框可输入一个或多个整数范围区间。

3. 过滤器存储

Wireshark 可保存定义好的过滤器,这样下次再用到相同的过滤器时就可以直接选择而不需要重新输入。捕获过滤器和显示过滤器都可以进行保存。

定义新的或编辑已保存的捕获过滤器,可选择 Capture 菜单下的 Capture Filters 命令,或单击工具栏上的 Edit Capture Filter 按钮,打开 Capture Filter 对话框,如图 2.20 所示。

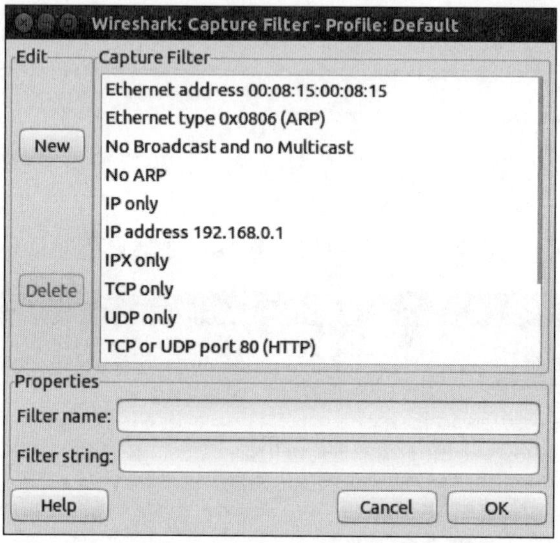

图 2.20　Capture Filter 对话框

Capture Filter 窗口列出了当前已保存的捕获过滤器。单击选择一个过滤器后,可在 Filter string 文本框中修改过滤器表达式,或单击 Delete 按钮删除该过滤器。要新定义并保存一个过滤器,在 Filter name 文本框中输入过滤器名称,在过滤器字符串文本框中输入过滤器表达式,再单击 New 按钮。此时捕获过滤器窗口底部将出现新建的过滤器。

定义和保存显示过滤器的机制与捕获过滤器基本相同。选择 Analyze 菜单下的 Display Filters 命令,或单击工具栏上的 Display Filter 按钮,打开 Display Filter 对话框,如图 2.21 所示。Display Filter 对话框和 Capture Filter 对话框布局基本相同。

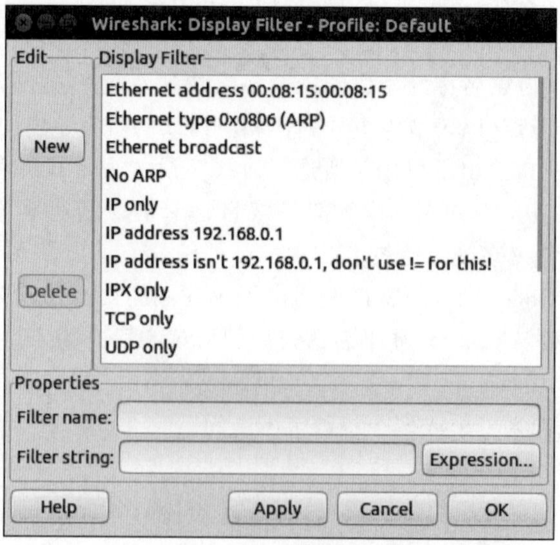

图 2.21　Display Filter 对话框

在 Filter string 中输入过滤器表达式后,Wireshark 将对输入的表达式进行语法检查。单击 Expression 按钮,可打开图 2.19 所示的显示过滤器设置对话框,可在此编辑过滤器表达式。单击 Apply 按钮,将把输入的显示过滤器或在显示过滤器列表窗口中选择的过滤器应用到 Wireshark 分组列表窗口显示,在主界面上的显示过滤器文本框中也将出现过滤器的表达式。单击 OK 按钮,将应用输入的或选择的过滤器,并关闭窗口。

过滤器名称只是用于标识不同的捕获过滤器或显示过滤器。捕获过滤器和显示过滤器可以有相同的名称,它们并不冲突。

2.4 NS3 简 介

NS3(Network Simulator 3)是一款开源的离散事件网络模拟器,用于模拟 Internet 系统的工作(但实际上 NS3 并不局限于 Internet 模拟)。

NS3 提供了一个分组网络运行模型,可用于研究 Internet 协议是如何工作的。NS3 的仿真过程甚至可以集成真实的网络环境,处理真实的网络分组。此外,NS3 是一款新的网络模拟工具,并不兼容 NS2。

2.4.1 NS3 网络模型

NS3 对网络组件的抽象来自现实的网络模型,具有低耦合、高内聚的特点,其主要组件包括:

1. 节点

NS3 将基本的计算设备抽象为节点(Node)。可将节点看作一台空的计算机,通过向计算机添加应用(Application)、协议栈(Protocol Stack)和外设板卡(Peripheral Cards)等组件可扩展其功能。Internet 中的主机、服务器、路由器等设备都用节点来表示。

2. 应用

NS3 用应用组件来抽象现实网络中的应用软件。应用运行在节点上(NS3 中没有操作系统的概念),生产或消费网络流量(分组),驱动网络模拟器运行。一个节点上可以运行多个应用。

3. 网络设备

NS3 用网络设备(Net Device)组件来抽象网络接口卡及其驱动。节点只有在"安装"了网络设备后才能与其他节点通过信道进行通信。一个节点可以"安装"多个网络设备。

4. 信道

在 NS3 中,通信网络(如点到点网络、交换式以太网、无线网络等)都被抽象为信道(Channel)。信道模拟了信号在介质中的传输特性,如传播时延、能量损耗、噪声干扰、误码率等。节点通过网络设备连接到信道上。

5. 网络拓扑助手

在仿真大规模网络时,需要管理大量的节点、网络设备、信道以及它们之间的关联关系。此外,还需要给大量的节点安装协议栈、配置 IP 地址等。NS3 提供了一组网络拓扑助手(Topology Helper)来简化这些工作。

6. 分组

分组(Packet)是对协议栈各层协议数据单元的抽象。NS3 的分组与真实网络分组兼容,同时还提供对网络模拟和仿真的额外支持,可用于承载模拟数据或真实数据。

7. 协议栈

NS3 的协议栈(Protocol Stack)是对真实网络协议栈的抽象,力求与真实网络协议兼容。协议栈位于应用和网络设备之间,提供连接管理、传输控制、路由、地址管理等功能。应用组件通过标准套接字 API 与协议栈连接,而协议栈通过协议复用/分用器连接到多个网络设备,实现对多种网络设备的支持。

NS3 网络模型如图 2.22 所示。

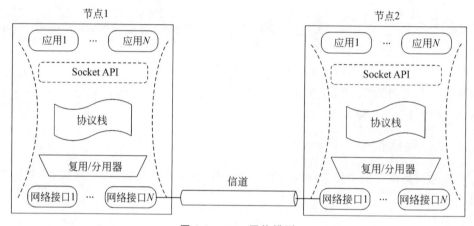

图 2.22　NS3 网络模型

2.4.2　NS3 安装

NS3 支持在 Linux、FreeBSD、Mac OS X 和 Cygwin(Windows)操作系统上运行。NS3 主要以源代码方式发行,因此安装时需要一个完整的软件开发环境。

1. 安装依赖包

NS3 是一个复杂的系统,依赖于大量其他的软件包。在 Ubuntu14.04 上安装 NS3 需要首先执行下列命令,安装依赖的软件包(不同操作系统的安装信息可参考 http://www.nsnam.org/wiki/Installation):

```
apt-get install gcc g++ python
apt-get install gcc g++ python python-dev
apt-get install qt4-dev-tools libqt4-dev
apt-get install mercurial
apt-get install bzr
apt-get install cmake libc6-dev libc6-dev-i386 g++-multilib
apt-get install gdb valgrind
apt-get install gsl-bin libgsl0-dev libgsl0ldbl
apt-get install flex bison libfl-dev
```

```
apt-get install tcpdump
apt-get install sqlite sqlite3 libsqlite3-dev
apt-get install libxml2 libxml2-dev
apt-get install libgtk2.0-0 libgtk2.0-dev
apt-get install vtun lxc
apt-get install uncrustify
apt-get install doxygen graphviz imagemagick
apt-get install texlive texlive-extra-utils texlive-latex-extra texlive-font-
    utils texlive-lang-portuguese dvipng
apt-get install python-sphinx dia
apt-get install python-pygraphviz python-kiwi python-pygoocanvas
    libgoocanvas-dev
apt-get install libboost-signals-dev libboost-filesystem-dev
apt-get install openmpi-bin openmpi-common openmpi-doc libopenmpi-dev
```

注意命令的执行会产生大量的输出信息。在此忽略这些输出信息,请读者仔细查看结果,确认命令成功执行。

2. 下载源代码

有两种方式可以获取 NS3 源代码:一种是从 NS3 的发布主页(http://www.nsnam.org/release/)上下载 tar 格式的源代码包;另一种是通过 Bake 工具从分布式版本控制系统 Mercurial 中获取。

(1) 下载 tar 格式源代码包

执行下列命令,将从 NS3 发布主页上下载 3.25 版本的 NS3 源代码软件包(及扩展组件源代码包)到本地目录 workspace,并解压缩。

```
$ mkdir workspace
$ cd workspace
$ wget http://www.nsnam.org/release/ns-allinone-3.25.tar.bz2
$ tar xjf ns-allinone-3.25.tar.bz2
```

(2) 通过 Bake 下载源代码包

Bake 是一种集成工具,可用于自动化编译一组相互依赖的、由不同组织开发的工程(源代码)。执行下列命令可以获取最新的 Bake 程序:

```
$ hg clone http://code.nsnam.org/bake
```

命令执行完成后,workspace 目录下会出现一个 bake 目录。切换到 bake 目录,执行下列命令,设置环境变量:

```
$ cd bake
$ export BAKE_HOME=`pwd`
$ export PATH=$PATH:$BAKE_HOME:$BAKE_HOME/build/bin
$ export PYTHONPATH=$PYTHONPATH:$BAKE_HOME:$BAKE_HOME/build/lib
```

这将把 bake.py 程序加入 shell 的环境变量 PATH 中,也使其他程序能找到 bake 创建的可执行程序和库文件。在编译完整的 NS3 源代码时(包括扩展功能软件包)通常需要用到这些环境变量。

执行下列命令,设置要下载的 NS3 源代码包的版本号:

```
$ ./bake.py configure - e ns-3.25
```

执行下列命令,检查系统是否已安装足够的工具,以下载 NS3 的各种组件:

```
$ ./bake.py check
```

注意查看输出结果,如果系统提示有任何缺失的工具,需要首先安装这些工具。

最后,执行下列命令,下载 NS3 源代码包:

```
$ ./bake.py download
```

3. 编译

成功下载源代码后,就可以编译源代码,生成 NS3 网络模拟器。

(1) 用 build.py 编译

如果采用 tar 包方式下载 NS3 源代码包,解压后会看到 build.py 程序。这个程序能以最常用的方式配置并编译 NS3:

```
$ ./build.py --enable-examples --enable-tests
```

参数 enable-examples 和 enable-tests 指明要编译例子模块和测试模块(默认配置不编译这两个模块)。

(2) 用 Bake 编译

通过用 Bake 下载 NS3 源代码包后,可继续用 Bake 命令编译 NS3:

```
$ ./bake.py build
```

如果执行 bake.py deploy 命令,可一次性完成 NS3 的下载和编译。

(3) 用 waf 编译

实际上,上述两种编译方式最终都是调用了 NS3 目录中的 waf 工具。获取源代码包后,也可直接用 waf 进行编译:

```
$ ./waf clean
$ ./waf --build-profile=debug --enable-examples --enable-tests configure
$ ./waf
```

waf 的 clean 命令用于清除以前的编译结果;configure 命令进行编译选项设置(可通过 help 命令查看 waf 支持的编译选项),默认情况下将编译调试版本(build-profile＝debug)的 NS3,可通过设置 build-profile＝optimized 来指定编译优化版本。waf 命令自身执行编译,编译结果(库文件、可执行程序等)存放在 build 目录下,也可通过选项 out 指定编译结果的输出目录。

(4) 安装

waf 的编译结果默认都存放在 build 目录下,waf 知道这个目录的位置,因此并不需

要将 NS3 安装到操作系统的其他位置。但用户也可选择安装 NS3,执行命令(需要有超级用户权限):

```
$ sudo ./waf install
```

通常 Linux 操作系统的安装目录是/usr/local/,执行上述命令后,可执行程序将被复制到/usr/local/bin 目录,库文件被复制到/usr/local/lib 目录,头文件被复制到/usr/local/include 目录。也可通过 waf 的选项 prefix 指定不同的安装位置。

NS3 中也用 waf 执行网络模拟程序。执行模拟程序时,waf 将优先使用编译目录下的文件,不存在时才使用系统环境中指定的文件(即安装到系统中的文件)。

4. 验证

编译完成后,可执行 NS3 中的测试单元模块 test.py 快速验证编译是否成功:

```
$ ./test.py - c core
```

注意命令执行完成最后输出的概要信息,会提示有多少个测试程序通过验证,是否有测试程序执行失败或崩溃等。

5. 运行网络模拟程序

NS3 中用 waf 执行网络模拟程序,命令格式如下:

```
$ ./waf --run=<ns3-program> --command-template="%s <args>"
```

选项 run 指明要运行的模拟程序名称;选项 command-template 是传递给模拟程序的参数,注意其中的"％s",waf 将在这里插入模拟程序的名称。waf 将首先检查程序是否已正确编译,如果没有编译就先编译程序后再执行。

如果要由其他程序(如调试器 gdb 或内存检查工具 balgrind)控制模拟程序的执行,需要在选项 command-template 中进行指定。例如,以调试方式运行模拟程序,执行模拟程序的命令格式变为:

```
$ ./waf --run=<ns3-program> --command-template="gdb %s --args <args>"
```

其中 gdb 作为 command-template 选项的第一个参数,--args 则指明剩余的参数是传递给模拟程序的。

waf 需要在 NS3 代码树的顶层位置运行,这里也是模拟运行过程中生成的输出文件的工作目录。如果要改变当前工作目录,可使用 waf 的选项 cwd 进行指定。

2.4.3　NS3 网络模拟过程

NS3 中的网络模拟程序可以用 C++ 或 Python 语言编写。这里以 NS3 源代码包中附带的例子模拟程序为例,简要介绍用 NS3 进行网络模拟的过程。

1. 创建模拟程序

NS3 源代码包中的 examples 目录下提供了很多不同的网络模拟例子程序。NS3 用户可参考这些例子编写自己的模拟程序。这里以其中 tutorial 目录下的 first.cc 为例,简要介绍模拟程序的基本结构。该模拟程序中设置了两个节点,它们之间用一条点到点链路连接,链路带宽 5Mb/s,传播时延为 2ms。其中一个节点上部署了 UDP Echo 服务器应用,另一个节点上部署了 UDP Echo 客户端应用,Echo 客户端向 Echo 服务器发送一个请求分组,Echo 服务器则把接收到的分组返回给 Echo 客户端。模拟执行时间为 10s。

例程 2-1:first.cc

```
1:   //引入 NS3 组件模块
2:   #include "ns3/core-module.h"
3:   #include "ns3/network-module.h"
4:   #include "ns3/internet-module.h"
5:   #include "ns3/point-to-point-module.h"
6:   #include "ns3/applications-module.h"
7:
8:   //使用 NS3 的命名空间
9:   using namespace ns3;
10:
11:  //定义启用日志的组件
12:  NS_LOG_COMPONENT_DEFINE ("FirstScriptExample");
13:
14:  //主函数
15:  int main (int argc, char * argv[])
16:  {
17:      //设置模拟时间分辨率为 1ns。模拟时间分辨率可在模拟开始前设置 1 次
18:      //若不进行设置,默认为 1ns
19:      Time::SetResolution (Time::NS);
20:
21:      //启用 Echo Client 和 Echo Server 应用中的日志组件,并设置日志等级为 LOG_LEVEL_
         //INFO
22:      LogComponentEnable ("UdpEchoClientApplication", LOG_LEVEL_INFO);
23:      LogComponentEnable ("UdpEchoServerApplication", LOG_LEVEL_INFO);
24:
25:      //创建 2 个节点对象。NodeContainer 是 NS3 的一种拓扑助手
26:      //提供了一种简便的方法用于创建、管理和访问节点对象
27:      NodeContainer nodes;
28:      nodes.Create (2);
29:
30:      //创建 1 条点到点链路,设置其传输速率为 5Mb/s,传播时延为 2ms
31:      //PointToPointHelper 也是一种 NS3 拓扑助手,用于创建、配置点到点链路,以及把网
         //络设备连接到点到点链路等
32:      PointToPointHelper pointToPoint;
33:      pointToPoint.SetDeviceAttribute ("DataRate", StringValue ("5Mbps"));
34:      pointToPoint.SetChannelAttribute ("Delay", StringValue ("2ms"));
35:
36:      //给节点安装网络设备并连接到点到点链路。PointToPointHelper 的 Install 函数
37:      //为参数中的每个节点创建并安装一个点到点网络设备,并将这些设备连接到信道上
```

```
38:    //创建的网络设备保存在一个 NetDeviceContainer 对象中。NetDeviceContainer
       //也是 NS3 的一种拓扑助手
39:    NetDeviceContainer devices;
40:    devices = pointToPoint.Install (nodes);
41:
42:    //给节点安装 Internet 协议栈。InternetStackHelper 是一种拓扑助手
43:    //其 Install 函数给参数中指定的每个节点都安装 Internet 协议栈
44:    InternetStackHelper stack;
45:    stack.Install (nodes);
46:
47:    //给节点分配 IP 地址。Ipv4AddressHelper 是一种拓扑助手,允许设置网络的 IPv4 地
       //址及地址掩码
48:    //默认情况下,网络中节点的地址将从 1 开始分配,线性增长
49:    Ipv4AddressHelper address;
50:    address.SetBase ("10.1.1.0", "255.255.255.0");
51:
52:    //实际的地址分配由 Ipv4AddressHelper 的 Assign 函数执行。IP 地址和网络设备的
53:    //关联则存储在一个 Ipv4InterfaceContainer 对象中。Ipv4InterfaceContainer
       //也是一种拓扑助手
54:    Ipv4InterfaceContainer interfaces = address.Assign (devices);
55:
56:    //创建 UDP Echo 服务器助手,参数 9 是服务器运行的端口
57:    //注意,这里的 echoServer 对象并不是应用本身,而是用于管理、配置应用的助手对象
58:    UdpEchoServerHelper echoServer (9);
59:
60:    //在 1 号节点上安装 UDP Echo 服务器应用。UdpEchoServerHelper 的 Install 函数
61:    //才创建了真正的 Echo 服务器应用,应用保存在一个 ApplicationContainer 对象中
62:    //ApplicationContainer 也是一种拓扑助手。注意 NodeContainer 对象中保存的节
       //点从 0 开始编号
63:    ApplicationContainer serverApps = echoServer.Install (nodes.Get (1));
64:
65:    //设置 Echo 服务器应用的启动、停止时间:模拟时间 1s 时服务器开始运行,10s 时服务器
停止
66:    serverApps.Start (Seconds (1.0));
67:    serverApps.Stop (Seconds (10.0));
68:
69:    //创建 UDP Echo 客户端助手,参数是 Echo 服务器应用的地址和端口
70:    //注意,这里的 echoClient 对象也不是应用本身,而是用于管理、配置应用的助手对象
71:    UdpEchoClientHelper echoClient (interfaces.GetAddress (1), 9);
72:
73:    //设置客户端应用属性:只发送 1 个分组,分组发送间隔 1s,分组长度 1024 字节
74:    echoClient.SetAttribute ("MaxPackets", UintegerValue (1));
75:    echoClient.SetAttribute ("Interval", TimeValue (Seconds (1.0)));
76:    echoClient.SetAttribute ("PacketSize", UintegerValue (1024));
```

```
77:
78:     //在 0 号节点上安装 Echo 客户端应用。UdpEchoClientHelper 的 Install 函数才创
79:     //建了真正的 Echo 客户端应用,应用保存在一个 ApplicationContainer 对象中
80:     ApplicationContainer clientApps = echoClient.Install (nodes.Get (0));
81:
82:     //设置 Echo 客户端应用的启动、停止时间:模拟时间 2s 时开始运行,10s 时停止运行
83:     clientApps.Start (Seconds (2.0));
84:     clientApps.Stop (Seconds (10.0));
85:
86:     //设置模拟停止时间。NS3 是离散事件模拟器,当处理完所有事件后就停止运行,但有的
87:     //情况下会产生源源不断的事件(例如周期性事件)。此时需要通过 Stop 函数设置模拟
88:     //的停止时间(first.cc 中 Echo 客户端应用只发送 1 次请求,因而不需要调用 Stop 函数)
89:     //注意 Stop 函数必须在 Run 函数之前调用
90:     Simulator::Stop (Seconds (11.0));
91:
92:     //运行仿真程序
93:     Simulator::Run ();
94:
95:     //释放仿真资源
96:     Simulator::Destroy ();
97:
98:     return 0;
99: }
```

2. 编译并运行模拟程序

编写完模拟程序后,将程序文件存放到 NS3 的 scratch 目录下。这里将 first.cc 复制到 scratch 目录:

```
cp examples/tutorial/first.cc  scratch/myfirst.cc
```

用 waf 命令编译并运行模拟程序:

```
./waf --run scratch/myfirst
```

注意模拟程序文件名称不能有后缀(.cc)。因为在模拟程序中启用了 Echo 服务器应用和 Echo 客户端应用的日志记录功能,NS3 执行模拟程序的过程中会输出如下信息:

```
Waf: Entering directory `/home/sunhl/NS3/bake/source/ns-3.25/build'
Waf: Leaving directory `/home/sunhl/NS3/bake/source/ns-3.25/build'
Build commands will be stored in build/compile_commands.json
'build' finished successfully (7.303s)
At time 2s client sent 1024 bytes to 10.1.1.2 port 9
At time 2.00369s server received 1024 bytes from 10.1.1.1 port 49153
At time 2.00369s server sent 1024 bytes to 10.1.1.1 port 49153
At time 2.00737s client received 1024 bytes from 10.1.1.2 port 9
```

2.4.4 日志系统和追踪系统

网络模拟程序运行过程中,往往希望了解程序的执行情况,以及节点(应用)之间的通信状况。这可通过 NS3 的日志系统和追踪系统实现。

1. 日志系统

NS3 的日志系统(Logging)是一种可选的、多等级的消息记录模块,主要有两种应用:一是输出网络组件模块的内部执行过程,方便用户了解模拟执行过程;二是输出简单的调试信息,方便用户进行程序调试。

NS3 定义了 7 种类型的日志记录,如表 2.6 所示。

表 2.6 NS-3 的日志类型

日志类型	描述
LOG_ERROR	输出错误消息。在模拟程序中用宏 NS_LOG_ERROR 启用
LOG_WARN	输出告警消息。在模拟程序中用宏 NS_LOG_WARN 启用
LOG_DEBUG	输出相对较少的、杂乱的(Ad-hoc)调试消息。在模拟程序中用宏 NS_LOG_DEGUB 启用
LOG_INFO	输出模拟程序执行进展消息。在模拟程序中用宏 NS_LOG_INFO 启用
LOG_FUNCTION	输出每一次的函数调用信息。在模拟程序中用宏 NS_LOG_FUNCTION 启用成员函数调用的消息输出,用宏 NS_LOG_FUNCTION_STATIC 启用静态函数调用的消息输出。输出这类消息要求函数实现时调用相应的宏
LOG_LOGIN	输出一个函数内部的执行逻辑流程相关的消息。在模拟程序中用宏 NS_LOG_LOGING 启用
LOG_ALL	输出上述所有类型的消息。在模拟程序中用宏 NS_LOG_ALL 启用

每种类型的日志记录可以单独启用,也可以累积启用。以累积方式启用日志系统时,可通过设置日志等级类型来实现。NS3 针对每种日志类型都定义了相应的日志等级类型:LOG_LEVEL_ERROR、LOG_LEVEL_WARN、LOG_LEVEL_DEBUG、LOG_LEVEL_INFO、LOG_LEVEL_FUNCTION、LOG_LEVEL_LOGIN 以及 LOG_LEVEL_ALL。一种日志等级类型可启用相应类型以及更低等级类型的日志消息记录。例如,当启用 LOG_INFO 类型日志记录时,NS3 只输出模拟程序执行进展的相关消息;而当启用 LOG_LEVEL_INFO 时,除输出 LOG_INFO 类型日志消息外,还会输出 LOG_DEBUG、LOG_WARN 以及 LOG_ERROR 类型的日志消息。注意,LOG_ERROR 与 LOG_LEVEL_ERROR、LOG_ALL 与 LOG_LEVEL_ALL 在语义上是相同的。

NS-3 还定义了一个无条件日志记录宏 NS_LOG_UNCONF,不管选择了哪种类型或等级的日志记录,或选择了哪些组件输出日志记录,NS-3 总是输出各种类型的日志消息。

启用日志系统可通过设置操作系统的 shell 环境变量 NS_LOG 或在模拟程序中调用函数(如 LogComponentEnable)来实现。

(1)通过 NS_LOG 环境变量启用日志系统

启用 Echo 客户端应用的 LOG_LEVEL_ALL 类型日志记录可执行下列环境变量设

置命令：

```
$ export 'NS_LOG=UdpEchoClientApplication=level_all | prefix_func | prefix_
time'
```

其中（第二个）等号左侧是要启用日志记录的组件名称，右侧是日志等级类型及标志位。标志 prefix_func 和 prefix_time 分别指明要输出日志消息是由哪个函数在何时（模拟时间）输出的（标志是可选的）。注意命令中的引号是必需的，因为或运算符（'│'）也是 Linux 操作系统中的管道操作符。

同时启用 Echo 客户端应用和 Echo 服务器应用的 LOG_LEVEL_ALL 类型日志记录可执行下列环境变量设置命令：

```
$ export 'NS_LOG=UdpEchoClientApplication=level_all | prefix_func | prefix_
time: UdpEchoServerApplication=level_all | prefix_func | prefix_time '
```

星号（＊）是组件名称通配符。当用星号代替组件名称时，指明要记录所有组件的日志消息。

请读者在设置 NS_LOG 环境变量后再次执行 first.cc 模拟程序，对比输出日志消息有何不同。

（2）通过函数调用启用日志系统

可在模拟程序中调用 LogComponentEnable 函数启用特定组件的日志消息记录，并指定日志类型或日志等级类型。例如，first.cc 中启用 Echo 客户端应用的 LOG_LEVEL_INFO 等级日志记录的函数调用如下：

```
LogComponentEnable ("UdpEchoClientApplication", LOG_LEVEL_INFO);
```

（3）向模拟程序中添加日志消息

在编写模拟程序过程中，可通过调用宏 NS_LOG_COMPONENT_DEFINE 来定义新的日志组件。例如 first.cc 中定义了日志组件 FirstScriptExample：

```
NS_LOG_COMPONENT_DEFINE ("FirstScriptExample");
```

可通过调用相应宏来设置不同类型日志记录的输出消息。例如，宏

```
NS_LOG_INFO("Create Topology");
```

将在启用 LOG_INFO 类型日志记录时输出消息"Create Topology"。

请读者在 first.cc 中的"NodeContainer nodes;"语句前增加上述日志消息输出宏，并重新设置环境变量 NS_LOG，启用组件 FirstScriptExample 的 LOG_INFO 类型日志消息记录：

```
$ export NS_LOG=FirstScriptExample=info
```

再次执行 first.cc 仿真程序，查看日志消息输出。

2. 追踪系统

NS3 的追踪系统（Tracing）主要用于提供结构化的模拟结果输出。追踪系统的设计

遵循如下的两个基本思想：

(1) 追踪源(Tracing Sources)和追踪记录系统(Tracing Sinks)相互独立；

(2) 追踪源和追踪记录系统采用统一的标准连接机制。

追踪源是模拟过程中能够产生事件(Event)通知的实体,实体也要提供获取事件数据的方法。例如,节点可以是一个追踪源,当它从网络设备接收到一个分组时,可以向感兴趣的追踪系统通知分组接收事件,并提供访问分组内容的方法。而追踪记录系统则能够处理追踪源通知的事件,访问事件相关的数据。例如,在上述例子中,追踪系统可以输出分组的内容。这种划分使得用户能够很方便地定义新的追踪记录系统,连接到已有的追踪源上,以新的格式输出追踪结果。

一次模拟中可以有多个追踪记录系统,一个追踪源也可以连接到多个追踪记录系统。NS3 定义了一些预定义的追踪源和追踪系统。NS3 也提供了一些追踪助手(Helper Functionality),封装了底层的追踪系统,使用户能方便地配置追踪系统的细节设置。

NS3 的追踪记录系统可以以文本格式或 pcap 格式输出日志记录数据。

(1) 文本追踪

文本追踪(ASCII Tracing)以格式化的文本文件方式输出模拟过程中的事件。文件中的每一行对应一个事件,每一行的第一列是一个特殊字符,表明事件类型,包括：

- ＋,设备队列的入队操作；
- －,设备队列的出队操作；
- d,分组丢弃事件(典型的原因是队列溢出)；
- r,网络设备接收到一个分组。

第二列是事件发生时的模拟时间(以秒为单位)；第三列指明事件的追踪源；剩余的部分则是分组的内容,包括分组的封装层次以及每层协议的首部信息等。

NS3 提供了文本追踪助手 AsciiTraceHelper,用于设置文本追踪细节。请读者在 first.cc 的"Simulator::Run ();"语句前增加下列语句：

```
AsciiTraceHelper ascii;
pointToPoint.EnableAsciiAll (ascii.CreateFileStream ("first.tr"));
```

其中 AsciiTraceHelper 的函数 CreateFileStream 创建了一个文本文件"first.tr"的文件流对象,而函数 EnableAsciiAll 则启用所有点到点链路上的事件文本追踪,所有追踪到的事件都写入文件 first.tr 中。再次执行 first.cc 仿真程序,在 waf 的工作目录将生成文本文件 first.tr。请读者查看文件内容。

(2) PCAP 追踪

PCAP 追踪(PCAP Tracing)以 pcap 格式文件方式输出模拟过程中的事件。这种类型的文件可用 Wireshark、TCPdump 等网络流量分析工具进行读取、分析。

请读者在 first.cc 中用下列语句替换刚才加入的文本追踪语句：

```
pointToPoint.EnablePcapAll ("first");
```

函数 EnablePcapAll 将启用所有点到点链路上的 PCAP 追踪。注意指定的文件名中不包含后缀.pcap，只是文件名前缀。NS-3 将为每个 PointToPoint 设备创建一个追踪文件，文件名由指定的前缀、节点编号、设备编号以及后缀.pcap 组成。再次执行 first.cc 仿真程序，在 waf 的工作目录下将生成两个 PCAP 文件 first-0-0.pcap 和 first-1-0.pcap。读者可用 Wireshark 查看文件内容。

第 3 章

数据链路层协议

数据链路层位于 OSI/RM 参考模型中自底而上的第二层,介于物理层和网络层之间。数据链路层利用物理层提供的服务,且在此基础上向网络层提供服务。数据链路层的基本服务是把源主机网络层的数据,以帧为单位,透明、无差错地传输给目标主机的网络层。数据链路层通常涉及以下基本问题:

- 如何将数据组成数据帧(Frame);
- 如何控制帧在物理信道上的传输,包括如何处理传输差错,如何进行流量控制;
- 如何管理数据链路的建立、维持和释放。

本章分为两部分。第一部分包括 3.1 节,涉及数据链路层协议的基础知识。第二部分包括 3.2 节、3.3 节和 3.4 节,内容涉及 PPP、以太网和 IEEE 802.11 协议的原理、协议分析和仿真。

3.1 数据链路层协议概述

数据链路层的任务是将网络层交付的数据报通过一段链路从一个站点传输到相邻站点。数据链路层协议交换的数据单元称为帧(Frame),每个数据链路层的帧通常封装了网络层的一个数据报,该封装过程称为成帧。数据链路层协议定义了在链路两端的站点之间交互的帧格式,以及当发送和接收帧时,站点所采取的操作。在发送帧前,数据链路层首先要进行成帧操作,接下来接收帧,其可以选择的操作包括差错检测、可靠传输、流量控制和随机接入等。著名的数据链路层协议包括点到点协议(Point to Point Protocol,PPP)、以太网和 IEEE 802.11 协议。

数据链路层的基本服务是将网络层分组通过通信链路从一个站点移动到相邻站点,设计数据链路层协议通常涉及以下基本问题。

1. 成帧(Framing)

数据链路层的帧在链路上传输之前,需将每个网络层数据报用数据链路层的帧封装起来。如何确定帧的边界位置即帧定界非常重要。帧定界通常采用识别特殊的帧序列来进行。帧通常由若干首部字段和一个数据字段组成,其中网络层数据报就承载在其数据字段中。事实上,除了首部字段外,部分帧协议还可能包括帧尾部字段,而这种首部字段和尾部字段可以统称为首部字段。帧的特定结构由所使用的数据链路层协议进行规定。

2. 差错检测(Error Detection)

帧在传输过程中,由于信道上存在信号衰减和电磁噪声等因素,其中的某个比特位 1

在接收方可能被判断为 0,反之亦然。大部分的数据链路层协议能够提供一种机制来检测是否存在差错,例如发送方系统在帧中设置差错检测比特,接收方系统采用同样的方法进行差错检测,若产生的差错检测比特不同,就通知对方重新发送该帧,直至得到正确帧为止。数据链路层的差错检测通常用硬件实现。与差错检测不同,差错纠正(Error Detection)通过引入更多的冗余比特,不仅能够检测出帧中存在的差错,而且能够准确地判断帧中差错出现的位置,进而纠正差错。

3. 可靠交付(Reliable Delivery)

当数据链路层提供可靠交付服务时,将保证无差错地经过链路传输每个帧。对于比特差错率极低的光纤、铜缆和双绞线构成的数据链路层,通常认为引入数据链路层的可靠交付服务会带来不必要的开销,会严重影响网络的数据传输速率,偶尔出现的差错可以由位于网络边缘的传输层来处理。但对于差错率较高的无线链路,一般都会在链路层采用可靠交付措施,因为将差错交由高层协议来处理,将导致整个网络系统的低效。

4. 媒体访问(Medium Access)

媒体访问控制(Medium Access Control,MAC)协议规定了站点在链路上传输帧的规则。当链路两端仅有一个站点时,MAC 协议比较简单,因为不会出现帧碰撞,所以收发双方无需协调发送帧的顺序。但对于多个站点共享一条通信信道时,就必然会遇到多路访问(Multiple Access)问题,即多个站点经过同一共享信道通信,进而出现碰撞和复用/分用解问题,此时需要使用 MAC 协议协调多个站点之间的帧传输。

5. 流量控制(Flow Control)

链路上的站点具有缓存帧的能力,但其缓存能力通常是有限的。如果发送站点发送分组过快,就可能造成接收站点缓存区溢出,从而造成帧丢失,数据链路层协议需要提供某种流量控制策略,以解决该问题。但数据链路层的流量控制服务会引入不必要的开销,并且会严重影响网络的数据传输速率,同时增加网络核心设备的成本,因此流量控制服务通常由位于网络边缘的高层协议进行处理。

3.2 PPP 协议分析

3.2.1 PPP 协议概述

PPP(Point to Point Protocol,点到点协议)是为点对点链路上传输多种协议的数据包提供的一种标准方法,其最初的设计目的是为两个对等站点之间的 IP 传输提供一种封装协议。除了 IP 协议以外,PPP 协议还可以封装其他协议,包括 Novell 的 IPX(Internetwork Packet Exchange,网间分组交换)协议等。早在 1994 年 7 月,IETF 就对 PPP 协议进行了标准化(RFC 1661),至今,PPP 协议仍然在广泛应用。

PPP 协议规定了以下内容:

- 帧格式;
- 用于建立、配置和测试 PPP 链路的 LCP(Link Control Protocol,链路控制协议);
- 用于建立、配置网络层协议的 NCP(Network Control Protocol,网络控制协议),

对于 IP 网络,使用 IPCP(IP Control Protocol,IP 控制协议)协议;

- 若需要认证时,可选用 PAP(Password Authentication Protocol,口令认证协议)和 CHAP(Challenge Handshake Authentication Protocol,基于挑战的握手认证协议)。

1. PPP 协议流程

在建立、保持和终止 PPP 链路的过程中,PPP 链路需要经过 5 个阶段,除认证阶段外,其他 4 个阶段都是必要阶段。PPP 协议链路转换过程如图 3.1 所示。

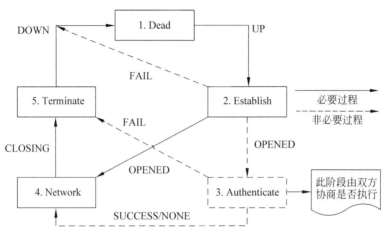

图 3.1　PPP 协议链路转换过程

(1) 链路不可用阶段(Dead)

链路状态的起始点和终止点,当一个外部事件(例如检测到载波信号)指出物理层已经准备就绪时,就进入"链路建立阶段"。

(2) 链路建立阶段(Establish)

通信双方使用 LCP 协议进行参数协商、配置链路。若协商成功,进入"认证阶段",否则回到"链路不可用阶段"。

(3) 认证阶段(Authenticate)

认证阶段不是必要过程,若发起方希望根据某一特定的认证协议进行认证,则发起方必须在"链路建立阶段",声明要求使用的认证协议,常用的认证协议有 PAP 和 CHAP。认证应尽可能在链路建立后立即进行,在认证完成之前,禁止从"认证阶段"进入到"网络层协议阶段"。若认证失败,则进入"链路终止阶段"。

(4) 网络层协议阶段(Network)

在传输数据之前,需要使用 NCP 协议协商双方通信时的参数,通常会进行 IP 地址的协商。若协商成功,双方开始通信,否则进入"链路终止阶段"。

(5) 链路终止阶段(Terminate)

PPP 协议可以在任何时刻终止链路,PPP 链路终止后,物理层链路仍然可用。通信方收到对方发出的链路终止请求时,应给予确认。若载波信号丢失或停止时,应回到"链路不可用阶段"。

2. PPP 帧格式

PPP 帧格式如图 3.2 所示。

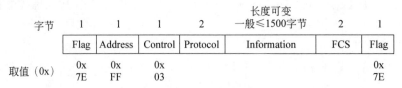

图 3.2　PPP 协议帧格式

Flag 字段为帧定界标志,用于标识 PPP 帧的开始与结束,长度为 1 字节,取值固定为 0x7E。若两个 Flag 字段紧靠在一起,表示该 PPP 帧未包含任何数据,此外,连续传送 PPP 帧时,会省略标识结束用的 Flag 字段,此时每一帧之间只用一个 Flag 字段加以区分,连续多帧省略结束 Flag 标志的示例如图 3.3 所示。

图 3.3　PPP 协议省略结束 Flag 标志示例

Address 字段为地址字段,用于标识接收方的地址,长度为 1 字节,因点到点链路的接收方是唯一的,故此字段取值固定为 0xFF,表示只有对方才能接受到数据。

Control 字段为控制字段,长度为 1 字节,取值固定为 0x03,表示无序号信息 (Unnumbered Information)。

Protocol 字段为协议字段,用于标识 PPP 帧封装的协议数据类型,长度为 2 字节。此字段使 PPP 得以封装不同的协议。其部分取值和含义见表 3.1。

Information 字段为信息字段,该字段长度不固定,最大长度等于 MRU(Maximum Receive Unit)值,默认为 1500 字节。此字段存放承载的协议数据,包括 LCP、NCP 等。

FCS(Frame Checksum)字段为帧校验和字段,用于检测 PPP 帧的完整性,长度为 2 字节。

表 3.1　Protocol 字段取值及含义

字　段　值	协　　　议
0x0021	IP(Internet Protocol)
0x0029	Appletalk
0x8021	IPCP(Internet Protocol Control Protocol)
0xC021	LCP(Link Control Protocol)
0xC023	PAP(Password Authentication Protocol)
0xC025	LQR(Link Quality Report)
0xC223	CHAP(Challenge Handshake Authentication Protocol)

3. LCP

LCP(Link Control Protocol,链路控制协议)用于建立、配置、维护和终止 PPP 链路。当使用 PPP 协议通信的双方需要建立链路时,发起方发送 LCP 报文给对方,该报文中承载了建立链路需要协商的各种参数,若双方协商成功,则链路成功建立,否则,由发起方决定是否需要再次协商。

LCP 协议负责 PPP 的链路管理,其与具体的上层(网络层)协议无关,无论 PPP 封装的是 IP、IPX 协议,还是其他协议,都使用相同的 LCP 协议进行链路管理。

当 PPP 帧中 Protocol 字段为 0xC021 时,表示 Information 字段的数据为 LCP 报文。LCP 报文的格式如图 3.4 所示。

图 3.4　LCP 报文格式

(1) LCP 报文的种类

LCP 报文从功能上进行划分,可分为三大类型:链路配置报文、链路终止报文和链路维护报文,每种类型具有不同的报文格式,LCP 报文的功能与报文的对应关系如表 3.2 所示。

① 链路配置报文

链路配置报文用于链路建立和配置,4 种常用的链路配置报文说明如下。

• **Configure-Request(配置请求)**

当需要建立逻辑链路时,发起方发送 Configure-Request(配置请求)报文,用于协商参数;若接收方对收到的每个配置选项值都可以接受时,则回送 Configure-Ack(配置确认)报文;若收到的配置选项可以识别,但部分配置选项参数不能接受,则回送 Configure-Nak(配置否认)报文,并标示出需要重新协商的配置选项;若配置选项不可识别或不可接受,则回送 Configure-Reject(配置拒绝)报文。

Configure-Request 的 Code 字段值为 0x01,Data 字段值为 1 到多个选项(Options)列表,选项列表中的参数可同时进行协商。选项字段格式如图 3.5 所示。

表 3.2　LCP 功能与报文的对应关系

类　　　型	功　　　能	报 文 类 型	报 文 代 码
链路配置	建立和配置链路	Configure-Request	1
		Configure-Ack	2
		Configure-Nak	3
		Configure-Reject	4
链路终止	终止链路	Terminate-Request	5
		Terminate-Ack	6

续表

类　　型	功　　能	报 文 类 型	报 文 代 码
链路维护	管理和调试链路	Code-Reject	7
		Protocol-Reject	8
		Echo-Request	9
		Echo-Reply	10
		Discard-Request	11

字节　　1　　1　　依Type、Length而定

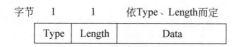

图 3.5　选项字段格式

Type 为类型字段，用于区分不同的协商参数，Type 字段对应参数及功能如表 3.3 所示。

Length 为长度字段，Length 字段指出该配置选项（包括 Type、Length 和 Data 字段）的长度。

Data 为数据字段，Data 字段为零或者多个八位字节，其中包含配置选项的特定详细信息。若 Data 字段的数据长度超过 Length 字段所指出的长度，则接收方应丢弃整个配置报文。

表 3.3　Type 字段对应参数及功能

Type 值	对 应 参 数	功　　能
0x00	Reserved	保留
0x01	Maximum Receive Unit	最大接收单元
0x02	Asynchronous Control Character Map	异步控制字符映射
0x03	Authentication Protocol	认证协议
0x04	Quality Protocol	质量协议
0x05	Magic Number	幻数
0x07	Protocol Field Compression	协议域压缩
0x08	Address and Control Field Compression	地址及控制域压缩

LCP 常用的 7 种选项如下：

最大接收单元（Maximum Receive Unit，MRU）　用于通告对方可以接收的最大报文长度，一般默认值是 1500 字节。此选项 Type 字段取值 0x01，Length 字段为 0x04，Data 字段占 2 字节，指出最大报文长度。

异步控制字符映射（Asynchronous Control Character Map，ACCM）　字段用于协商在异步链路中透明传输控制字符的方法。

认证协议（**Authentication Protocol**，**AP**）　用于向对方通告所使用的认证协议。此选项 Type 字段为 0x03，Length 字段的值大于或等于 0x04，Data 字段分为两个部分，前半部分是 2 字节的认证协议字段，指出认证阶段想要使用的认证协议，若取值为 0xC023，则使用 PAP 认证协议，若取值为 0xC223，则使用 CHAP 认证协议；后半部分是具体配置协议跟随的附加数据。

质量协议（**Quality Protocol**，**QP**）　用于向对方通告所使用的链路质量监控协议。此选项 Type 字段取值为 0x04，Length 字段的值大于或等于 0x04，Data 字段分为两个部分，前半部分是 2 字节的质量协议字段，指出链路想要使用的质量监测协议，一般取值为 0xC025，代表 LQR(Link Quality Report，链路质量报告)；后半部分是具体质量协议的附加数据。

幻数（**Magic Number**，**MN**）　字段用于监测网络中是否有自环现象。若通信的一方发现自己最近发出的报文中包含的幻数总是与最近收到的幻数相同，即可判定出现了回路。此选项 Type 字段取值为 0x05，Length 字段取值为 0x06，Data 字段为 4 字节的幻数值。

协议域压缩（**Protocol Field Compression**，**PFC**）　字段用于通知对方可以接收"Protocol"字段经过压缩的帧。此选项 Type 字段取值为 0x07，Length 字段取值为 0x02，无 Data 字段。

地址及控制域压缩（**Address and Control Field Compression**，**ACFC**）　字段用于通知对方可以接收"Address"和"Control"字段经过压缩的 PPP 帧。此选项 Type 字段取值为 0x08，Length 字段取值为 0x02，无 Data 字段。

图 3.6 给出了一个 LCP Configure-Request 报文的示例。在此 PPP 帧中，Protocol 域取值为 0xC021，标识其后的 Data 字段部分封装的是 LCP 报文。LCP 报文代码字段取值为 0x01，标识为 0x01，长度 24，标识该 LCP 报文为 Configure-Request 报文，总长度是 24 字节。其后是各部分协商的内容，包括 MRU 为 1500 字节，使用 PAP 认证协议作为认证协议，质量协议使用 LQR。

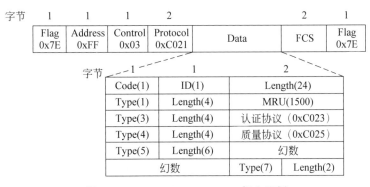

图 3.6　LCP Configure-Request 报文示例

- **Configure-Ack**（配置确认）

若接收的 Configure-Request 报文中的每一个配置选项值都可接受，则回送

Configure-Ack（配置确认）报文,回送的 Configure-Ack 报文中的 Identifier 字段必须与最后接收的 Configure-Request 报文相匹配。此外,Configure-Ack 报文中的配置选项必须与最后接收的 Configure-Request 报文完全匹配。

Configure-Ack 报文中的 Code 字段值为 0x02,Data 部分包含零到多个确认配置选项列表。配置选项的格式与 Configure-Request 报文相同。

- **Configure-Nak**（配置否认）

若收到的每个配置选项都可以识别,但是配置选项值不能接受,则接收方必须回送 Configure-Nak。配置选项部分仅用不能接受的配置选项进行填充,回送的 Configure-Nak 报文中的 Identifier 字段必须与最后接收的 Configure-Request 报文相匹配。

Configure-Nak 报文的 Code 字段值为 0x03,Data 部分包含零到多个没有确认的配置选项列表,配置选项的格式与 Configure-Request 报文相同。

- **Configure-Reject**（配置拒绝确认）

若收到的部分配置选项是不可识别或不能接受,则回送 Configure-Reject 报文。配置选项部分仅用不能接受的配置选项进行填充,回送的 Configure-Reject 报文中的 Identifier 字段必须与最后接收的 Configure-Request 报文相匹配。

Configure-Reject 报文中的 Code 字段值为 0x04,Data 部分包含零到多个没有确认的配置选项列表,配置选项的格式与 Configure-Request 报文相同。

② 链路终止报文

链路终止报文用于链路的释放,包括两种报文,分别是 Terminate-Request（终止请求）报文和 Terminate-Ack（终止应答）报文。链路终止报文的格式和 LCP 报文格式一致（如图 3.4 所示）,也由 Code、Identifier、Length 和 Data 字段组成。其中 Code 字段取值为 0x05 和 0x06,Length 字段指出该配置选项的总长度。数据字段可为空,也可以是发送方自定义的数值,例如链路终止原因的描述等。

③ 链路维护报文

链路维护报文用于链路的管理和调试。LCP 规定了 5 种链路维护报文,其中 Code-Reject（代码拒绝）和 Protocol-Reject（协议拒绝）报文用于报告 Code 及 Protocol 字段的错误,Echo-Request（回复请求）和 Echo-Reply（回复应答）报文用于链路质量和性能测试,Discard-Request（丢弃请求）报文用于辅助调试从发送方到接收方的链路状态,对方在接收到这种报文后,应直接丢弃。

- **Code-Reject**（代码拒绝）

Code-Reject（代码拒绝）报文表示无法识别报文的 Code 字段,Code 字段值为 0x07。若收到该类错误,应立即终止链路,该报文的格式如图 3.7 所示,其中"被拒绝的报文"字段包含了无法识别的 LCP 报文。

图 3.7　Code-Reject 报文格式

- **Protocol-Reject**（协议拒绝）

Protocol-Reject（协议拒绝）报文表示无法识别报文的 Protocol 字段,Code 字段值为 0x08。若收到该类错误,应停止发送该类型的协议报文,该报文的格式如图 3.8 所示,其

中"被拒绝的协议"字段指明了无法识别的协议,"被拒绝的信息"字段包含了被拒绝的
PPP 帧的数据区。

图 3.8　Protocol -Reject 报文格式

• **Echo-Request(回复请求)和 Echo-Reply(回复应答)**

Echo-Request(回复请求)和 Echo-Reply(回复应答)报文用于链路质量和性能测试,
Code 字段值为 0x09 和 0x0A,其格式如图 3.9 所示。

图 3.9　Echo-Request 和 Echo-Reply 报文格式

• **Discard-Request(丢弃请求)**

Discard-Request(丢弃请求)报文用于辅助错误调试,无实质用途。其 Code 字段值为
0x0B。该报文收到即会丢弃,其格式与 Echo-Request 和 Echo-Reply 报文格式相同(如
图 3.9 所示)。

（2）LCP 报文工作流程

LCP 报文的工作流程可以分为 3 种:包括链路建立和配置流程、链路终止流程和链
路维护流程。

① 链路建立和配置流程

当需要建立链路时,发起方发送 Configure-Request 报文,用于协商参数;若接收方对
收到的配置选项和其值均可接受,则回送 Configure-Ack 报文,经过双方一到多次的交
互,PPP 链路成功建立;若收到的配置选项可识别,但部分参数不能接受,则回送
Configure-Nak 报文,并标示出需要重新协商的参数,其后发起方会再次进行协商;若有
参数不可识别或不能接受,则回送 Configure-Reject 报文,由发起方决定是否再次协商。
PPP 链路建立和配置流程如图 3.10 所示,在实际的 PPP 链路建立过程中,不一定能观察
到 Configure-Nak 和 Configure-Reject 报文。

② 链路终止流程

若通信的一方要终止链路时,需向对方发送 Terminate-Request 报文,并且在收到
Terminate-Ack 报文响应前,应该不断发送;接收方在接收到 Terminate-Request 报文时,
必须响应 Terminate-Ack 报文。PPP 链路终止流程如图 3.11 所示,若载波信号丢失或停
止,通信双方间不存在链路终止流程,则直接回到"链路不可用阶段"。

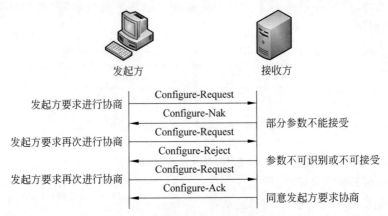

图 3.10　PPP 链路建立和配置流程

图 3.11　PPP 链路终止流程

③ 链路维护流程

在链路维护期间,LCP 协议使用消息来提供反馈和测试链路。PPP 链路维护流程示例如图 3.12 所示。

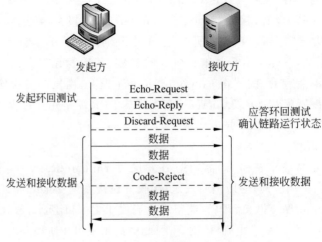

图 3.12　PPP 链路维护流程示例

其中 Echo-Request、Echo-Reply 和 Discard-Request 报文可用于测试链路。例如，发起方若想对链路进行环回测试时，其发送 Echo-Request 报文，接收方收到 Echo-Request 报文后，回应 Echo-Reply 报文，通过该过程除完成握手以外，还可通过对幻数字段的检测，判定网络是否发生自环现象，若链路发生了自环，则应采取相应措施对链路复位。如果 PPP 发送的 Echo-Request 报文产生丢失，则在连续丢失最大允许丢失的个数之后，也会将链路复位，以免过多的无效数据传输。

Code-Reject 和 Protocol-Reject 报文用于数据通信期间，也就是用于发送和接收数据的过程中，如果无法识别报文的 Code 字段或无法识别报文的 Protocol 字段，可使用这两种报文来提供反馈。例如，如果从对方那里收到无法解释的报文，则回应 Code-Reject 报文。

4. NCP

通过 LCP 将各种链路参数协商成功后，通信双方就建立了逻辑链路，若发起方希望进行认证，则进入认证阶段，确认对方的合法性。认证成功后，还需要进一步协商上层（网络层）的一些参数，此时需要使用 NCP（Network Control Protocol，网络控制协议）进行参数协商。

不同的网络层协议会使用不同的 NCP 协议，例如：IP 协议使用 IPCP（Internet Protocol Control Protocol，IP 控制协议）进行协商，Appletalk 协议使用 Appletalk NCP 进行协商，Novell 的 IPX 协议使用 IPE（Internet Packet Exchange，互联网包交换协议）进行协商。因目前较为广泛应用的协议是 TCP/IP，故本书只介绍 IPCP。

若 PPP 帧中 Protocol 字段取值为 0x8021 时，表示 PPP 帧正在使用 IPCP 协议协商相关通信参数，IPCP 协议完成协商 IP 地址等工作后，该 PPP 链路上就可以传送 IP 数据报；若 IP 数据报传送完毕，若要关闭 IP 协议，则仍需通过 IPCP 协议协商终止，此时 PPP 的链路仍然存在，若要释放链路，则需借助 LCP 协议。

（1）IPCP 格式

IPCP（Internet Protocol Control Protocol，IP 控制协议）报文格式和 LCP 报文的格式非常相似，其格式如图 3.13 所示。

图 3.13　IPCP 报文格式

Code 为代码字段（也称类型字段），长度为 1 字节，用于标识 IPCP 报文的类型。IPCP 与 LCP 的配置协商流程类似，其报文类型有 7 种：Configure-Request、Configure-Ack、Configure-Nak、Configure-Reject、Terminate-Request、Terminate-Ack 和 Code-Reject，常见的代码如表 3.4 所示。注意，虽然 IPCP 和 LCP 非常相似，甚至连 Code 字段值都类似，但 IPCP 仅负责 TCP/IP 网络层相关传输参数的设置。

Identifier 为标识字段，长度为 1 字节，为报文的唯一标识，Identifier 字段用于匹配请求和回复。

Length 为长度字段，长度为 2 字节，Length 字段指出该报文的长度，包括 Code、Identifier、Length 和 Data 的长度。

Data 为数据字段，长度可以是零或多个八位字节，由 Length 字段声明。Data 字段的格式由 Code 字段决定。

表 3.4　IPCP 代码与报文类型对应关系

Code（代码）	IPCP 报文类型
0x01	Configure-Request
0x02	Configure-Ack
0x03	Configure-Nak
0x04	Configure-Reject
0x05	Terminate-Request
0x06	Terminate-Ack
0x07	Code-Reject

（2）IPCP 配置选项

IPCP 协议中，通信双方可协商的配置选项有 3 种：多个 IP 地址（IP-Addresses）、IP压缩协议（IP Compression Protocol）和 IP 地址（IP Address）。

- 多个 IP 地址（IP-Addresses）　由于多个 IP 地址很难全部协商成功，故本选项很少使用。
- IP 压缩协议（IP Compression Protocol）　本选项用于协商使用的压缩协议。IPCP 协议中仅规定了"Van Jacobson"一种压缩协议，编号为 0x002D，Type 字段取值为 0x02。该选项默认值为不进行压缩。
- IP 地址（IP Address）　若发起方请求对方分配一个 IP 地址，接收方收到后会返回一个合法的 IP 地址。此时，报文 Type 字段设置为 0x03，Length 字段设置为0x6，其后 4 字节全为 0x00，指明由对方提供 IP 地址。

图 3.14 给出一个 IPCP 协议 Configure-Request 报文示例。在该 PPP 帧中，Protocol字段取值为 0x8021，表示数据部分为 IPCP 报文；Code 字段为 0x01，Identifier 字段为0x05；Length 字段额外为 0x10，指示该报文为 Configure-Request 报文，总长度为 16 字节；其后是各部分的协商参数，指定 Van Jacobson 为压缩协议，由对方提供 IP 地址。

5. PAP

PPP 中，常用的认证协议有 PAP（Password Authentication Protocol，口令认证协议）和 CHAP（Challenge Handshake Authentication Protocol，基于挑战的握手认证协议）。PAP 的整个认证流程非常简单，这是 PAP 最大的优点，但 PAP 认证只能在链路建立阶段进行，身份和口令以明文进行传输，安全性低；CHAP 协议可以在链路建立和数据通信阶段多次使用，同时安全性较高。目前 PPP 协议的认证阶段多使用 CHAP 认证协议。

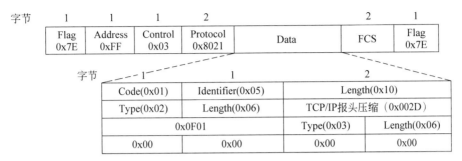

图 3.14　IPCP 协议 Configure-Request 报文示例

（1）PAP 认证流程

PAP 的认证流程如图 3.15 所示。认证方向被认证方一直发送 Authenticate-Request（认证请求）报文直到收到回复为止，其中包含了身份（通常是账号）和口令信息；若认证通过，认证方回复 Authenticate-Ack（认证确认）报文，否则认证失败，返回 Authenticate-Nak（认证否认）报文。

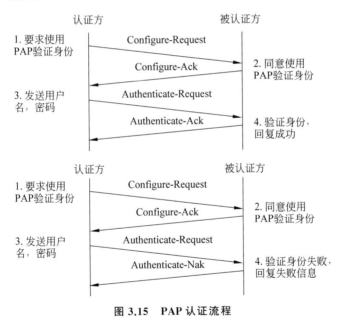

图 3.15　PAP 认证流程

（2）PAP 报文格式

当 PPP 帧中 Protocol 字段取值为 0xC023 时，表示 Information 字段承载的是 PAP 报文。图 3.16 给出了 PAP 的报文格式。

若 Code 取值为 0x01，表示报文是 Authenticate-Request 报文，该报文带有身份和口令的长度和内容；若 Code 取值为 0x02 或 0x03，表示报文是 Authenticate-Ack 报文或 Authenticate-Nak 报文，该报文带有 Message Length 和 Message 字段，指示认证描述信息的长度和内容，如认证失败时，可返回失败原因。

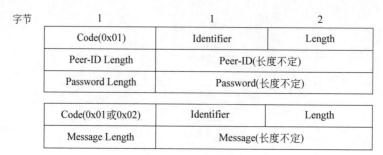

图 3.16　PAP 报文格式

6. CHAP

CHAP(Challenge Handshake Authentication Protocol,询问握手认证协议)通过三次握手周期性地校验对方身份,可以在初始链路建立之后重复进行。通过递增改变的标识和可变的询问值,防止来自端点的重放攻击,限制暴露于单个攻击的时间。目前 PPP 协议的认证阶段多使用 CHAP 认证协议。

（1）CHAP 认证流程

CHAP 认证流程由 Challenge、Response 和 Success/Failure 报文组成,并配合事先协商好的算法,确认被认证方的身份。CHAP 协议通常使用 MD5（Message Digest Algorithm 5）作为其默认算法,因此 CHAP 又称为 MD5 CHAP。CHAP 认证流程如图 3.17 所示。

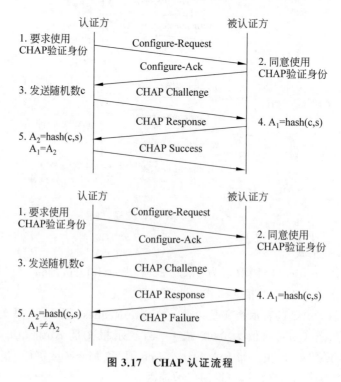

图 3.17　CHAP 认证流程

其中,认证方给被认证方发送一个 Challenge 报文,其中包含了随机数 c;作为响应, 被认证方将双方共享的秘密值 s 和 c 一起作为输入,计算散列值 A_1,散列函数通常使用 MD5 算法,并通过 Response 报文返回;认证方在本地将 s 和 c 作为输入,用同一散列函数计算散列值 A_2,计算出来的结果进行比较,若两者相同,认证通过,返回 Success 报文; 若不同,则认证失败,返回 Failure 报文。

（2）CHAP 报文格式

若 PPP 帧中 Protocol 字段取值为 0xC223 时,表示 Information 字段承载的是 CHAP 报文。图 3.18 给出了 CHAP 报文格式。

字节	1	1	2
	Code(0x01或0x02)	Identifier	Length
	Value-Size	Value(长度不定)	
	Name(长度不定)		
	Code(0x03或0x04)	Identifier	Length
	Message(长度不定)		

图 3.18　CHAP 报文格式

若 Code 取值为 0x01 或 0x02,则分别表示 Challenge 报文和 Response 报文;Value-Size 字段表示 Value 字段的长度,其值是随机数,每次认证的 Value 字段值都不同,认证方和被认证方配合事先协商好的算法来计算散列值;Name 字段包含了发送方的身份描述信息。

若 Code 取值为 0x03 或 0x04,则分别表示 Success 报文和 Failure 报文。Message 字段由零到多字节组成,内含相关的描述信息。

3.2.2　PPP 协议分析

本节以 GNS3 为工作平台,以实验形式展开 PPP 协议的分析工作。

1. 总体思路

通过 GNS3 模拟两台 Cisco 路由器,并在路由器之间配置一条 PPP 链路。首先,利用 Wireshark 工具在 PPP 链路进行捕获,利用捕获结果分析 PPP 链路建立和网络层协商过程;其次,分析 PPP 数据传输过程;最后,在 PPP 链路配置采用 CHAP 协议进行认证,分析 CHAP 认证过程。

2. 网络环境搭建

（1）网络拓扑配置

在 GNS3 中新建工程,配置网络拓扑如图 3.19 所示,其中,R1 和 R2 都是 Cisco 2600 系列路由器(本示例选用 Cisco 2691,选用的 IOS 映像为 c2691-jk9o3s-mz.123-22.bin), R1 和 R2 的 WICs 插槽 wic 0 配置为 WIC-2T 模块接口卡(为路由器提供两个 serial 端口,如图 3.20 所示),并在路由器 R1 的 serial 0/0 端口与路由器 R2 的 serial 0/0 端口之间建立链路。

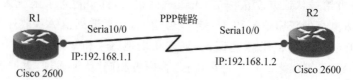

图 3.19 PPP 协议分析网络拓扑

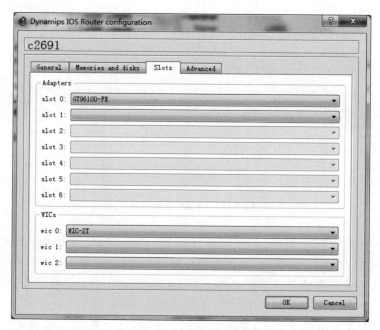

图 3.20 WICs 插槽配置示例

（2）路由器基础配置

在 GNS3 中启动所有设备，路由器 R1 作为 DCE 设备，路由器 R2 作为 DTE 设备，分别对路由器 R1 和 R2 的 serial 0/0 端口配置 IP 地址，停用路由器 R1 和 R2 的 serial 0/0 端口。路由器 R1 配置如下所示。

```
1:   R1>enable
2:   R1#configure terminal
3:   R1(config)#interface serial 0/0
4:   R1(config-if)#ip address 192.168.1.1 255.255.255.0
5:   R1(config-if)#clock rate 128000
6:   R1(config-if)#encapsulation ppp
7:   R1(config-if)#shutdown
```

第 1 行输入 enable 命令，进入全局模式。

第 2 行输入 configure terminal 命令，进入特权模式。

第 3 行输入 interface serial 0/0 命令，进入接口配置模式对 serial 0/0 进行配置。

第 4 行输入 ip address 192.168.1.1 255.255.255.0 命令，对 serial 0/0 配置 ip 地址为

192.168.1.1,子网掩码为 255.255.255.0。

第 5 行输入 clock rate 128000 命令,serial 0/0 作为 DCE 设备,向 DTE 端提供时钟,时钟速率为 128000。

第 6 行输入 encapsulation ppp 命令,serial 0/0 封装 ppp 协议。

第 7 行输入 shutdown 命令,停用 serial 0/0 端口。

路由器 R2 配置如下所示。

```
1:  R2>enable
2:  R2#configure terminal
3:  R2(config)#interface serial 0/0
4:  R2(config-if)#ip address 192.168.1.2 255.255.255.0
5:  R2(config-if)#encapsulation ppp
6:  R2(config-if)#shutdown
```

第 4 行输入 ip address 192.168.1.2 255.255.255.0 命令,对 serial 0/0 配置 ip 地址为 192.168.1.2,子网掩码为 255.255.255.0。

成功进行上述配置后,因路由器 R1 和 R2 的 serial 0/0 均处于停用状态,路由器 R1 和 R2 之间的 ppp 链路并未建立。

3. 链路建立和网络层协商

(1) 数据捕获

① 启动 Wireshark 进行捕获

在 GNS3 中 PPP 链路的上右击,弹出如图 3.21 所示菜单。

图 3.21　捕获 PPP 链路示例

单击"Start capture"菜单项,弹出捕获端口选择窗口,如图 3.22 所示,选择路由器 R1 的 serial 0/0 按照 PPP 协议进行捕获;在包捕获窗口中选择 OK 按钮,启动 Wireshark 并开始捕获,如图 3.23 所示。

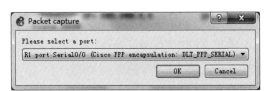

图 3.22　捕获端口选择示例

② 启用路由器 R1 和 R2 端口

路由器 R1 和 R2 上启用 serial 0/0 端口,路由器 R1 具体配置如下(路由器 R2 配置同路由器 R1):

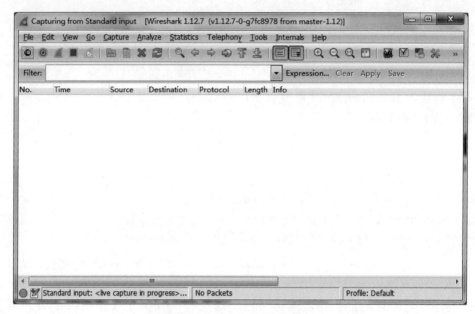

图 3.23   Wireshark 捕获窗口

```
1:   R1>enable
2:   R1#configure terminal
3:   R1(config)#interface serial 0/0
4:   R1(config-if)#no shutdown
```

路由器 R1 配置说明如下：

第 4 行的 no shutdown 命令，用于启用 serial 0/0 端口。

（2）数据格式分析

成功启用路由器 R1 和 R2 的 serial 0/0 端口后，路由器 R1 和 R2 通过链路建立和配置流程建立 PPP 链路，并通过 IPCP 协商双方 IP 地址，借助 Wireshark 可以协助分析其过程。图 3.24 是链路建立和 IPCP 协商示例。

图 3.24 中，第 1～4 包是通信双方使用 LCP 协议的链路建立和配置过程；第 5、7、10 和 11 包是通信双方使用 IPCP 协商 IP 地址的过程；第 6、8、9 和 12 包是通信双方使用 CDPCP（Cisco Discovery Protocol Control Protocol，思科发现协议控制协议）协商 CDP （Cisco Discovery Protocol，思科发现协议）参数的过程；第 13、14 和 19 包是双方路由器采用 CDP 协议交换相邻路由器信息的过程；第 15～18 包是通信双方使用 LCP 协议进行链路质量和性能测试的过程。因 CDPCP 和 CDP 协议是 Cisco 的私有协议，本节不讨论 CDPCP 和 CDP 相关内容。

通过分析第 1～4 包，可勾勒出 LCP 协议的链路建立和配置的基本流程。PPP 链路的建立是双向的，示例中第 1 包和第 3 包组成 DCE 请求 DTE 建立连接过程；第 2 包和第 4 包组成 DTE 请求 DCE 建立连接过程，因其过程类似，仅分析第 1 包和第 3 包。第 1～4 包原始内容如表 3.5 所示。

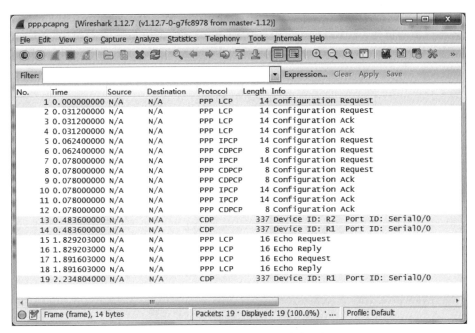

图 3.24　链路建立和 IPCP 协商示例

表 3.5　链路建立和配置流程报文原始内容示例

包序号	对 应 参 数	
1	0000　ff 03 c0 21 01 0b 00 0a 05 06 01 0e 22 7b	...!........"{
2	0000　ff 03 c0 21 01 01 00 0a 05 06 02 11 78 52	...!........xR
3	0000　ff 03 c0 21 02 0b 00 0a 05 06 01 0e 22 7b	...!........"{
4	0000　ff 03 c0 21 02 01 00 0a 05 06 02 11 78 52	...!........xR

　　第 1 包的第 1 字节的值为 0xFF,为 Address 字段,应为 PPP 协议,是点到点的协议,接收方必定只有一个,故此字段固定值为 0xFF,表示所有站点,只有联网的对方才能收到数据;第 2 字节的值为 0x03,为 Control 字段,该字段固定值为 0x03,表示无序号信息;第 3、4 字节的值为 0xC021,为 Protocol 字段,表示 LCP 协议。后续的 Information 信息应该按照 LCP 协议进行解析;第 5 字节的值为 0x01,为 LCP 报文的 Code 字段,0x01 表示 Configure-Request 报文;第 6 字节的值为 0x0B,为 LCP 报文的 Identifier 字段,0x0B 用于标识报文,作为识别之用,当接收方响应 Configure-Request 报文时,其响应报文也必须填入相同值,主要是使 LCP 的请求报文和响应报文能够匹配;第 7、8 字节的值为 0x000A,为 LCP 报文的 Length 字段,0x000A 表示 LCP 报文长度为 10 字节,减去 Code、Identifier 和 Length 字段 4 字节,表示其后的 Data 字段只有 6 字节;第 9~14 字节的值为 0x05 06 01 0E 22 7B,为 LCP 报文的 Data 字段,此处表示 Configure-Request 报文的选项,0x05 表示类型为幻数(Magic Number),0x06 表示选项长度为 6,0x01 0E 22 7B 为 4 字节的幻数(Magic Number)值。

第 3 包的第 5 字节的值为 0x02，为 LCP 报文的 Code 字段，0x02 表示 Configure-Ack 报文；第 6 字节的值为 0x0B，为 LCP 报文的 Identifier 字段，0x0B 表示对 Identifier 字段为 0x0B 的 Configure-Request 报文进行确认；第 7、8 字节的值为 0x000A，为 LCP 报文的 Length 字段，0x000A 表示 LCP 报文长度为 10 字节，减去 Code、Identifier 和 Length 字段 4 字节，其后的 Data 字段只有 6 字节；第 9～14 字节的值为 0x05 06 01 0E 22 7B，为 LCP 报文的 Data 字段，此处表示 Configure-Ack 报文的选项，0x05 表示类型为幻数（Magic Number），0x06 表示选项长度为 6，0x01 0E 22 7B 为 4 字节的幻数（Magic Number）值。

因通信双方未配置认证协议，双方直接进入"网络层协议阶段"，使用 IPCP 协商 IP 地址，通过对第 5、7、10 和 11 包的分析，有助于了解 PPP 链路通过 IPCP 协商相关通信参数的过程（参见本章"3.2.1 PPP 协议概述"的 NCP 部分），其协商过程也是双向的，示例中第 5 包和第 10 包组成一个 IPCP 协商过程；第 7 包和第 11 包也组成一个 IPCP 协商过程，其过程类似，均为 IP 地址的协商，本例仅分析第 5 包和第 10 包。第 5、7、10 和 11 包原始内容如表 3.6 所示。

表 3.6　IPCP 协商报文原始内容示例

包序号	对应参数		
5	0000	ff 03 80 21 01 01 00 0a 03 06 c0 a8 01 01	...!..........
7	0000	ff 03 80 21 01 01 00 0a 03 06 c0 a8 01 02	...!..........
10	0000	ff 03 80 21 02 01 00 0a 03 06 c0 a8 01 01	...!..........
11	0000	ff 03 80 21 02 01 00 0a 03 06 c0 a8 01 02	...!..........

第 5 包的第 3、4 字节的值为 0x8021，为 Protocol 字段，表示 IPCP 协议。后续的 Information 信息应该按照 IPCP 报文进行解析；第 5 字节的值为 0x01，为 IPCP 报文的 Code 字段，0x01 表示 Configure-Request；第 6 字节的值为 0x01，为 IPCP 报文的 Identifier 字段，0x01 用于标识报文，作为识别之用，当接收方响应 Configure-Request 报文时，其响应报文也必须填入相同值；第 7、8 字节的值为 0x000A，为 IPCP 报文的 Length 字段，0x000A 表示 IPCP 报文长度为 10 字节，减去 Code、Identifier 和 Length 字段 4 字节，表示其后的 Data 字段只有 6 字节；第 9～14 字节的值为 0x03 06 C0 A8 01 01，为 IPCP 报文的 Data 字段，此处表示 Configure-Request 报文的选项。0x03 表示类型为 IP 地址（IP Address），0x06 表示选项长度为 6，0xC0 A8 01 01 为 4 字节 IP 地址值（192.168.1.1）。

第 10 包的第 5 字节的值为 0x02，为 IPCP 报文的 Code 字段，0x02 表示 Configure-Ack；第 6 字节的值为 0x01，为 IPCP 报文的 Identifier 字段，表示对 Identifier 字段为 0x01 的 Configure-Request 报文进行确认；第 7、8 字节的值为 0x000A，为 IPCP 报文的 Length 字段，0x000A 表示 IPCP 报文长度为 10 字节，减去 Code、Identifier 和 Length 字段 4 字节，表示其后的 Data 字段只有 6 字节；第 9～14 字节的值为 0x03 06 C0 A8 01 01，为 IPCP 报文的 Data 字段，此处表示 Configure-Ack 报文的选项。0x03 表示类型为 IP 地址（IP Address），0x06 表示选项长度为 6，0xC0 A8 01 01 为 4 字节 IP 地址值（192.168.1.1）。

通信双方成功协商 IP 地址后,PPP 链路会定期进行链路质量和性能测试(参见 3.2.1 节),本例中的第 15～18 包展示了这一过程。其协商过程也是双向的,示例中第 15 包和第 16 包组成一个链路质量和性能测试过程;第 17 包和第 18 包也组成相同过程,只是发起方不同,本例仅分析第 15 包和第 16 包。第 15～18 包原始内容如表 3.7 所示。

表 3.7　PPP 链路质量和性能测试原始内容示例

包序号	对 应 参 数		
15	0000	ff 03 c0 21 09 01 00 0c 02 11 78 52 01 0e 22 7b	...!......xR.."{
16	0000	ff 03 c0 21 0a 01 00 0c 01 0e 22 7b 01 0e 22 7b	...!......"{.."{
17	0000	ff 03 c0 21 09 01 00 0c 01 0e 22 7b 02 11 78 52	...!......"{..xR
18	0000	ff 03 c0 21 0a 01 00 0c 02 11 78 52 02 11 78 52	...!......xR..xR

第 15 包的第 3、4 字节的值为 0xC021,为 Protocol 字段,表示 LCP 协议。后续的 Information 信息应该按照 LCP 协议进行解析;第 5 字节的值为 0x09,为 LCP 报文的 Code 字段,0x09 表示 Echo-Request;第 6 字节的值为 0x01,为 LCP 报文的 Identifier 字段,0x01 用于标识报文,作为识别之用,当接收方响应 Echo-Request 报文时,其响应报文也必须填入相同值;第 7、8 字节的值为 0x000C,为 LCP 报文的 Length 字段,0x000C 表示 LCP 报文长度为 12 字节,减去 Code、Identifier 和 Length 字段 4 字节,表示其后的 Data 字段只有 8 字节;第 9～12 字节的值为 0x02 11 78 52,为幻数,第 13～16 字节的值为 0x01 0E 22 7B,为 4 字节的数据。

第 16 包的第 5 字节的值为 0x0A,为 LCP 报文的 Code 字段,0x0A 表示 Echo-Reply;第 6 字节的值为 0x01,为 LCP 报文的 Identifier 字段,表示对 Identifier 字段为 0x01 的 Echo-Request 报文进行确认;第 7、8 字节的值为 0x000C,为 LCP 报文的 Length 字段,0x000C 表示 LCP 报文长度为 12 字节,减去 Code、Identifier 和 Length 字段 4 字节,表示其后的 Data 字段只有 8 字节;第 9～12 字节的值为 0x01 0E 22 7B,为幻数,第 13～16 字节的值为 0x01 0E 22 7B,为 4 字节的数据。

4. 数据传输

通信双方成功建立链路后,双方之间开始进行数据传输。现以路由器 R1 和 R2 模拟通信双方,R1 和 R2 之间进行网络层连通性测试(Ping 命令),模拟数据传输过程。

在路由器 R1 上输入"ping 192.168.1.2"命令,如图 3.25 所示,同时观察 Wireshark 捕获的数据包,可观察到 5 对 ICMP 请求应答报文,如图 3.26 所示。

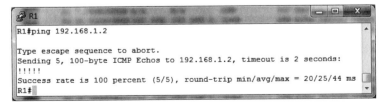

图 3.25　路由器 R1 与 R2 连通性测试示例

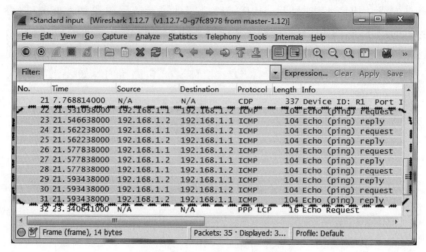

图 3.26　捕获的数据传输示例

在图 3.26 中,第 22~31 包是通信双方采用 ICMP 进行网络层连通性测试的 5 次过程,本例仅分析第 1 个过程(第 22 包和第 23 包)。第 22、23 包原始内容如表 3.8 所示。

表 3.8　数据传输原始内容示例

包序号	对 应 参 数		
22	0000	ff 03 00 21 45 00 00 64 00 00 00 00 ff 01 38 45	...! E..d......8E
	0010	c0 a8 01 01 c0 a8 01 02 08 00 3e 7c 00 00 00 00	..........>|....
	0020	00 00 00 00 00 00 02 3f cc ab cd ab cd ab cd ab cd	......?.........
	0030	ab cd ab cd ab cd ab cd ab cd ab cd ab cd ab cd	....
	0040	ab cd ab cd ab cd ab cd ab cd ab cd ab cd ab cd	....
	0050	ab cd ab cd ab cd ab cd ab cd ab cd ab cd ab cd	....
	0060	ab cd ab cd ab cd ab cd	....
23	0000	ff 03 00 21 45 00 00 64 00 00 00 00 ff 01 38 45	...! E..d......8E
	0010	c0 a8 01 02 c0 a8 01 01 00 00 46 7c 00 00 00 00	..........F|....
	0020	00 00 00 00 00 00 02 3f cc ab cd ab cd ab cd ab cd	......?.........
	0030	ab cd ab cd ab cd ab cd ab cd ab cd ab cd ab cd	....
	0040	ab cd ab cd ab cd ab cd ab cd ab cd ab cd ab cd	....
	0050	ab cd ab cd ab cd ab cd ab cd ab cd ab cd ab cd	....
	0060	ab cd ab cd ab cd ab cd	....

第 15 包的第 1 字节的值为 0xFF,为 Address 字段,固定值为 0xFF;第 2 字节的值为 0x03,为 Control 字段,固定值为 0x03,表示无序号信息;第 3、4 字节的值为 0x0021,为 Protocol 字段,表示 IP 协议,后续的 Information 信息应该按照 IP 协议进行解析;第 5~ 24 字节为 IP 数据报的 IP 头,具体解析参看 4.2 节;第 25~104 字节为 ICMP 报文的内容,具体解析请参见 4.5 节。

5. CHAP 认证

(1)路由器基础配置

上述两个实验中通信双方并未配置认证协议,因此通信双方直接进入"网络层协议阶段"。现在以 CHAP 协议为例,在路由器 R1 和 R2 之间对 PPP 链路配置 CHAP 认证,来分析 PPP 链路上 CHAP 认证过程。

在 GNS3 中新建工程,配置网络拓扑如图 3.19 所示。路由器 R1 配置如下所示:

```
1:  R1>enable
2:  R1#configure terminal
3:  R1#username R2 password hello
4:  R1(config)#interface serial 0/0
5:  R1(config-if)#ip address 192.168.1.1 255.255.255.0
6:  R1(config-if)#clock rate 128000
7:  R1(config-if)#encapsulation ppp
8:  R1(config-if)#ppp authentication chap
9:  R1(config-if)#shutdown
```

第 3 行输入 username R2 password hello 命令,在 R1 上创建本地用户名和密码,该用户名和密码会被随后的 CHAP 认证使用,用户名一般是对方的主机名(Hostname),否则无法通过认证。此处设定用户是 R2,密码是 hello。

第 8 行输入 ppp authentication chap 命令,设置认证方式为 chap。

第 9 行输入 shutdown 命令,停用 serial 0/0 端口。

路由器 R2 配置如下所示。

```
1:  R2>enable
2:  R2#configure terminal
3:  R2#username R1 password hello
4:  R2(config)#interface serial 0/0
5:  R2(config-if)#ip address 192.168.1.2 255.255.255.0
6:  R2(config-if)#encapsulation ppp
7:  R2(config-if)#ppp authentication chap
8:  R2(config-if)#shutdown
```

第 3 行输入 username R1 password hello 命令,在 R2 上创建本地用户名和密码,该用户名和密码会被随后的 CHAP 认证使用,用户名一般是对方的主机名(Hostname),否则无法通过认证。此处设定用户是 R1,密码是 hello。

第 7 行输入 ppp authentication chap 命令,设置认证方式为 chap。

第 8 行输入 shutdown 命令,停用 serial 0/0 端口。

(2) 数据捕获

采用本节中"3. 链路建立和网络层协商"相同步骤,启动 Wireshark 进行数据捕获,如图 3.21、图 3.22 和图 3.23 所示。在路由器 R1 和 R2 上分别启用 serial 0/0 端口,路由器 R1 具体配置如下(路由器 R2 配置同路由器 R1):

```
1:  R1>enable
2:  R1#configure terminal
3:  R1(config)#interface serial 0/0
4:  R1(config-if)#no shutdown
```

路由器 R1 配置说明如下：

第 4 行的 no shutdown 命令，用于启用 serial 0/0 端口。

（3）数据格式分析

成功启用路由器 R1 和 R2 的 serial 0/0 端口后，PPP 链路在进入"网络层协议阶段"前，会进入"认证阶段"，图 3.27 是捕获的 CHAP 认证过程示例。

图 3.27 中，第 5～8 包是通信双方使用 LCP 协议的链路建立和配置过程；第 9～14 包是通信双方使用 CHAP 认证过程。在第 5～8 包中，对采用的认证协议类型进行协商，示例中第 5 包和第 7 包是路由器 R1 发起的链路建立和配置协商过程，第 6 包和第 8 包是路由器 R2 发起的链路建立和配置协商过程。第 9～14 包中通信双方的认证是双向的，示例中第 9 包、第 11 包和第 13 包组成路由器 R1 对 R2 的认证过程，第 10 包、第 12 包和第 14 包组成路由器 R2 对 R1 的认证过程。因其过程类似，仅分析第 5、7、9、11 和 13 包，展示链路建立和配置协商和 CHAP 认证过程，图 3.27 中各个包的原始内容如表 3.9 所示。

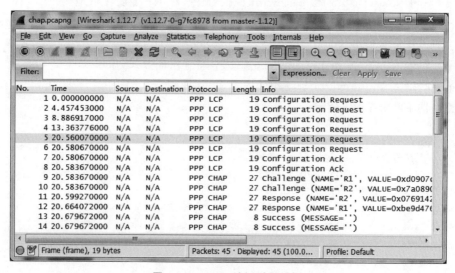

图 3.27　CHAP 认证过程示例

表 3.9　链路建立和配置协商和 CHAP 认证原始内容示例

包序号	对 应 参 数	
5	0000	ff 03 c0 21 01 01 00 0f 03 05 c2 23 05 05 06 02
		...!.......#....
	0010	1b 6a d6
		.j.
7	0000	ff 03 c0 21 02 01 00 0f 03 05 c2 23 05 05 06 02
		...!.......#....
	0010	1b 6a d6
		.j.
9	0000	ff 03 c2 23 01 01 00 17 10 d0 90 7c e1 b3 b0 5d
		...#.......|...]
	0010	c3 cd a5 22 d4 e1 ea 73 85 52 31
		..."...s.R1
11	0000	ff 03 c2 23 02 01 00 17 10 07 69 14 24 73 c7 f1
		...#......i. $ s..
	0010	2d a7 40 22 12 12 d4 bf d1 52 32
		-.@".....R2
13	0000	ff 03 c2 23 03 01 00 04
		...#....

第 5 包的第 3、4 字节的值为 0xC021，为 Protocol 字段，表示 LCP 协议；第 5 字节的值为 0x01，为 LCP 报文的 Code 字段，0x01 表示 Configure-Request；第 6 字节的值为 0x01，为 LCP 报文的 Identifier 字段；第 7、8 字节的值为 0x000F，为 LCP 报文的 Length 字段，0x000F 表示 LCP 报文长度为 15 字节，减去 Code、Identifier 和 Length 字段 4 字节，表示其后的 Data 字段只有 11 字节；第 9～13 字节的值为 0x03 05 C2 23 05，为 Configure-Request 报文的认证协议选项，0x03 表示类型为认证协议，0x05 表示选项长度为 5 字节，0xC223 表示认证协议为 CHAP，0x05 表示算法是 MD5；第 14～19 字节的值为 0x05 06 02 1B 6A D6，为 Configure-Request 报文的幻数选项，0x05 表示类型为幻数，0x06 表示选项长度为 6 字节，0x02 1B 6A D6 为 4 字节的幻数值。

　　第 7 包的第 5 字节的值为 0x02，为 LCP 报文的 Code 字段，0x01 表示 Configure-Ack；第 9～13 字节的值为 0x03 05 C0 23 05，为 Configure-Ack 报文的认证协议选项，0x03 表示类型为认证协议，0x05 表示选项长度为 5 字节，0xC023 表示认证协议为 CHAP，0x05 表示算法是 MD5；第 14～19 字节的值为 0x05 06 02 1B 6A D6，为 Configure-Ack 报文的幻数选项，0x05 表示类型为幻数，0x06 表示选项长度为 6，0x02 1B 6A D6 为 4 字节的幻数值。

　　第 9 包的第 3、4 字节的值为 0xC223，为 Protocol 字段，表示 CHAP 协议；第 5 字节的值为 0x01，为 CHAP 报文的 Code 字段，0x01 表示 Challenge 报文；第 6 字节的值为 0x01，为 CHAP 报文的 Identifier 字段；第 7、8 字节的值为 0x0017，为 CHAP 报文的 Length 字段，0x0017 表示 CHAP 报文长度为 23 字节，减去 Code、Identifier 和 Length 字段 4 字节，表示其后的 Data 字段只有 19 字节；第 9～27 字节的值为 0x10 D0 90 7C E1 B3 B0 5D C3 CD A5 22 D4 E1 EA 73 85 52 31，按照 Challenge 报文解析，0x10 表示 Value-Size 为 16 字节，Value 为 0xD0 90 7C E1 B3 B0 5D C3 CD A5 22 D4 E1 EA 73 85，0x52 31 表示 Name 为"R1"。

　　第 11 包的第 3、4 字节的值为 0xC223，为 Protocol 字段，表示 CHAP 协议；第 5 字节的值为 0x02，为 CHAP 报文的 Code 字段，0x02 表示 Response 报文；第 6 字节的值为 0x01，为 CHAP 报文的 Identifier 字段；第 7、8 字节的值为 0x0017，为 CHAP 报文的 Length 字段，0x0017 表示 CHAP 报文长度为 23 字节，减去 Code、Identifier 和 Length 字段 4 字节，表示其后的 Data 字段只有 19 字节；第 9～27 字节的值为 0x10 07 69 14 24 73 C7 F1 2D A7 40 22 12 12 D4 BF D1 52 32，按照 Response 报文解析，0x10 表示 Value-Size 为 16 字节，Value 为 0x07 69 14 24 73 C7 F1 2D A7 40 22 12 12 D4 BF D1，0x52 32 表示 Name 为"R2"。

　　第 13 包第 3、4 字节的值为 0xC223，为 Protocol 字段，表示 CHAP 协议；第 5 字节的值为 0x03，为 CHAP 报文的 Code 字段，0x02 表示 Success；第 6 字节的值为 0x01，为 CHAP 报文的 Identifier 字段；第 7、8 字节的值为 0x0004，为 CHAP 报文的 Length 字段，0x004 表示 CHAP 报文长度为 4 字节，减去 Code、Identifier 和 Length 字段 4 字节，表示其后的 Data 字段只有 0 字节，说明 Message 为空。

3.2.3 PPP 协议仿真

本节以 NS3 为仿真平台,展开 PPP 协议的仿真工作,因 NS3 对 PPP 协议栈的实现不完整,仅仿真 IP 数据报利用 PPP 帧承载数据的通信过程。

1. 仿真环境设计

本仿真将建立两个通信节点(Node),并在两个节点间建立一条 PPP 链路;PPP 链路上将装载 IP 协议栈,并为两个节点分配 IP 地址;应用层配置简单的 Echo 服务(借助 UDP 实现)。仿真拓扑如图 3.28 所示,协议栈如图 3.29 所示。

图 3.28　PPP 仿真拓扑

Client		Server	
应用层	Echo	Echo	应用层
传输层	UDP	UDP	传输层
网络层	IP	IP	网络层
数据链路层	PPP	PPP	数据链路层
物理层	*	*	物理层
Node1		Node2	

图 3.29　PPP 仿真协议栈

其中,Node1 为 Echo 客户端,Node2 为 Echo 服务端,Node1 和 Node2 之间为 PPP 链路,该链路数据传输速率为 5Mb/s,时延为 2ms。Node1 的 IP 地址为 192.168.1.1,Node2 的 IP 地址为 192.168.1.2。

在协议栈中,数据链路层上使用 PPP 协议,网络层使用 IP 协议,传输层使用 UDP 协议,应用层配置 Echo 服务。

2. 仿真设计思路

PPP 协议仿真设计思路如下:

(1) 使用 NodeContainer 的拓扑生成器创建两个 Node,分别代表 Node1 和 Node2;

(2) 使用 PointToPointHelper 初始化 PPP 协议栈,并设定链路速率和时延;

(3) 使用 PointToPointHelper 将 NodeContainer 安装到 NetDeviceContainer 中;

(4) 使用 InternetStackHelper 为 NodeContainer 中的节点安装 TCP/IP 协议栈;

(5) 使用 Ipv4AddressHelper 为 NetDeviceContainer 中的网络设备设置 IP 地址;

(6) 使用 UdpEchoServerHelper 创建一个 UDP 回显服务应用,将其安装在 Node2 上;

（7）使用 UdpEchoClientHelper 创建一个 UDP 回显客户端应用，将其安装在 Node1 上；

（8）使用 PointToPointHelper 在 PPP 协议栈对 Node1 和 Node2 所在的设备启用 PCAP Trace；

（9）启动仿真；

（10）在 UDP 回显服务应用和 UDP 回显客户端应用运行完毕后停止仿真，并销毁对象，释放内存。

3. 仿真代码

仿真实现代码如下：

例程 3-1：ppp.cc

```
1:   //引入必要的头文件
2:   #include "ns3/core-module.h"
3:   #include "ns3/network-module.h"
4:   #include "ns3/internet-module.h"
5:   #include "ns3/point-to-point-module.h"
6:   #include "ns3/applications-module.h"
7:   //使用 NS3 的命名空间
8:   using namespace ns3;
9:   //启用日志
10:  NS_LOG_COMPONENT_DEFINE ("PPP Example");
11:
12:  int main (int argc, char * argv[])
13:  {
14:    Time::SetResolution (Time::NS);                //设置时间单位
15:    //开启客户端和服务器应用日志，记录客户端和服务器的使用情况
16:    LogComponentEnable ("UdpEchoClientApplication", LOG_LEVEL_INFO);
17:    LogComponentEnable ("UdpEchoServerApplication", LOG_LEVEL_INFO);
18:    //实例化节点容器对象，创建两个新的节点
19:    NodeContainer nodes;
20:    nodes.Create (2);
21:    //实例化一个 PPP 协议的对象，设定数据传输速率和时延
22:    PointToPointHelper pointToPoint;
23:    pointToPoint.SetDeviceAttribute ("DataRate", StringValue ("5Mbps"));
24:    pointToPoint.SetChannelAttribute ("Delay", StringValue ("2ms"));
25:    //实例化网络设备容器，为节点安装带有点到点协议的网络设备
26:    NetDeviceContainer devices;
27:    devices = pointToPoint.Install (nodes);
28:    //实例化 IP 协议栈，为节点安装 IP 协议栈
29:    InternetStackHelper stack;
30:    stack.Install (nodes);
31:    //实例化 IP 地址的对象，为节点设定 IP 地址
32:    Ipv4AddressHelper address;
```

```
33:    address.SetBase ("192.168.1.0", "255.255.255.0");
34:    Ipv4InterfaceContainer interfaces = address.Assign (devices);
35:    //应用层配置
36:    UdpEchoServerHelper echoServer (9);              //实例化服务器应用,监听端口 9
37:    //实例化服务器对象,Node2 安装服务,设定服务开始和结束时间
38:    ApplicationContainer serverApps = echoServer.Install (nodes.Get (1));
39:    serverApps.Start (Seconds (1.0));
40:    serverApps.Stop (Seconds (10.0));
41:    //实例化客户端应用,发送给 Node2 的 IP,端口 9
42:    UdpEchoClientHelper echoClient (interfaces.GetAddress (1), 9);
43:    //设置数据包的个数,包的间隔时间,数据包的大小
44:    echoClient.SetAttribute ("MaxPackets", UintegerValue (1));
45:    echoClient.SetAttribute ("Interval", TimeValue (Seconds (1.0)));
46:    echoClient.SetAttribute ("PacketSize", UintegerValue (100));
47:    //实例化客户端对象,Node1 安装服务,设定客户端开始和结束时间
48:    ApplicationContainer clientApps = echoClient.Install (nodes.Get (0));
49:    clientApps.Start (Seconds (2.0));
50:    clientApps.Stop (Seconds (10.0));
51:    //对 Node1 和 Node2 分别 PPP 协议启用捕获
52:    pointToPoint.EnablePcap("Node1",devices.Get(0));
53:    pointToPoint.EnablePcap("Node2",devices.Get(1));
54:
55:    Simulator::Run ();                               //开始运行
56:    Simulator::Destroy ();                           //运行结束后销毁内存
57:    return 0;                                        //返回成功值
58: }
```

仿真代码说明如下:

第 2~6 行是加载的头文件声明,第 2 行加载核心模型库,第 3 行加载网络模型库,第 4 行加载因特网模型库,第 5 行加载 PPP 模型库,第 6 行加载应用模型库。

第 8 行声明仿真程序的命名空间为 NS3,目的是在使用 NS3 的代码时,避免在所有的 NS3 代码前必须打上"ns3::"作用域操作符。

第 10 行声明名字为"PPP Example"的日志构件,通过引用该名字的操作,可实现打开或者关闭控制台日志的输出。

第 14 行设置时间分辨率为纳秒(ns)。

第 16~17 行将 Echo 应用的客户端和服务器的日志级别设为 INFO 级。若仿真发生数据包发送和接收事件,对应应用会输出相应的日志消息。

第 19~20 行声明了一个名为"nodes"的 NodeContainer,并调用了 NodeContainer 的 Create()方法创建了两个节点。NodeContainer 的拓扑生成器提供一种简便的方式来创建、管理和使用任何节点对象,可使用这些节点来运行模拟器。

第 22~24 行实例化一个 PPP 协议的对象,并设定数据传输速率和时延参数。通过 PointToPointHelper 可以配置和连接 NS3 中的 PointToPointNetDevice 和 PointToPointChannel

对象,此 3 行代码从上层的角度告诉 PointToPointHelper 对象,当创建一个
PointToPointNetDevice 对象时,使用"5Mb/s"来作为数据速率,使用"2ms"作为被创建的点到点
信道的传输延时值。

第 26～27 行完成设备和信道的配置。第 26 行声明了上述的设备容器,第 27 行完成
主要工作。PointToPointHelper 的 Install()方法以一个 NodeContainer 对象作为一个参
数,在 Install()方法内,创建了一个 NetDeviceContainer。对于在 NodeContainer 对象中
的每一个节点(对于 PPP 链路必须明确有两个节点),在设备容器内创建和保存了一个
PointToPointNetDevice,两个 PointToPointNetDevice 与 PointToPointChannel 对象之相
连。当调用了 pointToPoint.Install(nodes)后,两个节点连接到点到点网络设备,在两个
节点之间是一个点到点信道,两个设备通过一个有 2ms 传输延时的信道相连,以 5Mb/s
的数据速率传输数据。

第 29～30 行实例化 IP 协议栈,并为节点安装 IP 协议栈。类 InternetStackHelper 是
安装网络协议栈的拓扑生成器类,其中 Install()方法以一个 NodeContainer 对象作为一
个参数,其执行后,会为节点容器中的每一个节点安装一个网络协议栈(TCP、UDP、IP
等)。

第 32～34 行声明了一个地址生成器对象,并且应该开始从 192.168.1.0 开始以子网
掩码为 255.255.255.0 分配地址。地址分配默认是从 1 开始自增,因此第一个分配的地址
会是 192.168.1.1,紧跟着是 192.168.1.2,NS3 本身会记住所有已分配的 IP 地址。

第 36～40 行声明一个 UdpEchoServerHelper 对象,该对象用于创建服务端应用,并
在管理节点的 NodeContainer 容器索引号为 1(索引从 0 开始,即 Node2)的节点上,安装
UdpEchoServerApplication 应用,应用从 1s 时开始,并在 10s 时停止。

第 42～50 行同上,声明一个 UdpEchoClientHelper 对象,该对象用于创建客户端应
用,并在管理节点的 NodeContainer 容器索引号为 0(即 Node1)的节点上,安装
UdpEchoClientApplication 应用,应用需设置服务器端应用的地址、端口号信息、最大数
据包数、时间间隔和承载数据大小,应用从 2s 时开始,并在 10s 时停止。

第 52～53 行声明对 Node1 和 Node2 启用包捕获,创建.pcap 格式的 Trace 文件,以
方便后期使用 TCPdump 或 Wireshark 分析捕获结果。

第 55～56 行调用 Simulator::Run 时,NS3 系统开始遍历预设事件列表,并开始执行
事件,当事件执行完毕,无后续事件需要执行时,函数 Simulator::Run 返回,此时模拟过
程结束。调用 Simulator::Destroy 时,会销毁上述创建的所有对象。

4. 仿真运行及结果分析

(1) 编译与运行

使用任意文本编辑器将例程 3-1 保存为 ppp.cc,保存在 NS3 安装目录下的 scratch 目
录中,该目录的性质类似于 VC/VC++ 环境下的 Debug 目录;在 NS3 安装目录下使用
waf 命令完成编译工作,如图 3.30 所示;若无编译错误,在 NS3 安装目录下使用 waf --run
ppp 命令运行程序,运行结果如图 3.31 所示。

(2) 结果分析

仿真程序成功运行后,NS3 安装目录下应当存在以 Node1 和 Node2 开头的 pcap 文

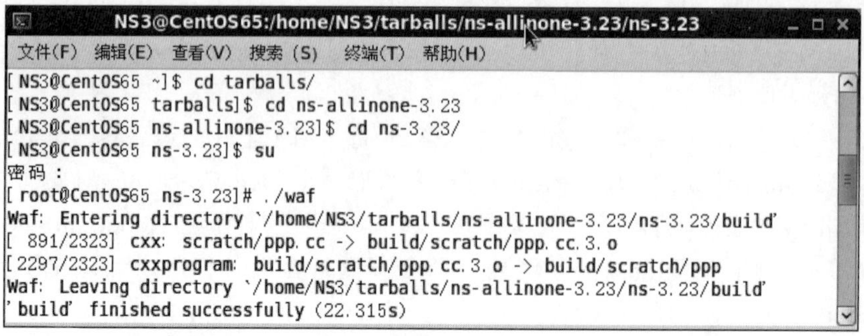

图 3.30　编译例程 3-1 示例

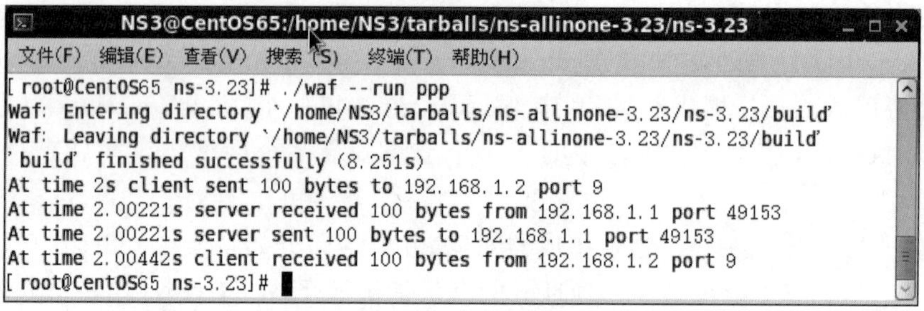

图 3.31　运行例程 3-1 仿真示例

件,该文件是 Node1 和 Node2 的 PCAP Trace 文件。

　　上述文件可使用 TCPdump 或 Wireshark 分析捕获结果,以 Node1 的 Trace 文件为例,其内容如图 3.32 所示。

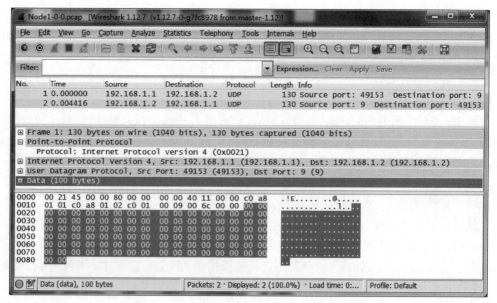

图 3.32　例程 3-1 仿真示例中 Node1 的通信示例

通过分析 Trace 文件内容,可发现如下细节:

- Node1 的通信仅有两个包,第 1 包是 UdpEchoClientHelper 应用发送的 Echo 请求报文,第 2 包是 UdpEchoServerHelper 应用回应的 Echo 响应报文,与仿真程序中将 UdpEchoClientHelper 应用的属性 MaxPackets 设置为 1(只发送 1 包)一致;
- 第 1 包的 Echo 请求报文和第 2 包的 Echo 响应报文使用的协议栈,同仿真程序一致,均使用 PPP 承载 IP,用 IP 承载典型的 UDP 回显应用;
- Echo 请求报文和 Echo 响应报文的 Data 部分的长度和仿真程序一致 (UdpEchoClientHelper 应用的属性 PacketSize 设置为 100);
- Echo 请求报文和 Echo 响应报文的源 IP 地址和目的 IP 地址与仿真程序一致 (192.168.1.1 和 192.168.1.2);
- Echo 请求报文和 Echo 响应报文的第 1、2 字节的内容为 0x0021,与 PPP 帧的帧头结构存在差异(应为 0x7E FF 03 00 21),通过查看 PointToPointNetDevice、PointToPointChannel、PppHeader 和 PointToPointHelper 类的源代码,未发现对 Flag、Address 和 Control 字段的处理,其帧头部分从协议字段开始处理,应该与 PPP 协议帧头的 Flag、Address 和 Control 字段值都是固定值有关;
- 除数据传输帧外,未发现与链路配置、维护、终止和认证等相关操作报文,通过查看 PointToPointNetDevice 类的源代码,发现 PointToPointHelper 提供的链路仅当协议字段值为 0x0021 和 0x0057(IPv4 和 IPv6)时,才进行处理。

综上所述,现阶段 NS3 提供的 PPP 协议栈仅提供数据链路的通信功能,并只能承载 IP 数据报。

3.3　以太网协议分析

3.3.1　以太网概述

在有线局域网技术中,目前以太网(Ethernet)占据统治地位。下面通过以太网帧格式、MAC 地址和以太网采用的多路访问协议(CSMA/CD)对以太网进行介绍。

1. 帧格式

以太网的帧包含了 7 个字段:前同步码(Preamble)、帧首定界符(SFD)、目的地址(DA)、源地址(SA)、长度/类型(Type/Length)、数据和填充(Data and Pad)以及循环冗余校验(Cyclic Redundancy Check,CRC)。对于收到的帧,以太网不提供任何机制进行确认,因此以太网是一种不可靠的有线局域网技术。以太网的帧格式如图 3.33 所示。

前同步码(Preamble):56 比特交替出现的 1 和 0。

帧首定界符(SFD):标志(10101011)。

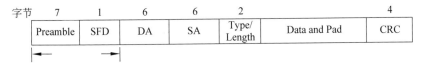

图 3.33　以太网帧格式

前同步码(Preamble)(7 字节)   前同步码 7 字节(56 比特),由交替出现的 0 和 1 组成,其作用是提醒接收方有帧到来,并且使接收方与输入定时同步。此种交替出现的 0 和 1 仅仅提供通知及定时的脉冲,56 比特前同步码允许接收站错过帧最前面的几个比特。注意:前同步码实际上是在物理层添加上去的,并不是(正式的)帧的一部分。

帧首定界符(SFD)(1 字节)   帧首定界符(1 字节:10101011)作为帧开始的信号。用于提醒接收方此时是最后一次进行同步的机会。最后两个比特是 11,以提醒接收方下一个字段就是帧的目的地址。注意:帧首定界符也是由物理层添加的。

目的地址(DA)(6 字节)   目的地址字段包含目的站点或者将要接收该分组站点的物理地址。编址问题请参看下一小节"MAC 地址"。

源地址(SA)(6 字节) 源地址字段包含分组的发送站点的物理地址。

长度/类型(Type/Length)(2 字节)   长度/类型字段定义为类型字段或者长度字段。最初的以太网将此字段用作类型字段,以定义使用该帧的上层协议。而 IEEE 802.3 标准将其作为长度字段,用于指明在数据字段中所包含的字节数,目前这两个使用方式都很常见。

数据和填充(Data and Pad)(46~1500 字节)   数据字段携带上层协议交付的数据,最小长度是 46 字节,最大长度是 1500 字节。当此字段的数据小于 46 字节时,会用填充(Pad)字段进行补充。

循环冗余校验(Cyclic Redundancy Check,CRC)(4 字节)   循环冗余校验字段包含差错检测信息,使用 CRC 算法计算从目的地址到数据和填充部分的内容,并将计算结果(校验和)放在此字段中,以太网 CRC 算法采用的是 CRC-32。

以太网对帧的最小长度和最大长度都有严格规定,如图 3.34 所示。限制最小长度的原因是为了使 CSMA/CD 能够正确工作,以太网帧最少需要有 512 比特或 64 字节的长度。该长度中有部分是首部和尾部的长度。如果首部和尾部总共算作 18 字节(6 字节的源地址,6 字节的目的地址,2 字节的长度/类型字段和 4 字节的 CRC),则上层交付的数据报的最小长度是 64-18=46 字节。如果交付的数据报长度少于 46 字节,就需要进行填充。

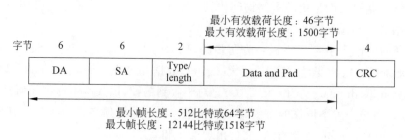

图 3.34   以太网的帧长

以太网协议规定帧的最大长度(不算前同步码和 SFD 字段)是 1518 字节。若减首部和尾部的 18 字节,最大有效载荷长度是 1500 字节。最大长度的限制有两个历史原因:首先,在最初设计以太网时,内存是非常昂贵的,而限制最大长度有助于减少缓存的大小;其次,最大长度的限制可以防止某个站点独占共享信道,阻止其他需要发送数据的站点进行发送。

2. MAC 地址

以太网中的每个站点(如 PC、工作站或打印机)都有自己的网络接口卡(Network Interface Card,NIC),NIC 通常安装在站点内部,并为该站点提供 6 字节的物理地址。以太网的地址长度为 6 字节(48 比特),通常采用冒号十六进制记法,该地址也称为数据链路地址、物理地址或 MAC 地址。例如,"4A:30:10:21:10:1A"为一个以太网的 MAC 地址。

单播、多播和广播地址

以太网的源地址始终是单播地址,因为任何帧都只能来自于一个站点。而目的地址则有可以是单播、多播或者广播地址。图 3.35 展示了如何区分单播地址和多播地址,若目的地址的第一个字节的最低位是 0,则该地址就是单播地址,反之为多播地址。

单播地址仅指定了一个接收方,即说明发送方和接收方之间是一对一的关系。多播地址指定一组地址(多个站点),即说明发送方和接收方之间是一对多的关系。

广播地址是多播地址的一种特殊形式,其接收方为该局域网中所有的站点,广播地址是由 48 个 1(FF:FF:FF:FF:FF:FF)组成的地址。

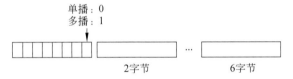

图 3.35　MAC 地址中的单播和多播地址

3. CSMA/CD

以太网协议规定使用 CSMA/CD(Carrier Sense Multiple Access with Collision Detection,带碰撞检测的载波侦听多点接入)作为传统以太网的接入方法。虽然在传统的以太网中,各站点在物理上通过总线或星形拓扑连接在一起,但是其逻辑拓扑结构一定是总线的,即所有站点共享信道,并且一次只能由一个站点使用共享信道,即由某个站点所发送的帧将被所有站点接收(广播方式)。只有目的站点才接收该帧,而其他站点丢弃该帧。在此种情况下,如何才能保证两个站点不会在同一时间使用共享信道呢? 因为如果两个站点同时使用信道,发送的帧就会发生碰撞。

为使发生碰撞的概率会减至最小(目的是提高链路的吞吐量),以太网使用 CSMA/CD 作为其多路访问协议。CSMA(Carrier Sense Multiple Access,载波侦听多点接入)要求每个站点在发送之前先要对信道进行侦听(或检查信道状态),也就是说,"传送前先侦听"或"先听后讲"。该策略虽然不能从根本上消除碰撞,但是能够降低发生碰撞的概率,原因如图 3.36 所示,图中给出了 CSMA 碰撞原因分析,其中所有站点都共享同一信道。

虽然 CSMA 采用了"传送前先侦听",但由于传播时延的存在,依然存在发生碰撞的可能性。当某站点发送了一个帧之后,该帧的第一个比特要到达所有站点并使每个站点侦听到该帧的存在需要花费一定的时间。也就是说,虽然一个站点在侦听信道时发现其是空闲的,但可能并非真的空闲,很有可能是因为另一个站点发送的帧的第一个比特还没有到达该站点。

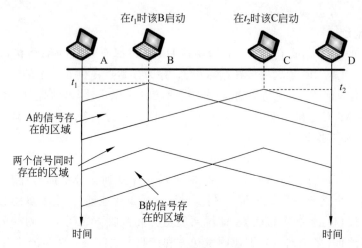

图 3.36   CSMA 碰撞原因分析

在 t_1 时刻,站点 B 侦听信道并发现其空闲,因此站点 B 发送了一个帧。在 t_2 时刻 $(t_2 > t_1)$,站点 C 侦听信道并发现其空闲,因为此时由站点 B 发送的帧的第一个比特还没有到达站点 C。于是站点 C 也发送了一个帧,此时两个信号将会发生碰撞,致使两个帧因碰撞而损坏。

CSMA/CD 对 CSMA 的算法进行了修正,主要解决了碰撞问题。在使用 CSMA/CD 时,某个站点在发送出去一个帧之后还需要继续侦听信道,以监测传输是否成功。如果成功,则结束发送任务,但是若出现碰撞,则还需要再次发送该帧。

CSMA/CD 的工作流程可以概括为四个步骤:监听、发送、检测和冲突处理。

(1)监听

在站点准备发送前先侦听总线上是否有数据正在传送(线路是否忙);若"忙",则进入后述的"退避"处理程序,进而进一步反复进行侦听工作;若"闲",则按照某种算法原则决定如何发送。

(2)发送

当确定要发送后,向总线发送数据。

(3)检测

数据发送后有可能发生数据碰撞。因而要对数据边发送边检测,以判断是否发生冲突。

(4)冲突处理

当确认发生冲突后,进入冲突处理程序,存在以下两种冲突情况:

- 若在侦听中发现线路忙,则等待一定的延时后再次侦听,若仍然忙,则继续延迟等待,直到可以发送为止。每次延时的时间不一致,由退避算法确定延时值;
- 若发送过程中发现数据碰撞,先发送阻塞信息,强化冲突,再进行监听工作,以待下次重新发送。

以太网使用截断二进制指数退避(Truncated Binary Exponential Backoff)算法解决碰撞问题。基本原则是发生碰撞的站点在停止发送数据后,要推迟(退避)一个随机时间才能再次发送数据。具体的退避算法如下。

- 确定基本退避时间,一般是取为争用期 2τ。
- 定义重传次数 k,$k \leqslant 10$,即 $k = \text{Min}[\text{重传次数},10]$,从整数集合 $[0,1,\cdots,(2^k-1)]$ 中随机抽取一个数,记为 r。重传所需的时延就是 r 倍的基本退避时间。当重传次数不超过 10 时,参数 k 等于重传次数;但当重传次数超过 10 时,k 就不再增大而一直等于 10。
- 当重传次数达到 16 次,仍不能发送成功时,则应当丢弃该帧,并向高层报告。

最小帧长

为使 CSMA/CD 能够正常工作,就必须限制帧的长度。如果某次传输在发送该帧的最后 1 比特之前检测到了碰撞,正在发送数据的站点必须放弃此次发送,因为一旦整个帧都发送出去了,则该站点将不会保留该帧的复本,同时也不会继续监视是否发生了碰撞。因此帧的传输时间必须至少是最大传播时间的两倍。

3.3.2　以太网协议分析

本节将以 GNS3 为工作平台,以实验形式,展开以太网协议的分析工作,重点分析以太网的帧格式。

1. 总体思路

在 GNS3 中,模拟两台 Cisco 路由器,两台路由器通过以太网相连;每台路由器连接两个子网,通过捕获相邻路由器之间的通信过程,来分析以太网的帧格式。

2. 网络环境搭建

(1) 网络拓扑配置

在 GNS3 中新建工程,配置网络拓扑如图 3.37 所示,其中,R1 和 R2 都是 Cisco 2600 系列路由器(本示例选用 Cisco 2691,选用的 IOS 映像为 c2691-jk9o3s-mz.123-22.bin),路由器 R1 的 fastEthernet 0/0 端口与路由器 R2 的 fastEthernet 0/0 端口相连。

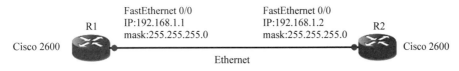

图 3.37　以太网协议分析网络拓扑

(2) 路由器基础配置

在 GNS3 中启动所有设备,分别对路由器 R1 和 R2 的 fastEthernet 0/0 端口配置 IP 地址和子网掩码;启用路由器 R1 和 R2 的 fastEthernet 0/0 端口。路由器 R1 配置如下所示:

```
1:  R1#enable
2:  R1#config terminal
3:  R1(config)#interface fastEthernet 0/0
4:  R1(config-if)#ip address 192.168.1.1 255.255.255.0
5:  R1(config-if)#no shutdown
6:  R1(config-if)#exit
```

第 3 行输入 interface fastEthernet 0/0 命令,进入接口配置模式对 fastEthernet 0/0 进行配置。

第 4 行输入 ip address 192.168.1.1 255.255.255.0 命令,对 fastEthernet 0/0 配置 ip 地址为 192.168.1.1,子网掩码为 255.255.255.0。

第 5 行输入 no shutdown 命令,启用 fastEthernet 0/0 端口。

路由器 R2 与路由器 R1 配置类似,如下所示:

```
1:  R2#enable
2:  R2#config terminal
3:  R2(config)#interface fastEthernet 0/0
4:  R2(config-if)#ip address 192.168.1.2 255.255.255.0
5:  R2(config-if)#no shutdown
6:  R2(config-if)#exit
```

3. 数据捕获

(1) 启动 Wireshark 进行捕获

在 GNS3 中,对路由器 R1 与 R2 的 Ethernet 链路进行捕获。

(2) 路由器 R1 和 R2 连通性测试

路由器 R1 或 R2 使用 ping 命令来测试两个路由器之间的连通性。以路由器 R1 为例,输入以下命令:

```
1:  R1#ping 192.168.1.2
```

4. 数据格式分析

成功进行路由器 R1 和 R2 之间的连通性测试后,Wireshark 会捕获到 ICMP 消息,ICMP 消息承载在 IP 数据报上,IP 数据报又承载在以太网帧上,因此会观察到以太网帧,通过此种方式观察以太网的帧格式。图 3.38 是捕获到的路由器 R1 和 R2 之间连通性测试消息(ICMP Echo 报文)示例。

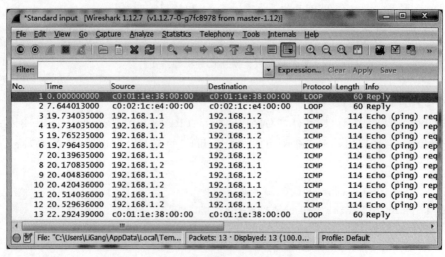

图 3.38　路由器 R1 和 R2 之间连通性测试消息(ICMP Echo 报文)示例

图 3.38 中,第 3、5、7、9 和 11 包是路由器 R1 发出的 ICMP Echo 请求报文,第 4、6、8、10 和 12 包是路由器 R2 回应的 ICMP Echo 响应报文。通过对第 3 包和第 4 包的分析,可帮助理解以太网帧承载 IP 数据报,IP 数据报承载 ICMP 报文的过程。表 3.10 给出了图 3.38 中第 3 包和第 4 包的内容。

表 3.10　ICMP Echo 报文示例

包序号	对 应 参 数	
3	0000	c0 02 1c e4 00 00 c0 01 1e 38 00 00 08 00 45 00
	0010	00 64 00 05 00 00 ff 01 38 40 c0 a8 01 01 c0 a8
	0020	01 02 08 00 f3 0f 00 01 00 00 00 00 00 00 00 01
	0030	8b 38 ab cd ab cd ab cd ab cd ab cd ab cd ab cd
	0040	ab cd ab cd ab cd ab cd ab cd ab cd ab cd ab cd
	0050	ab cd ab cd ab cd ab cd ab cd ab cd ab cd ab cd
	0060	ab cd ab cd ab cd ab cd ab cd ab cd ab cd ab cd
	0070	ab cd
4	0000	c0 01 1e 38 00 00 c0 02 1c e4 00 00 08 00 45 00
	0010	00 64 00 05 00 00 ff 01 38 40 c0 a8 01 02 c0 a8
	0020	01 01 00 00 fb 0f 00 01 00 00 00 00 00 00 00 01
	0030	8b 38 ab cd ab cd ab cd ab cd ab cd ab cd ab cd
	0040	ab cd ab cd ab cd ab cd ab cd ab cd ab cd ab cd
	0050	ab cd ab cd ab cd ab cd ab cd ab cd ab cd ab cd
	0060	ab cd ab cd ab cd ab cd ab cd ab cd ab cd ab cd
	0070	ab cd

第 3 包的第 1~14 字节为 Ethernet 帧的首部;第 1~6 字节为目的地址,地址为 c0:02:1c:e4:00:00;第 7~12 字节为源地址,地址为 c0:01:1e:38:00:00;第 13~14 字节为长度/类型字段,其值为 0x0800,表示承载的是 IP 数据报,IP 数据报分析请参见 4.2 节;第 15~34 字节为 IP 数据报的首部;第 35~114 字节为 ICMP Echo 请求报文,ICMP 报文的分析参见 4.5 节。

第 4 包的第 1~14 字节为 Ethernet 帧的首部;第 1~6 字节为目的地址,地址为 c0:01:1e:38:00:00;第 7~12 字节为源地址,地址为 c0:02:1c:e4:00:00;第 13~14 字节为长度/类型字段,其值为 0x0800,表示承载的是 IP 数据报;第 15~34 字节为 IP 数据报的首部;第 35~114 字节为 ICMP Echo 响应报文。

通过对上述包的分析,可发现以下两个问题:第 3 包和第 4 包中以太网帧的目的地址和源地址进行了对调,这是因为第 4 包是对第 3 包中 ICMP Echo 请求报文的应答消息;第 3 包和第 4 包中以太网帧均未捕获到 CRC,这是因为 Wireshark 设计捕获的是虚拟网卡(通过调用 Pcap 库),且该网卡并未设置为混杂模式,因此无法捕获到 CRC 字段。

3.3.3　以太网协议仿真

本节以 NS3 为仿真平台,展开以太网协议的仿真工作,仿真 IP 数据报利用以太网帧进行承载的数据通信过程。为便于将 PPP 协议和以太网协议进行对比,本仿真仅将 3.2.3

节中的 PPP 链路更换为以太网链路。

1. 仿真环境设计

本仿真将建立两个通信节点（Node），并在两个节点间建立一条以太网链路；以太网链路上将装载 IP 协议栈，并为两个节点分配 IP 地址；应用层配置简单的 Echo 服务（借助 UDP 实现）。仿真拓扑如图 3.39 所示，协议栈如图 3.40 所示。

图 3.39　以太网协议仿真拓扑

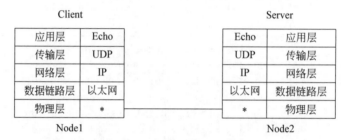

图 3.40　以太网协议仿真协议栈

其中，Node1 为 Echo 客户端，Node2 为 Echo 服务器端，Node1 和 Node2 之间为以太网链路，该链路数据传输速率为 10Mb/s，时延为 10000ns。Node1 的 IP 地址为 192.168.1.1，Node2 的 IP 地址为 192.168.1.2。

在协议栈中，数据链路层上使用以太网协议，网络层使用 IP 协议，传输层使用 UDP 协议，应用层配置 Echo 服务。

2. 仿真设计思路

以太网协议仿真设计思路如下。

- 使用 NodeContainer 的拓扑生成器创建两个 Node，分别代表 Node1 和 Node2；
- 使用 CsmaHelper 初始以太网协议栈，并设定链路速率和时延；
- 使用 CsmaHelper 将 NodeContainer 安装到 NetDeviceContainer 中；
- 使用 InternetStackHelper 为 NodeContainer 中的节点安装 TCP/IP 协议栈；
- 使用 Ipv4AddressHelper 为 NetDeviceContainer 中的网络设备设置 IP 地址；
- 使用 UdpEchoServerHelper 创建一个 UDP 回显服务应用，将其安装在 Node2 上；
- 使用 UdpEchoClientHelper 创建一个 UDP 回显客户端应用，将其安装在 Node1 上；
- 使用 CsmaHelper 在以太网协议栈对 Node1 和 Node2 所在的设备启用 PCAP Trace；

- 启动仿真；
- 在 UDP 回显服务应用和 UDP 回显客户端应用运行完毕后停止仿真，并销毁对象，释放内存。

3. 仿真代码

仿真实现代码如下：

例程 3-2：ethernet.cc

```
1    #include "ns3/core-module.h"
2    #include "ns3/network-module.h"
3    #include "ns3/internet-module.h"
4    #include "ns3/csma-module.h"
5    #include "ns3/applications-module.h"
6
7    using namespace ns3;
8
9    NS_LOG_COMPONENT_DEFINE ("Ethernet Example");
10
11   int
12   main (int argc, char * argv[])
13   {
14     Time::SetResolution (Time::NS);
15     LogComponentEnable ("UdpEchoClientApplication", LOG_LEVEL_INFO);
16     LogComponentEnable ("UdpEchoServerApplication", LOG_LEVEL_INFO);
17
18     NodeContainer nodes;
19     nodes.Create (2);
20
21     CsmaHelper csma;
22     csma.SetChannelAttribute ("DataRate", StringValue ("10Mbps"));
23     csma.SetChannelAttribute ("Delay", TimeValue (NanoSeconds (10000)));
24
25     NetDeviceContainer devices;
26     devices = csma.Install (nodes);
27
28     InternetStackHelper stack;
29     stack.Install (nodes);
30
31     Ipv4AddressHelper address;
32     address.SetBase ("10.1.1.0", "255.255.255.0");
33
34     Ipv4InterfaceContainer interfaces = address.Assign (devices);
35
36     UdpEchoServerHelper echoServer (9);
37
```

```
38   ApplicationContainer serverApps = echoServer.Install (nodes.Get (1));
39   serverApps.Start (Seconds (1.0));
40   serverApps.Stop (Seconds (10.0));
41
42   UdpEchoClientHelper echoClient (interfaces.GetAddress (1), 9);
43   echoClient.SetAttribute ("MaxPackets", UintegerValue (1));
44   echoClient.SetAttribute ("Interval", TimeValue (Seconds (1.0)));
45   echoClient.SetAttribute ("PacketSize", UintegerValue (1024));
46
47   ApplicationContainer clientApps = echoClient.Install (nodes.Get (0));
48   clientApps.Start (Seconds (2.0));
49   clientApps.Stop (Seconds (10.0));
50
51   csma.EnablePcap("Node1",devices.Get(0),true);
52   csma.EnablePcap("Node2",devices.Get(1),true);
53
54   Simulator::Run ();
55   Simulator::Destroy ();
56   return 0;
57 }
```

仿真代码说明如下。

第 1~5 行是加载的头文件声明,第 4 行加载以太网模型库。

第 9 行声明名字为 Ethernet Example 的日志构件。

第 21~23 行实例化一个以太网协议对象,并设定数据传输速率和时延参数。此 3 行代码从上层的角度告诉 CsmaHelper 对象,当创建一个 CsmaNetDevice 对象时,使用"10Mb/s"作为数据速率,使用"10000ns"作为创建的以太网信道的传输时延值。

第 51~52 行声明对 Node1 和 Node2 启用包捕获。

4. 仿真运行及结果分析

(1) 编译与运行

使用任意文本编辑器将例程 3-2 保存为 ethernet.cc,保存在 NS3 安装目录下的 scratch 目录中;在 NS3 安装目录下使用 waf 命令完成编译工作;若无编译错误,在 NS3 安装目录下使用 waf --run ethernet 命令运行程序,运行结果如图 3.41 所示。

(2) 结果分析

仿真程序成功运行后,NS3 安装目录下应当存在以 Node1 和 Node2 开头的 pcap 文件,该文件是 Node1 和 Node2 的 PCAP Trace 文件。以 Node1 的 Trace 文件为例,其内容如图 3.42 所示。通过分析 Trace 文件内容,可发现如下细节。

- Node1 向 Node2 发送的 Echo 请求报文前引入了 ARP 解析过程,第 1 包是 Node1 询问 Node2 的 MAC 地址的 ARP 请求,第 2 包是 Node2 对 Node1 的 ARP 请求做出的响应,第 3 包是 Node1 节点上 UdpEchoClientHelper 应用发送的 Echo 请求报文。

- Node2 向 Node1 回送 Echo 响应报文前再次引入了 ARP 解析过程,这是因为 CsmaHelper 中未实现 ARP 缓存。第 4 包是 Node2 询问 Node1 的 MAC 地址的 ARP 请求,第 5 包是 Node2 对 Node1 的 ARP 请求做出的响应,第 6 包是 Node2 节点上 UdpEchoServerHelper 应用回送的 Echo 响应报文。

- Echo 请求报文和 Echo 响应报文的第 1～6 字节为目的地址;第 7～12 字节为源地址;第 13～14 字节为长度/类型字段,其值为 0x0800;第 15～34 字节为 IP 数据报的首部;第 35～42 字节 UDP 报文段首部,UDP 报文段的分析参看 6.2 节。

- CsmaHelper 中未实现校验和的计算和填充工作。

通过上述分析,例程 3-2 展示了 IP 数据报利用以太网帧承载进行通信的过程。

图 3.41　运行例程 3-2 仿真示例

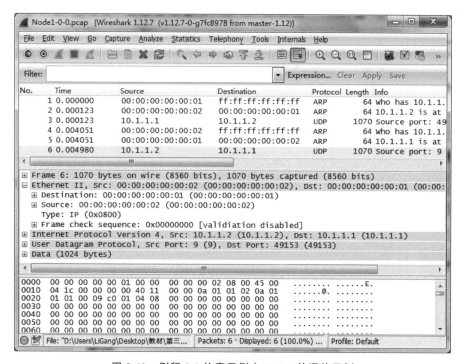

图 3.42　例程 3-2 仿真示例中 Node1 的通信示例

3.4　IEEE 802.11 协议分析

3.4.1　IEEE 802.11 协议概述

无线通信技术是通信领域发展速度较快的技术之一,当前无线局域网(Wireless LAN)已经得到了广泛应用。本节将介绍在无线局域网中使用的 IEEE 802.11,主要涉及物理层和数据链路层的内容。

1. 体系结构

在 IEEE 802.11 标准中,定义了两类服务:基本服务集(BSS)和扩展服务集(ESS)。

- **BSS(Basic Service Set,基本服务集)**　由固定或移动的无线站以及可选的中心基站组成,中心基站称为接入点(Access Point,AP)。没有接入点(AP)的 BSS 是孤立的网络,不能向其他的 BSS 发送数据,该体系结构称为自组织体系结构(Adhoc Architecture)。在这种体系结构中,无线站不需要有接入点(AP),就可以自行构建网络,这些站点可以通过互相定位,成为 BSS 的一部分;具有接入点(AP)的 BSS 称为基础结构(Infrastructure)网络。图 3.43 展示了 BSS 的基本结构。

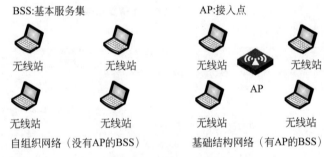

图 3.43　BSS 的基本结构

- **ESS(Extended Service Set,扩展服务集)**　由两个或多个具有接入点(AP)的 BSS 构成。在扩展服务集中,BSS 均连接到分配系统(Distribution System),该分配系统通常是一个有线局域网。分配系统把 BSS 中的接入点(AP)都连接起来。分配系统可以是任意的 IEEE 局域网,例如以太网。注意,扩展服务集使用了两种类型的站:移动站和固定站。移动站是 BSS 中的普通站,固定站是接入点(AP),也是有线局域网的一部分。图 3.44 展示了 ESS 的基本结构。

(1) 站类型

根据各站点在无线局域网中是否移动,IEEE 802.11 定义了三种类型的站:无切换(No-transition)、BSS 切换(BSS-transition)和 ESS 切换(ESS-transition)。具有无切换移动能力的站点可能是固定站(不移动)或者只能在一个 BSS 内部移动;具有 BSS 切换移动能力的站允许从当前 BSS 移动到其他 BSS,但其移动范围仅限在同一个 ESS 内部;具有 ESS 切换移动能力的站能够从当前 ESS 移动到其他 ESS。

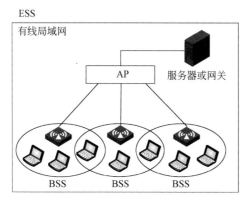

图 3.44 ESS 的基本结构

（2）MAC 子层

IEEE 802.11 协议中定义了两种不同的 MAC 子层，其中基于 CSMA/CA（CSMA with Collision Avoidance，带碰撞避免的载波侦听多点接入）的 MAC 子层最为常用。图 3.45 展示了 CSMA/CA 的工作流程。

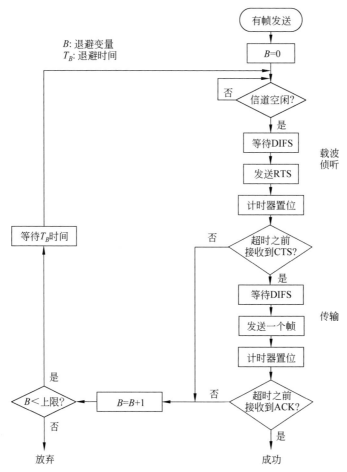

图 3.45 CSMA/CA 工作流程

无线局域网不使用 CSMA/CD,而采用 CSMA/CA 有以下三个原因。

- 站点若进行碰撞检测,就必须具备发送接收数据和检测接收碰撞信号的能力,会增加成本和带宽需求。
- 存在隐藏站问题,碰撞可能无法检测(该问题随后讨论)。
- 站点之间可能相距很远。由于信号衰减问题,某站点可能无法监听到另一站点发生的碰撞。

（3）帧交换时序

数据帧和控制帧的交换时序如图 3.46 所示。

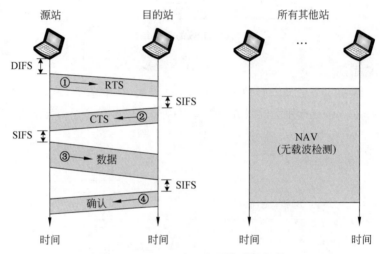

图 3.46　CSMA /CA 和网络分配矢量

图 3.46 中具体步骤解释如下。

- 源站在发送帧之前,首先检查载波,看信道是否空闲,若信道忙,则使用带退避的坚持(Persistence)策略等待信道空闲。源站在发现信道空闲之后,先等待一段时间,该时间称为 DIFS(Distributed InterFrame Space,分布帧间距),然后再发送一个称为请求发送(RTS)的控制帧。
- 目的站在收到 RTS 后,会等待一段时间,该时间称为 SIFS(Short InterFrame Space,短帧间距),然后向源站发送称为允许发送(CTS)的控制帧,该控制帧表示目的站已经准备好接收数据。
- 源站在等待 SIFS 规定的时间后,开始发送数据。
- 目的站在等待 SIFS 规定的时间后,发送确认帧,表示已接收到该帧。协议中源站没有任何其他手段可用于检查帧是否成功到达了目的站,因此必须使用确认帧。

（4）网络分配矢量

IEEE 802.11 协议中使用 NAV(Network Allocation Vector,网络分配矢量)来解决碰撞问题。

当某站点在发送 RTS 帧时,会在该帧中标识需要占用信道的时间。此次传输涉及的所有站点均会创建一个定时器,称为 NAV。NAV 表示网站中的其他站在检查信道是否空闲之前必须等待的时间。每当有一个站点接入系统并发送 RTS 帧后,其他站点就必须启动自己的 NAV。也就是说,所有站在监听信道是否空闲之前,首先要检查自己的 NAV 是否时间到,如图 3.46 所示。

如果在传送 RTS 或 CTS 控制帧期间,通常称为握手期(Handshaking Period),发生了碰撞,此时可能会有两个或更多个站点在同时尝试发送 RTS 帧,这些控制帧也有可能会发生碰撞。但是,因为没有任何碰撞检测机制,所以如果发送方没有收到来自接收方的 CTS 帧,就认为发生了碰撞,此时发送方应使用退避策略,然后再次尝试。

(5)分片

由于无线环境非常复杂,必定会产生差错,产生差错的帧必须重传,而重传会降低信道的利用率。由于长帧比短帧出错的概率高,为了提高信道的利用率,IEEE 802.11 协议推荐使用分片的方法,即将一个长帧分割成几个较小的短帧进行发送(重新发送一个短帧比重新发送一个长帧的效率更高)。

(6)帧格式

IEEE 802.11 协议中 MAC 层的帧包括 9 个字段,如图 3.47 所示。

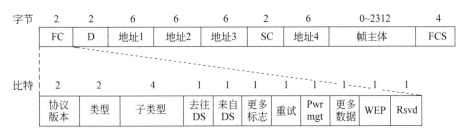

图 3.47   IEEE 802.11 帧格式

- **帧控制(Frame Control,FC)** 该字段为 2 字节,定义了帧的类型以及一些控制信息。表 3.11 给出了子字段的说明。
- **持续时间(Duration ID,D)** 该字段为 2 字节,该字段定义传输持续时间,用于设置 NAV 的值。只有在一种控制帧中,该字段定义的是帧的标识号。
- **地址(Address)** 帧中共有 4 个地址字段,均为 6 字节。每个地址字段的含义取决于去往 DS 和来自 DS 子字段的值。
- **序号控制(Sequence Control,SC)** SC 字段为 2 字节,定义了流量控制中使用的帧序号。
- **帧主体(Frame Body)** 该字段长度为 0~2312 字节,其内容取决于定义在 FC 字段中的类型和子类型。
- **FCS** 该字段为 4 字节,采用 CRC-32 进行差错检测。

表 3.11   FC 字段中的子字段

字 段	解 释
版本	当前版本为 0
类型	信息类型:管理(00)、控制(01)、数据(10)
子类型	每种类型的子类型(参见表 3.12)

字　　段	解　　释
去往 DS	定义见表 3.13
来自 DS	定义见表 3.13
更多标志	置 1 时表示还有更多的分段
重试	置 1 时表示是重传的帧
Pwr mgt	置 1 时表示该站处于电源管理模式中
更多数据	置 1 时表示该站还有更多的数据需要发送
WEP	有线等效保密协议（实施加密）
Rsvd	保留的

（7）帧类型

IEEE 802.11 协议中定义了三种类型的帧：管理帧、控制帧和数据帧。

- **管理帧**　用于站点和接入点之间的初始化。
- **控制帧**　用于信道接入和帧的确认。图 3.48 展示了控制帧格式。控制帧的类型字段值为 01，帧的子类型字段值如表 3.12 所示。
- **数据帧**　用于携带数据和控制信息。

图 3.48　控制帧格式

表 3.12　控制帧中子类型的值

子　类　型	含　　义
1011	请求发送（RTS）
1100	允许发送（CTS）
1101	确认（ACK）

2. 编址机制

IEEE 802.11 协议中编址机制存在四种情况，由 FC 字段中的两个标志"去往 DS"和"来自 DS"的值决定。由于每个标志都可能是 0 或者是 1，可以得到四种不同的情况。帧格式中的四个地址（地址 1 到地址 4）取决于标志的值，具体如表 3.13 所示。

表 3.13　地址的四种情况

去往 DS	来自 DS	地址 1	地址 2	地址 3	地址 4
0	0	目的站	源站	BSS ID	不用
0	1	目的站	发送 AP	源站	不用
1	0	接收 AP	源站	目的站	不用
1	1	接收 AP	发送 AP	目的站	源站

地址 1 总是下一个设备的地址;地址 2 总是上一个设备的地址;地址 3 是最后的目的站地址;若地址 4 和地址 2 不一致时,地址 4 是最初的源站地址。

(1) 隐藏站问题

图 3.49 举例展示了隐藏站问题。站 B 的传输范围是左边的椭圆部分,在该区域里的所有站都能监听到站 B 传送的任何信号。站 C 的传输范围是右边的椭圆部分,在该范围内的站都能监听到由站 C 传送的任何信号。站 C 在站 B 的传输范围之外,反过来说,站 B 也在站 C 的传输范围之外。但是站 A 既在站 B 的传输范围内,又在站 C 的传输范围内,因此不管是站 B 还是站 C 传送的信号,站 A 都能听到。

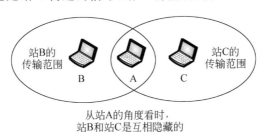

图 3.49　隐藏站问题

假设站 B 正在向站 A 发送数据,但是站 C 不在站 B 的传输范围内,站 B 的传输无法到达站 C,因此站 C 会认为信道是空闲的。于是站 C 也向站 A 发送数据,这就导致在站 A 处产生碰撞,因为站 A 接收的数据可能来自站 B,也可能来自站 C。在这种情况下,从站 A 的角度看,站 B 和站 C 是互相隐藏的。隐藏站的问题会降低网络容量,因为有可能会产生碰撞。

使用握手帧(RTS 和 CTS)可解决隐藏站问题。如图 3.50 所示,来自站 B 的 RTS 帧到达站 A,但是没有到达站 C。不过,由于站 B 和站 C 都处于站 A 的传输范围内,所以 CTS 帧会到达站 C,而在该 CTS 帧中含有从站 B 到站 A 点的数据传输所需要的时间长度,于是站 C 就知道某个隐藏站正在使用信道,从而抑制传输直至超过所需的时间长度。

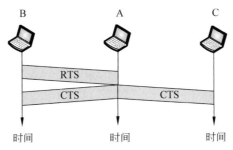

图 3.50　通过握手过程防止隐藏站问题

综上,CSMA/CA 握手时的 CTS 帧可用于防止因隐藏站问题而引起的碰撞。

(2) 暴露站问题

当一个站在信道可用时,却抑制了发送,这就是暴露站问题。如图 3.51 所示,站 A 正在向站 B 传送数据,而站 C 有一些数据要发送给站 D。原本这些数据可以在不干扰站 A 到站 B 的传输的情况下正常发送,但是因为站 C 暴露在站 A 的传输中,也就是说站 C 能监听到站 A 发送的数据,因而抑制了发送。换言之,站 C 因过于保守而浪费了信道带宽。

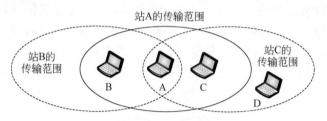

图 3.51 暴露站问题

3.4.2 IEEE 802.11 仿真

本节以 NS3 为仿真平台展开 IEEE 802.11 协议的仿真工作,仿真 IP 数据报利用 IEEE 802.11 帧进行承载数据的通信过程。为便于将 IEEE 802.11 协议同 PPP 协议和以太网协议进行对比,本仿真中将同时使用 PPP 链路、以太网链路和无线链路。

1. 仿真环境设计

本仿真将建立 6 个通信节点,节点 N4、N5 和 N6 通过无线局域网相连,N6 为 AP 站点;节点 N1、N2 和 N3 通过以太网相连,N1 为路由器;N1 和 N6 通过 PPP 链路相连。在 N3 和 N5 的应用层配置简单的 Echo 服务(借助 UDP 实现),实现无线节点 N5 同 N3 的通信。仿真拓扑如图 3.52 所示,协议栈如图 3.53 所示。

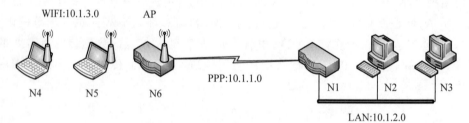

图 3.52 IEEE 802.11 协议仿真拓扑

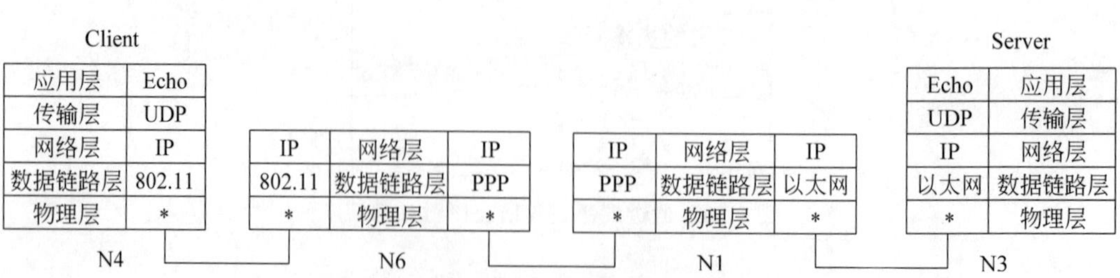

图 3.53 IEEE 802.11 仿真协议栈

其中,N4 为 Echo 客户端,N3 为 Echo 服务器端,N4、N5 和 N6 所在无线局域网的网络号为 10.1.3.0,节点 N1、N2 和 N3 所在以太网网络号为 10.1.2.0,节点 N1 和 N6 组成的 PPP 网络的网络号为 10.1.1.0。

在协议栈中,数据链路层上使用以太网协议,网络层使用 IP 协议,传输层使用 UDP 协议,应用层配置 Echo 服务。

2. 仿真设计思路

IEEE 802.11 协议仿真设计思路如下。

- 使用 NodeContainer 创建两个 PPP 节点,分别代表节点 N1 和 N6。
- 使用 PointToPointHelper 初始化以太网协议栈,并设定链路速率和时延。
- 使用 PointToPointHelper 将含有节点 N1 和 N6 的 NodeContainer 安装到 NetDeviceContainer 中。
- 使用 NodeContainer 创建两个以太网节点,分别代表 N2 和 N3,并将 N1 也加入到该 NodeContainer 中(N1 实际为具有两个端口的路由器)。
- 使用 CsmaHelper 初始化以太网协议栈,并设定链路速率和时延。
- 使用 CsmaHelper 将含有节点 N1、N2 和 N3 的 NodeContainer 安装到 NetDeviceContainer 中。
- 使用 NodeContainer 创建两个 WiFi 节点,分别代表 N4 和 N5,N6 作为 AP。
- 使用 YansWifiChannelHelper 创建无线信道。
- 使用 WifiHelper 将创建的无线信道,以及含有节点 N4、N5 和 N6 的 NodeContainer 安装到 NetDeviceContainer 中。
- 使用 InternetStackHelper 为各个 NodeContainer 中的节点安装 TCP/IP 协议栈。
- 使用 Ipv4AddressHelper 为各个 NetDeviceContainer 中的网络设备设置 IP 地址。
- 使用 UdpEchoServerHelper 创建一个 UDP 回显服务应用,将其安装在 N3 节点上。
- 使用 UdpEchoClientHelper 创建一个 UDP 回显客户端应用,将其安装在 N4 节点上。
- 使用 CsmaHelper 在以太网协议栈对 N1 和 N2 所在的设备启用 PCAP Trace。
- 启动仿真。
- 在 UDP 回显服务应用和 UDP 回显客户端应用运行完毕后停止仿真,并销毁对象,释放内存。

3. 仿真代码

仿真实现代码如下。

例程 3-3:wifi.cc

```
1    #include "ns3/core-module.h"
2    #include "ns3/point-to-point-module.h"
3    #include "ns3/network-module.h"
4    #include "ns3/applications-module.h"
5    #include "ns3/wifi-module.h"
```

```
6     #include "ns3/mobility-module.h"
7     #include "ns3/csma-module.h"
8     #include "ns3/internet-module.h"
9
10    using namespace ns3;
11
12    NS_LOG_COMPONENT_DEFINE ("WifiExample");
13
14    int
15    main (int argc, char * argv[])
16    {
17
18      uint32_t nCsma = 2;
19      uint32_t nWifi = 2;
20
21      LogComponentEnable ("UdpEchoClientApplication", LOG_LEVEL_INFO);
22      LogComponentEnable ("UdpEchoServerApplication", LOG_LEVEL_INFO);
23
24
25      NodeContainer p2pNodes;
26      p2pNodes.Create (2);
27
28      PointToPointHelper pointToPoint;
29      pointToPoint.SetDeviceAttribute ("DataRate", StringValue ("5Mbps"));
30      pointToPoint.SetChannelAttribute ("Delay", StringValue ("2ms"));
31
32      NetDeviceContainer p2pDevices;
33      p2pDevices = pointToPoint.Install (p2pNodes);
34
35      NodeContainer csmaNodes;
36      csmaNodes.Add (p2pNodes.Get (1));
37      csmaNodes.Create (nCsma);
38
39      CsmaHelper csma;
40      csma.SetChannelAttribute ("DataRate", StringValue ("10Mbps"));
41      csma.SetChannelAttribute ("Delay", TimeValue (NanoSeconds (10000)));
42
43      NetDeviceContainer csmaDevices;
44      csmaDevices = csma.Install (csmaNodes);
45
46      NodeContainer wifiStaNodes;
47      wifiStaNodes.Create (nWifi);
48      NodeContainer wifiApNode = p2pNodes.Get (0);
49
```

```
50    YansWifiChannelHelper channel = YansWifiChannelHelper::Default ();
51    YansWifiPhyHelper phy = YansWifiPhyHelper::Default ();
52    phy.SetChannel (channel.Create ());
53
54    WifiHelper wifi = WifiHelper::Default ();
55    wifi.SetRemoteStationManager ("ns3::AarfWifiManager");
56
57    NqosWifiMacHelper mac = NqosWifiMacHelper::Default ();
58
59    Ssid ssid = Ssid ("ns-3-ssid");
60    mac.SetType ("ns3::StaWifiMac",
61                 "Ssid", SsidValue (ssid),
62                 "ActiveProbing", BooleanValue (false));
63
64    NetDeviceContainer staDevices;
65    staDevices = wifi.Install (phy, mac, wifiStaNodes);
66
67    mac.SetType ("ns3::ApWifiMac","Ssid", SsidValue (ssid));
68
69    NetDeviceContainer apDevices;
70    apDevices = wifi.Install (phy, mac, wifiApNode);
71
72    MobilityHelper mobility;
73
74    mobility.SetPositionAllocator ("ns3::GridPositionAllocator",
75                               "MinX", DoubleValue (0.0),
76                               "MinY", DoubleValue (0.0),
77                               "DeltaX", DoubleValue (5.0),
78                               "DeltaY", DoubleValue (10.0),
79                               "GridWidth", UintegerValue (3),
80                               "LayoutType", StringValue ("RowFirst"));
81
82    mobility.SetMobilityModel ("ns3::RandomWalk2dMobilityModel",
83            "Bounds", RectangleValue (Rectangle (-50, 50, -50, 50)));
84    mobility.Install (wifiStaNodes);
85
86    mobility.SetMobilityModel ("ns3::ConstantPositionMobilityModel");
87    mobility.Install (wifiApNode);
88
89    InternetStackHelper stack;
90    stack.Install (csmaNodes);
91    stack.Install (wifiApNode);
92    stack.Install (wifiStaNodes);
93
```

```
94     Ipv4AddressHelper address;
95
96     address.SetBase ("10.1.1.0", "255.255.255.0");
97     Ipv4InterfaceContainer p2pInterfaces;
98     p2pInterfaces = address.Assign (p2pDevices);
99
100    address.SetBase ("10.1.2.0", "255.255.255.0");
101    Ipv4InterfaceContainer csmaInterfaces;
102    csmaInterfaces = address.Assign (csmaDevices);
103
104    address.SetBase ("10.1.3.0", "255.255.255.0");
105    address.Assign (staDevices);
106    address.Assign (apDevices);
107
108    UdpEchoServerHelper echoServer (9);
109
110     ApplicationContainer serverApps = echoServer. Install ( csmaNodes. Get
        (nCsma));
111    serverApps.Start (Seconds (1.0));
112    serverApps.Stop (Seconds (10.0));
113
114    UdpEchoClientHelper echoClient (csmaInterfaces.GetAddress (nCsma), 9);
115    echoClient.SetAttribute ("MaxPackets", UintegerValue (1));
116    echoClient.SetAttribute ("Interval", TimeValue (Seconds (1.0)));
117    echoClient.SetAttribute ("PacketSize", UintegerValue (1024));
118
119    ApplicationContainer clientApps =
120      echoClient.Install (wifiStaNodes.Get (nWifi - 1));
121    clientApps.Start (Seconds (2.0));
122    clientApps.Stop (Seconds (10.0));
123
124    Ipv4GlobalRoutingHelper::PopulateRoutingTables ();
125
126    Simulator::Stop (Seconds (10.0));
127
128    //pointToPoint.EnablePcapAll ("PPP");
129    phy.EnablePcap ("Wifi", apDevices.Get (0));
130    //csma.EnablePcap ("Ethernet", csmaDevices.Get (0), true);
131
132    Simulator::Run ();
133    Simulator::Destroy ();
134    return 0;
135  }
```

仿真代码说明如下：

第 1～8 行是加载的头文件声明，第 5 行加载 Wifi 模型库，第 6 行加载移动模型库。

第 12 行声明名字为"WifiExample"的日志构件。

第 18～19 行定义以太网和 Wifi 站点的数量，读者可根据需要进行修改。

第 25～26 行将创建两个 PPP 节点，即 N1 和 N6。

第 35～37 行将 N1 同新创建的两个以太网节点加入到同一网络中，N1 作为路由器。

第 46～48 行将 N6 同新创建的两个 Wifi 节点加入到同一网络中，N6 作为无线路由器。

第 50～52 行使用 YansWifiChannelHelper 创建无线信道，并使用默认值进行初始化。YansWifiPhyHelper 共享相同的底层信道，即共享相同的无线介质，可以相互通信。

第 54～55 行使用 WifiHelper 设置远程站管理。

第 57～62 行使用 NqosWifiMacHelper 对象设置 MAC 参数，表示使用没有 QoS 保障的 Mac 层机制，设置基础网络的 SSID，确保终端不会主动嗅探网络。

第 64～65 行使用 WifiHelper 创建 Wifi 站点设备。

第 67 行配置 AP 节点的信息。

第 69～70 行使用 WifiHelper 创建一个 AP 站点共享 PHY 设置。

第 72～84 行创建一个 MobilityHelper 对象，设置该对象一些属性，控制"位置分配器"功能。使用 SetMobilityModel 设置随机方向和随机速度的范围，并将加载到移动站点(N4,N5)。

第 86～87 行设置 AP 站点(N6)的移动模型为保持固定位置。

第 89～92 行实例化 IP 协议栈。

第 94～106 行通过地址生成器给各个节点分配 IP 地址。

第 108～112 行声明一个 UdpEchoServerHelper 对象，该对象用于创建服务端应用，并在以太网的节点上，安装 UdpEchoServerApplication 应用，应用从 1s 开始，并在 10s 时停止。

第 114～122 行同上，声明一个 UdpEchoClientHelper 对象，该对象用于创建客户端应用，并在移动站点上，安装 UdpEchoClientApplication 应用，应用从 2s 开始，并在 10s 时停止。

第 129 行声明对 AP 站点(N6)启用包捕获。

第 132～133 行调用 Simulator::Run 开始执行事件，直至模拟过程结束。调用 Simulator::Destroy，销毁上述创建的所有对象。

4. 仿真运行及结果分析

（1）编译与运行

使用任意文本编辑器将**例程 3-3** 保存为 wifi.cc，保存在 NS3 安装目录下的 scratch 目录中；在 NS3 安装目录下使用 waf 命令完成编译工作；若无编译错误，在 NS3 安装目录下使用 waf --run wifi 命令运行程序，运行结果如图 3.54 所示。

（2）结果分析

仿真程序成功运行后，NS3 安装目录下应当存在以 Wifi 开头的 pcap 文件，该文件是 N6（AP）节点的 PCAP Trace 文件。以 N6 节点的 Trace 文件为例，其内容如图 3.55 所示。

```
                NS3@CentOS65:/home/NS3/tarballs/ns-allinone-3.23/ns-3.23        _ □ ×
 文件(F)  编辑(E)  查看(V)  搜索 (S)  终端(T)  帮助(H)
[root@CentOS65 ns-3.23]# ./waf --run wifi
Waf: Entering directory '/home/NS3/tarballs/ns-allinone-3.23/ns-3.23/build'
Waf: Leaving directory '/home/NS3/tarballs/ns-allinone-3.23/ns-3.23/build'
'build' finished successfully (9.258s)
At time 2s client sent 1024 bytes to 10.1.2.3 port 9
At time 2.01774s server received 1024 bytes from 10.1.3.2 port 49153
At time 2.01774s server sent 1024 bytes to 10.1.3.2 port 49153
At time 2.03029s client received 1024 bytes from 10.1.2.3 port 9
[root@CentOS65 ns-3.23]#
```

图 3.54   运行例程 3-3 仿真示例

```
 Wifi-5-0.pcap [Wireshark 1.12.7 (v1.12.7-0-g7fc8978 from master-1.12)]        _ □ X
 File  Edit  View  Go  Capture  Analyze  Statistics  Telephony  Tools  Internals  Help
 ...
 Filter:                                              Expression... Clear Apply Save
No.   Time        Source               Destination            Protocol Length Info
   26 1.740775    00:00:00:00:00:08    ff:ff:ff:ff:ff:ff       802.11    61 Beacon frame,
   27 1.843175    00:00:00:00:00:08    ff:ff:ff:ff:ff:ff       802.11    61 Beacon frame,
   28 1.945575    00:00:00:00:00:08    ff:ff:ff:ff:ff:ff       802.11    61 Beacon frame,
   29 2.006867    00:00:00:00:00:07    ff:ff:ff:ff:ff:ff       ARP       64 Who has 10.1.3.
   30 2.007039                         00:00:00:00:00:07 (RA)  802.11    14 Acknowledgemen
   31 2.007185    00:00:00:00:00:07    ff:ff:ff:ff:ff:ff       ARP       64 Who has 10.1.3.
   32 2.007340    00:00:00:00:00:08    00:00:00:00:00:07       ARP       64 10.1.3.3 is at
   33 2.007356                         00:00:00:00:00:08 (RA)  802.11    14 Acknowledgemen
   34 2.007452    10.1.3.2             10.1.2.3               UDP     1088 Source port: 4
   35 2.008988                         00:00:00:00:00:07 (RA)  802.11    14 Acknowledgemen
   36 2.028393    00:00:00:00:00:08    ff:ff:ff:ff:ff:ff       ARP       64 Who has 10.1.3.
   37 2.028427    00:00:00:00:00:07    00:00:00:00:00:08       ARP       64 10.1.3.2 is at
   38 2.028599                         00:00:00:00:00:07 (RA)  802.11    14 Acknowledgemen
   39 2.030154    10.1.2.3             10.1.3.2               UDP     1088 Source port: 9
   40 2.030170                         00:00:00:00:00:08 (RA)  802.11    14 Acknowledgemen
   41 2.047975    00:00:00:00:00:08    ff:ff:ff:ff:ff:ff       802.11    61 Beacon frame,
   42 2.150375    00:00:00:00:00:08    ff:ff:ff:ff:ff:ff       802.11    61 Beacon frame,
 File: "D:\Users\LiGang\Desktop\教材\第三...  Packets: 118 · Displayed: 118 (100.0%) · Load...  Profile: Default
```

图 3.55   例程 3-3 仿真示例中 N5 的通信示例

本例仅分析第 34 包的 IEEE 802.11 的帧格式。表 3.14 给出了图 3.55 中第 34 包的内容。

表 3.14   例程 3-3 仿真中 Echo 报文示例

包序号	对 应 参 数	
34	0000	08 81 3c 00 00 00 00 00 00 00 08 00 00 00 00 00 07
	0010	00 00 00 00 00 08 20 00 aa aa 03 00 00 00 08 00
	0020	45 00 04 1c 00 00 00 00 40 11 00 00 0a 01 03 02
	0030	0a 01 02 03 c0 01 00 09 04 08 00 00 00 00 00 00
	0040	00 00 00 00 00 00 00 00 00 00 00 00 00 00 00 00
	0050	00 00 00 00 00 00 00 00 00 00 00 00 00 00 00 00
	0060	00 00 00 00 00 00 00 00 00 00 00 00 00 00 00 00
	⋮	
	0420	00 00 00 00 00 00 00 00 00 00 00 00 00 00 00 00
	0430	00 00 00 00 00 00 00 00 00 00 00 00 00 00 00 00

在第 34 包中,第 1～2 字节为帧控制(FC)字段,其值为 0x0881,版本字段为 00(二进制),类型字段为 10(二进制),表示数据帧,子类型为 0000(二进制),去往 DS 字段为 1(二进制),来自 DS 字段为 0(二进制),表示随后地址 1 为接收 AP,地址 2 为源站点,地址 3 为目的站点,地址 4 不用;第 3～4 字节为 D 字段,其值为 0x3C00,表示传输持续时间为 60ms;第 5～10 字节为地址 1,其值为"00:00:00:00:00:08",为 AP 的地址;第 11～16 字节为地址 2,其值为"00:00:00:00:00:07",为源站点地址;第 17～22 字节为地址 3,其值为"00:00:00:00:00:08",为目的站点地址,由于地址 1 和地址 3 相同,表示该帧由移动站点发往 AP 站点;第 23～24 字节为序号控制(SC)字段,其值为 2;第 25～32 字节为 LLC 控制帧,其值为 0xAA 03 00 00 00 08 00,表示其上封装的是 IP 数据报(0x0800);第 33～52 字节为 IP 数据报首部;第 53～60 字节为 UDP 数据报首部。

综上所述,例程 3-3 展示了 IP 数据报利用 IEEE 802.11 帧承载进行通信的过程。

第 4 章

IP 层 协 议

本章介绍网际层(IP 层)协议的分析,包括 IPv4 协议和 IPv6 协议,以及支持 IPv4 协议运行的地址解析协议 ARP 和因特网控制报文协议 ICMPv4,支持 IPv6 协议运行的协议 ICMPv6、邻居发现协议 NDP 和路径最大传输单元发现协议 PMTU 等。

4.1 IP 层协议概述

4.1.1 IP 协议在网络互联中的地位和作用

Internet 协议(Internet Protocol,IP)是互联网的核心协议之一,工作在 TCP/IP 网络体系结构的第二层(网际层)。IP 协议实现了异构网络的互联。异构网络不能相互连通的主要原因在于它们各自定义的网络接口标识(网络地址)的格式、数据传输基本单元(通常称为“帧”)传输方式、媒体接入控制方式等不同。IP 定义了一套统一的网络接口标识(IP 地址)和标准格式的数据传输单元(IP 分组)及其传输规则。IP 分组封装在不同的帧中在各自的物理网络上传输(数据链路层传输)。在网际层,IP 协议按分组的目的 IP 地址决定将 IP 分组发送到某个物理网络上,因而 IP 协议能够连通异构的物理网络,为互联网上的任意两个计算机之间传输数据。为任意一对计算机传输数据需要确定分组经过的一系列网络(称为“路由”),这由路由协议实现(参见第 5 章)。

IP 只提供“尽力而为”(Best Effort)的数据传输服务,并不保证传输的可靠性,也不支持流量控制、拥塞控制、按序传输等机制。在 TCP/IP 协议栈中,这些功能由传输层协议或应用层协议来实现。

4.1.2 IPv4 协议

目前互联网中广泛采用的 IP 协议是 IPv4(第 4 版本的 IP 协议)。IPv4 定义的 IP 地址是一个 32 位的二进制数。为了便于记忆和书写,常采用“点分十进制”的形式表示。具体做法:将 32 位二进制数分为 4 字节,然后分别将 4 字节的二进制数转换成十进制数,再用小数点连接 4 个十进制数。例如,IPv4 地址 11001010 01110101 10000001 01101100 的点分十进制形式表示为 202.117.129.108。

由于互联网(以及物联网)的快速发展,2011 年 2 月 3 日(美国时间),互联网名字与号码分配机构(The Internet Corporation for Assigned Names and Numbers,ICANN)在其官方网站上发布了一条题为《一条载入历史的新闻:最后一批 IPv4 地址今天分配完毕》(*One for the History Books：Last IPv4 Addresses Allocated Today*)的新闻,宣布从 2011 年 2 月 1 日起将 IPv4 地址空间中剩余的 5 个 A 级地址块(每个 A 级地址块包含 1677 万余个 IPv4 地址)平均分配给全球 5 个地区因特网注册机构(Regional Internet Registry,RIR;亚太区是 APNIC(Asia-Pacific Network Information Center))。这一事件标志着可分配的 IPv4 地址空间已经完全耗尽(但这并不意味着用户已无法获得 IPv4 地址,用户仍然可以从 RIR 获得可分配的地址。)。

4.1.3　IPv6 协议

为了应对 IPv4 地址空间的枯竭,ICANN、NRO(Number Resource Organization,号码资源组织)以及 ISOC(The Internet Society,国际互联网协会)等互联网组织已经做了多年的准备工作。IETF(Internet Engineering Task Force,互联网工程任务组;ISOC 的一个下属机构)设计了用于替代现行 IPv4 的下一代 IP 协议 IPv6。IPv6 地址是 128 位的二进制数,地址空间是 IPv4 的 2⁹⁶ 倍。此外,针对 IPv4 使用过程中发现的问题,IPv6 协议也做了多方面的改进,例如简化了分组首部格式(从而提高了吞吐量),支持灵活的首部扩展,支持更好的服务质量,具有更高的安全性,支持自动配置等。

从 IPv4 向 IPv6 平滑过渡需要相当长的时间才能完成,IPv4 和 IPv6 将长期共存。IETF 成立了专门的工作组研究 IPv4 到 IPv6 的过渡问题,并且已经提出了很多方案,主要包括双协议栈技术、隧道技术和网络地址转换/协议转换技术等。

4.2　IPv4 协议分析

4.2.1　IPv4 地址结构

1. 分类地址

根据地址结构的不同,整个 IPv4 地址空间被划分为 A、B、C、D、E 五种类型(RFC 791),如图 4.1 所示。其中 A、B、C 三类地址最为常用,由两部分组成:网络号(Network Identification,Net-ID)和主机号(Host Identification,Host-ID)。网络号用于标识地址所属的网络,主机号用于在该网络中标识特定的网络接口。

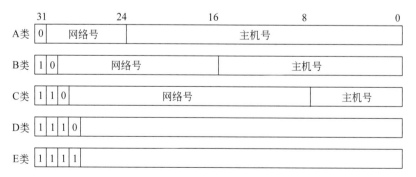

图 4.1　IPv4 地址的类型

　　地址类型由地址的最高若干位区分：最高位为 0 是 A 类地址，其网络号占 7 位，主机号占 24 位；最高两位为 10 是 B 类地址，网络号占 14 位，主机号占 16 位；最高三位为 110 是 C 类地址，网络占 21 位，主机号占 8 位；最高四位为 1110 是 D 类地址，用于组播；最高四位为 1111 是 E 类地址，保留用于 Internet 的实验。A、B、C 类地址可分配给特定的网络使用。

　　网络号或主机号为全 0 或全 1 的 IP 地址具有特殊含义，通常不分配给特定网络接口使用。例如，若地址的网络号为全 0，则表示当前所在的网络；主机号为全 0 表示网络的地址；主机号为全 1 表示网络上的所有主机，即网络的广播地址（定向广播地址）；网络号和主机号全都为 1 表示所在网络的广播地址（直接广播地址）；网络号和主机号全都为 0 表示未指定地址，通常用于协议的中间工作状态。

　　这种分类的地址空间管理方式导致了 IP 地址资源的极大浪费。例如，一个 A 类网络可分配的 IP 地址数高达 $16777214(2^{24}-2)$，一个 B 类网络可分配的 IP 地址数也可达 $65534(2^{16}-2)$，但实际的物理网络对能连接的主机数往往有所限制，远远小于 A 类和 B 类网络的地址数。例如，10BASE-T 以太网规定最多能接入 1024 台主机。若将 A 类或 B 类网络地址分配给这样一个物理网络使用，绝大部分的地址都被浪费了。1985 年 IETF 提出了划分子网的办法（RFC 950）来缓解这个问题。

2. 子网划分

　　划分子网的基本思想是将一个 A 类或 B 类地址的网络划分为若干更小的子网络（Subnet），用从 A 类或 B 类地址的主机号“借用”的几位来标识不同子网络。这些“借用”的位称为子网号（Subnet-ID）。这样，IP 地址就变成了三级结构，由网络号、子网号和主机号三部分组成，如图 4.2 所示。划分子网后，网络号和子网号共同标识一个网络。

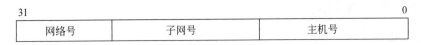

图 4.2　划分子网的 IP 地址

　　对不同网络划分子网，子网号所占的位数可以不同。为了界定 IP 地址中的网络号和子网号，RFC 950 定义了子网掩码（Subnet Mask）的概念。子网掩码也是一个 32 位的 IP 地址，它与网络号和子网号位对应的位是 1，而与主机号对应的位是 0。通过将 IP 地址和相应的子网掩码做逐位“与”运算，就可获得地址中的网络号和主机号。子网掩码也可用于界定分类地址中的网络号。规定 A 类地址的子网掩码为 255.0.0.0，B 类地址的子网掩码为 255.255.0.0，C 类地址的子网掩码为 255.255.255.0，将子网掩码与对应类型的 IP 地址逐位相与就可获得该类型地址的网络号。这些子网掩码称为对应类型地址的默认子网掩码。Internet 标准规定，所有网络都必须有一个子网掩码。

　　引入子网划分及子网掩码的概念后，IP 地址的分配变得更加灵活了，地址的利用率也得到有效提高。然而，子网划分也存在着局限性。例如，对一个网络划分子网时，子网号的位数是确定的，这样每个子网的地址数也相同。如果实际物理网络中要接入的主机数差别较大，子网划分时也只能按照满足规模最大（主机数最多）的网络进行，这仍会造成较大的地址浪费。

为了进一步提高地址资源利用率,IETF 在 1987 年提出了变长子网掩码(Variable Length Subnet Mask,VLSM)的概念(RFC 1009),即对一个网络划分子网时,可同时使用几个不同的子网掩码(即不同长度的子网号)。在 VLSM 的基础上,IETF 研究出了无分类域间路由(RFC 4632)的地址管理方法。

3. 无分类域间路由

无分类域间路由选择(Classless Inter-Domain Routing,CIDR)取代了分类 IP 地址以及子网划分技术,采用无分类的(Classless)、具有层次结构的地址块(Hierarchical Blocks)进行地址管理。CIDR 将 32 位的 IPv4 地址分为两部分,即网络前缀(Network Prefix)和主机号(Host ID),它们之间的边界是可变的。书写时,CIDR 采用斜线记法区分 IPv4 地址中的网络前缀和主机号,即在一个 IPv4 地址后面加上斜线("/"),再写上网络前缀所占的位数(一个 0~32 的十进制数)。类似于子网划分,CIDR 采用 32 位的地址掩码来计算 IP 地址的网络前缀。地址掩码也是一个 32 位的 IP 地址,对应网络前缀的位是 1,对应主机号的位是 0。把 IP 地址和地址掩码逐位相"与"就可获得地址的网络前缀。地址掩码和子网掩码形式相同,有时也被称为子网掩码。

CIDR 将网络前缀都相同的连续的 IP 地址看作一个地址块,其大小是 2 的幂次方,最小是 1,最大是 2^{32}。CIDR 中的地址分配以地址块为单位,以最接近所需地址数的、尚未分配的地址块分配给用户使用,因而大大提高了地址资源的利用率,降低了地址的消耗速度。CIDR 的地址分配采用层级委托的方式(Hierarchy Delegation),即互联网名称与数字地址分配机构(ICANN)将 8 位前缀的地址块分配给地区 Internet 注册机构(RIR),RIR 再进一步将更小的地址块分配给本地 Internet 注册机构(Local Internet Registries,LIR)或因特网服务提供商(Internet Service Providers,ISP)。RIR 分配的地址块大小适合 LIR 或 ISP 的需求。

CIDR 要求地址块分配与底层网络拓扑结构一致,即连续的地址块最好分配给位置相邻的网络,这样允许把这些地址块聚集(Aggregate)成一个更大的地址块,从而在一些路由表中把原先多个地址块的路由(这些路由的下一跳地址相同)用一条路由(聚集后大地址块的路由)代替,这样可大大降低路由表规模的增长速度。

4.2.2　IPv4 分组格式

1. 分组格式

IPv4 分组由首部和数据两部分构成。首部的格式如图 4.3 所示(RFC 791),分为固定部分(前 20 字节)和可变部分(选项及填充,最多 40 字节)。各字段的含义如下。

(1) 版本(Version),4 位,IP 协议的版本号,IPv4 协议设置为 4。

(2) 首部长度(Internet Header Length,IHL),4 位,指明分组首部占据的字节数(即数据的开始位置),以 4 字节为单位,最小是 5(即 20 字节,只有固定部分),最大是 15(即 60 字节,固定部分 20 字节,选项及填充 40 字节)。

(3) 区分服务(Differentiated Service,在 RFC 2474 中定义),8 位,前 6 位定义为区分服务码点(Differentiated Service CodePoint,DSCP),后 2 位未使用,指明分组携带的数据所需要的传输服务质量类型,用于路由器转发分组时的行为选择。默认 DSCP 为

0		1		2		3

0 1 2 3 4 5 6 7 8 9 0 1 2 3 4 5 6 7 8 9 0 1 2 3 4 5 6 7 8 9 0 1

版本	首部长度	区分服务		总长度	
标识符			标志	分片偏移	
生存时间		协议	首部校验和		
源地址					
目的地址					
选项				填充	

图 4.3　IPv4 分组首部格式

"000000"(二进制),即尽力转发(Best-effort Forwarding)服务。

(4) 总长度(Total Length),16 位,IP 分组(包括首部和数据部分)总的长度,以字节为单位。最大分组长度为 65535 字节。RFC 791 规定主机必须能够能接收最少 576 字节的分组(或分组分片)。

(5) 标识符(Identification),16 位,由发送方为每个发送的 IP 分组生成的编号。

(6) 标志(Flags),3 位,第 1 位未使用,置为 0;第 2 位 DF(Don't Fragment),置为 1 表明禁止路由器对分组进行分片,若路由器发现需要对分组分片但 DF 位置位,就丢弃分组并用 ICMP 通知分组的源主机;第 3 位 MF(More Fragment),若对分组进行了分片,最后一个分片的 MF 置为 0,表明本分组(分片)是最后一个分片,其他分片的 MF 置为 1。

(7) 分片偏移(Fragment Offset),13 位,用于分组分片和重组,指明了分片中携带数据的第一个字节在原来分组中数据部分的位置。分片偏移以 8 字节为单位,即每个分片携带数据的第一个字节都从 8 的整数倍处开始(第 1 个分片的分片偏移值是 0)。因此,每个分片(除最后一个分片外)携带数据的长度也是 8 的倍数。

(8) 生存时间(Time To Live,TTL),8 位,指明允许分组在网络中存在的时间长度,以防止因网络中存在循环路由而导致分组无限制地循环转发。若 TTL 为 0,路由器就丢弃该分组。实际上,该字段指明了允许路由器转发分组的次数,路由器每转发一次,该字段值就减 1。

(9) 协议(Protocol),8 位,指明分组数据部分的封装协议的编号[①]。

(10) 首部校验和(Header Checksum),16 位,分组首部的校验值。主机或路由器接收到一个分组时要对分组首部进行校验,若校验失败就丢弃分组。注意,由于路由器转发分组时会改变分组首部的某些字段(如 TTL 值减 1),因此转发前需要重新计算并设置校验值。IPv4 协议不对分组数据部分进行校验。

(11) 源地址(Source Address)和目的地址(Destination Address),各占 32 位。

(12) 选项(Options)及填充(Padding),长度可变。选项是否出现在分组中是可选的,一个分组可以有 0 个或多个选项,但最大长度 40 字节。选项增加了 IP 分组的功能,可用来支持协议调试、传输控制、测量和安全措施等,但同时也增加了路由器的处理开销。

---

① 协议编号可从网站 www.iana.org 查询。

因为首部长度(IHL)字段以 4 字节为单位,选项数据的长度必须是 4 的整数倍。通常选项数据长度不能恰好满足此要求,需要补充填充数据(全 0)。

2. 分组选项

IPv4 分组的选项有两种格式:单字节选项和多字节选项。多字节选项分为三个字段,分别是 1 字节选项类型(Option Type),1 字节选项长度(Option Length)以及多字节选项数据(Data),其中选项长度指明了整个选项的长度,包括选项类型、选项长度和选项数据的长度,以字节为单位。选项类型字段又分为三部分,1 位复制标志(Copied Flag),2 位选项种类(Option Class),5 位选项编码(Option Number)。当复制标志为 1 时,如果进行分组分片,这个选项要复制到所有分片中,为 0 则不需要复制(选项只保留在第 1 个分片中);选项种类 0 是控制(Control)类选项,2 是调试及测量(Debugging and Measurement)选项,1 和 3 类型是保留。

选项类型编码如表 4.1 所示。

表 4.1 选项类型编码

选 项 种 类	选 项 编 码	长 度	描 述
0	0	—	选项列表结束选项,单字节选项
0	1	—	无操作选项,单字节选项
0	2	11	安全选项
0	3	可变	松散源路由选项
0	9	可变	严格源路由选项
0	7	可变	记录分组路由选项
0	8	4	流标识符选项
2	4	可变	因特网时间戳选项

(1)选项列表结束选项

选项列表结束选项(End of Option List)用于指明分组的所有选项数据的结束位置。它是一个单字节选项(全 0)。需要注意的是,如果所有选项数据的长度恰好是 4 字节的整数倍,此时就不需要在选项列表末再增加选项列表结束选项。当分组分片时,在每个分片中可以根据需要复制、增加或删除该类选项。

(2)无操作选项

无操作选项(No Operation)可以放在两个选项之间,以保证后一个选项的开始能在 32 位边界处对齐。它也是一个单字节选项,用二进制表示为"00000001"。

(3)松散源路由和严格源路由选项

源路由选项提供了一种由源主机指定分组路由的方法,包括松散源路由(Loose Dource and Record Route)选项和严格源路由(Strict Source and Record Route)选项。

松散源路由选项的格式如图 4.4 所示,其中:

1 0 0 0 0 0 1 1	长度	指针	路由数据

图 4.4 松散源路由选项格式

- 选项类型字段的二进制是 10000011。
- 选项长度字段是包括选项类型和选项长度字段在内的整个选项的字节数。
- 指针字段(Pointer),1 字节,指向路由数据字段中当前要处理的路由地址的开始位置。注意路由地址的开始位置是相对于选项开始位置的,指针字段的最小值是 4。
- 路由数据(Route Data)是由源主机指定的分组路由,包括按传输顺序排列的一组路由器的 IP 地址。

严格源路由选项的格式与松散源路由选项相同,只是选项类型字段的二进制是 10001001。

当源主机指定了松散源路由时,分组在两个指定的相邻路由器之间可经过任意一个路由器,但当源主机指定了严格源路由时,分组就必须逐个沿着指定的路由器传输,即相邻路由器必须处于同一个网络,这也是"松散"和"严格"的含义。

转发携带源路由选项的分组时,路由器每处理完一个指定路由,就将指针字段增加 4。当指针指向的位置超过了选项长度时,表明指定的路由处理完成。此时,若分组还未到达目的主机,就按正常的路由方式传输分组,即按分组目的地址选择转发路由。

如果分组已经到达目的地址字段指定的地址,但源主机指定的路由列表还未处理完成,此时,路由器就用指针指向的下一个路由地址替换分组的目的地址,同时用当前路由器的地址替换列表中指针指向的路由地址,并把指针加 4。

这两种选项在分组中只能出现 1 次。当分组分片时,必须被复制到每个分片中。

(4) 记录路由选项

记录路由(Record Route)选项提供了一种记录分组经过路由的方法。它的格式与源路由选项相同,只是选项类型字段改为 00000111(二进制)。

使用记录路由选项时,由源主机指定选项长度字段,并将路由数据字段置为 0,将指针指向下一个可存储路由地址的开始位置(初始值是 4)。路由器转发携带记录路由选项的分组时,将自己的转发接口的地址插入路由数据中由指针指定的位置,并将指针加 4。当路由数据无法容纳更多的路由地址(指针大于选项长度),但分组还没有到达目的主机时,路由器将不再在记录路由选项中插入自己的转发地址,但会向源主机发送 ICMP 参数错误消息。

记录路由选项只能在分组中出现 1 次。当分组分片时,只需要在第一个分片中保留该选项,而不需要把选项复制到其余分片。

(5) 其他选项

安全(Security)选项提供了一种携带分组传输安全信息的方式;流标识符(Stream ID)选项用于支持 SATNET 流传输;因特网时间戳(Internet Timestamp)选项提供了记录分组到达经过路由器的时间的一种方式。

3. 分组分片和重组

当 IP 分组的长度超过下层网络的最大传输单元时,路由器就要对分组进行分片。RFC 791 建议了一种迭代式的分组分片算法,其过程可简要描述如下(算法中用到符号见表 4.2)。

表 4.2　RFC 791 分组分片、重组算法中的符号

符　号	含　　义	符　号	含　　义
FO	分组首部中的分片偏移字段	OFO	原分组首部中的分片偏移字段
IHL	分组首部中的首部长度字段	OIHL	原分组首部中的首部长度字段
DF	分组首部中的 DF 标志位	ODF	原分组首部中的 DF 标志位
MF	分组首部中的 MF 标志位	OMF	原分组首部中的 MF 标志位
TL	分组首部中的总长度字段	OTL	原分组首部中的总长度字段
NFB	分片中的分片块数	MTU	网络最大传输单元
TDL	数据总长度	TTL	分组首部中的生存时间字段

（1）若分组长度不大于传输网络的 MTU，则不需要分片，将其提交给分组发送过程。

（2）否则，检查分组的 DF 字段是否置位，若为 1，则丢弃分组，并向源主机发送 ICMP 错误报文。

（3）否则，生成第一个分片：

① 从原分组首部复制分片的首部。

② 计算分片可携带的分片块的数量（Number of Fragment Blocks，NFB），一个分片块就是 8 字节的数据。NFB＝（MTU－IHL×4）/8，注意算法中对相除的结果取整。

③ 从原分组复制 NFB×8 字节作为分片的数据。

④ 修正分片首部中的相关字段，包括：

MF＝1

TL＝（IHL×4）＋（NFB×8）

重新计算校验值。

⑤ 提交分片给分组发送过程。

（4）生成第二个分片：

① 从原分组首部复制分片的首部。注意若分组包含选项，可能有的选项不需要复制。

② 从原分组复制剩余的数据作为分片数据。

③ 修正分片首部中的相关字段，包括：

IHL＝（（（OIHL×4）－未复制选项的长度）＋3）/4，注意"＋3"保证新的 IHL 中包含了可能的选项填充字节数。

TL＝OTL－NFB×8－（OIHL－IHL）×4

FO＝OFO＋NFB

MF＝OMF

重新计算校验值。

④ 将该分片提交给分组分片过程。

通过该算法得到的分片可携带 MTU 允许的最大数据。

这些分片将在目的主机被重组为原分组。重组的分片通过分组源地址、目的地址、协

议以及标识符四个字段共同识别。RFC 791 建议的一种分组重组过程可简要描述如下。

（1）若分组未分片（FO 和 MF 字段都为 0），将其提交给分组处理过程。

（2）否则，如果以前没有接收到分组的任何一个分片，向系统申请分组重组资源，包括数据缓冲区（Data Buffer）、首部缓冲区（Header Buffer）、分片块位表（Fragment Block Bit Table）以及一个定时器等。

（3）将分片中的数据按其分片偏移值存储到数据缓冲区中，即从（FO×8）到（TL−(IHL×4)+(FO×8)−1）字节，并设置分片块位表中接收到的分片块的标志位，即从 FO 位到（FO+((TL−(IHL×4)+7)/8)−1）位。注意，"+7"保证了最后一个分片中最末不足 8 字节的数据也能被接收到。

（4）如果是第一个分片（FO 为 0），将分片的首部存储到首部缓冲区中。

（5）如果是最后一个分片（MF 为 0），计算原分组中数据的总长度：TDL＝TL−(IHL×4)+FO×8，并更新重组分组首部中的总长度字段：TL＝TDL+(IHL×4)。

（6）测试分片块位表，若所有标志位均置位，表明重组完成，将重组的分组提交给分组处理过程，释放分组重组资源。

（7）否则，将定时器设置为当前定时器值和分片 TTL 字段值中的较大者。RFC 791 建议的定时器初始值是 15s。

（8）如果定时器超时，重组失败，释放分组重组资源。

4. 校验和计算

IPv4 协议采用了简单的分组首部校验和算法。计算校验值时，首先将校验和字段置为 0，其次将首部数据划分为 16 位一组的单元，计算所有单元的反码之和，最后再计算和的反码。校验时，对分组首部数据再用相同的方法计算一次，若结果为 0 表明校验正确。

4.2.3　IPv4 协议分析

1. 网络拓扑及配置

在 GNS3 中搭建如图 4.5 所示的网络，并按图 4.5 中所示关系连接路由器的接口。新建一个 GNS3 工程 ipv4，保存该网络拓扑。

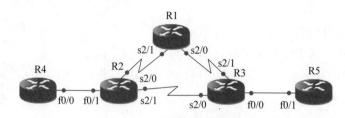

图 4.5　IPv4 协议分析网络拓扑

右击路由器 R2，选择控制台（Console）命令，打开 R2 的配置窗口，执行下列命令，配置路由器的接口地址及路由协议并保存：

```
1:  R2#config t
2:  R2(config)#interface s2/0
3:  R2(config-if)#ip address 192.168.1.1 255.255.255.0
```

```
 4: R2(config-if)#no shutdown
 5: R2(config-if)#exit
 6: R2(config)#interface s2/1
 7: R2(config-if)#ip address 192.168.3.2 255.255.255.0
 8: R2(config-if)#no shutdown
 9: R2(config-if)#exit
10: R2(config)#interface f0/1
11: R2(config-if)#ip address 192.168.4.1 255.255.255.0
12: R2(config-if)#no shutdown
13: R2(config-if)#exit
14: R2(config)#router rip
15: R2(config-router)#version 2
16: R2(config-router)#network 192.168.1.0
17: R2(config-router)#network 192.168.3.0
18: R2(config-router)#network 192.168.4.0
19: R2(config-router)#exit
20: R2(config)#exit
21: R2#write
```

参照上述过程,配置路由器 R1 和 R3 的接口地址及路由协议,参数见表 4.3。这里路由器 R4 和 R5 并不当作路由器使用,而是用于模拟主机。实验中用路由器的 ping 命令发送需要的分组。打开 R4 的控制台窗口,执行下列命令,关闭其路由功能,配置接口地址、默认网关并保存设置。

```
 1: R4#config t
 2: R4(config)#no ip routing
 3: R4(config)#interface f0/0
 4: R4(config-if)#ip address 192.168.4.2 255.255.255.0
 5: R4(config-if)#no shutdown
 6: R4(config-if)#exit
 7: R4(config)#ip default-gateway 192.168.4.1
 8: R4(config)#exit
 9: R4#write
```

参照上述过程,配置 R5 的接口地址及默认网关,参数见表 4.3。

表 4.3　IPv4 协议分析网络配置参数

设　　备	接　　口	IP　地　址	地　址　掩　码	默　认　网　关
R1	s2/0	192.168.2.1	255.255.255.0	—
	s2/1	192.168.1.2	255.255.255.0	—
R2	s2/0	192.168.1.1	255.255.255.0	—
	s2/1	192.168.3.2	255.255.255.0	—
	f0/1	192.168.4.1	255.255.255.0	—

续表

设　　备	接　　口	IP　地　址	地址掩码	默认网关
R3	s2/0	192.168.3.1	255.255.255.0	—
	s2/1	192.168.2.2	255.255.255.0	—
	f0/0	192.168.5.1	255.255.255.0	—
R4	f0/0	192.168.4.2	255.255.255.0	192.168.4.1
R5	f0/1	192.168.5.2	255.255.255.0	192.168.5.1

GNS3 中捕获分组时默认自动启动 Wireshark 显示捕获的分组(注意分组捕获是由 GNS3 完成的,Wireshark 只是用于显示捕获的分组。)。实验中要在多条链路上同时进行分组捕获。因此取消 Wireshark 的自动启动。选择 GNS3 的 Edit 菜单下的 Preferences 命令,打开首选项配置窗口。在左侧面板中选择 Packet capture(分组捕获)选项,取消 Automatically start the packet capture application(自动启动分组捕获程序)前的复选框,单击 OK 按钮。GNS3 捕获分组的存储文件在工程文件保存目录中的"project-files/captures"子目录下,如图 4.6 所示。

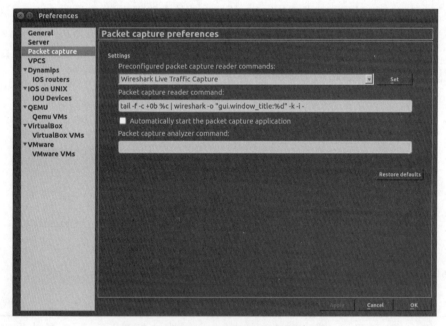

图 4.6　GNS3 中 Wireshark 自动启动设置

右击路由器或链路,选择 Start capture 命令并指定接口,可开启 GNS3 的分组捕获功能。要停止捕获分组,在捕获接口的链路上右击,选择 Stop capture 命令。

2. 记录路由

实验中通过 IP 分组的记录路由选项追踪分组从 R4(192.168.4.2)到 R5(192.168.5.2)经过的路由。

右击 R4 和 R2 之间的链路,选择开始捕获(Start capture)命令,指定在 R4 的 f0/0 接口捕获分组。同样地,启动在 R2 的 s2/1 接口以及 R3 的 f0/0 接口的分组捕获。打开 R4 的控制台窗口,执行如下的 ping 命令,向 R5 发送一个 ICMP Echo 请求分组,并指定分组的记录路由选项:

```
R4#ping
Protocol [ip]:
Target IP address: 192.168.5.2
Repeat count [5]: 1
Datagram size [100]:
Timeout in seconds [2]:
Extended commands [n]: y
Source address or interface: 192.168.4.2
Type of service [0]:
Set DF bit in IP header? [no]:
Validate reply data? [no]:
Data pattern [0xABCD]:
Loose, Strict, Record, Timestamp, Verbose[none]: Record
Number of hops [ 9 ]:
Loose, Strict, Record, Timestamp, Verbose[RV]:
Sweep range of sizes [n]:
Type escape sequence to abort.
Sending 1, 100-byte ICMP Echos to 192.168.5.2, timeout is 2 seconds:
Packet sent with a source address of 192.168.4.2
Packet has IP options:  Total option bytes= 39, padded length=40
Record route: < * >
   (0.0.0.0)
   (0.0.0.0)
   (0.0.0.0)
   (0.0.0.0)
   (0.0.0.0)
   (0.0.0.0)
   (0.0.0.0)
   (0.0.0.0)
   (0.0.0.0)

Reply to request 0 (60 ms).  Received packet has options
 Total option bytes= 40, padded length=40
 Record route:
   (192.168.4.2)
   (192.168.3.2)
   (192.168.5.1)
   (192.168.5.2)
   (192.168.5.2)
```

```
   (192.168.3.1)
   (192.168.4.1)
   (192.168.4.2) < * >
   (0.0.0.0)
 End of list
```

Success rate is 100 percent (1/1), round-trip min/avg/max = 60/60/60 ms

命令执行的输出结果提示分组往返经过的路由(路由器接口),表明 ping 请求(Echo Request)分组经过 R4 的 f0/0 接口(192.168.4.2)、R2 的 s2/1 接口(192.168.3.2)、R3 的 f0/0 接口(192.168.5.1)到达 R5 的 f0/1 接口(192.168.5.2),而 ping 响应(Echo Reply)分组则经过 R5 的 f0/1 接口(192.168.5.2)、R3 的 s2/0 接口(192.168.3.1)、R2 的 f1/0 接口(192.168.4.1)到达 R4 的 f0/0 接口(192.168.4.2)。

这些信息由分组的记录路由选项携带。查看经过这些接口的 ping 分组,可以分析分组记录路由选项的变化。在 ipv4/project-files/captures 目录中会生成 3 个 pcap 文件,分别对应实验中在三个路由器接口上捕获的分组。

打开 R4 接口对应的文件。分析时关注 R4 发送的 ping 分组,在显示过滤器文本框中输入过滤器"ip.addr == 192.168.4.2"。分组列表窗口将只显示两个分组,分别对应 Echo Request 和 Echo Reply。选中 Echo Request 分组,在分组首部详细信息窗口中查看 IP 协议的选项字段。发现选项部分长 40 字节,其中记录路由选项长 39 字节,包括 1 字节选项类型,7;1 字节选项长度 39;1 字节指针字段,8,指向路由数据部分的第一个空白路由项;路由数据部分包括 9 项路由地址,其中第 1 项是 192.168.4.2,即 R4 的 f0/0 接口,其余 8 项地址为空。另外 1 字节选项数据是选项列表结束(EOL)选项,以使所有选项数据的长度是 4 字节的整数倍。

打开 R2 对应的文件,输入显示过滤器"ip.addr == 192.168.4.2",分组列表窗口也只显示 Echo Request 和 Echo Reply 分组。选中 Echo Request 分组,在分组首部详细信息窗口中查看 IP 协议的选项字段,发现记录路由选项的路由数据字段中,第 2 项路由地址已被 R2 填入自己的 s2/1 接口地址(192.168.3.2),而选项指针字段变为 12,指向第 3 项路由地址(第 1 项空白路由地址)。类似地,在 R3 对应的文件中,记录路由选项的第 3 项路由地址被 R3 填入自己的 f0/0 接口地址(192.168.5.1),指针字段变为 16。

分析 Echo Reply 分组,会发现路由器 R5、R3、R2、R4 将依次在分组的记录路由选项中填入自己的转发(或发送)接口的地址。注意,路由器只有处理完分组选项后才会在选项数据中增加自己的某个接口(发送接口)地址,从发送接口捕获的分组中才能看到路由器增加的地址。如果分组是从路由器的接收接口捕获的,将无法看到路由器的处理结果。

分析时,也可先通过 Wireshark 的合并(merge)命令将多个文件中分组按捕获时间顺序合成一个文件,以方便查看。

3. 松散源路由

实验中通过 IP 分组的松散源路由选项指定从 R4(192.168.4.2)到 R5(192.168.5.2)路由经过路由器 R1 的 s2/0 接口(192.168.2.1)。

分别在 R4 的 f0/0 接口、R2 的 s2/0 接口、R1 的 s2/0 接口以及 R3 的 f0/0 接口启动分组捕获。打开 R4 的控制台窗口,执行如下的 ping 命令,向 R5 发送一个分组,并指定分组的松散源路由选项:

```
R4#ping
Protocol [ip]:
Target IP address: 192.168.5.2
Repeat count [5]: 1
Datagram size [100]:
Timeout in seconds [2]:
Extended commands [n]: y
Source address or interface: 192.168.4.2
Type of service [0]:
Set DF bit in IP header? [no]:
Validate reply data? [no]:
Data pattern [0xABCD]:
Loose, Strict, Record, Timestamp, Verbose[none]: Loose
Source route: 192.168.2.1
Loose, Strict, Record, Timestamp, Verbose[LV]:
Sweep range of sizes [n]:
Type escape sequence to abort.
Sending 1, 100-byte ICMP Echos to 192.168.5.2, timeout is 2 seconds:
Packet sent with a source address of 192.168.4.2
Packet has IP options:  Total option bytes= 7, padded length=8
 Loose source route: < * >
    (192.168.2.1)

Reply to request 0 (164 ms).  Received packet has options
 Total option bytes= 8, padded length=8
 Loose source route:
    (192.168.1.2)
< * >
 End of list

Success rate is 100 percent (1/1), round-trip min/avg/max = 164/164/164 ms
```

在“ipv4/project-files/captures”目录中会生成 4 个 pcap 文件,分别对应实验中在 4 个路由器网络接口上捕获的分组。

打开 R4 接口 f0/0 对应的文件。分析时关注 R4 发送的 ping 分组,在显示过滤器文本框中输入过滤器“ip.addr == 192.168.4.2”。分组列表窗口将只显示两个分组,分别对应 Echo Request 和 Echo Reply。选中 Echo Request 分组,在分组首部详细信息窗口中查看 IP 协议的首部字段信息。注意,此时分组的目的地址(字段名称为当前路由, Current Route)是 192.168.2.1,而不是最终的目的地址 192.168.5.2(尽管分组列表窗口中目的地址显示为 192.168.5.2）。查看分组选项部分，发现选项长 8 字节，其中松散源路由选项占 7 字节：1 字节选项类型（Type），131；1 字节长度，7；1 字节指针，4；4 字节的路由数据（此处只有目的地址），192.168.5.2。这样，分组将按正常路由先到达指定的路由节点 192.168.2.1。选项的另外 1 字节是选项列表结束字段（EOL），以使分组的选项长度是 4 字节的整数倍。

打开 R1 接口 f0/0 对应的文件，输入显示过滤器"ip.addr == 192.168.4.2"，分组列表窗口也显示 Echo Request 和 Echo Reply 两个分组。选中 Echo Request 分组，在分组首部详细信息窗口中查看 IP 协议的首部字段信息，此时分组的目的地址已经变成最终的目的地址 192.168.5.2。分组到达指定路由节点时，路由器将把分组目的地址和分组路由选项中的当前路由地址（由指针标识）进行交换。查看分组选项部分，发现此时路由选项指针字段为 8，且路由数据变成 192.168.2.1（记录的路由，Recorded Route）。指针字段大于选项长度表明路由选项数据已处理完成。

实验中只指定了一个中间路由节点，分组选项（及目的地址）在其他的路由器上将不会发生变化。此外，分析从 R5 到 R4 的 Echo Reply 分组，也能发现类似的传输过程，表明 Cisco 路由器中 Echo Reply 分组会复制 Echo Request 分组中的路由选项信息。

4. 分组分片

将 R2 接口 s2/1 和 R3 接口 s2/0 之间链路的 MTU 设置为 512 字节。打开 R2 的控制台窗口，执行下列命令：

```
1:  R2#config t
2:  R2(config)#interface s2/1
3:  R2(config-if)#mtu 512
4:  R2(config-if)#exit
5:  R2#write
```

在 R3 的控制台窗口执行类似的命令。

启动 R4 接口 f0/0 和 R2 接口 s2/1 的分组捕获。打开 R4 的控制台窗口，执行如下的 ping 命令，向 R5 发送一个长度为 1400 字节的分组：

```
R4#ping
Protocol [ip]:
Target IP address: 192.168.5.2
Repeat count [5]: 1
Datagram size [100]: 1400
Timeout in seconds [2]:
Extended commands [n]:
Sweep range of sizes [n]:
Type escape sequence to abort.
Sending 1, 1400-byte ICMP Echos to 192.168.5.2, timeout is 2 seconds:
!
Success rate is 100 percent (1/1), round-trip min/avg/max = 180/180/180 ms
```

在"ipv4/project-files/captures"目录中会生成 2 个 pcap 文件，分别对应实验中在两

个路由器网络接口上捕获的分组。

打开 R4 对应的文件,在显示过滤器中输入过滤器"ip.src＝＝192.168.4.2 && ip.dst＝＝192.168.5.2"。此时分组列表窗口只显示有一个分组。查看分组的 IP 首部信息,记录分组 ID(实验中为 0x0034,十进制 52);分组总长度为 1400 字节,包括固定首部的 20 字节,即发送的数据长度为 1380 字节。

打开 R2 对应的文件,应用同样的显示过滤器,发现分组列表窗口中显示有三个分组,它们的分组 ID 与记录的 R1 捕获分组相同(0x0034)。由于 R4 和 R1 之间的以太网 MTU 是 1500 字节,而实验中设置 R2 和 R3 之间的点到点网络的 MTU 为 512 字节,这三个分组是路由器 R2 对 R4 发送分组的分片分组。依次查看这三个分组的 IP 首部字段,第 1 个分组的总长度为 508 字节(即包含了 488 字节数据),MF 标志位是 1,片偏移字段为 0;第 2 个分组的总长度为 428 字节(包含了 408 字节数据),MF 标志位是 1,片偏移字段是 488(实际值是 0x003d,十进制 61,Wireshark 对计数单位进行了转换);第 3 个分组的总长度为 504 字节(包含了 484 字节数据),MF 标志位是 0,片偏移字段是 896(实际值是 0x0070,十进制 112)。这三个分组总共携带了 1380 字节的数据。注意实验中具体的分片分组长度值可能不同。

在这两个文件中还可以分析 Echo Reply 分组的分片过程。应用显示过滤器"ip.src＝＝192.168.5.2 && ip.dst＝＝192.168.4.2",发现在这两个接口上捕获的分组数量都是 3 个。这是因为路由器 R3 对 R5 发送的 Echo Reply 分组进行了分片,而这些分片最终将被 R4 重组。

4.2.4　IPv4 协议模拟

本节用 NS3 模拟 IPv4 协议的分组分片过程。

1. 网络拓扑及设置

用 NS3 搭建一个如图 4.7 所示的网络。节点 h0 和 r1(net1)、r1 和 h3(net2)用点到点链路连接。其中,net1 的 MTU 设置为 1500 字节,net2 的 MTU 设置为 1000 字节。在 h0 上部署一个 ping 应用,向 h2 发送 1 个 1400 字节的 ping 请求分组。在 h0 的接口 1 和 r1 的接口 2 捕获分组。

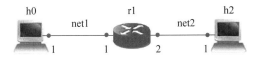

图 4.7　IPv4 协议模拟拓扑

2. 模拟程序代码

用文本编辑器编辑下列代码,保存为文件 IPv4-frag.cc(保存在 NS3 安装目录的 scratch 目录下。)。

例程 4-1:IPv4-frag.cc

```
1:    /*引入所需模块的头文件 */
2:    #include "ns3/core-module.h"
```

```
3:    #include "ns3/point-to-point-module.h"
4:    #include "ns3/internet-module.h"
5:    #include "ns3/internet-apps-module.h"
6:    #include "ns3/ipv4-static-routing-helper.h"
7:
8:    using namespace ns3;
9:
10:   /* 定义日志记录模块 */
11:   NS_LOG_COMPONENT_DEFINE ("IPv4FragExample");
12:
13:   int main (int argc, char * * argv)
14:   {
15:   /* 创建网络节点 */
16:   NS_LOG_INFO ("Create nodes.");
17:
18:   Ptr<Node> h0 = CreateObject<Node> ();
19:   Ptr<Node> r1 = CreateObject<Node> ();
20:   Ptr<Node> h2 = CreateObject<Node> ();
21:
22:   NodeContainer net1 (h0, r1);
23:   NodeContainer net2 (r1, h2);
24:   NodeContainer nets (h0, r1, h2);
25:
26:   /* 安装 IPv4 协议栈 */
27:   NS_LOG_INFO("Install Internet Stack (IPv4).");
28:
29:   InternetStackHelper internetv4;
30:   internetv4.SetIpv6StackInstall (false);
31:   internetv4.Install (nets);
32:
33:   /* 创建信道。将 net1 的 MTU 设置为 1500 字节,而 net2 的 MTU 设置为 1000 字节 */
34:   NS_LOG_INFO ("Create channels.");
35:
36:   PointToPointHelper pointToPoint;
37:   pointToPoint.SetDeviceAttribute ("DataRate", StringValue ("5Mbps"));
38:   pointToPoint.SetChannelAttribute ("Delay", StringValue ("10ms"));
39:
40:   pointToPoint.SetDeviceAttribute ("Mtu", UintegerValue (1500));
41:   NetDeviceContainer devs1 = pointToPoint.Install (net1);
42:
43:   pointToPoint.SetDeviceAttribute ("Mtu", UintegerValue (1000));
44:   NetDeviceContainer devs2 = pointToPoint.Install (net2);
45:
46:   /* 设置 IP 地址 */
```

```
47:    NS_LOG_INFO ("Assign IP Addresses.");
48:
49:    Ipv4AddressHelper ipv4;
50:    ipv4.SetBase ("192.168.1.0", "255.255.255.0");
51:    Ipv4InterfaceContainer ifs1 = ipv4.Assign (devs1);
52:    ipv4.SetBase ("192.168.2.0", "255.255.255.0");
53:    Ipv4InterfaceContainer ifs2 = ipv4.Assign (devs2);
54:
55:    /* 设置节点路由 */
56:    NS_LOG_INFO ("Create routes.");
57:
58:    Ipv4StaticRoutingHelper routingHelper;
59:    Ptr<Ipv4StaticRouting> routing;
60:    std::pair<Ptr<Ipv4>,uint32_t> ifpair;
61:
62:    //设置 h0 的默认路由
63:    ifpair = ifs1.Get(0);
64:    routing = routingHelper.GetStaticRouting (ifpair.first);
65:    routing->SetDefaultRoute (ifs1.GetAddress(1), ifpair.second);
66:
67:    //启用 r1 各接口的转发功能
68:    ifpair = ifs1.Get(1);
69:    ifpair.first->SetForwarding(ifpair.second,1);
70:    ifpair = ifs2.Get(0);
71:    ifpair.first->SetForwarding(ifpair.second,1);
72:
73:    //设置 h2 的默认路由
74:    ifpair = ifs2.Get(1);
75:    routing = routingHelper.GetStaticRouting (ifpair.first);
76:    routing->SetDefaultRoute (ifs2.GetAddress(0), ifpair.second);
77:
78:    /* 创建 IPv4 的 ping 应用 */
79:    NS_LOG_INFO ("Create Application: sending ICMP echo request from h0
       to h2.");
80:
81:    V4PingHelper ping = V4PingHelper(ifs2.GetAddress(1));
82:    ping.SetAttribute ("Interval", TimeValue(Seconds(1.0)));
83:    ping.SetAttribute ("Size", UintegerValue(1400));
84:
85:    ApplicationContainer app;
86:    app = ping.Install (h0);
87:    app.Start (Seconds (1.0));
88:    app.Stop (Seconds (1.5));
89:
```

```
90:     /* 启用 pcap 分组追踪功能 */
91:     NS_LOG_INFO ("Enable pcap tracing.");
92:
93:     pointToPoint.EnablePcap ("ipv4-frag",0,1,false);
94:     pointToPoint.EnablePcap ("ipv4-frag",1,2,false);
95:
96:     /* 执行仿真 */
97:     NS_LOG_INFO ("Run Simulation.");
98:
99:     Simulator::Run ();
100:        Simulator::Destroy ();
101:
102:        NS_LOG_INFO ("Done.");
103:        }
```

3. 模拟执行及结果分析

在 NS3 的安装目录下执行下列命令,运行模拟程序 ipv4-frag.cc:

```
Export NS_LOG=IPv4FragExample=info
./waf --run scratch/ipv4-frag
```

NS3 在安装目录下会生成追踪文件 ipv4-frag-0-1.pcap 和 ipv4-frag-1-2.pcap,分别对应在 h0 的接口 1 和 r1 的接口 2 捕获分组的文件。文件 ipv4-frag-0-1.pcap 中的捕获分组列表如图 4.8 所示。其中,第 1 个(Wireshark 编号)分组是 h0(192.168.1.1)发往 h3(192.168.2.2)的 ping 请求分组,而第 2、3 个分组则是 h3 发送给 h0 的 ping 响应分组。由于 r1 和 h3 之间链路的 MTU 是 1000 字节,而 ping 响应分组长度是 1400 字节,因此 h3 将响应分组分为两个分片发送。

No.	Time	Source	Destination	Protocol	Length	Info
1	0.000000	192.168.1.1	192.168.2.2	ICMP	1430	Echo (ping) request id=0x0000, seq=0/0, ttl=64
2	0.047804	192.168.2.2	192.168.1.1	IPv4	998	Fragmented IP protocol (proto=ICMP 1, off=0, ID=0000) [Reassembled in #3]
3	0.048531	192.168.2.2	192.168.1.1	ICMP	454	Echo (ping) reply id=0x0000, seq=0/0, ttl=63

图 4.8　节点 h0 接口 1 上捕获的分组列表

文件 ipv4-frag-1-2.pcap 中的捕获分组列表如图 4.9 所示。其中第 1、2 个分组是 h0 发往 h3 的 ping 请求分组,而第 3、4 个分组是 h3 发往 h0 的 ping 响应分组。同样,节点 r1 将请求分组分为了两个分片。

No.	Time	Source	Destination	Protocol	Length	Info
1	0.000000	192.168.1.1	192.168.2.2	IPv4	998	Fragmented IP protocol (proto=ICMP 1, off=0, ID=0000) [Reassembled in #2]
2	0.001596	192.168.1.1	192.168.2.2	ICMP	454	Echo (ping) request id=0x0000, seq=0/0, ttl=63
3	0.023919	192.168.2.2	192.168.1.1	IPv4	998	Fragmented IP protocol (proto=ICMP 1, off=0, ID=0000) [Reassembled in #4]
4	0.024646	192.168.2.2	192.168.1.1	ICMP	454	Echo (ping) reply id=0x0000, seq=0/0, ttl=64

图 4.9　节点 r1 接口 2 上捕获的分组列表

4.3　IPv6 协议分析

4.3.1　IPv6 地址结构

1. 地址类型

IPv6 地址长度为 128 位,分为三种类型:单播地址(Unicast address)、任播地址(Anycast Address)和组播地址(Multicast Address)。任播地址通常代表了一组不同节点(计算机)上的接口,发往任播地址的分组被路由给离发送方最近(由路由协议度量)的一个接口。IPv6 协议取消了 IPv4 中的广播地址,其功能由组播地址实现。

每个 IPv6 接口都必须有至少一个本地链路单播地址(Link-Local Unicast Address)。一个接口可以分配多个任意类型的地址。

IPv6 中多个网络前缀可以被分配给一个网络。

2. 地址文本表示方式

书写时,IPv6 地址通常用"冒号分十六进制"表示成文本形式。地址中每 4 位用一个十六进制字符表示,每 4 个十六进制字符之间用一个冒号分割。例如,一个 IPv6 地址可表示为 FEDC:BA98:7654:3210:FEDC:BA98:7654:3210。每一组 4 位的十六进制字符中,前导的 0 字符可以省略。例如,地址 1080:0000:0000:0000:0008:0800:200C:417A 可表示为 1080:0:0:0:8:800:200C:417A。

当地址中有大量连续的 0 时,可采用压缩方式简化地址表示。压缩表示方式中,用一对冒号(::)代替连续的若干十六进制 0。需要注意的是,一个地址中只能使用一次压缩表示,原因在于若多次使用压缩表示,将无法判断每对冒号代表的 0 的个数。例如,地址 1080:0:0:0:8:800:200C:417A 可用压缩方式表示为 1080::8:800:200C:417A,地址 0:0:0:0:0:0:0:1 可用压缩方式表示为::1。

IPv4 的"点分十进制"地址可嵌入 IPv6 地址表示中,地址中前 96 位用冒号十六进制方式表示,后 32 位用点分十进制表示,十六进制部分也可采用压缩格式。例如,地址 0:0:0:0:0:0:13.1.68.3 可表示为::13.1.68.3。这种表示方式常用于 IPv4 和 IPv6 的混合环境中。

IPv6 网络前缀表示方式与 IPv4 CIDR 类似,也采用斜线数字表示,在 IPv6 地址后跟一个斜线,斜线后的数字表示前缀所占的地址左侧的连续位数。

3. 地址类型表示

不同类型 IPv6 地址由地址的若干高位进行区分,这些位称为"格式前缀"(Format Prefix),其长度可变,见表 4.4(RFC 4291)。

表 4.4　IPv6 地址类型表示

地　址　类　型	IPv6　表　示
未指定(Unspecified)	::/128
环回地址(Loopback)	::1/128

续表

地 址 类 型	IPv6 表 示
组播地址（Multicast）	FF00::/8
链路本地单播地址（Link-Local Unicast）	FE80::/10
全局单播地址（Global Unicast）	所有其他地址

（1）单播地址

单播地址可以在任意长度前缀上进行聚合（Aggregatable）。RFC 4291 定义了两种类型的单播地址：全球单播地址（Global Unicast）和链路本地单播地址（Lnk-Local Unicast）（RFC 2737 中还定义有站点本地单播地址（Site-Local Unicast），RFC 4291 中废弃了该类型）。单播地址可分为两部分：子网前缀（Subnet Prefix）和接口 ID（Interface ID），如图 4.10 所示。RFC 4291 中规定，除了以"000"（二进制）开始的单播地址外，所有的其他单播地址的接口 ID 占 64 位，并以"修订的 EUI-64 格式"（Modified EUI-64 Format）进行构造。所谓修订的 EUI-64 格式是将 IEEE 的 EUI-64 标识符中的"u"位反转。IEEE EUI-64 标识符的格式如图 4.11 所示，其中，"c"代表公司 ID（Company ID）；"m"位是生产商分配的扩展标识；"g"是单播/组播标志位（Individual/Group Bit）；"u"是全局/本地范围标志位（universal/local scope bit），置为 0 表明在本地范围内唯一，1 表明在全局范围内唯一。

31	0
子网前缀（n位）	接口标识符（128-n位）

图 4.10　单播地址格式

图 4.11　IEEE EUI-64 标识符格式

IEEE 802 的 48 位 MAC 地址可扩展成 EUI-64 标识符，方法是在"c"位和"m"位之间插入 2 字节（0xFF 和 0xFE）。一个由 48 位 IEEE MAC 地址形成的修订 EUI-64 标识符，如图 4.12 所示。其他类型网络（如串行链路、配置的隧道、FDDI 等）上的 EUI-64 标识符生成参考相应的 RFC 标准。

0 0	1 5	1 6	3 1	3 2	4 7	4 8	6 3
cccccc1gcccccccc		ccccccccc11111111		11111110mmmmmmmm		mmmmmmmmmmmmmmmm	

图 4.12　由 IEEE 48 位 MAC 地址生成的改进 EUI-64 标识符

全 0 地址称为未指定地址（Unspecified Address），用于表明没有 IPv6 地址，它自身不能分配给任何接口。路由器不转发源地址是未指定地址的分组。未指定地址也不能用于分组的目的地址或路由扩展首部中。

地址::1 称为环回地址（Loopback Address），类似于 IPv4 的 127.0.0.1 地址，用来代表 IPv6 协议的虚拟接口。

全局单播地址（Global Unicast Address）的格式如图 4.13 所示。其中，全局路由前缀（Global Routing Prefix）代表了一个站点（Site，一组子网或链路），子网 ID 指定了站点中的子网或链路。IPv4 地址也可表示为全局 IPv6 地址，称为 IPv4 映射的 IPv6 地址（IPv4-Mapped IPv6 Address），如图 4.14 所示。

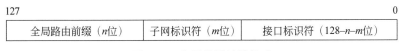

图 4.13　全局单播地址格式

图 4.14　IPv4 地址映射的 IPv6 地址格式

链路本地单播地址（Link-Local Unicast Address）用于在一个网络内部标识网络接口，用于地址自动配置、邻居发现等。链路本地单播地址格式如图 4.15 所示。链路本地单播地址只具有本地意义，路由器不转发源或目的地址是链路本地单播地址的分组。

10位	54位	64位
1111111010	0	接口标识符

图 4.15　链路本地单播地址格式

（2）任播地址

一个任播地址可以被分配给一组接口，且通常这组接口属于不同的节点（计算机）。发往一个任播地址的分组会被路由协议转发给离发送方"最近的"（Nearest）一个接口。任播地址无法从地址结构上与单播地址相区分，包含在单播地址空间（包括本地链路单播地址和全球单播地址）中。当一个单播地址被分配给多个接口时，它就变成一个任播地址。这些接口地址需要被显式地配置为任播地址。

被分配了任播地址的一组主机往往分散在不同的网络中，这些网络的最长共同前缀构成了一个拓扑区域（Topological Region）。在该拓扑区域内，路由表为该任播地址的某个站点保留一个独立的路由表项（类似于主机路由表项）；而在区域外，任播地址的路由可以被聚合为最长前缀的一条路由表项。

RFC 4291 定义了子网路由任播地址（Subnet-Router Anycast Address），其格式如图 4.16 所示。其中，子网前缀（Subnet Prefix）是子网的地址。发往子网路由任播地址的分组被转发给配置有该任播地址的任一个路由器。

图 4.16　子网路由任播地址格式

（3）组播地址

组播地址格式如图 4.17 所示，其中：

图 4.17　组播地址格式

- 标志位(Flags)字段占 4 位：最高位保留，设为 0；T 位为 1 表示是熟知组播地址(Well-known Multicast Address,永久分配)，T 位为 0 表示是临时组播地址；P 标志表明了组播地址的生成方式(RFC 3306)；R 标志用于构成组播 RP 地址(RFC 3956)。
- 范围(Scope)字段占 4 位，用于限制组播组的范围，见表 4.5。其中，接口本地范围限制在节点的一个接口，仅用于组播环回发送；链路本地范围限制在本地网络；管理本地范围是可进行管理配置的最小范围；站点本地范围限制在一个站点(一组子网或链路)；机构本地范围则限制在属于一个机构的若干站点；而未分配的范围值可用于管理员定义额外的组播区域。
- 组标识符(Group ID)字段，在指定范围内的组播组标识符，占 112 位。永久分配的组播地址(组播标识符)在任何范围中都有效，而临时分配的组播地址仅在指定的范围内有效。

组播地址不能作为 IPv6 分组的源地址，也不能出现在路由扩展首部中。路由器也不会把组播分组转发到其范围字段指定的有效范围之外。

表 4.5　组播地址范围字段取值

范　围	含　　义	范　围	含　　义
1	接口本地(Interface-Local)范围	2	链路本地(Link-Local)范围
4	管理本地(Admin-Local)范围	5	站点本地(Site-Local)范围
8	机构本地(Organization-Local)范围	E	全局(Global)范围
0、3、F	保留	6、7、9、A、B、C、D	未分配

RFC 4291 定义了一组常用的组播地址，包括：

- 保留地址，范围从 FF00::到 FF0F::，保留地址不能被分配给任何组播组。
- 所有节点地址(All Nodes Addresses)，FF01::1(接口本地范围的所有地址)或 FF02::1(链路本地范围的所有地址)。
- 所有路由器地址(All Routers Addresses)，FF01::2(接口本地范围的所有路由器地址），或 FF02::2（链路本地范围的所有路由器地址），或 FF05::2（站点本地范围的所有路由器地址）。

- 请求节点地址（Solicited-Node Address），范围从 FF02:0:0:0:0:1:FF00:0000 到 FF02:0:0:0:0:1:FFFF:FFFF，其低 24 位是发送组播分组节点的源地址（单播或任播地址）的低 24 位。IPv6 协议规定节点必须加入与其所有分配的单播和任播地址相应的请求节点组播组地址。

（4）IPv6 节点地址

IPv6 主机要能识别下列地址：

- 每个接口的链路本地地址。
- 接口配置的单播或任播地址。
- 环回地址。
- 所有节点组播组地址。
- 与每个配置的单播或任播地址相应的节点请求组播组地址。
- 主机参加的其他组播组的地址。

IPv6 路由器除了要能识别主机识别的地址以外，还要能识别以下地址：

- 所有具有路由功能接口的子网路由器任播地址。
- 配置的其他任播地址。
- 所有路由器组播组地址。

4.3.2　IPv6 分组格式

IPv6 分组首部分为固定首部和扩展首部，其中扩展首部可以有多个。

1. 固定首部

IPv6 分组固定首部长 40 字节，格式如图 4.18 所示。

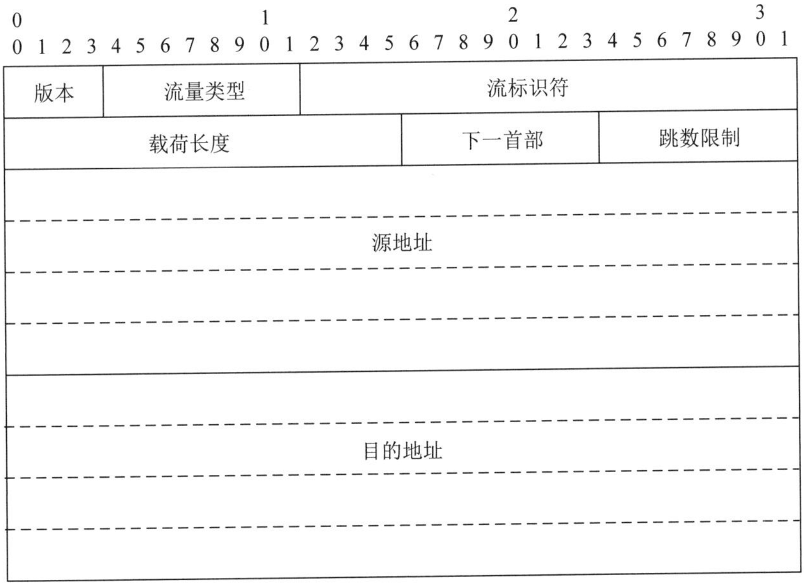

图 4.18　IPv6 分组固定首部格式

图 4.18 中各部分意义如下：

（1）版本（Version）字段，4 位，值为 6。

（2）流量类型（Traffic Class）字段，8 位，用于区分分组的类型或优先级，功能类似于 IPv4 协议中的区分服务（Differentiated Service）字段。

（3）流标识符（Flow Label）字段，20 位，流是从一个源主机地址发往特定目的主机地址（单播地址或组播地址）的一组分组，源主机用流标识符标记这些分组需要路由器进行特殊处理。

（4）载荷长度（Payload Length）字段，16 位，分组载荷（包括所有扩展首部和数据）的长度，以字节为单位。

（5）下一首部（Next Header）字段，8 位，指明紧跟在固定首部后的协议类型，或者是一个扩展首部类型，或者是传输层协议（若不包含扩展首部）类型，与 IPv4 的"协议"字段值兼容。

（6）跳数限制（Hop Limit）字段，8 位，每转发一次减 1，为 0 时丢弃分组。

（7）源地址（Source Address）字段，128 位，分组的源地址。

（8）目的地址（Destination Address）字段，128 位，分组的目的地址。

2. IPv6 分组扩展首部

（1）概述

扩展首部用于在 IPv6 分组中携带额外的选项信息。一个 IPv6 分组中可包含 0 个、1 个或多个扩展首部。扩展首部的类型见表 4.6（前四种在 RFC 2460 中定义，认证扩展首部在 RFC 2402 中定义，封装安全载荷扩展首部在 RFC 4303 中定义）。每种扩展首部都有一个唯一的协议号。多个扩展首部通过 IPv6 和扩展首部的下一首部字段依次嵌入 IPv6 分组中。

表 4.6　IPv6 扩展首部类型

扩展首部类型	扩展首部协议号
逐跳选项（Hop-by-Hop Options）	0
路由（Routing）	43
分片（Fragment）	44
目的选项（Destination Options）	60
认证（Authentication）	51
封装安全载荷（Encapsulating Security Payload）	50
无下一扩展首部	59

除逐跳扩展首部外，分组传输过程中路由器不检查或处理分组的扩展首部，这些扩展首部由目的主机处理（组播分组由所有接收主机处理），而逐跳扩展首部则必须被分组传输路径上的所有节点（包括中间路由器、源主机和目的主机）处理。若遇到不认识的首部协议号，节点丢弃分组并向分组源地址发送 ICMP 参数错误消息。扩展首部必须严格按照它们在分组中出现的顺序进行处理。RFC 2460 规定一个 IPv6 分组中的扩展首部按照下列顺序出现。

① IPv6 固定首部。

② 逐跳选项扩展首部。

③ 目的选项扩展首部。

④ 路由扩展首部。

⑤ 分片扩展首部。

⑥ 认证扩展首部。

⑦ 载荷封装扩展首部。

⑧ 目的选项扩展首部。

⑨ 上层(传输层)协议首部。

目的选项扩展首部可以出现两次,一次在路由扩展首部之前(被传输路径上的路由器处理,参见路由扩展首部),一次在上层协议首部前(被最终目的主机处理);其他扩展首部仅能出现一次。

扩展首部的长度应是 8 字节的整数倍,以此保证后续首部能在 8 字节边界处对齐。扩展首部中的各字段应在其自然边界处对齐,即 N(1、2、4、8)字节字段应出现在从首部开始的 N 的整数倍位置。

(2) 扩展首部的选项

逐跳选项扩展首部和目的选项扩展首部的选项字段长度可变,可包含多个选项数据。这些选项数据以 TLV(Type-Length-Value)方式编码,按出现的顺序依次被处理。选项数据的格式如图 4.19 所示,其中:

- 选项类型(Option Type)字段,8 位。最高两位指明了不能识别选项类型时应采取的处理方式:00,跳过,继续处理下一个选项;01,丢弃该分组;10,丢弃该分组,并向分组源地址发送 ICMP 参数错误消息(不管分组目的地址是否是组播地址。);11,丢弃该分组,且当分组源地址不是多播地址时,向源地址发送 ICMP 参数错误消息。第 3 高位指明该选项数据在传输过程中是否发生变化:0,未变化;1,可能变化。需要注意的是,这高 3 位是选项类型的一部分,选项类型由 8 位组成,而不仅仅是低 5 位。

- 选项数据长度(Option Data Length)字段,8 位,指明选项数据字段的长度,以字节为单位。

- 选项数据(Option Data)字段,与选项类型有关。

| 选项类型 | 选项数据长度 | 选项数据 |

图 4.19　选项 TLV 格式

(3) 填充选项

每个选项都可能有特殊的对齐要求,以保证选项数据字段的内部多字节字段值在其自然边界处对齐。选项对齐要求可表示为"xn＋y",即每个选项数据字段都出现在从扩展首部开始的 x 字节整数倍加 y 字节的位置。当下一个选项的对齐方式不满足要求,或扩展首部的长度不满足 8 字节整数倍要求时,需要在扩展首部中插入填充选项。其有两种填充选项：

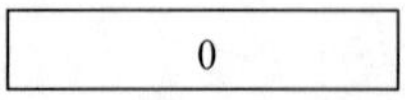

图 4.20 Pad1 填充选项格式

- Pad1 选项，格式如图 4.20 所示。注意 Pad1 选项是一种特殊的选项，没有采用 TLV 编码方式。Pad1 选项用于向扩展首部的选项字段插入 1 字节。
- PadN 选项，用于向扩展首部的选项字段插入 n 字节，格式与普通选项相同（见图 4.19），其中选项类型字段为 1，选项数据长度字段为 $(n-2)$，选项数据字段是 $(n-2)$ 字节 0。

填充选项都没有对齐要求。

(4) 逐跳选项扩展首部

逐跳选项扩展首部用于在分组中携带需要被传输路径上所有节点（包括源主机和目的主机）处理的信息。它必须是分组的第一个扩展首部，格式如图 4.21 所示。

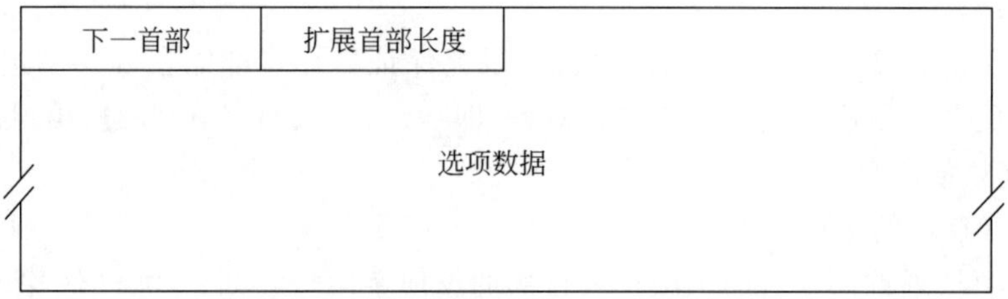

图 4.21 逐跳选项扩展首部格式

图 4.21 中：

- 下一首部（Next Header）字段，8 位，指明紧跟在逐跳选项扩展首部后的下一个首部类型。
- 扩展首部长度（Header Extension Length）字段，8 位，扩展首部的长度，以 8 字节为单位，不包括第一个 8 字节。
- 选项数据（Options）字段，可包含多个以 TLV 方式编码的选项。

RFC 2460 定义的逐跳扩展首部选项有 Pad1 和 PadN 两种填充选项。

(5) 路由扩展首部

路由扩展首部类似于 IPv4 的松散源路由（Loose Source and Record Route Option）选项，用于由源主机列出分组传输过程中需要访问的节点地址。路由扩展首部格式如图 4.22 所示。

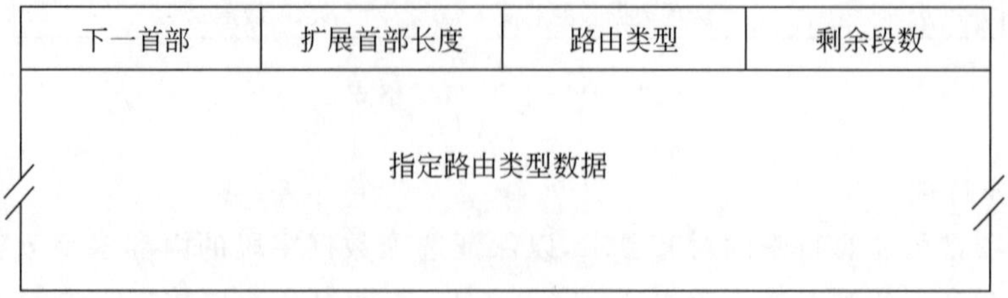

图 4.22 路由扩展首部格式

图 4.22 中：

- 下一首部(Next Header)字段,8 位,指明紧跟在路由扩展首部后的下一个首部类型。
- 扩展首部长度(Header Extension Length)字段,8 位,扩展首部的长度,以 8 字节为单位,不包括第一个 8 字节。
- 路由类型(Routing Type)字段,8 位,用于进一步区分路由扩展首部的类型。
- 剩余段数(Segments Left)字段,8 位,指明路由地址列表中尚未被访问到的地址数。
- 指定路由类型数据(Type-Specific Data)字段,依赖于具体的路由类型。

路由类型 0 的路由扩展首部格式如图 4.23 所示。其中保留字段 4 字节,置为 0;地址字段"地址[1]~地址[n]"(Address[1]~Address[n])列出了分组传输过程中要访问的节点地址。

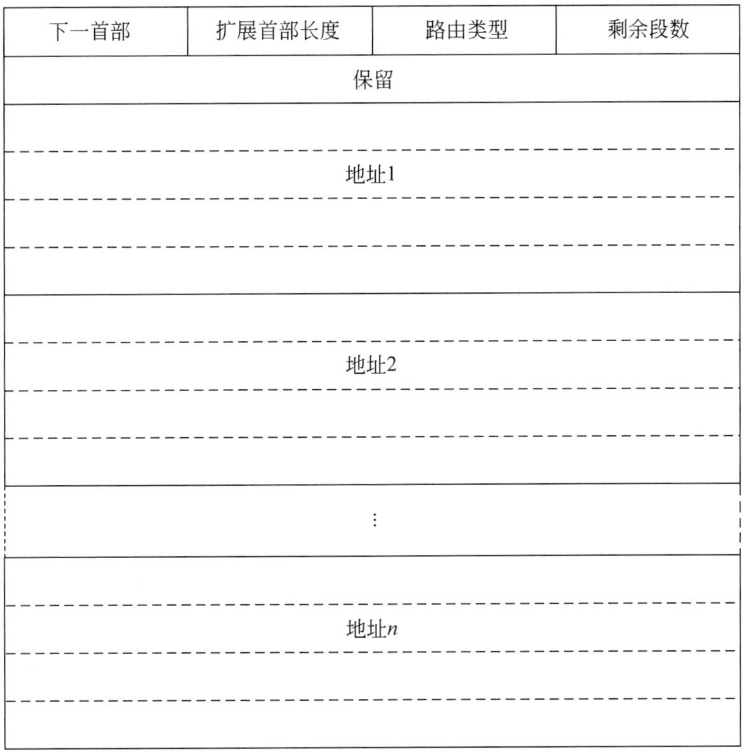

下一首部	扩展首部长度	路由类型	剩余段数
保留			
地址1			
地址2			
⋮			
地址n			

图 4.23　路由类型 0 的路由扩展首部格式

源主机发送携带有类型 0 路由扩展首部的 IPv6 分组时,分组的最终目的地址并不出现在目的地址字段,而是放在路由扩展首部地址列表的最后,分组的目的地址字段填入要访问的第一个中间路由器的地址,其余要访问的中间路由器地址按访问顺序存放在扩展首部地址列表中(最终目的地址之前)。当分组到达当前目的地址节点时,节点将交换目的地址和扩展首部地址列表中的第一个未访问地址,同时把剩余段字段值减 1。这样分组将沿着地址列表指定的路径到达最终目的主机。

组播地址不能出现在类型 0 的路由扩展首部的地址列表中,也不能作为包含类型 0

路由扩展首部的 IPv6 分组的目的地址。

（6）分片扩展首部

当分组长度大于传输路径上的最小的链路最大传输单元时，需要对 IP 分组进行分片。与 IPv4 协议不同，传输路径上的路由器不对分组分片。路由器发现分组长度大于要转发网络的最大传输单元时，丢弃分组并向源主机发送 ICMP 分组超大消息，由源主机对 IP 分组进行分片。分片生成的 IP 分组都携带有分片扩展首部，格式如图 4.24 所示。其中：

- 下一首部（Next Header）字段，8 位，指明紧跟在分片扩展首部后的下一个首部类型。
- 保留（Reserved）字段，8 位，置为 0。
- 片偏移（Fragment Offset）字段，13 位，指明分片包含数据的第一个字节相对于原始未分片分组数据的偏移值，以 8 字节为单位。
- 保留（Res）字段，2 位，置为 0。
- M 标志字段，1 位，1 表明本分片后还有更多分片，0 表本分片是最后一个分片。
- 标识符（Identification）字段，32 位，由源主机生成的分组标识符，用于在重组时区分分片所属的分组。对每个要分片的分组，源主机都生成一个标识符，该标识符在一对源、目的主机间的所有已分片但未完成重组的分组中是唯一的。

图 4.24　分片扩展首部格式

需要注意的是，原始分组中的固定首部以及需要由传输路径上的节点处理的扩展首部都不能分片，称为不可分片部分（Unfragmentable Part），需要包含在每个分片中（一些字段的值可能发生改变，如载荷长度、最后一个不可分片扩展首部的下一首部字段）；而由最终目的主机处理的扩展首部和高层协议首部及数据部分是可以分片的，称为可分片部分（Fragmentable Part）。因此，扩展首部在分组中出现的顺序必须严格按照协议要求，不能分片的扩展首部在前，可以分片的扩展首部在后。源主机将可分片部分划分为 8 字节整数倍的单元（最后一个除外），为每个单元生成一个新的 IP 分组（分组长度满足路径 MTU 要求）。分片分组包括不可分片部分、分片扩展首部以及分片数据单元，其中分片扩展首部的下一首部字段是原始分组的可分片部分的第一个扩展首部的协议号或上层协议号（若没有扩展首部）。

所有分片到达目的主机后，由目的主机对分片进行重组，恢复原始分组。

IPv6 协议要求下层网络能传输的最小 MTU 为 1280 字节。同时建议实现路径 MTU 发现（参见 4.5.4 节）功能，以避免分组的分片操作。

（7）目的选项扩展首部

目的选项扩展首部携带由分组的目的地址字段指明节点需要处理的信息，其格式同逐跳选项扩展首部（参见图 4.21）。RFC 2460 定义的目的选项扩展首部选项也只有 Pad1 和 PadN 两种填充选项。

目的主机的处理信息可以在目的选项扩展首部作为一个选项出现,也可以作为一个独立的扩展首部出现。它们的区别在于当目的主机遇到不能识别的选项类型(或扩展首部类型)时处理的方式不同。

(8) 无下一扩展首部

若下一首部字段为 59(无下一扩展首部,No Next Header),表明本首部(固定首部或扩展首部)后无数据。

(9) 传输层协议校验和计算

传输层协议(如 TCP、UDP)或 ICMPv6 的校验和计算中包含 IPv6 分组首部中的字段,需要在各自协议分组前增加一个伪首部。伪首部的格式如图 4.25 所示,其中:

- 源地址(SourceAddress)字段,128 位。
- 目的地址(Destination Address)字段,128 位。需要注意的是,如果分组中有路由扩展首部,伪首部的目的地址字段是分组最终的目的地址。在最终目的主机,该地址在分组的目的地址字段,而在其他节点(如源主机),该地址是路由扩展首部地址列表的最后一项地址。
- 上层协议分组长度(Upper-Layer Packet Length)字段,32 位,以字节为单位。
- 下一首部(Next Header)字段,8 位,计算校验和的分组的协议号。

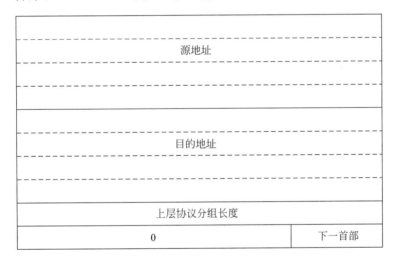

图 4.25　IPv6 协议栈校验和计算中的伪首部格式

IPv6 协议中,UDP 分组必须计算校验和,而 IPv4 协议中,UDP 分组的校验和是可选的。

4.3.3　IPv6 协议分析

1. 网络拓扑及配置

在 GNS3 中搭建如图 4.26 所示的网络,并按图 4.26 中所示关系连接路由器接口。新建一个 GNS3 工程 ipv6,保存该网络拓扑。

右击路由器 R1,选择控制台(Console)命令,打开 R1 的配置窗口,执行下列命令,配置路由器的接口地址及路由协议(RIP 协议)并保存:

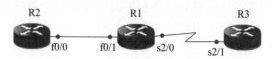

图 4.26   IPv6 协议分析网络拓扑

```
1:  R1#config t
2:  R1(config)#ipv6 unicast-routing
3:  R1(config)#interface f0/1
4:  R1(config-if)#ipv6 address 2001:DB8:0:1::/64 eui-64
5:  R1(config-if)#no shutdown
6:  R1(config-if)#ipv6 rip process1 enable
7:  R1(config-if)#exit
8:  R1(config)#interface s2/0
9:  R1(config-if)#ipv6 address 2001:DB8:0:2::/64 eui-64
10: R1(config-if)#no shutdown
11: R1(config-if)#ipv6 rip process1 enable
12: R1(config-if)#exit
13: R1(config)#exit
14: R1#write
```

其中,ipv6 unicast-routing 命令开启路由器的 IPv6 路由功能;ipv6 address ipv6-prefix/prefix-length eui-64 命令设置接口的 IPv6 地址,用接口的 EUI-64 ID 作为地址的低 64 位;ipv6 rip process1 enable 命令在接口上启用 rip 协议,参数 process1 是运行 RIP 路由协议的进程名。

执行下列命令,从输出中找出接口 f0/1 和 s2/1 的全局单播地址(Global Unicast Address)并记录:

```
1:  R1#show ipv6 interface f0/1
2:  R1#show ipv6 interface s2/0
```

接口 f0/1 的地址将作为 R2 的默认网关,接口 s2/0 的地址将作为 R3 的默认网关。实验中这两个地址分别是 2001:DB8:0:1:C801:6DFF:FE15:6(f0/1)和 2001:DB8:0:2:C801:6DFF:FE15:8(s2/1)。

打开 R2 的控制台窗口,执行下列命令,配置其接口地址及默认网关:

```
1:  R2#config t
2:  R2(config)#interface f0/0
3:  R2(config-if)#ipv6 address 2001:DB8:0:1::/64 eui-64
4:  R2(config-if)#no shutdown
5:  R2(config-if)#exit
6:  R2(config)#ipv6 route ::/0 2001:DB8:0:1:C801:6DFF:FE15:6
7:  R2(config)#exit
8:  R2#write
```

命令 ipv6 route ::/0 ipv6-address 设置默认网关地址。

打开 R3 的控制台窗口,执行下列命令,配置其接口地址及默认网关:

```
1:  R3#config t
2:  R3(config)#interface s2/1
3:  R3(config-if)#ipv6 address 2001:DB8:0:2::/64 eui-64
4:  R3(config-if)#no shutdown
5:  R3(config-if)#exit
6:  R3(config)#ipv6 route ::/0 2001:DB8:0:2:C801:6DFF:FE15:8
7:  R3(config)#exit
8:  R3#write
9:  R3#show ipv6 interface s2/1
```

最后的 show ipv6 interface 命令输出接口 s2/1 的配置信息,记录其全局单播地址,用作实验中 ping 命令的目标地址。实验中该地址是 2001:DB8:0:2:C803:6DFF:FE37:8。

2. IPv6 协议分析

实验中通过 R2 向 R3 发送 1 个长度为 2000 字节的分组。注意发送分组的长度大于 R2 和 R1 之间以太网以及 R1 和 R3 之间点到点链路的 MTU(1500 字节)。

在路由器 R2 的接口 f0/0 启动分组捕获。打开 R2 控制台窗口,执行下列 ping 命令:

```
R2#ping
Protocol [ip]: ipv6
Target IPv6 address: 2001:DB8:0:2:C803:6DFF:FE37:8
Repeat count [5]: 1
Datagram size [100]: 2000
Timeout in seconds [2]:
Extended commands? [no]:
Type escape sequence to abort.
Sending 1, 2000-byte ICMP Echos to 2001:DB8:0:2:C803:6DFF:FE37:8, timeout is 2
seconds:
!
Success rate is 100 percent (1/1), round-trip min/avg/max = 52/52/52 ms
```

用 Wireshark 打开捕获分组文件,输入显示过滤器"ipv6.addr == 2001:DB8:0:2:C803:6DFF:FE37:8"(目的地址或源地址是 R3 接口 s2/1 地址的分组),可以看到分组列表窗口显示了 4 个分组。由于实验中发送的分组长度大于路径 MTU,因此发送主机(R2)对分组进行了分片。选择第 1 个分组(ping 请求的第 1 个分片),查看其 IP 首部字段,可以看到载荷长度(Payload Length)为 1456 字节,下一首部(Next Header)是 44(分片扩展首部),而数据长度是 1448 字节。载荷长度是分片扩展首部(8 字节)和数据长度之和,分组总长度是载荷长度再加上 40 字节固定首部,即 1496 字节。查看分片扩展首部,其下一首部是 58(ICMPv6 协议),片偏移值是 0,而 M 标志位是 1,表明后续还有分片。

选择第 2 个分组(ping 请求的第 2 个分片),查看其 IP 首部,可发现载荷长度是 520

字节,除去分片扩展首部 8 字节后,实际的数据部分长度是 512 字节,即两个分片数据总长度(原分组的数据长度)是 1960(1448＋512)字节。查看分片扩展首部,可以看到片偏移值是 181,表明分片分组所携带数据的第 1 个字节是原分组的第 1448 字节(181×8,从 0 开始计数);M 标志位是 0,表明该分组是最后一个分片。剩余两个分组是 ping 命令的响应分组分片。

实际上,Wireshark 的显示信息中已经给出了分片数据长度以及原分组数据长度,并指明了 ping 请求和响应分组的对应关系。读者在计算时可参考这些信息。

4.3.4 IPv6 协议模拟

本小节用 NS3 模拟 IPv6 协议的源路由扩展首部。

1. 网络拓扑及设置

用 NS3 搭建一个如图 4.27 所示的网络,各节点之间用 CSMA 链路连接。在 h0 上部署一个 ping6 应用,向 h1 发送一个 ping6 请求分组,指定请求分组经过的路由为 r2 的接口 1、r3 的接口 1、r4 的接口 1、r5 的接口 1、r2 的接口 4,最终到达 h1。在 h0 的接口 1、r2 的接口 3、r3 的接口 2、r4 的接口 2、r5 的接口 2 以及 h1 的接口 1 捕获分组。

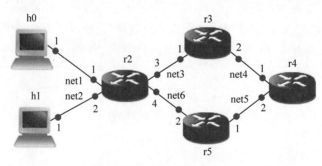

图 4.27   IPv6 协议模拟拓扑

2. 模拟程序代码

用文本编辑器编辑下列代码,保存为文件 IPv6-src-routing.cc(保存在 NS3 安装目录的 scratch 目录下)。

例程 4-2:IPv6-src-routing.cc

```
1:    /* 引入所需的头文件 */
2:    #include <fstream>
3:    #include "ns3/core-module.h"
4:    #include "ns3/csma-module.h"
5:    #include "6ns3/internet-module.h"
6:    //#include "ns3/ipv6-header.h"
7:    #include "ns3/internet-apps-module.h"
8:
9:    using namespace ns3;
10:
11:   /* 定义日志记录模块 */
```

```
12: NS_LOG_COMPONENT_DEFINE ("Ipv6SrcRoutingExample");
13:
14: int main (int argc, char * * argv)
15: {
16: /* 创建节点 */
17: NS_LOG_INFO ("Create nodes.");
18:
19: Ptr<Node> h0 = CreateObject<Node> ();
20: Ptr<Node> h1 = CreateObject<Node> ();
21: Ptr<Node> r2 = CreateObject<Node> ();
22: Ptr<Node> r3 = CreateObject<Node> ();
23: Ptr<Node> r4 = CreateObject<Node> ();
24: Ptr<Node> r5 = CreateObject<Node> ();
25:
26: NodeContainer net1 (h0, r2);
27: NodeContainer net2 (h1, r2);
28: NodeContainer net3 (r2, r3);
29: NodeContainer net4 (r3, r4);
30: NodeContainer net5 (r4, r5);
31: NodeContainer net6 (r5, r2);
32: NodeContainer nets;
33: nets.Add(h0);
34: nets.Add(h1);
35: nets.Add(r2);
36: nets.Add(r3);
37: nets.Add(r4);
38: nets.Add(r5);
39:
40: /* 安装 IPv6 协议栈 */
41: NS_LOG_INFO ("Install Internet Stack (IPv6).");
42:
43: InternetStackHelper internetv6;
44: internetv6.SetIpv4StackInstall (false);
45: internetv6.Install (nets);
46:
47: /* 创建信道 */
48: NS_LOG_INFO ("Create channels.");
49:
50: CsmaHelper csma;
51: csma.SetChannelAttribute ("DataRate", StringValue ("10Mbps"));
52: csma.SetChannelAttribute ("Delay", StringValue ("2ms"));
53: csma.SetDeviceAttribute ("Mtu", UintegerValue (1500));
54:
55: NetDeviceContainer devs1 = csma.Install (net1);
```

```
56:  NetDeviceContainer devs2 = csma.Install (net2);
57:  NetDeviceContainer devs3 = csma.Install (net3);
58:  NetDeviceContainer devs4 = csma.Install (net4);
59:  NetDeviceContainer devs5 = csma.Install (net5);
60:  NetDeviceContainer devs6 = csma.Install (net6);
61:
62:  /* 设置 IPv6 地址 */
63:  NS_LOG_INFO ("Create networks and assign IPv6 Addresses.");
64:
65:  //设置 net1 的接口地址,启用 r2 接口 1 的转发功能
66:  Ipv6AddressHelper ipv6;
67:  ipv6.SetBase (Ipv6Address ("2001:1::"), Ipv6Prefix (64));
68:  Ipv6InterfaceContainer ifs1 = ipv6.Assign (devs1);
69:  ifs1.SetForwarding (1, true);
70:  ifs1.SetDefaultRouteInAllNodes (1);
71:
72:  //设置 net2 的接口地址,启用 r2 接口 4 的转发功能
73:  ipv6.SetBase (Ipv6Address ("2001:2::"), Ipv6Prefix (64));
74:  Ipv6InterfaceContainer ifs2 = ipv6.Assign (devs2);
75:  ifs2.Set2Forwarding (1, true);
76:  ifs2.SetDefaultRouteInAllNodes (1);
77:
78:  //设置 net3 的接口地址,启用 r2 接口 2、r3 接口 1 的转发功能
79:  ipv6.SetBase (Ipv6Address ("2001:3::"), Ipv6Prefix (64));
80:  Ipv6InterfaceContainer ifs3 = ipv6.Assign (devs3);
81:  ifs3.SetForwarding (0, true);
82:  ifs3.SetDefaultRouteInAllNodes (0);
83:  ifs3.SetForwarding (1, true);
84:  ifs3.SetDefaultRouteInAllNodes (1);
85:
86:  //设置 net4 的接口地址,启用 r3 接口 2、r4 接口 1 的转发功能
87:  ipv6.SetBase (Ipv6Address ("2001:4::"), Ipv6Prefix (64));
88:  Ipv6InterfaceContainer ifs4 = ipv6.Assign (devs4);
89:  ifs4.SetForwarding (0, true);
90:  ifs4.SetDefaultRouteInAllNodes (0);
91:  ifs4.SetForwarding (1, true);
92:  ifs4.SetDefaultRouteInAllNodes (1);
93:
94:  //设置 net5 的接口地址,启用 r4 接口 2、r5 接口 1 的转发功能
95:  ipv6.SetBase (Ipv6Address ("2001:5::"), Ipv6Prefix (64));
96:  Ipv6InterfaceContainer ifs5 = ipv6.Assign (devs5);
97:  ifs5.SetForwarding (0, true);
98:  ifs5.SetDefaultRouteInAllNodes (0);
99:  ifs5.SetForwarding (1, true);
```

```
100:    ifs5.SetDefaultRouteInAllNodes (1);
101:
102:    //设置 net6 的接口地址,启用 r5 接口 2、r2 接口 3 的转发功能
103:    ipv6.SetBase (Ipv6Address ("2001:6::"), Ipv6Prefix (64));
104:    Ipv6InterfaceContainer ifs6 = ipv6.Assign (devs6);
105:    ifs6.SetForwarding (0, true);
106:    ifs6.SetDefaultRouteInAllNodes (0);
107:    ifs6.SetForwarding (1, true);
108:    ifs6.SetDefaultRouteInAllNodes (1);
109:
110:    //输出接口地址(本地链路地址和全局地址)
111:    std::cout <<"net1 addresses:"<< std::endl
           <<"\th0 addresses: "<< ifs1.GetAddress(0,0) <<", "
           << ifs1.GetAddress(0,1) << std::endl
           <<"\tr2 addresses: "<< ifs1.GetAddress(1,0) <<", "
           << ifs1.GetAddress(1,1) << std::endl;
112:    std::cout <<"net2 addresses:"<< std::endl
           <<"\th1 addresses: "<< ifs2.GetAddress(0,0) <<", "
           << ifs2.GetAddress(0,1) << std::endl
           <<"\tr2 addresses: "<< ifs2.GetAddress(1,0) <<", "
           << ifs2.GetAddress(1,1) << std::endl;
113:    std::cout <<"net3 addresses:"<< std::endl
           <<"\tr2 addresses: "<< ifs3.GetAddress(0,0) <<", "
           << ifs3.GetAddress(0,1) << std::endl
           <<"\tr3 addresses: "<< ifs3.GetAddress(1,0) <<", "
           << ifs3.GetAddress(1,1) << std::endl;
114:    std::cout <<"net4 addresses:"<< std::endl
           <<"\tr3 addresses: "<< ifs4.GetAddress(0,0) <<", "
           << ifs4.GetAddress(0,1) << std::endl
           <<"\tr4 addresses: "<< ifs4.GetAddress(1,0) <<", "
           << ifs4.GetAddress(1,1) << std::endl;
115:    std::cout <<"net5 addresses:"<< std::endl
           <<"\tr4 addresses: "<< ifs5.GetAddress(0,0) <<", "
           << ifs5.GetAddress(0,1) << std::endl
           <<"\tr5 addresses: "<< ifs5.GetAddress(1,0) <<", "
           << ifs5.GetAddress(1,1) << std::endl;
116:    std::cout <<"net6 addresses:"<< std::endl
           <<"\tr5 addresses: "<< ifs6.GetAddress(0,0) <<", "
           << ifs6.GetAddress(0,1) << std::endl
           <<"\tr2 addresses: "<< ifs6.GetAddress(1,0) <<", "
           << ifs6.GetAddress(1,1) << std::endl;
117:
118:    //输出节点的路由表
119:    Ipv6StaticRoutingHelper routingHelper;
```

```
120:    Ptr<OutputStreamWrapper> routingStream = Create <OutputStreamWrapper>
        (&std::cout);
121:    routingHelper.PrintRoutingTableAt (Seconds (0), h0, routingStream);
122:    routingHelper.PrintRoutingTableAt (Seconds (0), h1, routingStream);
123:    routingHelper.PrintRoutingTableAt (Seconds (0), r2, routingStream);
124:    routingHelper.PrintRoutingTableAt (Seconds (0), r3, routingStream);
125:    routingHelper.PrintRoutingTableAt (Seconds (0), r4, routingStream);
126:    routingHelper.PrintRoutingTableAt (Seconds (0), r5, routingStream);
127:
128:    /* 创建一个 pingv6 应用 */
129:    NS_LOG_INFO ("Create Applications: sending ICMPv6 echo request from h0
                to h1.");
130:
131:    std::vector< Ipv6Address> routersAddress;
132:    routersAddress.push_back (ifs3.GetAddress (1, 1));
133:    routersAddress.push_back (ifs4.GetAddress (1, 1));
134:    routersAddress.push_back (ifs5.GetAddress (1, 1));
135:    routersAddress.push_back (ifs6.GetAddress (1, 1));
136:    routersAddress.push_back (ifs2.GetAddress (0, 1));
137:
138:    Ping6Helper ping6;
139:    ping6.SetLocal (ifs1.GetAddress (0, 1));
140:    //目的地址指定为 r2 接口 1 的全局地址
141:    ping6.SetRemote (ifs1.GetAddress (1, 1));
142:    ping6.SetAttribute ("MaxPackets", UintegerValue (1));
143:    ping6.SetAttribute ("Interval", TimeValue (Seconds (1.0)));
144:    ping6.SetAttribute ("PacketSize", UintegerValue (1024));
145:    //设置指定源路由地址
146:    ping6.SetRoutersAddress (routersAddress);
147:
148:    ApplicationContainer app;
149:    app = ping6.Install (h0);
150:    app.Start (Seconds (1.0));
151:    app.Stop (Seconds (3.0));
152:
153:    /* 启用 pcap 分组追踪功能 */
154:    NS_LOG_INFO ("Enable pcap tracing.");
155:
156:    csma.EnablePcap ("ipv6-src-routing",0,1,false);
157:    csma.EnablePcap ("ipv6-src-routing",1,1,false);
158:    csma.EnablePcap ("ipv6-src-routing",2,3,false);
159:    csma.EnablePcap ("ipv6-src-routing",3,2,false);
160:    csma.EnablePcap ("ipv6-src-routing",4,2,false);
161:    csma.EnablePcap ("ipv6-src-routing",5,2,false);
```

```
162:
163:      /* 执行仿真程序 */
164:      NS_LOG_INFO ("Run Simulation.");

165:      Simulator::Run ();
166:      Simulator::Destroy ();

167:      NS_LOG_INFO ("Done.");
168:      }
```

3. 模拟执行及结果分析

在 NS3 的安装目录下执行下列命令,运行模拟程序 ipv-src-routing.cc:

```
Export NS_LOG=IPv6srcRoutingExample=info
./waf --run scratch/ipv6-src-routing
```

模拟执行过程中输出各个节点网络接口的地址,如图 4.28 所示。

```
net1 addresses:
        h0 addresses: fe80::200:ff:fe00:1, 2001:1::200:ff:fe00:1
        r2 addresses: fe80::200:ff:fe00:2, 2001:1::200:ff:fe00:2
net2 addresses:
        h1 addresses: fe80::200:ff:fe00:3, 2001:2::200:ff:fe00:3
        r2 addresses: fe80::200:ff:fe00:4, 2001:2::200:ff:fe00:4
net3 addresses:
        r2 addresses: fe80::200:ff:fe00:5, 2001:3::200:ff:fe00:5
        r3 addresses: fe80::200:ff:fe00:6, 2001:3::200:ff:fe00:6
net4 addresses:
        r3 addresses: fe80::200:ff:fe00:7, 2001:4::200:ff:fe00:7
        r4 addresses: fe80::200:ff:fe00:8, 2001:4::200:ff:fe00:8
net5 addresses:
        r4 addresses: fe80::200:ff:fe00:9, 2001:5::200:ff:fe00:9
        r5 addresses: fe80::200:ff:fe00:a, 2001:5::200:ff:fe00:a
net6 addresses:
        r5 addresses: fe80::200:ff:fe00:b, 2001:6::200:ff:fe00:b
        r2 addresses: fe80::200:ff:fe00:c, 2001:6::200:ff:fe00:c
```

图 4.28　IPv6 源路由模拟网络接口地址

NS3 会在安装目录下生成一系列追踪文件 ipv6-src-nodeid-interfaceid.pcap。打开 h0 接口 1 的分组捕获文件 ipv6-src-0-1.pcap,输入显示过滤器"icmpv6.type==128 ‖ icmpv6.type==129"(ICMPv6 请求或响应报文),其分组列表窗口如图 4.29 所示。其中,第 8 个分组(Wireshark 编号)是 ping 请求报文,而其余的全部是 ping 响应报文。对照节点接口地址,可以看到这些响应报文是由 r2(接口 1;第 9 个分组)、r2(接口 4;第 10 个分组)、r5(接口 1;第 11 个分组)、r4(接口 1;第 12 个分组)、r3(接口 1;第 13 个分组)以

No.	Time	Source	Destination	Protocol	Length	Info
8	1.001730	2001:1::200:ff:fe00:1	2001:2::200:ff:fe00:3	ICMPv6	1178	Echo (ping) request id=0xbeef, seq=0, hop limit=64 [ETHERNET FRAME CHECK SEQUENCE INCORRECT]
9	1.009912	2001:1::200:ff:fe00:2	2001:1::200:ff:fe00:1	ICMPv6	1090	Echo (ping) reply id=0xbeef, seq=0, hop limit=64 [ETHERNET FRAME CHECK SEQUENCE INCORRECT]
10	1.059973	2001:6::200:ff:fe00:c	2001:1::200:ff:fe00:1	ICMPv6	1090	Echo (ping) reply id=0xbeef, seq=0, hop limit=64 [ETHERNET FRAME CHECK SEQUENCE INCORRECT]
11	1.063290	2001:5::200:ff:fe00:a	2001:1::200:ff:fe00:1	ICMPv6	1090	Echo (ping) reply id=0xbeef, seq=0, hop limit=63 [ETHERNET FRAME CHECK SEQUENCE INCORRECT]
12	1.066176	2001:4::200:ff:fe00:8	2001:1::200:ff:fe00:1	ICMPv6	1090	Echo (ping) reply id=0xbeef, seq=0, hop limit=62 [ETHERNET FRAME CHECK SEQUENCE INCORRECT]
13	1.069976	2001:3::200:ff:fe00:6	2001:1::200:ff:fe00:1	ICMPv6	1090	Echo (ping) reply id=0xbeef, seq=0, hop limit=61 [ETHERNET FRAME CHECK SEQUENCE INCORRECT]
14	1.088080	2001:2::200:ff:fe00:3	2001:1::200:ff:fe00:1	ICMPv6	1090	Echo (ping) reply id=0xbeef, seq=0, hop limit=63 [ETHERNET FRAME CHECK SEQUENCE INCORRECT]

图 4.29　节点 h0 接口 1 捕获的分组列表

及 h1(接口 1;第 14 个分组)发送的。这表明 NS3 的 IPv6 实现中,ping 请求分组经过的源路由中间节点也会向源主机发送响应分组。源路由中间节点接收到 ping 请求分组后,首先转发分组,然后向源主机发送 ping 响应报文。实验拓扑中响应分组恰好也沿顺时针方向发送(参考模拟过程中输出的路由表),因此 h0 会接收到如图 4.29 所示顺序的响应分组。读者可查看其他的捕获分组文件,分析这些响应分组的传输路径。

读者也可在这些捕获分组文件中查看每个网络上 IPv6 分组的目的地址和源路由扩展首部指定地址的变化。例如,图 4.30 是 net3 上 ping 请求分组的 IPv6 首部字段,可以看到当前的目的地址是 r3 的接口 1,而分组已经经过了 r2 的接口 1,还需要经过 r4 的接口 1、r5 的接口 1 以及 r2 的接口 4。

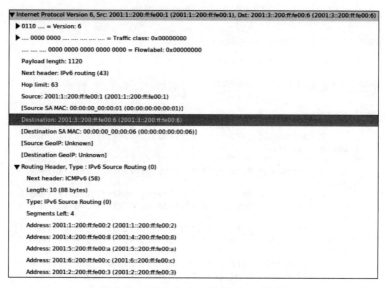

图 4.30   net3 上 ping 分组 IPv6 首部

4.4   ARP 协议分析

4.4.1   ARP 协议概述

地址解析协议(Address Resolution Protocol,ARP)用于把网络层协议地址(如 IPv4 地址)映射成相应的数据链路层硬件地址(如以太网地址)。RFC 826 定义了以太网上的 IPv4 地址解析协议。该地址解析协议可扩展用于其他的网络层协议(如 CHAOS、Xerox PUP 或 DECnet)和数据链路层协议(如分组无线网络)。

1. ARP 协议分组格式

RFC 826 定义的 ARP 协议分组格式如图 4.31 所示,其中:

(1)硬件地址类型(Hardware Address Space)字段,用于区分不同的数据链路层协议,16 位,以太网是 0x0001。

(2)协议地址类型(Protocol Address Space)字段,用于区分不同的网络层协议,16

```
0                    1                    2                    3
0 1 2 3 4 5 6 7 8 9 0 1 2 3 4 5 6 7 8 9 0 1 2 3 4 5 6 7 8 9 0 1
```

硬件地址类型	协议地址类型
硬件地址长度　　　协议地址长度	操作类型
发送方硬件地址（1~4 字节）	
发送方硬件地址（5~6 字节）	发送方协议地址（1~2 字节）
发送方协议地址（3~4 字节）	目的方硬件地址（1~2 字节）
目的方硬件地址（3~6 字节）	
目的方协议地址	

图 4.31　以太网 ARP 协议分组格式

位,IPv4 地址是 0x0800。

（3）硬件地址长度（Hardware Address Length）字段,以字节为单位的硬件地址长度,8 位,以太网是 6。

（4）协议地址长度（Protocol Address Length）字段,以字节为单位的网络层协议地址长度,8 位,IPv4 是 4。

（5）操作类型（Operation Code）字段,用于区分 ARP 操作,ARP 请求（Request）是 1,ARP 响应（Reply）是 2。

（6）发送方硬件地址（Sender Hardware Address）字段,发送方的硬件地址。

（7）发送方协议地址（Sender Protocol Address）字段,发送方的网络层协议地址。

（8）目的方硬件地址（Target Hardware Address）字段,目标主机的硬件地址。

（9）目的方协议地址（Target Protocol Address）字段,目的方的网络层协议地址。目标硬件地址字段和目标协议地址字段所占字节数由硬件地址长度和协议地址长度字段指明。

需要注意的是,目的方硬件地址是发送方通过地址解析协议想要获得的信息,发送方在请求分组中通常不进行设置（某些实现中可能设置为以太网广播地址）,而由目标主机在响应分组中填充自己的以太网地址。另外,当地址类型（硬件地址、网络协议地址）确定后,地址长度也就确定了。分组中仍然包含地址长度字段的主要目的是用于处理过程中的一致性检查、网络监控和调试等。

ARP 分组封装在以太网帧中进行传输,帧格式如图 4.32 所示。其中,以太网目的地址和源地址都是 6 字节,在请求分组中目的地址是以太网广播地址,而在响应分组中则是请求方的以太网地址;帧类型字段 16 位,是 0x0806（地址解析）,表明承载的是地址解析协议分组。

以太网目的地址	以太网源地址	帧类型	ARP 分组

图 4.32　以太网 ARP 帧格式

2. ARP 协议工作过程

当网络层将一个 IPv4 分组交给以太网进行传输时,会同时告诉以太网该分组的下一跳 IP 地址。以太网协议需要把下一跳 IP 地址映射成相应的硬件地址,这通过 ARP 协议实现。通常,ARP 协议设置有一个缓存表,用于保留最近一段时间获得的 IP 地址与硬件地址的映射关系。当需要进行地址解析时,ARP 协议首先在缓存表中进行查找,若能找到一个 IP 地址的相应表项,就利用缓存的硬件地址构造以太网帧进行发送;否则,ARP 协议将首先构造一个 ARP 请求分组,并在以太网上广播。

由于 ARP 请求分组是广播发送的,以太网上的所有站点都能够接收到。所有站点都将检查自己的 ARP 缓存表,如果存在发送方 IP 地址和硬件地址的映射表项,则用请求分组中的发送方硬件地址更新表项。这可以保证缓存表存储最新的地址映射信息。若接收方是 ARP 请求的目标方(其 IP 地址是要解析的地址),则它除了更新 ARP 缓存表外,还要生成一个 ARP 响应分组。由于 ARP 请求分组和响应分组的格式相同,因此接收方可通过交换分组中的发送方的地址(硬件地址和协议地址)和目的方的地址(在发送方硬件地址字段填充自己的以太网地址),并设置操作类型字段为响应操作来完成响应分组构造。需要注意的是,响应分组是直接发送给 ARP 请求发送方的(以太网目标地址设置为 ARP 请求发送方的硬件地址)。

IP 地址和以太网地址的映射关系可能发生变化(例如主机可能更换了一块网卡),因而 ARP 缓存表中的地址映射表项需要一种更新机制。实现更新有多种方式。例如,每接收一帧,就更新缓存表中发送方的表项;接收到 ARP 请求分组时,更新缓存表的发送方表项(ARP 协议中实现)。再如,设置一个监控机制,周期性地扫描 ARP 缓存表,并直接向每个表项的硬件地址发送 ARP 请求分组,若不能成功接收 ARP 响应分组,则删除该表项。

4.4.2　ARP 协议分析

1. 网络拓扑及配置

在 GNS3 中搭建如图 4.33 所示的网络,其中包含 1 个路由器、1 个以太网交换机和 2 个 VPCS,按图 4.33 中所示连接关系连接设备接口。新建一个 GNS3 工程 arp,保存该网络拓扑。

图 4.33　ARP 协议分析网络拓扑

打开路由器 R1 的控制台窗口,执行下列命令,配置器接口地址及路由协议并保存:

```
1:  R1#config t
2:  R1(config)#interface e1/0
3:  R1(config-if)#ip address 192.168.1.1 255.255.255.0
4:  R1(config-if)#no shutdown
5:  R1(config-if)#exit
```

```
 6:  R1(config)#interface e1/1
 7:  R1(config-if)#ip address 192.168.2.1 255.255.255.0
 8:  R1(config-if)#no shutdown
 9:  R1(config-if)#exit
10:  R1(config)#router rip
11:  R1(config-router)#version 2
12:  R1(config-router)#network 192.168.1.0
13:  R1(config-router)#network 192.168.2.0
14:  R1(config-router)#exit
15:  R1(config)#exit
16:  R1#write
```

打开 PC1 控制台窗口,执行下列命令,配置其接口地址、默认网关并保存:

```
1:  PC1> ip 192.168.1.100/24 192.168.1.1
Checking for duplicate address...
PC1 : 192.168.1.100 255.255.255.0 gateway 192.168.1.1
2:  PC1> save
```

在 PC2 的控制台窗口中执行类似命令配置其接口地址和默认网关,参数如表 4.7 所示。

表 4.7　ARP 协议分析网络配置参数

设备	接口	IP 地址	地址掩码	默认网关
R1	e1/0	192.168.1.1	255.255.255.0	—
	e1/1	192.168.2.1	255.255.255.0	—
PC1	e0	192.168.1.100	255.255.255.0	192.168.1.1
PC2	e0	192.168.2.100	255.255.255.0	192.168.2.1

2. ARP 工作过程

实验中用 ping 命令从 PC1 向 PC2 发送 1 个分组。由于 PC1 的默认网关地址是 192.168.1.1,分组将首先发送给路由器 R1 的 e1/0 接口。PC1 将执行 ARP 请求,以获取默认网关地址的 MAC 地址。

在路由器 R1 的 e1/0 接口启动分组捕获。打开 PC1 的控制台窗口,执行下列命令:

```
1:  PC1> clear arp
2:  PC1> show arp
arp table is empty
3:  PC1> ping 192.168.2.100 -c 1 -w 5000
84 bytes from 192.168.2.100 icmp_seq=1 ttl=63 time=26.348 ms
```

命令 clear arp 清除了 PC1 的 ARP 高速缓存。命令 show arp 查看高速缓存,确认已清除了任何地址映射。用 ping 命令向 PC2 发送 1 个分组,并设置等待响应时间为 5s。

在“arp/project-files/captures”目录中会生成 1 个 pcap 文件,对应在 R1 接口 e1/0 上捕获的分组。打开分组文件,在显示过滤器中输入“arp”,分组列表窗口将显示两个分组,分别对应 ARP 请求和响应分组。选择 ARP 请求分组,查看其以太网帧首部,可以看到帧的目的地址是以太网广播地址(FF:FF:FF:FF:FF),而源地址是 PC1 的 MAC 地址(可在 PC1 的控制台窗口中用 show 命令查看)。查看 ARP 分组字段,发现硬件地址类型为 1(即以太网),协议地址类型为 0x0800(即 IP),操作类型是 1(ARP 请求),发送方协议地址和硬件地址是 PC1 的 e0 接口地址,目标协议地址是 192.168.1.1(即要解析的网关地址),而目标硬件地址则是以太网广播地址。

选择 ARP 响应分组,查看其以太网帧首部,可以看到帧的源地址是 R1 接口 e1/0 的 MAC 地址(可在 R1 控制台窗口中通过命令 show interface e1/0 命令查看),目的地址则是 PC1 接口 e0 的 MAC 地址。查看 ARP 响应分组字段,看到操作类型是 2(ARP 响应),发送方地址和目标地址(MAC 地址和协议地址)则分别是 R1 接口 e1/0 和 PC1 接口 e0 的地址。

4.4.3   ARP 协议模拟

用 NS3 模拟 ARP 协议的工作过程。

1. 网络拓扑及设置

用 NS3 搭建一个如图 4.34 所示的网络,其中 Hub 用 CSMA 信道模拟。在 h0 上部署 ping 应用,向 h2 发送一个 ping 请求分组。在 h0 的接口 1 上捕获分组。

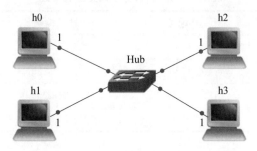

图 4.34   ARP 协议模拟拓扑

2. 模拟程序代码

用文本编辑器编辑下列代码,保存为文件 arp.cc(保存在 NS3 安装目录的 scratch 目录下)。

例程 4-3:arp.cc

```
1:  /* 引入所需的头文件 */
2:  #include <fstream>
3:  #include "ns3/core-module.h"
4:  #include "ns3/csma-module.h"
5:  #include "ns3/internet-module.h"
6:  #include "ns3/internet-apps-module.h"
7:
8:  using namespace ns3;
9:
```

```
10: /* 定义日志记录模块 */
11: NS_LOG_COMPONENT_DEFINE ("ArpExample");
12:
13: int
14: main (int argc, char * argv[])
15: {
16: /* 创建节点 */
17: NS_LOG_INFO ("Create nodes.");
18:
19: NodeContainer nodes;
20: nodes.Create (4);
21:
22: /* 安装 IPv4 协议栈 */
23: NS_LOG_INFO("Install Internet Stack (IPv4)");
24:
25: InternetStackHelper internetv4;
26: internetv4.SetIpv6StackInstall (false);
27: internetv4.Install (nodes);
28:
29: /* 创建信道 */
30: NS_LOG_INFO ("Create channels.");
31:
32: CsmaHelper csma;
33: csma.SetChannelAttribute ("DataRate", StringValue ("10Mbps"));
34: csma.SetChannelAttribute ("Delay", StringValue ("2ms"));
35: csma.SetDeviceAttribute ("Mtu", UintegerValue (1500));
36:
37: NetDeviceContainer devs;
38: devs = csma.Install (nodes);
39:
40: /* 分配 IP 地址 */
41: NS_LOG_INFO ("Assign IP Addresses.");
42:
43: Ipv4AddressHelper ipv4;
44: ipv4.SetBase ("192.168.1.0", "255.255.255.0");
45: Ipv4InterfaceContainer ifs = ipv4.Assign (devs);
46:
47: //输出节点接口 IP 地址
48: std::cout <<"\tn0 address:"<< ifs.GetAddress(0) << std::endl
<<"\tn1 address:"<< ifs.GetAddress(1) << std::endl
<<"\tn2 address:"<< ifs.GetAddress(2) << std::endl
<<"\tn3 address:"<< ifs.GetAddress(3) << std::endl;
49:
50: /* 创建 ping 应用 */
```

```
51: NS_LOG_INFO ( " Create Application: sending ICMP echo request from n0
to n2.");
52:
53: V4PingHelper ping = V4PingHelper(ifs.GetAddress(2));
54: ping.SetAttribute ("Interval", TimeValue(Seconds(1.0)));
55: ping.SetAttribute ("Size", UintegerValue(1024));
56:
57: ApplicationContainer app;
58: app = ping.Install (nodes.Get(0));
59: app.Start (Seconds (1.0));
60: app.Stop (Seconds (1.5));
61:
62: /* 启用 pcap 追踪 */
63: NS_LOG_INFO ("Enable pcap tracing.");
64:
65: csma.EnablePcap("arp",0,1,false);
66:
67: /* 执行仿真程序 */
68: NS_LOG_INFO ("Run Simulation.");
69:
70: Simulator::Run ();
71: Simulator::Destroy ();
72:
73: NS_LOG_INFO ("Done.");
74: }
```

3. 模拟程序执行及结果分析

在 NS3 的安装目录下执行下列命令,运行模拟程序 arp.cc:

```
Export NS_LOG=ArpExample=info
./waf --run scratch/arp
```

NS3 在安装目录下会生成追踪文件 arp-0-1.pcap。打开该文件,分组列表窗口显示
如图 4.35 所示。其中,分组 1 是 h0 广播发送的 ARP 请求报文,分组 2 是 h2 发送给 h0
的 ARP 响应报文,分组 3 是 h0 获得 h2 的 MAC 地址后发送给 h2 的 ping 请求报文。而
分组 3、4、5 则是 h2 发送 ping 响应报文的过程。可以看出,在 NS3 的 ARP 协议实现中,
节点并未缓存 ARP 请求节点的地址映射关系。

No.	Time	Source	Destination	Protocol	Length	Info
1	0.000000	00:00:00_00:00:01	Broadcast	ARP	64	Who has 192.168.1.3? Tell 192.168.1.1 [ETHERNET FRAME CHECK SEQUENCE INCORRECT]
2	0.004103	00:00:00_00:00:03	00:00:00_00:00:01	ARP	64	192.168.1.3 is at 00:00:00:00:00:03 [ETHERNET FRAME CHECK SEQUENCE INCORRECT]
3	0.004103	192.168.1.1	192.168.1.3	ICMP	1070	Echo (ping) request id=0x0000, seq=0/0, ttl=64 [ETHERNET FRAME CHECK SEQUENCE INCORRECT]
4	0.015011	00:00:00_00:00:03	Broadcast	ARP	64	Who has 192.168.1.1? Tell 192.168.1.3 [ETHERNET FRAME CHECK SEQUENCE INCORRECT]
5	0.015011	00:00:00_00:00:01	00:00:00_00:00:03	ARP	64	192.168.1.1 is at 00:00:00:00:00:01 [ETHERNET FRAME CHECK SEQUENCE INCORRECT]
6	0.019920	192.168.1.3	192.168.1.1	ICMP	1070	Echo (ping) reply id=0x0000, seq=0/0, ttl=64 [ETHERNET FRAME CHECK SEQUENCE INCORRECT]

图 4.35   ARP 协议模拟捕获分组列表

4.5 ICMP 协议分析

网际控制报文协议（Internet Control Message Protocol，ICMP）用于向源端反馈 IP 分组传输过程中出现的分组处理错误。例如，路由器无法找到转发路由，分组长度大于网络最大传输单元却不允许分片，目的主机或服务器端不存在等。但并非所有的传输错误都会引发 ICMP 报告：ICMP 分组的传输错误不会引发新的 ICMP 报告；在 IPv4 协议中，分组分片后，只有第一个分片的传输错误才会引发 ICMP 报告。此外，ICMP 协议也可用于网络测试或配置，如往返时延测量、邻居发现（IPv6）、路径最大传输单元发现（IPv6）等。

尽管 ICMP 分组封装在 IP 分组中进行传输，但它是 IP 层协议的组成部分，因此不被视作一种高层协议。

4.5.1 ICMPv4 协议

RFC 792 定义了 IPv4 的 ICMP 协议。这里给出部分常用的 ICMP 消息。RFC 6918 列出了已经正式废弃（Formally Deprecated）的 ICMP 消息。

用 IPv4 分组发送 ICMP 分组时，其协议（Protocol）字段置为 1，而源地址若无特殊说明，可以是发送路由器或主机的 IP 地址。

1. ICMP 差错消息

（1）目的不可达消息

当路由器无法继续转发分组，或目的主机无法将分组交付给上层协议时，它们将向分组发送方发送目的不可达消息（Destination Unreachable Message）ICMP 分组，分组的格式如图 4.36 所示，其中：

- 类型（Type）字段，用于区分不同的 ICMP 消息类别，目的不可达消息中设置为 3。
- 代码（Code）字段，用于进一步区分同一消息类别下的不同情形，目的不可达消息中的代码字段值见表 4.8。
- 校验和（Checksum）字段，用于 ICMP 分组（从类型字段开始）校验，计算方式与 IP 分组校验和相同。
- 数据部分，包含引发此 ICMP 消息的 IP 分组的首部及其承载数据的前 64 位，这部分数据被 ICMP 分组接收方（原 IP 分组发送方）用于错误分析。

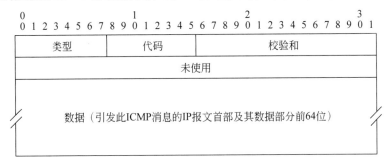

图 4.36　目的不可达 ICMP 分组格式

表 4.8　目的不可达分组的代码字段

代码(Code)	含　　义	例　　子
0	目的网络不可达	路由器中的路由表表明目的网络不可达
1	目的主机不可达	目的主机不在线
2	协议不可达	目的主机无法识别上层协议
3	目的端口不可达	目的主机传输层协议端口未打开
4	需要分片但 DF 位设置为 1	分组长度超过了下一跳网络的 MTU,但该分组不允许分片
5	源路由失败	路由器无法按分组选项中指定的路由进行转发

(2) 超时消息

超时消息(Time Exceeded Message)用于向源主机报告分组无法按期到达目的主机,包括两种情况：①路由器转发分组前对其 TTL 字段值减 1,结果为 0,路由器丢弃该分组,并向源主机发送超时消息；②路由器转发分组时,因分组长度大于下一跳网络 MTU,进行分片操作,当这些分片到达最终目的主机时,目的主机对这些分片进行重组,恢复原 IP 分组,但若其中有分片丢失,重组将无法完成。目的主机在接收到第一个分片时,会启动一个定时器(RFC 791 建议为 15s),当定时器超时后还无法完成分片重组时,目的主机将丢弃这些分片,放弃重组,并向源主机发送超时消息。目的主机每接收到一个新的分片,都会将该定时器重新进行重置,把超时时间设置为当前定时器超时值和接收分片 TTL 值的较大者。需要注意的是,若丢失的是片偏移(Offset)为 0 的分片,则目的主机不会发送超时消息,原因是超时消息分组的数据部分要包含原 IP 分组的部分数据。

超时消息的格式与目的不可达消息相同,但类型(Type)字段为 11,代码(Code)字段为 0(TTL 超时)或 1(分组分片重组超时)。

(3) 参数错误消息

路由器或主机处理 IP 分组时,若发现首部参数(如首部选项参数)错误而无法继续分组处理时,将丢弃分组,并向源主机发送参数错误消息(Parameter Problem Message)。参数错误消息格式如图 4.37 所示,其中：

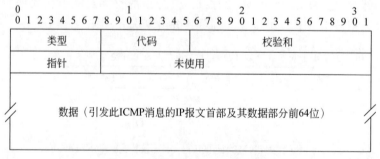

图 4.37　参数错误 ICMP 分组格式

- 类型(Type)字段,12。

- 代码(Code)字段,未使用,设置为 0。
- 指针(Pointer)字段,指向数据部分出错参数的位置(字节编号)。

（4）重定向消息

路由器转发一个来自所连接网络上主机的分组时,若发现下一跳路由器与该主机处于同一个网络,则意味着从该主机到分组的目的网络不需要经过本路由器,更优的路径是主机直接把去往目的网络的分组发给下一跳路由。此时,路由器将向主机发送重定向消息(Redirect Message),告知主机存在一条更优的路由。同时,路由器也会转发接收的分组,即主机获得重定向路由后发送的分组采用重定向后的新路由。重定向路由消息的格式如图 4.38 所示,其中:

- 类型(Type)字段,5。
- 代码(Code)字段,区分不同的重定向路由种类,见表 4.9。
- 网关 IP 地址(Gateway Internet Address)字段,重定向路由地址,即下一跳路由器的 IP 地址。

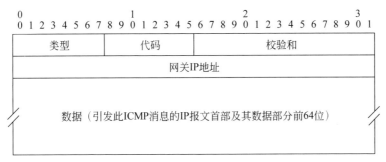

图 4.38　重定向 ICMP 分组格式

表 4.9　路由重定向代码字段值

代码（Code）	含　　义
0	网络重定向
1	主机重定向
2	网络及服务类型(Type of Service)重定向
3	主机及服务类型(Type of Service)重定向

若分组中包含源路由选项,且当前路由器位于路由列表当中,则即使存在一条更好的路由,当前路由器也不会向源主机发送重定向消息。

2. ICMP 信息消息

（1）回送请求/回送响应消息

回送请求/回送响应消息(Echo Request/Echo Reply Message)常用于测试目的地址是否可达及其有关状态。它们的分组格式如图 4.39 所示,其中:

- 类型(Type)字段,8(Echo request 消息)或 0(Echo reply 消息)。
- 代码(Code)字段,未使用,设置 0。

- 标识(Identifier)和序列号(Sequence Number)字段,用于请求方匹配回送请求及响应分组对。
- 数据,由请求方生成,响应方不对数据进行任何处理,而将数据在响应分组中发回给请求方。

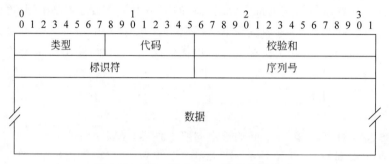

图 4.39　Echo 请求/Echo 响应分组格式

(2) 时间戳请求/时间戳响应消息

时间戳请求/时间戳响应消息(Timestamp Request/Timestamp Reply Message)可用于时钟同步和时间测量。它们的分组格式如图 4.40 所示,其中:

- 类型(Type)字段,13(时间戳请求消息)或 14(时间戳响应消息)。
- 代码(Code)字段,未使用,设置为 0。
- 标识(Identifier)和序列号(Sequence Number)字段,用于请求方匹配时间戳请求及响应分组对。
- 发送时间戳(Originate Timestamp)是请求方发送请求分组的时间;接收时间戳(Receive Timestamp)和回送时间戳(Transmit Timestamp)分别是由响应方接收到请求分组以及发送响应分组的时间。这些时间戳值通常是自世界时(Universal Time)午夜以来所经过的毫秒数。

```
0                   1                   2                   3
0 1 2 3 4 5 6 7 8 9 0 1 2 3 4 5 6 7 8 9 0 1 2 3 4 5 6 7 8 9 0 1
+-------------+-------------+-----------------------------+
|    类型     |    代码     |           校验和            |
+-------------+-------------+-----------------------------+
|         标识符          |          序列号             |
+-------------------------+-----------------------------+
|                      发送时间戳                        |
+-------------------------------------------------------+
|                      接收时间戳                        |
+-------------------------------------------------------+
|                      回送时间戳                        |
+-------------------------------------------------------+
```

图 4.40　时间戳请求/时间戳响应消息

4.5.2　ICMPv6 协议

ICMPv6(RFC 4443)是 IPv6 协议中的网际控制报文协议。ICMPv6 是对 ICMPv4 协议的改进,提供了更强大的功能,如提供地址解析/反向地址解析、邻居发现、移动 IP 支持、网络重新编址、多播组成员关系管理等。作为 IPv6 协议的一部分,每个 IPv6 节点都必须完全实现 ICMPv6。ICMPv6 的协议编码是 58。

1. 通用消息格式

ICMPv6 的消息格式与 ICMPv4 类似,如图 4.41 所示,但其对字段进行了重新定义。其中,类型(Type)字段用于区分不同的 ICMP 消息类别;代码(Code)字段用于进一步区分同一消息类别下的不同情形;校验和(Checksum)字段用于对从类型字段开始的 ICMP 报文进行校验,其计算方式与传输层协议的校验和计算相同(其中下一首部(Next Header)字段值为 58);而消息体(Message Body)的格式则依赖于具体的类型字段。

图 4.41 ICMPv6 通用消息格式

ICMPv6 消息分为两大类:错误消息(Error Message)和信息消息(Informational Message)。前者的类型(Type)字段值范围为 0 到 127,后者的类型字段范围为 128 到 255。

当接收到下列情况的 ICMPv6 分组时,不发送 ICMPv6 消息:

(1) ICMPv6 分组错误。

(2) ICMPv6 重定向消息。

(3) 目的地址是组播地址、链路组播地址、链路多播地址或唯一确定源地址的分组,但有两个例外:分组超大错误消息,用于 IPv6 组播中的路径 MTU 发现;参数错误消息,用于报告 IPv6 选项错误。

IPv6 节点必须限制自己发送 ICMPv6 分组的速率。

2. ICMPv6 错误消息

(1) 目的不可达消息

ICMPv6 目的不可达消息的格式与 ICMPv4 相同(见图 4.36),但类型(Type)字段为 1,代码(Code)字段如表 4.10 所示;数据部分包含尽可能多的引发该 ICMP 发送的 IP 分组数据,只要最终生成的 ICMPv6 分组长度不超过 IPv6 协议最小的 MTU(1280 字节)。

表 4.10 ICMPv6 目的不可达消息代码字段

代码(Code)	含　　义	例　　　子
0	无去往目的地址的路由	源主机路由表中无默认路由表项
1	与目的地址通信被管理性禁止	防火墙过滤
2	超出源地址的范围(Scope)	分组源地址是链路本地地址,而目的地址是全球地址
3	地址不可达	无法解析 IP 地址对应的链路地址;链路问题;目的站点不在线

续表

代码（Code）	含　义	例　子
4	端口不可达	目的端口未打开
5	源地址不在目的站点的入站（Ingress）/出站（Egress）允许策略范围内	—
6	拒绝路由到目的地址	路由器被配置为拒绝为特定的地址块服务

ICMPv6 目的不可达消息可由路由器或源主机产生，用于报告无法将分组发往目的地址（但不包括因为拥塞导致的无法发送）。

（2）分组超大消息

IPv6 协议中，路由器不进行分组分片。当路由器转发的分组的长度大于链路 MTU 时，路由器将向源主机发送分组超大消息（Packet Too Big Message）。分组超大消息格式如图 4.42 所示，其中：

- 类型（Type）字段，2。
- 代码（Code）字段，未使用，设置为 0。
- MTU 字段，下一跳链路的最大传输单元字节数。

需要注意的是，即使分组的目的地址是组播地址，路由器仍会向源主机发送分组超大错误消息。

图 4.42　ICMPv6 分组超大消息格式

（3）超时消息

ICMPv6 超时消息（Time Exceeded Message）的分组格式与 ICMPv4 相同（参见图 4.36），但类型（Type）字段为 3，代码（Code）字段为 0（跳数限制字段为 0）或 1（分片重组超时）；数据部分包含尽可能多的引发该 ICMP 发送的 IP 分组数据，只要最终生成的 ICMPv6 分组长度不超过 IPv6 协议的最小 MTU（1280 字节）即可。

IPv6 分片重组时，从第一个接收到的分片开始，若超过 60s 还没有完成重组，目的主机就会丢弃该分组（已接收到的分片）。如果接收到了第一个分片（Offset 为 0 的分片），则目的主机会向源主机发送超时消息。

（4）参数错误消息

IPv6 路由器或主机处理分组过程中，若因首部或扩展首部参数错误导致无法完成分

组处理,将丢弃该分组,并向源主机发送参数错误消息,其分组格式如图 4.43 所示,其中:

- 类型(Type)字段,4。
- 代码(Code)字段,见表 4.11。
- 指针(Pointer)字段,指向原 IP 分组中错误的参数位置(若参数错误位置超出了 IPv6 最小 MTU,指针指向的位置将超出 ICMP 分组数据部分)。

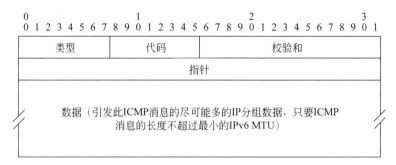

图 4.43　ICMPv6 参数错误消息分组格式

表 4.11　ICMPv6 参数错误消息代码字段

代码(Code)	含 义
0	错误的首部字段
1	不能识别的扩展首部类型
2	不能识别的 IPv6 选项

3. ICMPv6 信息消息

ICMPv6 的回送请求/回送响应(Echo Request/Echo Reply Message)分组格式与 ICMPv4 相同(参见图 4.36),但类型(Type)字段为 128(Echo Request)或 129(Echo Reply);代码(Code)字段为 0。数据部分长度没有限制(最终生成的 IPv6 分组长度要满足要求)。

4.5.3　IPv6 邻居发现协议

邻居发现协议(Neighbor Discovery Protocol,NDP)定义了一组新的 ICMP 分组 (RFC 4816),用于连接在同一个网络上的 IPv6 节点之间的交互,可实现路由发现、前缀发现、参数发现、地址自动配置、地址解析、下一跳发现、邻居不可达检测、重复地址检测、重定向等功能。

1. 消息格式

邻居发现协议定了 5 种 ICMP 消息,分别是路由器请求报文、路由器宣告报文、邻居请求报文、邻居宣告报文和重定向报文。所有消息的封装 IP 分组中,跳数限制字段必须设置为 255,用于确保邻居发现报文只在本地网络中有效。

(1)邻居发现消息选项

邻居发现报文中携带有选项信息。RFC 4861 定义了 4 种选项,分别是源/目标链路层地址选项、前缀信息选项、重定向首部选项和 MTU 选项。

①　源/目标链路层地址

源/目标链路层地址（Source/Target Link-Layer Address）选项的格式如图 4.44 所示，其中：

- 类型（Type）字段，为 1 表明该选项是分组源地址的链路层地址，为 2 表明是邻居发现协议分组中目标地址字段地址的链路层地址。
- 代码（Length）字段，选项数据的长度，以 8 字节为单位，包括类型和长度字段。
- 链路层地址（Link-Layer Address）字段，链路层地址，长度可变。

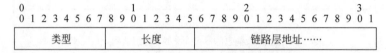

```
0                   1                   2                   3
0 1 2 3 4 5 6 7 8 9 0 1 2 3 4 5 6 7 8 9 0 1 2 3 4 5 6 7 8 9 0 1
```

类型	长度	链路层地址……

图 4.44　源/目标链路层地址选项格式

②　前缀信息选项

前缀信息（Prefix Information）选项的格式如图 4.45 所示，其中：

```
0                   1                   2                   3
0 1 2 3 4 5 6 7 8 9 0 1 2 3 4 5 6 7 8 9 0 1 2 3 4 5 6 7 8 9 0 1
```

类型	长度	前缀长度	L	A	保留1

| 有效生命期 |
| 优先生命期 |
| 保留2 |

| 前缀 |

图 4.45　前缀信息选项格式

- 类型（Type）字段，3。
- 代码（Length）字段，为 4，即 32 字节。
- 前缀长度（Prefix Length）字段，地址前缀长度位数，取值从 0～128。
- L 标志，联网（On-Link）标志，为 1 表明可用该前缀生成的地址作为网络接口的地址。但注意，L 为 0 并不意味着用该前缀生成的地址不能分配给网络接口，即如果某个接口原来分配了以该前缀生成的地址，接收到新的前缀信息选项（L 标志为 0），不表示原来生成的地址断开（Off-Link），变为无效地址。L 为 0 只表明从接收到前缀信息选项开始，不能再把以该前缀生成的地址分配给网络接口。
- A 标志，自动地址配置（Autonomous Address Configuration）标志。为 1 表明该前缀可用于无状态地址自动配置。

- 有效生命期(Valid Lifetime)字段,从分组发送时刻开始算起,该前缀可用于网络地址生成(On-Link Determination)的时间长度,以秒计;全 1 表示时间无限。
- 优先生命期(Preferred Lifetime)字段,从分组发送时刻开始算起,通过无状态自动配置方式从该前缀生成的地址处于优先状态的时间长度,以秒计;全 1 表示时间无限。注意,优先生命期字段的值不能超过有效生命期字段值。
- 前缀(Prefix)字段,IPv6 地址前缀,超过前缀长度的位被置为 0。当前缀长度是 128 时,前缀就是一个 IPv6 地址。路由器不为本地链路前缀发送前缀信息选项。

③ 重定向首部选项

重定向首部(Redirected Header)选项的格式如图 4.46 所示,其中:

- 类型(Type)字段,4。
- 代码(Length)字段,选项数据的长度,以 8 字节为单位,包括类型和长度字段。
- 数据(Data)字段,触发重定向消息的 IP 分组的首部和部分数据(最终形成的 ICMP 分组的长度不能超过 IPv6 协议规定的最小 MTU,即 1280 字节)。

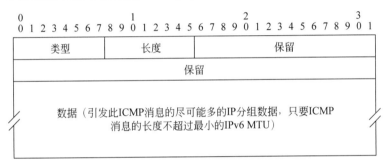

图 4.46　重定向首部选项格式

④ MTU 选项

MTU 选项的格式如图 4.47 所示,其中:

- 类型(Type)字段,5。
- 代码(Length)字段,1,即 8 字节。
- MTU 字段,建议的链路最大传输单元。

图 4.47　MTU 选项格式

(2) 路由器请求消息

主机发送路由器请求消息(Router Solicitation Message)用于请求同一网络上的路由器尽快发送路由器宣告消息(Router Advertisement Message)。它的分组格式如图 4.48 所示,其中:

- 类型(Type)字段,133。
- 代码(Code)字段,未使用,设置为 0。
- 选项(Options)字段,包含源链路层地址选项(若 IP 分组源地址是未指定地址,则不包含)。

路由器请求消息的 IP 分组中,若源主机发送接口未分配地址,则源地址填写未指定地址(Unspecified Address,全 0);目的地址(Destination Address)是本地链路的所有路由器组播组地址 FF02::2。

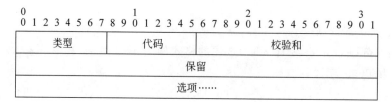

图 4.48　NDP 路由器请求消息分组格式

(3) 路由器宣告消息

路由器周期性(非严格性周期,为了避免可能同步造成的网络拥塞)地向所在网络广播路由器宣告消息(Router Advertisement Message)。当接收到路由器请求消息后,路由器也会立即向请求主机发送路由器宣告消息。它的分组格式如图 4.49 所示,其中:

类型	代码		校验和
当前跳数限制	M	O	保留	路由器生命期
可达时间			
重传定时			
选项……			

图 4.49　路由器宣告消息分组格式

- 类型(Type)字段,134。
- 代码(Code)字段,未使用,设置为 0。
- 当前跳数限制(Cur Hop Limit)字段,本路由器建议的默认跳数限制值,0 表示本路由器未指定。
- M 标志,地址配置管理(Managed Address Configuration)标志,表明主机的地址是否通过 DHCPv6 获得。若 M 标志为 1,则地址通过 DHCPv6 获得。
- O 标志,其他配置(Other Configuration)标志,表明主机的其他配置信息(如 DNS 相关信息)是否通过 DHCPv6 获得。若 O 标志为 1,则这些其他配置信息通过 DHCPv6 获得。注意:若 M 标志为 0,则 O 标志无意义。
- 路由器生命期(Router Lifetime)字段,表示本路由器作为默认路由的时间长度,以秒计,最大可设为 9000s;0 表示不能将本路由器当作默认路由器。

- 可达时间(Reachable Time)字段,是 IPv6 节点在接收到邻居的可达确认后,假定的邻居可到达的时间,以毫秒计;0 表示本路由器未指定。
- 重传定时(Retrans Timer)字段,邻居请求消息的重传间隔,以毫秒计;0 表示本路由器未指定。用于地址解析和邻居不可达检测中。
- 选项(Options)字段,可包含源链路层地址选项、MTU 选项和前缀信息选项。

路由器宣告消息的 IP 分组中,源地址必须是发送该分组的路由器接口的本地链路地址;目的地址则是请求主机的地址(响应宣告消息中),或是本地链路的所有节点组播组地址 FF02::1(周期性发送的宣告消息中)。

(4) 邻居请求消息

节点(主机或路由器)通过发送邻居请求消息(Neighbor Solicitation Message)请求目标节点的链路层地址,它的分组格式如图 4.50 所示,其中:

- 类型(Type)字段,135。
- 代码(Code)字段,未使用,设置为 0。
- 目标地址(Target Address)字段,请求目标的地址(不能是多播地址)。
- 选项(Options)字段,包含源链路层地址选项。

邻居请求消息的 IP 分组中,源地址或者是发送该消息的接口地址,或者是未指定地址(0,用于重复地址检测);目的地址或者是目标地址字段地址,或者是请求节点组播组地址(用于重复地址检测、地址解析等)。

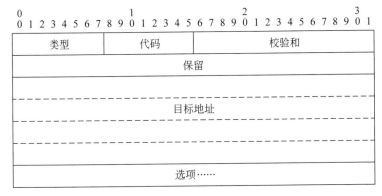

图 4.50　邻居请求消息分组格式

(5) 邻居宣告消息

节点接收到邻居请求消息后,发送邻居宣告消息(Neighbor Advertisement Message)作为响应。当一个节点的状态(如链路层地址)发生变化时,它也会发送邻居宣告消息,用来快速传播这些变化,这类消息称为非请求宣告消息。邻居宣告消息的分组格式如图 4.51 所示,其中:

- 类型(Type)字段,136。
- 代码(Code)字段,未使用,置为 0。
- R 标志(Router Flag),设置为 1 表明发送方是路由器。
- S 标志(Solicited Flag),设置为 1 表明该宣告消息是对一个邻居请求消息的响应。

```
 0                   1                   2                   3
 0 1 2 3 4 5 6 7 8 9 0 1 2 3 4 5 6 7 8 9 0 1 2 3 4 5 6 7 8 9 0 1
┌───────────────┬───────────────┬───────────────────────────────┐
│      类型       │      代码       │             校验和              │
├─┬─┬─┬─────────┴───────────────┴───────────────────────────────┤
│R│S│O│                          保留                             │
├─┴─┴─┴─────────────────────────────────────────────────────────┤
│                                                                 │
├─ ─ ─ ─ ─ ─ ─ ─ ─ ─ ─ ─ ─ ─ ─ ─ ─ ─ ─ ─ ─ ─ ─ ─ ─ ─ ─ ─ ─ ─ ─ ┤
│                            目标地址                              │
├─ ─ ─ ─ ─ ─ ─ ─ ─ ─ ─ ─ ─ ─ ─ ─ ─ ─ ─ ─ ─ ─ ─ ─ ─ ─ ─ ─ ─ ─ ─ ┤
│                                                                 │
├─────────────────────────────────────────────────────────────────┤
│                            选项……                               │
└─────────────────────────────────────────────────────────────────┘
```

图 4.51　邻居宣告消息分组格式

- O 标志（Override Flag），设置为 1 表明接收节点应该用该消息中的信息覆盖原来缓存的信息，即用选项中携带的目标链路层地址更新缓存；若为 0，则接收节点不更新原来缓存的信息（但若缓存中的相应表项没有缓存目标链路层地址，则增加目标链路层地址信息。）。当宣告消息的目的地址是任播地址时，不能设置 O 标志。
- 目标地址（Target Address）字段，在请求消息的响应宣告消息中是请求消息中的目标地址，在非请求宣告消息中则是链路层地址发生改变的接口地址。
- 选项（Options）字段，可包含目标地址字段地址的链路层地址。

若邻居宣告消息是对请求消息的响应，则 IP 分组中的目的地址是请求方节点的地址；若是非请求宣告消息或请求消息中的源地址是 0，则 IP 分组的目的地址是网络的所有节点组播组地址 FF02∶:1。

（6）重定向消息

路由器转发所在网络主机的分组时，若发现一条去往目的地址更好的路由（更好的第一跳路由器），就向分组的源主机发送一条重定向消息（Redirect Message）。若路由器发现目的主机位于同一网络，也会向源主机发送重定向消息，通知源主机该目的主机是一个邻居节点。重定向消息的分组格式如图 4.52 所示，其中：

- 类型（Type）字段，137。
- 代码（Code）字段，未使用，置为 0。
- 目标地址（Target Address）字段，重定向后的第一跳路由器地址（必须是路由器的本地链路地址）。
- 目的地址（Destination Address）字段，触发重定向消息的目的地址。若目的主机是源主机的邻居，则目标地址字段必须与目的地址字段相同。
- 选项（Options）字段，可包含目标地址链路层地址选项和重定向首部选项。

重定向消息的 IP 分组中，源地址必须是发送该消息的接口的本地链路地址，而目的地址是触发该重定向消息的分组的源地址。

2. 链路层地址解析

IPv6 协议中用邻居发现协议在支持组播的网络上实现链路层地址解析。当节点有

0	1	2	3
0 1 2 3 4 5 6 7 8 9	0 1 2 3 4 5 6 7 8 9	0 1 2 3 4 5 6 7 8 9	0 1

类型	代码	校验和

保留

目标地址

目的地址

选项……

图 4.52　重定向消息分组格式

单播(或任播)分组要发送给邻居节点,但又不知道邻居节点的链路层地址时,就要进行地址解析。任播地址和组播地址在地址结构上没有区别,二者的地址解析过程基本相同(略有区别)。IPv6 地址解析过程如下:

(1) 发送邻居请求消息

发送方节点生成一个用于地址解析的邻居请求消息,其中的目标地址字段是要解析的 IP 地址。同时,发送方要把消息发送接口的链路层地址作为选项(源链路层地址选项)包含在请求消息中。这将使接收方获得发送方的链路层地址。如果引发地址解析的 IP 分组的源地址是发送请求消息的接口的地址之一,就用这个地址作为请求消息 IP 分组的源地址;否则,选择发送接口的任一地址作为请求消息 IP 分组的源地址。

发送方节点把生成的邻居请求消息发送到要解析地址(目标地址)的请求节点组播组地址。网络上的所有接口在其地址配置过程中都加入了所有分配的地址(单播或组播地址)的请求节点组播组(地址 FF02:0:0:0:0:1:FFXX:XXXX,其中 X 是分配的 IP 地址的低 24 位。)。

(2) 接收邻居请求消息

虽然多个地址可能映射到同一个请求节点组播组地址,但只有配置了请求消息中的目标地址的节点(接口)才接收这个请求消息。接收方节点根据消息中包含的源链路层地址选项,保存或更新自己缓存的发送方节点 IP 地址和链路层地址的映射信息。

(3) 发送邻居宣告消息

接收方节点生成一个邻居宣告消息,其中目标地址字段复制的是请求消息的目标地址字段,请求标志位 S 置为 1,包含目标链路层地址选项(目标地址接口的链路层地址)。如果接收节点是路由器,宣告消息中还要把路由器标志 R 置为 1。

接收方节点以单播方式向请求方发送生成的宣告消息作为响应。注意:如果目标地址是任播地址,应当随机延迟一段时间(0~1s)再发送。

（4）接收邻居宣告消息

发送方节点接收到邻居宣告响应消息后，缓存宣告消息中目标链路层地址选项中包含的链路层地址，地址解析完成。

在等待地址解析完成的过程中，发送方为每个待解析地址都保留了一个小的待发送分组队列（若队列溢出，就用新到达的分组替换最早到达的分组）。地址解析完成后，发送方节点依次发送队列中的等待分组。

若接收不到响应宣告消息，则发送方每隔一段时间重复发送地址解析请求消息，发送间隔时间由路由器宣告消息中的重传计时器字段指定。如果重复发送 3 次后还是接收不到宣告响应消息，则地址解析失败。发送方为等待队列中的每个分组发送 ICMP 地址不可达消息（代码字段 3）。

（5）发送非请求邻居宣告消息

当节点探测到自己的链路层地址发生改变时，可以生成一个非请求邻居宣告消息，并发送给所有节点组播组（地址 FF02::1），以尽快通知邻居自己的新链路层地址。网络上的所有接口在其配置过程中都加入了所有节点的组播组。在非请求邻居宣告消息中：

- 目标地址字段是改变了链路层地址接口的 IP 地址（包括任播地址）。如果接口有多个地址，节点要为每个地址生成一个非请求宣告消息并发送。发送宣告消息之间应当有一段延迟，以降低因拥塞引起的分组丢失的概率。
- 包含目标链路层地址选项，其中是新的链路层地址。
- 请求标志位 S 必须置为 0。
- 如果节点是路由器，必须设置路由器标志 R。

每个节点最多能发送 3 个非请求宣告消息。

非请求邻居宣告消息不能保证所有节点缓存的链路层地址都得到更新。它是一种使大多数邻居节点尽快更新其缓存链路层地址的性能优化方案。

3. 无状态自动地址配置

IPv6 地址有两种自动配置方式：无状态地址自动配置和 DHCPv6 自动配置。在无状态自动地址配置（RFC 4862）中，网络上的路由器提供网络前缀等信息，而主机生成 IP 地址。无状态自动地址配置只能在支持组播的网络上施行。当不关心主机使用的具体地址时，可采用无状态自动地址配置方式。如果要指定主机的地址，就需要采用 DHCPv6 方式。这两种地址配置方式也可以同时使用。

无状态自动地址配置主要用于主机的 IP 地址配置，包括接口的链路本地地址和全局地址。这种配置还可以用于路由器接口的链路本地地址自动配置（路由器全局地址要通过其他方式进行配置）。

（1）无状态自动地址配置过程

当支持组播的网络接口启动时：

① 节点（主机或路由器）为接口生成一个链路本地地址，即通过把接口标识符（修订的 EUI-64 标识符）附加到链路本地地址前缀（FE80::/64）生成一个链路本地 IP 地址。但此时生成的地址尚未正式分配给接口，称为试验地址（Tentative Address）。具有试验

地址的接口只有有限的分组接收能力,即只能接收以试验地址为目标地址的邻居请求和宣告消息,并且对这些分组的处理也与具有正式地址的接口不同。

② 节点(主机或路由器)加入网络的所有节点组播组(地址 FF02::1)和从试验地址生成的请求节点组播组(地址 FF02:0:0:0:0:1:FFXX:XXXX,其中"X"是试验地址的低 24 位)。加入所有节点组播组使节点能接收来自路由器的宣告消息,用于全局地址配置;而加入试验地址的组播组使节点能发现是否有其他节点已经采用了或试图采用这个试验地址,以完成重复地址检测。

③ 节点(主机或路由器)对生成的链路本地地址进行重复地址检测(Duplicated Address Detection,DAD)。

节点向试验地址的请求节点组播组地址发送邻居请求消息,其中将 IP 分组的源地址设置为未指定地址(全 0 地址),消息的目标地址字段设置为试验地址。用户可以设置多次发送这个邻居请求消息,每次发送间隔 1s。第一次发送时,节点要随机延迟一段时间(0~1s),以减轻由于大量节点同时发送请求消息而可能造成的网络拥塞。延迟发送通过延迟加入试验地址请求节点组播组实现。默认只发送 1 次请求消息。

如果网络上的其他节点已经使用了该试验地址,这个节点(在其配置过程中加入了试验地址的组播组)就会发送一个邻居宣告消息作为响应,其中的目标地址字段是检测的试验地址。而如果恰好其他节点也在进行地址配置,且生成了相同的试验地址,本节点就会接收到一个邻居请求消息,其中 IP 分组的源地址是未指定地址(若源地址是单播地址,则是一个地址解析请求分组,不表明地址重复。)。在后一种情况下,本节点可能在发送自己的请求消息前就收到了其他节点发送的重复地址检测请求消息。这些情况表明试验地址在网络上不是唯一的,该试验地址不应被任何节点(包括已经采用该地址的节点)使用,自动配置过程终止。

若节点在发送邻居请求消息后一段时间内(在路由器宣告消息中的重传计时器字段指定,默认 1s;链路本地地址检测时没有路由器宣告消息),没有接收到任何邻居宣告或请求消息,则表明试验地址在网络上是唯一的。

实际上,对任一接口的所有单播地址,无论它采用何种方式进行配置(无状态自动配置、DHCPv6 或手工配置),IPv6 节点(主机或路由器)都要对地址进行重复性检测。

④ 若生成的试验地址通过了重复地址检测,节点就将该地址分配给接口。至此,链路本地地址配置完成,剩余步骤(配置全局单播地址)只在主机自动配置地址时执行。

⑤ 主机向网络的所有路由器组播组(地址 FF02::2)发送路由器请求消息,请求路由器发送网络前缀信息。路由器接收到路由器请求消息后,会立即以单播方式向请求主机发送路由器宣告消息作为响应。

实际上,路由器会(非严格)周期性地向所有节点组播组发送路由器宣告消息,其中可包含多个网络前缀信息选项,但这些宣告消息的发送间隔较长。

⑥ 主机接收到路由器宣告消息后,若其中存在前缀选项且其自动地址配置标志字段 A 置位,就配置接收接口的全局地址或更新地址信息。

如果接收接口还没有配置以该前缀生成的全局地址,主机就用该前缀生成一个新的试验地址,并把宣告消息中携带的其他信息(如有效生命期、优先生命期等)应用到生成的地址上。然后主机加入该试验地址的请求节点组播组,进行重复地址检测。如果通过检测,就把这个新地址分配给接收接口。

如果接收接口已经分配了该前缀生成的全局地址(即接收到路由器周期性发送的宣告消息),则主机根据宣告消息更新该地址的优先生命期和有效生命期,将地址的优先生命期设置为宣告消息中的优先生命期,将有效生命期设置为:

- 若宣告消息中的有效生命期大于 2h,或比地址的剩余有效生命期长,就将有效生命期设置为宣告消息中的有效生命期。
- 若地址的剩余有效生命期小于或等于 2h(但大于宣告消息的有效生命期),则忽略宣告消息(除非发送消息的路由器经过了认证,即宣告消息通过安全邻居发现协议(RFC3971)发送,此时将有效生命期设置为宣告消息中的有效生命期。)。
- 在其他情况下,将地址的有效生命期设置为 2h。

主机的本地链路地址自动配置和全局地址自动配置可并行进行,以加速地址配置进程。当网络上没有路由器时,主机通过无状态自动地址配置方式只能完成链路本地地址配置。

(2) 地址生命期管理

主机根据路由器宣告消息中优先生命期字段和有效生命期字段设置分配给接口的全局单播地址的状态。在优先生命期内,地址是优先的(Preferred),此时可以使用该地址进行任意通信;超过优先生命期但在有效生命期内,地址是废弃的(Deprecated),这意味着地址将变成无效的,废弃地址不能被用于建立新的通信连接,但可用于已经建立连接的通信,以保证应用通信的连续性;超过有效生命期时,地址变为无效的(Invalid),此时地址不能用于任何通信,也不能用于发送或接收任何分组。

链路本地地址的优先生命期和有效生命期是无限的。

4.5.4　IPv6 路径 MTU 发现协议

IPv6 协议规定网络最小的最大传输单元(MTU)是 1280 字节。然而,在大多数情况下,网络链路的 MTU 都比 1280 字节要大。为了提高数据传输效率、网络资源利用率,RFC 1981 定义了路径最大传输单元(Path MTU,PMTU)发现协议。PMTU 是指网络上一对节点之间的路径上最小的链路 MTU。

PMTU 协议基于 ICMPv6 的分组超大消息(Packet Too Big Message)工作,其基本思想是:源站点最初假定路径上第一跳网络的链路 MTU 为 PMTU,向目的节点发送分组;若路径上某个网络的链路 MTU 小于当前 PMTU,路由器将丢弃这些分组,并向源节点发送分组超大消息,其中携带有无法传输分组网络的链路 MTU;源节点接收到分组超大消息后,就将消息中的链路 MTU 设为当前 PMTU(PMTU 减小)。这个"发送分组—减小 PMTU"的过程可能重复若干次(若后续路径上还有网络的链路 MTU 更小),直到分组可以成功到达目的节点。

IP 网络中分组独立于路由,因此,当节点间的路径发生变化后,新路径的 PMTU 可能不同于原路径。若新路径的 PMTU 更小,则源节点会很快接收到分组超大消息,进而更新 PMTU。然而,若新路径的 PMTU 变大,则源节点无法很快获知这一状况,因为按原路径 PMTU 发送的分组也能成功到达目的节点。源节点要想获知 PMTU 是否增大，只能周期性地重新执行 PMTU 发现过程。但通常路径变化并不频繁，过于频繁地执行 PMTU 发现过程反而会影响分组传输效率（只会发现 PMTU 并没有变化）。因此 RFC 1981 规定，自最后一次接收到分组超大消息后，最少 5min 内不再执行 PMTU 发现过程，建议 10min 后再执行，以发现潜在的 PMTU 增加。

PMTU 发现过程也可用于 IPv6 组播。组播分组沿多条路径进行传输，因此，组播源节点可能接收到来自多条路径上路由器的分组超大消息，此时组播源节点将选择这些消息中最小的链路 MTU 作为新的 PMTU。

当源、目的节点在同一个网络上时，也可能需要执行 PMTU 发现过程。这用于支持移动 IP。在移动 IP 中，当目的节点移动到其他网络时，宿主网络上的路由器作为移动节点的代理，接收发往移动节点的分组并将分组转发给移动节点。此时，源、目的节点实际上位于不同的网络，PMTU 发现过程能发现源、目的节点间路径的路径最大传输单元。

需要注意的是，PMTU 发现过程不会将路径最大传输单元减小到 IPv6 的最小最大链路传输单元（1280 字节）以下。

4.5.5 ICMPv4 协议分析

1. 网络拓扑及配置

在 GNS3 中新建一个工程 icmp4，搭建如图 4.53 所示的网络，并按图 4.53 中所示的关系连接路由器接口。

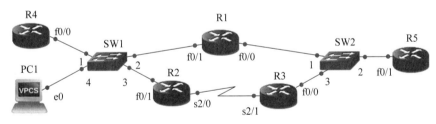

图 4.53 ICMP 协议分析网络拓扑

右击路由器 R1，选择控制台（Console）命令，打开 R1 的配置窗口，执行下列命令，配置路由器的接口地址及路由协议并保存：

```
1:  R1#config t
2:  R1(config)#interface f0/1
3:  R1(config-if)#ip address 192.168.1.1 255.255.255.0
4:  R1(config-if)#no shutdown
5:  R1(config-if)#exit
6:  R1(config)#interface f0/0
7:  R1(config-if)#ip address 192.168.2.1 255.255.255.0
8:  R1(config-if)#no shutdown
9:  R1(config-if)#exit
```

```
10: R1(config)#router rip
11: R1(config-router)#version 2
12: R1(config-router)#network 192.168.1.0
13: R1(config-router)#network 192.168.2.0
14: R1(config-router)#exit
15: R1(config)#exit
16: R1#write
```

参照上述过程,配置路由器 R2 和 R3 的接口地址及路由协议,参数见表 4.12。这里路由器 R4 和 R5 并不当作路由器使用,而是用于模拟主机。实验中用路由器的 ping 命令发送需要的分组。打开 R4 的控制台窗口,执行下列命令,关闭其路由功能,配置接口地址和默认网关并保存设置:

```
1: R4#config t
2: R4(config)#no ip routing
3: R4(config)#interface f0/0
4: R4(config-if)#ip address 192.168.1.100 255.255.255.0
5: R4(config-if)#no shutdown
6: R4(config-if)#exit
7: R4(config)#ip default-gateway 192.168.1.2
8: R4(config)#exit
9: R4#write
```

参照上述过程,配置路由器 R5 的接口地址及默认网关,参数见表 4.12。

打开 PC1 的控制台窗口,执行下列命令,配置其接口地址及默认网关:

```
1: PC1> ip 192.168.1.101/24 192.168.1.2
Checking for duplicate address...
PC1 : 192.168.1.101 255.255.255.0 gateway 192.168.1.2
2: PC1> save
```

表 4.12　ICMP 协议分析网络参数

设　　备	接　　口	IP 地　址	地址掩码	默认网关
R1	f0/0	192.168.2.1	255.255.255.0	—
	f0/1	192.168.1.1	255.255.255.0	—
R2	f0/1	192.168.1.2	255.255.255.0	—
	s2/0	192.168.3.1	255.255.255.0	—
R3	f0/0	192.168.2.2	255.255.255.0	—
	s2/1	192.168.3.2	255.255.255.0	—
R4	f0/0	192.168.1.100	255.255.255.0	192.168.1.2
R5	f0/1	192.168.2.100	255.255.255.0	192.168.2.1
PC1	e0	192.168.1.101	255.255.255.0	192.168.1.2

2. 目的不可达消息

实验中通过路由器 R4 发送 ping 分组,测试主机不可达以及需要分片但 DF 位置为 1 的情形。

右击器由器 R4 和交换机 SW1 之间的链路,选择开始捕获(Start capture)命令,指定在 R4 的 f0/0 接口捕获分组。打开 R4 的控制台窗口,执行如下的 ping 命令,向地址 192.168.4.100 发送一个分组:

```
R4#ping
Protocol [ip]:
Target IP address: 192.168.4.100
Repeat count [5]: 1
Datagram size [100]:
Timeout in seconds [2]:
Extended commands [n]:
Sweep range of sizes [n]:
Type escape sequence to abort.
Sending 1, 100-byte ICMP Echos to 192.168.4.100, timeout is 2 seconds:
U
Success rate is 0 percent (0/1)
```

由于目的主机 192.168.4.100 并不存在,ping 测试结果显示失败。打开捕获分组文件,在显示过滤器中输入过滤器"icmp.type ＝＝ 3"(目的不可达),分组列表窗口显示一个 ICMP 分组。查看其 IP 首部字段,可以看到这是路由器 R2(192.168.1.2)发送给 R4 (192.168.1.100)的分组,R2 是 R4 设置的默认网关。查看分组中的 ICMP 报文,发现其代码字段为 1,表明主机不可达,而 ICMP 报文的数据部分则显示,这个 ICMP 报文是由从 192.168.1.100(R4)发送到 192.168.4.100 的 Echo 请求报文引起的。

将 R2 和 R3 之间链路的 MTU 设置为 512 字节。在 R2 的控制台窗口中执行下列命令:

```
1:  R2#config t
2:  R2(config)#interface s2/0
3:  R2(config-if)#mtu 512
4:  R2(config-if)#exit
```

在 R3 的 s2/1 接口上执行类似的命令。在 R4 上用 ping 命令向 R3 的 s2/1 接口 (192.168.3.2)发送一个长度为 1000 字节的分组,且不允许分组分片,执行下列命令:

```
R4#ping
Protocol [ip]:
Target IP address: 192.168.3.2
Repeat count [5]: 1
Datagram size [100]: 1000
Timeout in seconds [2]:
Extended commands [n]: y
```

```
Source address or interface: 192.168.1.100
Type of service [0]:
Set DF bit in IP header? [no]: yes
Validate reply data? [no]:
Data pattern [0xABCD]:
Loose, Strict, Record, Timestamp, Verbose[none]:
Sweep range of sizes [n]:
Type escape sequence to abort.
Sending 1, 1000-byte ICMP Echos to 192.168.3.2, timeout is 2 seconds:
Packet sent with a source address of 192.168.1.100
Packet sent with the DF bit set
M
Success rate is 0 percent (0/1)
```

显然分组应该经过 R2 到达 R3。由于分组长度大于 R2 和 R3 之间链路的 MTU(但小于 R4 和 R2 之间以太网的 MTU),分组应当在 R2 被分片。但实验中设置标志 DF 位不允许分片,因此 ping 测试结果显示失败。查看捕获分组文件,此时分组列表窗口中新出现一个目的不可达 ICMP 分组。查看其 IP 分组首部字段,可看到是 192.168.1.2(R2)发送给 192.168.1.100(R4)的分组。查看分组中 ICMP 协议字段,发现其代码字段是 4(需要分片但 DF 位设置为 1),下一跳 MTU 为 512 字节。ICMP 报文数据部分表明该报文是由从 192.168.1.100 发往 192.168.3.2 的 Echo 请求报文引起的。

3. 超时消息

Cisco IOS 的 ping 命令不支持设置分组的 TTL 值,实验中用 PC1 发送 ping 分组,并设置分组的 TTL 值,测试超时 ICMP 消息。

右击 PC1 和交换机 SW1 之间的链路,选择开始捕获(Start capture)命令,指定在 SW1 的 4 号端口上捕获分组。打开 PC1 的控制台窗口,执行如下的 ping 命令,向地址 192.168.3.2 发送一个分组,并设置分组的 TTL 值为 1:

```
PC1> ping 192.168.3.2 - c 1 - T 1
 * 192.168.1.2 icmp_seq=1 ttl=255 time=6.468 ms (ICMP type:11, code:0, TTL
expired in transit)
```

由于到达目的地址需要经过 2 跳,命令执行结果显示 TTL 超时。打开捕获分组文件,输入显示过滤器"icmp.type==11",分组列表窗口显示一个 ICMP 分组。查看其 IP 首部字段,可以发现该分组由 R2(192.168.1.2)发送给 PC1(192.168.1.101)。查看 ICMP 协议字段,其代码字段为 0(TTL 超时),而数据部分表明该 ICMP 报文是由实验中 PC1(192.168.1.101)发送到 192.168.3.2 的 Echo 请求报文引起的。

4. 重定向消息

实验中通过路由器 R4 向路由器 R5 发送分组,测试重定向 ICMP 消息。由于 R4 配置的默认网关是 R2(接口 f0/1),而从 R2 到达 R5 需要 2 跳,但从 R1 到达 R5 则只需要 1 跳,显然,分组应该经过 R1 到达 R5。路由器 R1 和 R2 都连接在 R4 所在的网络,R2 应该给 R4 发送重定向消息。

重新启动网络,确保 R4 没有除默认路由外的其他路由。在 R4 的控制台窗口中执行下列命令,向 R5 发送 3 个 Echo 请求分组,并设置路由记录选项:

```
R4#ping
Protocol [ip]:
Target IP address: 192.168.2.100
Repeat count [5]: 3
Datagram size [100]:
Timeout in seconds [2]:
Extended commands [n]: y
Source address or interface:
Type of service [0]:
Set DF bit in IP header? [no]:
Validate reply data? [no]:
Data pattern [0xABCD]:
Loose, Strict, Record, Timestamp, Verbose[none]: Record
Number of hops [ 9 ]:
Loose, Strict, Record, Timestamp, Verbose[RV]:
Sweep range of sizes [n]:
Type escape sequence to abort.
Sending 3, 100-byte ICMP Echos to 192.168.2.100, timeout is 2 seconds:
Packet has IP options:  Total option bytes= 39, padded length=40
 Record route: < * >
   (0.0.0.0)
   (0.0.0.0)
   (0.0.0.0)
   (0.0.0.0)
   (0.0.0.0)
   (0.0.0.0)
   (0.0.0.0)
   (0.0.0.0)
   (0.0.0.0)


Reply to request 0 (52 ms).  Received packet has options
 Total option bytes= 40, padded length=40
 Record route:
   (192.168.1.100)
   (192.168.3.1)
   (192.168.2.2)
   (192.168.2.100)
   (192.168.2.100)
   (192.168.1.1)
   (192.168.1.100) < * >
   (0.0.0.0)
```

```
  (0.0.0.0)
 End of list

Reply to request 1 (68 ms).  Received packet has options
 Total option bytes= 40, padded length=40
 Record route:
   (192.168.1.100)
   (192.168.1.2)
   (192.168.2.1)
   (192.168.2.100)
   (192.168.2.100)
   (192.168.1.1)
   (192.168.1.100) < * >
   (0.0.0.0)
   (0.0.0.0)
 End of list

Reply to request 2 (20 ms).  Received packet has options
 Total option bytes= 40, padded length=40
 Record route:
   (192.168.1.100)
   (192.168.2.1)
   (192.168.2.100)
   (192.168.2.100)
   (192.168.1.1)
   (192.168.1.100) < * >
   (0.0.0.0)
   (0.0.0.0)
   (0.0.0.0)
 End of list

Success rate is 100 percent (3/3), round-trip min/avg/max = 20/46/68 ms
```

命令执行结果显示了 3 次 ping 分组经过的路由。第 1 个分组去往 R5 的路径是 R4(f0/0)、R2(s2/0)、R3(f0/0)、R5(f0/1)；第 2 个分组去往 R5 的路径是 R4(f0/0)、R2(f0/1)、R1(f0/0)、R5(f0/1)；而第 3 个分组去往 R5 的路径是 R4(f0/0)、R1(f0/0)、R5(f0/1)，即重定向后的最佳路由。

三个响应分组经过的路径都是 R5(f0/1)、R1(f0/1)、R4(f0/0)，这是因为 R5 设置的默认网关是 192.168.2.1(即 R1 的 f0/0 接口)。

查看捕获分组文件，输入显示过滤器"icmp"，可以看到总共有 7 个分组，它们是 3 次 ping 的请求、响应分组和一个重定向分组，其中重定向分组在时间上位于第 2 个请求分组之后。因此，第 1、2 个请求分组按照 R4 的默认路由发送到 R2，而第 3 个分组按照重定向后的路由发送给 R1。R2 将第 1 个请求分组按照自己的路由表转发给 R3，但将之后的分组按重定向后的路由进行转发。

查看重定向 ICMP 报文,IP 分组首部字段表明该分组是 192.168.1.2(R2)发送到 192.168.1.100(R4)。查看报文的 ICMP 协议字段,指明去往地址 192.168.2.100(在 ICMP 报文的数据字段)所在网络的路由被重定向到 192.168.1.1(代码字段为 0,网络重定向消息)。

5. 回送请求/回送响应消息

实验中通过 R4 向 R5 发送 ping 分组,测试回送请求/回送响应消息。实际上,实验中用到 ping 命令发送分组时都是发送回送请求消息,而目的方则发送回送响应消息。

启动在路由器 R4 的 f0/0 接口捕获分组。打开 R4 的控制台窗口,执行下列命令,向 R5 发送 3 个 Echo 请求报文:

```
R4#ping
Protocol [ip]:
Target IP address: 192.168.2.100
Repeat count [5]: 3
Datagram size [100]:
Timeout in seconds [2]:
Extended commands [n]:
Sweep range of sizes [n]:
Type escape sequence to abort.
Sending 3, 100-byte ICMP Echos to 192.168.2.100, timeout is 2 seconds:
!!!
Success rate is 100 percent (3/3), round-trip min/avg/max = 28/42/72 ms
```

然后用同样的命令向 R5 再发送 5 个 Echo 请求报文。

打开分组捕获文件,输入显示过滤器"icmp",可以在分组列表窗口看到 16 个 ping 分组,其中 8 个 Echo 请求报文,8 个 Echo 响应报文。查看这些 ICMP 报文的标识(ID)字段,可以发现前面 6 个报文的 ID 相同,而后面 10 个报文的 ID 也相同。它们分别对应两次 ping 命令执行(分别发送了 3 次和 5 次 Echo 请求报文)。

查看两次 ping 命令报文的序列号(Sequence Number)字段,可以发现同一次命令执行中发送的不同请求报文的序列号是连续递增的。选择一个 Echo 请求报文,在分组首部详细信息窗口查看其 ICMP 协议字段,可以看到分别有两个标识和序列号字段,其中 BE 表示以 Big Endian 字节顺序(高位在前)解释这两个 16 位的字段,而 LE 表示以 Little Endian 字节顺序(低位在前)解释。

查看相应的 Echo 响应报文(有相同的 ID 和序列号),对比可发现 ICMP 报文的数据字段是相同的。

4.5.6 ICMPv6 协议分析

1. 分组超大消息

在 4.3.3 节实验的基础上,把图 4.26 所示网络中 R1 和 R3 之间的点到点链路的 MTU 设置为 1280 字节,即 IPv6 协议要求的最小值。打开 R1 的控制台窗口,执行下列

命令:

```
1:  R1#config t
2:  R1(config)#interface s2/0
3:  R1(config-if)#mtu 1280
4:  R1(config)#exit
5:  R1#write
```

在 R3 的控制台窗口中执行类似命令,将接口 s2/1 的 MTU 也设置为 1280 字节。

通过 R2 向 R3 发送 1 个长度为 1400 字节的分组。注意分组长度小于 R2 和 R1 之间以太网的 MTU(1500 字节),但大于 R1 和 R3 之间点到点链路的 MTU(1280 字节)。在 R2 的接口 f0/0 启动分组捕获。打开 R2 的控制台窗口,执行下列命令(注意用实验时的实际地址替换命令中的地址):

```
R2#ping
Protocol [ip]: ipv6
Target IPv6 address: 2001:DB8:0:2:C803:6DFF:FE37:8
Repeat count [5]: 1
Datagram size [100]: 1400
Timeout in seconds [2]:
Extended commands? [no]:
Type escape sequence to abort.
Sending 1, 1400-byte ICMP Echos to 2001:DB8:0:2:C803:6DFF:FE37:8, timeout is 2
seconds:
B
Success rate is 0 percent (0/1)
```

命令执行结果显示发送失败。打开分组捕获文件,输入显示过滤器"icmpv6.type == 2",可以看到分组列表窗口显示 1 个 ICMPv6 分组。选中该分组,在分组首部详细信息窗口中查看其 IP 首部字段,可以看到是 R1(源地址 2001:DB8:0:1:C801:6DFF:FE15:6,R1 接口 f0/1)发送给 R2(目的地址 2001:DB8:0:2:C801:6DFF:FE15:8,R2 接口 f0/0)的分组,下一首部字段值为 58(ICMPv6 协议)。查看 ICMPv6 扩展首部,可以看到类型值是 2(分组超大消息),而下一跳链路的 MTU 值为 1280 字节。

实际上,IPv6 的路径 MTU 发现协议就是基于 ICMPv6 报告的下一跳链路 MTU 值实现的。当路径中某链路的 MTU 小于分组长度时,该链路的路由器就向源主机发送 ICMPv6 分组超大消息。主机根据报告的 MTU 值再次发送分组。这个过程可能重复多次,最终源主机将获得路径的最小 MTU 值。

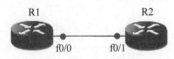

**图 4.54 IPv6 无状态自动地址
配置测试拓扑**

2. 无状态自动地址配置

在 GNS3 中新建一个工程 icmp6,搭建如图 4.54 所示的网络,并按图 4.54 中所示关系连接路由器接口。

在路由器 R1 的接口 f0/0 启动分组捕获功能。打开 R1 的控制台窗口,执行如下命令,配置接口 f0/0 的 IPv6 地址:

```
1:  R1#config t
2:  R1(config)#interface f0/0
3:  R1(config-if)#ipv6 address 2001:DB8:0:1::/64 eui-64
4:  R1(config-if)#no shutdown
5:  R1(config-if)#exit
6:  R1(config)#exit
7:  R1#write
```

打开捕获的分组文件,输入显示过滤器"icmpv6",分组列表窗口显示如图 4.55 所示。

No.	Time	Source	Destination	Protocol	Length	Info
2	0.111465		ff02::1:ffe1:8	ICMPv6	78	Neighbor Solicitation for fe80::c801:1dff:fee1:8
3	1.038907	fe80::c801:1dff:fee1:8	ff02::1	ICMPv6	86	Neighbor Advertisement fe80::c801:1dff:fee1:8 (rtr, ovr) is at ca:01:1d:e1:00:08
4	1.038969	fe80::c801:1dff:fee1:8	ff02::1	ICMPv6	118	Router Advertisement from ca:01:1d:e1:00:08
5	1.049306	fe80::c801:1dff:fee1:8	ff02::16	ICMPv6	90	Multicast Listener Report Message v2
6	1.049378	fe80::c801:1dff:fee1:8	ff02::16	ICMPv6	90	Multicast Listener Report Message v2
7	1.049392	::	ff02::1:ffe1:8	ICMPv6	78	Neighbor Solicitation for 2001:db8:0:1:c801:1dff:fee1:8
9	2.048420	2001:db8:0:1:c801:1dff:fee1:8	ff02::1	ICMPv6	86	Neighbor Advertisement 2001:db8:0:1:c801:1dff:fee1:8 (rtr, ovr) is at ca:01:1d:e1:00:08
10	2.119578	fe80::c801:1dff:fee1:8	ff02::16	ICMPv6	90	Multicast Listener Report Message v2
11	2.119653	fe80::c801:1dff:fee1:8	ff02::16	ICMPv6	90	Multicast Listener Report Message v2
14	17.053283	fe80::c801:1dff:fee1:8	ff02::1	ICMPv6	118	Router Advertisement from ca:01:1d:e1:00:08
17	33.011081	fe80::c801:1dff:fee1:8	ff02::1	ICMPv6	118	Router Advertisement from ca:01:1d:e1:00:08
37	186.937885	fe80::c801:1dff:fee1:8	ff02::1	ICMPv6	118	Router Advertisement from ca:01:1d:e1:00:08

图 4.55　IPv6 路由器地址配置过程

第 2 个分组(Wireshark 编号,下同)是 R1 发送的邻居请求消息,用于接口 f0/0 的本地链路地址的重复检测,其源地址是未指定 IPv6 地址,而目的地址是路由器自动生成的本地链路地址的节点组播组地址。查看分组首部详细信息,注意 IP 分组的跳数限制(Hop Limit)字段是 255。只有 IP 分组跳数限制是 255 的邻居发现协议 ICMP 分组才是有效的,即分组没有经过路由器转发。

第 3 个分组是 R1 向网络所有节点组播组(地址 FF02::1)发送的(非请求)邻居宣告消息,用于快速向网络中的其他节点通知其本地链路 IP 地址相应的数据链路层地址。这表明 R1 的接口 f0/0 的本地链路地址通过重复性检查。实际上,该分组的源地址就是接口 f0/0 的本地链路地址。该 ICMP 分组中的目标地址是接口的本地链路地址,而目标链路层地址选项则是接口的 MAC 地址。

第 4 个分组是 R1 发送的路由器宣告消息,其目的地址是所有节点组播组地址(FF02::1),而源地址则是本地链路地址(路由器宣告消息的源地址必须是网络接口的本地链路地址。)。宣告消息中携带有跳数限制(Hop Limit)、地址管理方式标志(M)、覆盖标志(O)、路由器作为默认路由的时间、邻居可达时间、邻居请求消息重传间隔等信息,以及源链路层 MAC 地址选项、链路 MTU 选项和前缀选项。前缀就是配置给接口 f0/0 地址的前缀,而选项的自动配置标志位(A)置位,表明该前缀可用于节点的 IPv6 地址自动配置。注意:路由器宣告消息是周期性发送的。

第 5、6 个分组用于 R1 的组播地址管理。

第 7 个分组是 R1 发送的邻居请求消息,用于接口 f0/0 的全局地址的重复检测,其源地址是未指定 IPv6 地址,而目的地址则是配置的接口地址的节点组播组地址。

第 9 个分组是 R1 发送的(非请求)邻居宣告消息,用于快速向网络中的其他节点通知其接口 f0/0 全局地址相应的数据链路层地址,表明接口的全局地址通过重复性检查。

注意分组的源地址就是接口的全局地址。该 ICMP 分组中的目标地址是接口的全局地址,而目标链路层地址选项则是接口 f0/0 的 MAC 地址。

第 10、11 个分组用于 R1 的组播地址管理。

其余分组是 R1 周期性发送的路由器宣告消息。

停止 Wireshark 分组捕获,然后再次在 R1 的接口 f0/0 启动捕获。打开 R2 的控制台窗口,设置接口 f0/1 为自动地址配置(模拟主机地址自动配置),执行下列命令:

```
1:  R2#config t
2:  R2(config)#interface f0/1
3:  R2(config-if)#ipv6 address autoconfig
4:  R2(config-if)#exit
5:  R2(config)#exit
6:  R2#write
```

打开捕获的分组文件,输入显示过滤器"icmpv6",分组列表窗口显示如图 4.56 所示。主机的地址自动配置过程与上述路由器配置过程类似。不同的是,R2 在配置接口 f0/1 的全局地址之前,先向网络的路由器组播组地址(FF02::2)发送路由器请求消息(第 16 个分组),而路由器(R1)立即向网络所有节点组播组地址(FF::01)发送一个路由器宣告消息(第 17 个分组)。R2 则根据路由器宣告消息中的地址配置信息生成一个全局地址,并进行重复性检测(第 18 个分组)。读者可在 R2 的控制台窗口中通过"show ipv6 interface f0/1"命令查看 R2 接口 f0/1 的配置信息。

No.	Time	Source	Destination	Protocol	Length	Info
11	66.344466		ff02::1:ffee:6	ICMPv6	78	Neighbor Solicitation for fe80::c802:1fff:fee:6
12	67.214110	fe80::c802:1fff:feee:6	ff02::1	ICMPv6	86	Neighbor Advertisement fe80::c802:1fff:feee:6 (ovr) is at ca:02:1f:ee:00:06
13	67.224339	fe80::c802:1fff:feee:6	ff02::16	ICMPv6	90	Multicast Listener Report Message v2
14	68.214570	fe80::c802:1fff:feee:6	ff02::16	ICMPv6	90	Multicast Listener Report Message v2
16	70.194805	fe80::c802:1fff:feee:6	ff02::2	ICMPv6	70	Router Solicitation from ca:02:1f:ee:00:06
17	70.205030	fe80::c801:1dff:fee1:8	ff02::1	ICMPv6	118	Router Advertisement from ca:01:1d:e1:00:08
18	70.215102	::	ff02::1:ffee:6	ICMPv6	78	Neighbor Solicitation for fe80::c802:1fff:feee:6
20	71.224510	2001:db8:0:1:c802:1fff:feee:6	ff02::1	ICMPv6	86	Neighbor Advertisement 2001:db8:0:1:c802:1fff:feee:6 (ovr) is at ca:02:1f:ee:00:06
58	230.564288	fe80::c801:1dff:fee1:8	ff02::1	ICMPv6	118	Router Advertisement from ca:01:1d:e1:00:08
96	386.114528	fe80::c801:1dff:fee1:8	ff02::1	ICMPv6	118	Router Advertisement from ca:01:1d:e1:00:08

图 4.56　IPv6 地址自动配置过程

3. 链路层地址解析

在图 4.54 所示的网络中停止分组捕获并重新启动。打开 R2 控制台窗口,执行下列命令,通过 R2(f0/1)向 R1(f0/0)发送一个 ping 分组(R1 接口 f0/0 的地址可通过在其控制台窗口中执行命令"show ipv6 interface f0/0"查看。):

```
R2#ping
Protocol [ip]: ipv6
Target IPv6 address: 2001:DB8:0:1:C801:1DFF:FEE1:8
Repeat count [5]: 1
Datagram size [100]:
Timeout in seconds [2]:
Extended commands? [no]:
Type escape sequence to abort.
```

```
Sending 1, 100-byte ICMP Echos to 2001:DB8:0:1:C801:1DFF:FEE1:8, timeout is 2
seconds:
!
Success rate is 100 percent (1/1), round-trip min/avg/max = 56/56/56 ms
```

打开捕获的分组文件,输入显示过滤器"icmpv6",分组列表窗口显示如图 4.57 所示。注意由于使用的过滤器条件宽泛,可能会显示其他的分组。输入显示过滤器"ipv6.src==2001:DB8:0:1:C802:1FFF:FEEE:6(R2 地址)&& ipv6.dst==FF02::1:FFE1:8(R1 地址的请求节点组播组地址)",寻找地址解析请求分组(图中是第 5 个分组)。查看其 ICMPv6 协议首部字段,可看到目标地址(Target Address)是 R1 接口 f0/0 地址(要解析的 IPv6 地址),且包含有源地址(R2 接口 f0/1 地址)的数据链路层地址选项。

No.	Time	Source	Destination	Protocol	Length	Info
5	17.956823	2001:db8:0:1:c802:1fff:feee:6	ff02::1:ffe1:8	ICMPv6	86	Neighbor Solicitation for 2001:db8:0:1:c801:1dff:fee1:8 from ca:02:1f:ee:00:06
6	17.969937	2001:db8:0:1:c801:1dff:fee1:8	2001:db8:0:1:c802:1fff:feee:6	ICMPv6	86	Neighbor Advertisement 2001:db8:0:1:c801:1dff:fee1:8 (rtr, sol, ovr) is at ca:01:1d:e1:00:08
7	17.982294	2001:db8:0:1:c802:1fff:feee:6	2001:db8:0:1:c801:1dff:fee1:8	ICMPv6	114	Echo (ping) request id=0x199a, seq=0, hop limit=64 (reply in 8)
8	17.994168	2001:db8:0:1:c801:1dff:fee1:8	2001:db8:0:1:c802:1fff:feee:6	ICMPv6	114	Echo (ping) reply id=0x199a, seq=0, hop limit=64 (request in 7)

图 4.57　IPv6 链路地址解析

紧接着该分组的下一个分组(图中是第 6 个分组)是邻居宣告分组,是对地址解析请求的响应。注意该分组直接发送给 R2(对比地址解析请求分组则是组播发送)。查看其 ICMPv6 协议首部字段,可看到目标地址(Target Address)是 R1 接口 f0/0 的地址(要解析的 IPv6 地址),而选项则是目标地址的数据链路层地址。

之后,紧接着的两个分组则是 ping 的请求和响应分组。

要发送地址解析邻居请求消息,节点中的地址映射缓存中不能存在有效的地址映射表项。一种简单的方式可通过停止所有路由器然后重新启动(注意此时可能需要重新计算路由器的 Idle-pc 值)。在路由器控制台窗口中通过命令 show ipv6 neighbors 可查看地址映射缓存表。

4.5.7　ICMPv4 协议模拟

下面用 NS3 模拟 ICMPv4 协议的 Echo 请求和响应过程。模拟网络的拓扑如图 4.7 所示。Net1 和 Net2 的 MTU 均设置为 1500 字节。在 h0 上部署 ping 应用,向 h2 发送 5 个 ping 请求分组。在 h0 的接口 1 上捕获分组。

1. 模拟程序代码

用文本编辑器编辑下列代码,保存为文件"icmpv4-echo.cc"(保存在 NS3 安装目录的 scratch 子目录下)。

例程 4-4:icmpv4-echo.cc

```
1:   /* 引入所需的头文件 */
2:   #include <fstream>
3:   #include "ns3/core-module.h"
4:   #include "ns3/point-to-point-module.h"
5:   #include "ns3/internet-module.h"
6:   #include "ns3/internet-apps-module.h"
```

```
7:    #include "ns3/ipv4-static-routing-helper.h"
8:
9:    using namespace ns3;
10:
11:   /* 定义日志记录模块 */
12:   NS_LOG_COMPONENT_DEFINE ("ICMPv4EchoExample");
13:
14:   int main (int argc, char * * argv)
15:   {
16:   /* 创建节点 */
17:   NS_LOG_INFO ("Create nodes.");
18:
19:   Ptr<Node> h0 = CreateObject<Node> ();
20:   Ptr<Node> r1 = CreateObject<Node> ();
21:   Ptr<Node> h2 = CreateObject<Node> ();
22:
23:   NodeContainer net1 (h0, r1);
24:   NodeContainer net2 (r1, h2);
25:   NodeContainer nets (h0, r1, h2);
26:
27:   /* 安装 IPv4 协议栈 */
28:   NS_LOG_INFO("Install Internet Stack (IPv4)");
29:
30:   InternetStackHelper internetv4;
31:   internetv4.SetIpv6StackInstall (false);
32:   internetv4.Install (nets);
33:
34:   /* 创建信道 */
35:   NS_LOG_INFO ("Create channels.");
36:
37:   PointToPointHelper pointToPoint;
38:   pointToPoint.SetDeviceAttribute ("DataRate", StringValue ("5Mbps"));
39:   pointToPoint.SetChannelAttribute ("Delay", StringValue ("10ms"));
40:   pointToPoint.SetDeviceAttribute ("Mtu", UintegerValue (1500));
41:   NetDeviceContainer devs1 = pointToPoint.Install (net1);
42:   NetDeviceContainer devs2 = pointToPoint.Install (net2);
43:
44:   /* 分配 IP 地址 */
45:   NS_LOG_INFO ("Assign IP Addresses.");
46:
47:   Ipv4AddressHelper ipv4;
48:   ipv4.SetBase ("192.168.1.0", "255.255.255.0");
49:   Ipv4InterfaceContainer ifs1 = ipv4.Assign (devs1);
50:
```

```
51:    ipv4.SetBase ("192.168.2.0", "255.255.255.0");
52:    Ipv4InterfaceContainer ifs2 = ipv4.Assign (devs2);
53:
54:    /* 设置路由 */
55:    NS_LOG_INFO ("Create routes.");
56:
57:    Ipv4StaticRoutingHelper routingHelper;
58:    Ptr<Ipv4StaticRouting> routing;
59:    std::pair<Ptr<Ipv4>,uint32_t> ifpair;
60:
61:    //设置 h0 的默认路由
62:    ifpair = ifs1.Get(0);
63:    routing = routingHelper.GetStaticRouting (ifpair.first);
64:    routing->SetDefaultRoute (ifs1.GetAddress(1), ifpair.second);
65:
66:    //启用 r1 接口的转发功能
67:    ifpair = ifs1.Get(1);
68:    ifpair.first->SetForwarding(ifpair.second,1);
69:    ifpair = ifs2.Get(0);
70:    ifpair.first->SetForwarding(ifpair.second,1);
71:
72:    //设置 h2 的默认路由
73:    ifpair = ifs2.Get(1);
74:    routing = routingHelper.GetStaticRouting (ifpair.first);
75:    routing->SetDefaultRoute (ifs2.GetAddress(0), ifpair.second);
76:
77:    /* 创建 ping 应用 */
78:    NS_LOG_INFO ("Create Application: sending ICMP echo request from h0
to h2.");
79:
80:    V4PingHelper ping = V4PingHelper(ifs2.GetAddress(1));
81:    ping.SetAttribute ("Interval", TimeValue(Seconds(1.0)));
82:    ping.SetAttribute ("Size", UintegerValue(1024));
83:
84:    ApplicationContainer app;
85:    app = ping.Install (h0);
86:    app.Start (Seconds (1.0));
87:    app.Stop (Seconds (5.5));
88:
89:    /* 启用 pcap 追踪 */
90:    NS_LOG_INFO ("Enable pcap tracing.");
91:
92:    pointToPoint.EnablePcap ("icmpv4-echo",0,1,false);
93:
```

```
94:    /* 执行仿真程序 */
95:    NS_LOG_INFO ("Run Simulation.");
96:
97:    Simulator::Run ();
98:    Simulator::Destroy ();
99:
100:      NS_LOG_INFO ("Done.");
101:      }
```

2. 模拟程序执行及结果分析

在 NS3 的安装目录下执行下列命令，运行模拟程序 icmpv4-echo.cc：

```
Export NS_LOG=ICMPv4EchoExample=info
./waf --run scratch/icmpv4-echo
```

NS3 在安装目录下会生成追踪文件 icmpv4-0-1.pcap。打开该文件，分组列表窗口显示如图 4.58 所示，其中包括 5 个 Echo 请求分组和 5 个 Echo 响应分组（实际上，本章所有实验中都是用 ping 或 ping6 命令发送 Echo 请求分组）。读者可分析分组的格式。注意，在分组的 ICMP 报文中可以看到分别有两个标识和序列号字段，其中 BE 表示以 Big Endian 字节顺序（高位在前）解释这两个 16 位的字段，而 LE 表示已 Little Endian 字节顺序（低位在前）解释。

No.	Time	Source	Destination	Protocol	Length	Info
1	0.000000	192.168.1.1	192.168.2.2	ICMP	1054	Echo (ping) request id=0x0000, seq=0/0, ttl=64
2	0.046745	192.168.2.2	192.168.1.1	ICMP	1054	Echo (ping) reply id=0x0000, seq=0/0, ttl=63
3	1.000000	192.168.1.1	192.168.2.2	ICMP	1054	Echo (ping) request id=0x0000, seq=1/256, ttl=64
4	1.046745	192.168.2.2	192.168.1.1	ICMP	1054	Echo (ping) reply id=0x0000, seq=1/256, ttl=63
5	2.000000	192.168.1.1	192.168.2.2	ICMP	1054	Echo (ping) request id=0x0000, seq=2/512, ttl=64
6	2.046745	192.168.2.2	192.168.1.1	ICMP	1054	Echo (ping) reply id=0x0000, seq=2/512, ttl=63
7	3.000000	192.168.1.1	192.168.2.2	ICMP	1054	Echo (ping) request id=0x0000, seq=3/768, ttl=64
8	3.046745	192.168.2.2	192.168.1.1	ICMP	1054	Echo (ping) reply id=0x0000, seq=3/768, ttl=63
9	4.000000	192.168.1.1	192.168.2.2	ICMP	1054	Echo (ping) request id=0x0000, seq=4/1024, ttl=64
10	4.046745	192.168.2.2	192.168.1.1	ICMP	1054	Echo (ping) reply id=0x0000, seq=4/1024, ttl=63

图 4.58　ICMPv4 协议分析捕获分组列表

4.5.8　ICMPv6 协议模拟

下面用 NS3 模拟 ICMPv6 协议的重定向过程。

1. 网络拓扑及设置

用 NS3 搭建一个如图 4.59 所示的网络，其中 Hub 用 CSMA 链路模拟，net2 也是 CSMA 链路。节点 h0 的默认路由设置为 r1 的接口 1，节点 h3 的默认路由设置为 r2 的接口 2。在 h0 上部署 ping6 应用，向 h3 发送 5 个 Echo 请求报文。在 r1 的接口 1 以及 r2 的接口 1 上捕获分组。

2. 模拟程序代码

用文本编辑器编辑下列代码，保存为文件"icmpv6-redirect.cc"（保存在 NS3 安装目录的 scratch 子目录下）。

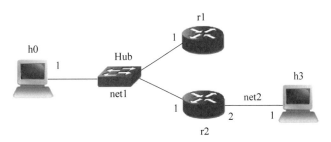

图 4.59　ICMPv6 协议重定向模拟拓扑

例程 4-5：icmpv6-redirect.cc

```
1:   /* 引入所需的头文件 */
2:   #include <fstream>
3:   #include "ns3/core-module.h"
4:   #include "ns3/internet-module.h"
5:   #include "ns3/csma-module.h"
6:   #include "ns3/internet-apps-module.h"
7:   #include "ns3/ipv6-static-routing-helper.h"
8:   #include "ns3/ipv6-routing-table-entry.h"
9:
10:  using namespace ns3;
11:
12:  /* 定义日志记录模块 */
13:  NS_LOG_COMPONENT_DEFINE ("Icmpv6RedirectExample");
14:
15:  int main (int argc, char ** argv)
16:  {
17:  /* 创建节点 */
18:  NS_LOG_INFO ("Create nodes.");
19:
20:  Ptr<Node> h0 = CreateObject<Node> ();
21:  Ptr<Node> r1 = CreateObject<Node> ();
22:  Ptr<Node> r2 = CreateObject<Node> ();
23:  Ptr<Nde> h3 = CreateObject<Node> ();
24:
25:  NodeContainer net1 (h0, r1, r2);
26:  NodeContainer net2 (r2, h3);
27:  NodeContainer nets (h0, r1, r2, h3);
28:
29:  /* 安装 IPv6 协议栈 */
30:  NS_LOG_INFO("Install Internet Stack (IPv6)");
31:
32:  InternetStackHelper internetv6;
33:  internetv6.SetIpv4StackInstall (false);
```

```
34:    internetv6.Install (nets);
35:
36:    /* 创建信道 */
37:    NS_LOG_INFO ("Create channels.");
38:
39:    CsmaHelper csma;
40:    csma.SetChannelAttribute ("DataRate", StringValue ("10Mbps"));
41:    csma.SetChannelAttribute ("Delay", StringValue ("2ms"));
42:    csma.SetDeviceAttribute ("Mtu", UintegerValue (1500));
43:
44:    NetDeviceContainer devs1 = csma.Install (net1);
45:    NetDeviceContainer devs2 = csma.Install (net2);
46:
47:    /* 分配 IPv6 地址;设置主机节点的默认路由;启用路由器节点的接口转发功能 */
48:    NS_LOG_INFO ("Assign IPv6 Addresses.");
49:
50:    //设置 net1
51:    Ipv6AddressHelper ipv6;
52:    ipv6.SetBase (Ipv6Address ("2001:1::"), Ipv6Prefix (64));
53:    Ipv6InterfaceContainer ifs1 = ipv6.Assign (devs1);
54:    ifs1.SetForwarding (1, true);
55:    ifs1.SetForwarding (2, true);
56:    ifs1.SetDefaultRouteInAllNodes (1);
57:
58:    //设置 net2
59:    ipv6.SetBase (Ipv6Address ("2001:2::"), Ipv6Prefix (64));
60:    Ipv6InterfaceContainer ifs2 = ipv6.Assign (devs2);
61:    ifs2.SetForwarding (0, true);
62:    ifs2.SetDefaultRouteInAllNodes (0);
63:
64:    //输出节点接口 IPv6 地址(链路本地地址和全局地址)
65:    std::cout <<"net1 addresses:"<< std::endl
       <<"\th0 addresses: "<< ifs1.GetAddress(0,0) <<", "
       << ifs1.GetAddress(0,1) << std::endl
       <<"\tr1 addresses: "<< ifs1.GetAddress(1,0) <<", "
       << ifs1.GetAddress(1,1) << std::endl
       <<"\tr2 addresses: "<< ifs1.GetAddress(2,0) <<", "
       << ifs1.GetAddress(2,1) << std::endl;
66:    std::cout <<"net2 addresses:"<< std::endl
       <<"\tr2 addresses: "<< ifs2.GetAddress(0,0) <<", "
       << ifs2.GetAddress(0,1) << std::endl
       <<"\th3 addresses: "<< ifs2.GetAddress(1,0) <<", "
       << ifs2.GetAddress(1,1) << std::endl;
67:
```

```
68:    //向 r1 注入到达 h3 的静态主机路由,下一跳地址是 r2 的接口 1
69:    Ipv6StaticRoutingHelper routingHelper;
70:    Ptr<Ipv6StaticRouting> routing = routingHelper.GetStaticRouting (r1->
       GetObject<Ipv6> ());
71:    routing->AddHostRouteTo (ifs2.GetAddress (1, 1), ifs1.GetAddress (2, 0),
       ifs1.GetInterfaceIndex (1));
72:
73:    //输出 h0 在第 0 秒和第 3 秒的路由表
74:    Ptr<OutputStreamWrapper> routingStream = Create<OutputStreamWrapper>
       (&std::cout);
75:    routingHelper.PrintRoutingTableAt (Seconds (0.0), h0, routingStream);
76:    routingHelper.PrintRoutingTableAt (Seconds (3.0), h0, routingStream);
77:
78:    /* 创建 ping6 应用 */
79:    NS_LOG_INFO ("Create Applications: sending ICMPv6 echo request from h0
       to h3.");
80:
81:    Ping6Helper ping6;
82:    ping6.SetLocal (ifs1.GetAddress (0, 1));
83:    ping6.SetRemote (ifs2.GetAddress (1, 1));
84:    ping6.SetAttribute ("MaxPackets", UintegerValue (5));
85:    ping6.SetAttribute ("Interval", TimeValue (Seconds (1.0)));
86:    ping6.SetAttribute ("PacketSize", UintegerValue (1024));
87:
88:    ApplicationContainer app;
89:    app = ping6.Install (h0);
90:    app.Start (Seconds (1.0));
91:    app.Stop (Seconds (5.5));
92:
93:    /* 启用 pcap 追踪 */
94:    NS_LOG_INFO ("Enable pcap tracing.");
95:
96:    csma.EnablePcap ("icmpv6-redirect", 1, 1, false);
97:    csma.EnablePcap ("icmpv6-redirect", 2, 1, false);
98:
99:    /* 执行仿真程序 */
100:      NS_LOG_INFO ("Run Simulation.");
101:
102:      Simulator::Run ();
103:      Simulator::Destroy ();
104:
105:      NS_LOG_INFO ("Done.");
106:      }
```

3. 模拟程序执行及结果分析

在 NS3 的安装目录下执行下列命令,运行模拟程序 icmpv6-redirect.cc:

```
Export NS_LOG= Icmpv6RedirectExample=info
./waf --run scratch/icmpv6-redirect
```

模拟过程中输出的节点接口地址信息如图 4.60 所示。

```
net1 addresses:
        h0 addresses: fe80::200:ff:fe00:1, 2001:1::200:ff:fe00:1
        r1 addresses: fe80::200:ff:fe00:2, 2001:1::200:ff:fe00:2
        r2 addresses: fe80::200:ff:fe00:3, 2001:1::200:ff:fe00:3
net2 addresses:
        r2 addresses: fe80::200:ff:fe00:4, 2001:2::200:ff:fe00:4
        h3 addresses: fe80::200:ff:fe00:5, 2001:2::200:ff:fe00:5
```

图 4.60   ICMPv6 协议模拟的网络接口地址

NS3 在安装目录下会生成追踪文件 icmpv6-redirect-1-1.pcap 和 icmpv6-redirect-2-1.pcap。打开文件 icmpv6-redirect-1-1.pcap,输入显示过滤器"icmpv6.type == 128 ‖ icmpv6.type == 129",其分组列表窗口显示如图 4.61 所示。其中,第 10 个分组 (Wireshark 编号)是从 h0 接收到的 Echo 请求报文;第 13 个分组是向 h0 发送的重定向 ICMPv6 报文,其首部字段内容如图 4.62 所示,指明去往 h3 的下一跳路由是 r2 的接口 1;第 16 个分组是 r1 转发的 Echo 请求报文(给 r2)。

No.	Time	Source	Destination	Protocol	Length	Info
10	1.008476	2001:1::200:ff:fe00:1	2001:2::200:ff:fe00:5	ICMPv6	1090	Echo (ping) request id=0xbeef, seq=0, hop limit=64 [ETHERNET FRAME CHECK SEQUENCE INCORRECT]
13	1.014621	fe80::200:ff:fe00:2	2001:1::200:ff:fe00:1	ICMPv6	1178	Redirect [ETHERNET FRAME CHECK SEQUENCE INCORRECT]
16	1.021883	2001:1::200:ff:fe00:1	2001:2::200:ff:fe00:5	ICMPv6	1090	Echo (ping) request id=0xbeef, seq=0, hop limit=63 [ETHERNET FRAME CHECK SEQUENCE INCORRECT]

图 4.61   ICMPv6 重定向分析的捕获分组列表(r1 接口 1)

```
▶ Internet Protocol Version 6, Src: fe80::200:ff:fe00:2 (fe80::200:ff:fe00:2), Dst: 2001:1::200:ff:fe00:1 (2001:1::200:ff:fe00:1)
▼ Internet Control Message Protocol v6
      Type: Redirect (137)
      Code: 0
      Checksum: 0x92c5 [correct]
      Reserved: 00000000
      Target Address: fe80::200:ff:fe00:3 (fe80::200:ff:fe00:3)
      Destination Address: 2001:2::200:ff:fe00:5 (2001:2::200:ff:fe00:5)
    ▼ ICMPv6 Option (Redirected header)
        Type: Redirected header (4)
        Length: 135 (1080 bytes)
        Reserved
        Redirected Packet
      ▶ Internet Protocol Version 6, Src: 2001:1::200:ff:fe00:1 (2001:1::200:ff:fe00:1), Dst: 2001:2::200:ff:fe00:5 (2001:2::200:ff:fe00:5)
      ▶ Internet Control Message Protocol v6
```

图 4.62   ICMPv6 重定向报文首部

打开文件 icmpv6-redirect-2-1.pcap,输入显示过滤器"icmpv6.type == 128 ‖ icmpv6.type==129",其分组列表窗口显示如图 4.63 所示。其中包含 5 个 Echo 请求报文和 5 个 Echo 响应报文。注意,第 12 个分组(第 1 个 Echo 请求报文)的 TTL 值为 63, 而其他 Echo 请求报文的 TTL 值为 64。这是因为第 1 个 Echo 请求报文是 r1 转发的,而其他 Echo 请求报文则是 h0 直接发送给 r2 的。h0 接收到 r1 发送的重定向报文后,在其路由表中记录重定向后的新路由,后续 Echo 请求报文的发送将使用新路由。h0 在第 0s 和第 3s(模拟执行时间)的路由表如图 4.64 所示。

No.	Time	Source	Destination	Protocol	Length	Info
12	1.025756	2001:1::200:ff:fe00:1	2001:2::200:ff:fe00:5	ICMPv6	1090	Echo (ping) request id=0xbeef, seq=0, hop limit=63 (reply in 15) [ETHERNET FRAME CHECK SEQUENCE INCORRECT]
15	1.060937	2001:2::200:ff:fe00:5	2001:1::200:ff:fe00:1	ICMPv6	1090	Echo (ping) reply id=0xbeef, seq=0, hop limit=63 (request in 12) [ETHERNET FRAME CHECK SEQUENCE INCORRECT]
18	2.006018	2001:1::200:ff:fe00:1	2001:2::200:ff:fe00:5	ICMPv6	1090	Echo (ping) request id=0xbeef, seq=1, hop limit=64 [ETHERNET FRAME CHECK SEQUENCE INCORRECT]
19	2.011763	2001:2::200:ff:fe00:5	2001:1::200:ff:fe00:1	ICMPv6	1090	Echo (ping) reply id=0xbeef, seq=1, hop limit=63 [ETHERNET FRAME CHECK SEQUENCE INCORRECT]
20	2.998872	2001:1::200:ff:fe00:1	2001:2::200:ff:fe00:5	ICMPv6	1090	Echo (ping) request id=0xbeef, seq=2, hop limit=64 [ETHERNET FRAME CHECK SEQUENCE INCORRECT]
21	3.004617	2001:2::200:ff:fe00:5	2001:1::200:ff:fe00:1	ICMPv6	1090	Echo (ping) reply id=0xbeef, seq=2, hop limit=63 [ETHERNET FRAME CHECK SEQUENCE INCORRECT]
22	3.998872	2001:1::200:ff:fe00:1	2001:2::200:ff:fe00:5	ICMPv6	1090	Echo (ping) request id=0xbeef, seq=3, hop limit=64 [ETHERNET FRAME CHECK SEQUENCE INCORRECT]
23	4.004617	2001:2::200:ff:fe00:5	2001:1::200:ff:fe00:1	ICMPv6	1090	Echo (ping) reply id=0xbeef, seq=3, hop limit=63 [ETHERNET FRAME CHECK SEQUENCE INCORRECT]
24	4.998872	2001:1::200:ff:fe00:1	2001:2::200:ff:fe00:5	ICMPv6	1090	Echo (ping) request id=0xbeef, seq=4, hop limit=64 [ETHERNET FRAME CHECK SEQUENCE INCORRECT]
25	5.004617	2001:2::200:ff:fe00:5	2001:1::200:ff:fe00:1	ICMPv6	1090	Echo (ping) reply id=0xbeef, seq=4, hop limit=63 [ETHERNET FRAME CHECK SEQUENCE INCORRECT]

图 4.63 ICMPv6 重定向分析的捕获分组列表(r2 接口 1)

```
Node: 0, Time: +0.0s, Local time: +0.0s, Ipv6StaticRouting table
Destination                  Next Hop                  Flag Met Ref Use If
::1/128                      ::                        UH   0   -   -   0
fe80::/64                    ::                        U    0   -   -   1
2001:1::/64                  ::                        U    0   -   -   1
::/0                         fe80::200:ff:fe00:2       UG   0   -   -   1

Node: 0, Time: +3.0s, Local time: +3.0s, Ipv6StaticRouting table
Destination                  Next Hop                  Flag Met Ref Use If
::1/128                      ::                        UH   0   -   -   0
fe80::/64                    ::                        U    0   -   -   1
2001:1::/64                  ::                        U    0   -   -   1
::/0                         fe80::200:ff:fe00:2       UG   0   -   -   1
2001:2::200:ff:fe00:5/128    fe80::200:ff:fe00:3       UH   0   -   -   1
```

图 4.64 h0 的路由表

第5章

IP 路由协议

本章首先介绍 IP 路由的基本原理及路由协议的分类,然后分析三种典型路由协议的基本工作过程,这三种协议是选路信息协议 RIP2、开放最短路径优先协议 OSPF2 以及边界网关协议 BGP4。

5.1 路由协议概述

5.1.1 IP 路由原理及路由表

IP 协议负责为互联网上的任意两台计算机之间的分组传输寻找一条合适的路径。当 IP 协议接收到一个 IP 分组时,首先根据分组中的目的地址查询路由器的转发表(根据路由表生成),获取到达目的主机的下一跳路由器的地址,其次把分组转发给下一跳路由器(如果目的主机连接在路由器所在的网络上,IP 协议就直接把分组转发给目的主机)。最后通过多次转发,分组就可以从源主机传输到目的主机。

IP 协议的工作依赖于路由表中的路由信息。路由表是一种数据结构,为路由器提供了到达不同目的地址的最佳路径。一般情况下,路由表中的每一项路由都包含了目的网络地址、下一跳地址、路由度量值等信息。由于互联网中的计算机数量巨大,因此通常并不是在路由表中存储到达目的主机的路由,而是存储到达主机所在网络的路由(即到达目的网络地址的路由)。路由表也可以存储到达特定 IP 地址的路由。

路由表中的路由信息主要通过以下三种方式获得:

(1)添加直连路由:直连路由是到达路由器直接连接网络的路由。配置并启用路由器连接网络的接口后,路由器在路由表中添加到达该网络的直连路由。

(2)添加静态路由:静态路由是网络管理员手动添加的路由,可用于人为指定到达某一网络或某一主机所需经过的路径。

(3)计算动态路由:动态路由是路由器在路由选择协议控制下,通过与邻居路由器之间交换路由信息而建立的路由。如果网络拓扑发生变化(例如链路或路由器发生故障、增加了新的链路或路由器等),或通信量发生变化,路由器将在路由协议的控制下相互通告这些变化信息,而路由器则根据接收到的路由信息重新运行路由算法,更新各自的路由表,以反映网络的当前状态。

5.1.2 IP 路由协议分类

1. 按自适应性分类

从路由算法能否随网络的通信量或拓扑变化自适应地进行路由调整来划分,路由协议可分为静态路由协议和动态路由协议。静态路由也叫非自适应路由,其特点是配置简单、开销小,但不能及时适应网络状态的变化,适用于拓扑结构简单且稳定的小规模网络互联。动态路由也叫自适应路由,其特点是能较好地适应网络状态的变化,但实现较为复杂,开销也比较大,适用于规模较大、拓扑结构复杂的网络。动态路由协议的运行会不同程度地消耗网络带宽、路由器 CPU 和内存等资源。

2. 按使用范围分类

互联网规模巨大,如果所有路由器之间都交换路由信息,将会造成很大的通信开销,而且由于路由器数量众多,路由算法也难以收敛。互联网采用了分级的路由策略,即把整个互联网划分为许多较小的自治系统(Autonomous System,AS),在 AS 内部使用内部网关协议(Interior Gateway Protocol,IGP)为 AS 内部网络(及主机)建立路由表,而在 AS 之间使用外部网关协议(External Gateway Protocol,EGP)为不同 AS 的网络(及主机)建立路由表。这种分级方式限制了交换路由信息的路由器数量,降低了动态路由协议运行的开销。自治系统内部的路由选择称为域内路由选择(Intra-Domain Routing),自治系统之间的路由选择称为域间路由选择(Inter-Domain Routing)。

自治系统传统上的定义是指在单一技术管理下的一组路由器,这些路由器使用一种内部网关协议和内部链路代价度量决定在 AS 内部的分组转发路由,使用一种外部网关协议决定如何将分组转发给其他自治系统。随着技术的发展,在一个 AS 内部也可以同时使用多种内部网关协议和多种链路代价度量,而且这个 AS 对外部仍表现出一致的内部路由选择策略,即通过它到达目的网络只有一条统一的路由。

3. 按路由算法工作原理分类

根据路由算法工作原理的不同,路由选择协议大体上可分为距离向量协议、链路状态协议和路径向量协议三种类型。此外,还有具有多种算法特点的混合型路由选择协议。典型的距离向量路由协议有路由信息协议(Routing Information Protocol,RIP)、内部网关路由选择协议(Interior Gateway Routing Protocol,IGRP)等;典型的链路状态路由选择协议有开放最短路径优先(Open Shortest Path First,OSPF)协议、中间系统到中间系统路由选择协议(Intermediate System to Intermediate System Routing Protocol,IS-IS)等;典型的路径向量路由选择协议有边界网关协议(Border Gateway Protocol,BGP)。Cisco 专有的增强型内部网关路由选择协议(Enhanced Interior Gateway Protocol,EIGP)是兼具距离向量和链路状态算法特点的混合型路由协议。在上述协议中,除 BGP 是一种外部网关协议外,其他协议都是内部网关协议。

5.2　RIP 协议分析

选路信息协议(Routing Information Protocol,RIP)是一种广泛使用的内部网关协议。它是一种分布式基于距离向量的路由选择协议,其最大的优点就是简单,适用于小型互联网。最初的 RIP 标准是 RFC 1058,称为 RIP1。RFC 2453 对 RIP1 进行了改进,以支持 CIDR 类型地址,且提供简单的鉴别及组播发送等功能,称为 RIP2。RFC 2080 定义了 RIPng 协议,使得 RIP 协议也能应用到 IPv6 网络中。

5.2.1　RIP 基本工作原理

在 RIP 协议中,每个路由器都维护一张路由表,其中存储了从该路由器到自治系统网络的路由及其距离等。路由用路径上的第一跳路由器的地址表示;距离(Metric)度量了该路径的代价,通常用分组从该路由器到达目的地址要经过的转发次数(跳数)表示。初始时,路由表中只有与路由器直接连接网络的路由项,到直连网络的距离定义为 1。在 RIP 协议中,用距离 16 表示无穷大(Infinity),即网络不可达。因而,RIP 协议只适用于直径不超过 15 的小型互联网。

RIP 协议规定,相邻路由器之间要周期性地交换各自的路由表,这个周期是 30s。通过同一个网络连接的路由器称为相邻路由器。为了避免大量路由器同时发送路由表而造成网络拥塞,这个周期性不是严格的,路由器在每次发送自己的路由表之前会附加一段随机延迟的时间(0～5s)。

接收到邻居发送的路由表后,路由器采用距离向量算法更新自己的路由表(距离向量算法见 5.2.2 节)。在下一个发送周期,路由器将更新后的路由表再发送给自己的邻居路由器。这样,路由信息将在整个自治系统中逐渐扩散开来。在网络拓扑结构不变的情况下,经过有限次的邻居路由器交换路由表后,所有的路由器都将获得了到达自治系统中所有网络的最短路由,此时 RIP 路由协议收敛(Convergence)。

然而,在实际环境中,网络或路由器可能会出现故障。由于 RIP 中邻居路由器间周期性地交换路由表,因此当某个网络或路由器发生故障后,通过该网络连接的邻居路由器或该路由器的邻居将无法接收到这些周期性发送的路由信息。邻居路由器可通过这一现象来发现故障。RIP 协议规定,从上一次接收到邻居发送的路由表起,若经过 180s 后还没有接收到新发送的路由表,就假定连接邻居路由器的网络或邻居路由器发生故障。此时路由器立即更新与故障相关的路由表项,并在随后的发送周期中,将新的路由表发送给其他邻居路由器。最终,经过有限次的邻居路由器交换路由表后,路由协议达到新的收敛状态。

RIP 使用 UDP 协议进行路由信息交换。RIP1 和 RIP2 使用 UDP 的 520 端口发送或接收 RIP 报文。该端口也称为 RIP 端口。

RIP 协议也支持主机路由。

5.2.2　距离向量算法

路由器接收到邻居路由器发送的路由表后,采用距离向量算法(Distance-Vector Algorithm)更新自己的路由表。该算法的基本思想如下:

对接收到的路由表中的每一个路由项(到某个目的网络的路由):

(1) 检查其有效性。基本的检查包括目的 IP 地址是否有效(非保留地址)、距离是否有效(0～16)等。若检测失败,则丢弃该路由项。

(2) 计算从自己出发到达该路由项的目的地址的路由及其距离。在 RIP1 中,路由的第一跳地址(即下一跳地址)就是发送该路由项的邻居路由器的地址,可从携带路由表的 IP 分组的源地址获得;在 RIP2 中,路由项中就可能包含有下一跳地址(该地址也是发送路由项的路由器和本路由器的一个邻居)。该路由的距离是路由项中携带的距离值(即从发送路由项的邻居或路由项中指定的下一跳地址到目的网络的距离)再加上接收该路由项的网络的代价。若计算所得的距离值超过 16,就记为 16,表示不可达。RIP 协议通常用跳数度量网络的传输代价,即代价为 1。此外,RIP 协议也允许管理员指定网络的代价。

(3) 更新自己的路由表。规则如下:

- 若原来路由表中不存在到达该目的网络的路由项,则添加该路由项。
- 否则,若新路由(第 2 步中计算所得路由)的下一跳地址与路由表中路由项记录的下一跳地址相同,就用新路由替换路由表中的路由项,而不管哪个路由的距离值更小。
- 否则(新路由的下一跳地址与路由表中路由项记录的下一跳地址不同),若新路由的距离小于路由表中路由项的距离,就用新路由替换路由表中的路由项。
- 否则,丢该路由项。

路由器也要检测邻居路由器是否可达。如果从上一次接收到邻居发送的路由表起,180s 后还没有接收到新发送的路由表,就将该邻居路由器标记为不可达,并将路由表中以该邻居路由器为下一跳地址的所有路由表项置为不可达(距离值置为 16)。

5.2.3 RIP 协议的改进

1. 计数到无穷问题

当网络发生故障时,通过邻居路由器之间周期性的路由表交换,RIP 协议最终也能达到收敛状态。然而,这个收敛速度可能很慢,收敛过程可能存在计数到无穷(Counting to Infinity)的问题。这里通过一个例子来说明该问题。

假定有四个路由器 A、B、C 和 D,它们之间的连接关系如图 5.1 所示,其中 C 和 D 之间网络的代价记为 10,其他网络的代价记为 1。为了表述简单,这里只关注每个路由器的路由表中到达目标网络的路由表项,如表 5.1 所示。

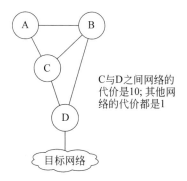

图 5.1　RIP 协议的计数到无穷问题

表 5.1　图 5.1 中各路由器到目标网络的路由

路　由　器	(下一跳,距离)
D	(直接连接,1)
B	(D,2)
C	(B,3)
A	(B,3)

假设某时刻 B 和 D 之间的网络发生了故障,则到达目标网络应通过 C 和 D 之间的网络。相邻路由器之间通过周期性交换路由表能达到这个收敛状态,但收敛过程很慢。每

次交换路由表后的路由器表项变化如表 5.2 所示。

表 5.2　图 5.1 中路由器的路由表项变化

路由器	时　间						
	T0	T1	T2	T3	…	T8	T9
D	（直连,1）	（直连,1）	（直连,1）	（直连,1）	…	（直连,1）	（直连,1）
B	不可达	（C,4）	（C,5）	（C,6）	…	（C,11）	（C,12）
C	（B,3）	（A,4）	（A,5）	（A,6）	…	（A,11）	（D,11）
A	（B,3）	（C,4）	（C,5）	（C,6）	…	（C,11）	（C,12）

在 T0 时刻,路由器 B 通过超时机制发现 B 和 D 之间的网络发生故障,其将自己通过 D 到达目标网络的路由项设置为不可达(Unreachable)。但此时 A 和 C 仍认为可通过 B 到达目标网络。

在 T1 时刻,相邻路由器之间交换路由表,B 接收到 A 和 C 的路由表后,认为可通过 A 或 C 到达目标网络(距离都是 4;实际上不可能,因为通过 A 或 C 到达目标网络又要经过 B,而 B 无法到达目标网络。),表中 B 根据 C 发送的路由项更新了自己到达目标网络的路由项。A 接收到 B 和 C 的路由表后,根据距离向量算法,会选择通过 C 到达目标网络(通过 B 无法到达,通过 C 的距离是 4。)。C 可以接收到 A、B 和 D 发送的路由表,C 会选择通过 A 去往目标网络(通过 B 无法到达目标网络,通过 D 到达目标网络的距离是 11,通过 A 到达目标网络的距离是 4。)。

T2 到 T7 时刻的路由表交换与 T1 时刻类似,在此不再赘述。直到 T8 时刻,路由器 C 才找到正确的去往目标网络的路由(通过 C 和 D 之间的网络)。在下一个交换周期,A 和 B 也找到了正确的路由。

在最坏的情况下,当网络实际不可达时,到达该网络路由的距离要增加到无穷(16),路由才会收敛,此称为计数到无穷问题。因此,RIP 协议中用于表示无穷的距离值不能太大,以便在发生故障情况下路由能尽快收敛。RIP 中采用 16 表示无穷大,这是在网络直径与路由收敛速度之间的一个折中。

RIP 协议采用水平分割技术和触发更新技术来尽量避免此类问题的发生。

2. 水平分割

上述路由收敛慢的原因在于路由器 A 和 C 之间形成了一个循环路由,各自以对方为到达目标网络的下一跳路由器。路由器把从邻居学习到的路由(以邻居路由器为下一跳地址)再发送给邻居就有可能形成循环路由,而且这些路由对邻居的路由发现没有提供任何有意义的信息。简单水平分割(Simple Split Horizon)技术禁止将从邻居学习到的路由再回送给邻居,从而在刚开始形成环路时,双方就不再交换环路路由信息,最终环路路由将在超时机制下被丢弃。这就避免了计数到无穷的问题,加快了路由的收敛。

带毒性逆转的水平分割(Split Horizon with Positioned Reverse)技术允许路由器在发送路由表时包含从邻居学习到的路由,但却将这些路由的距离置为无穷(16)。这样,邻居能立即知道环路路由不可用,而不用等待路由超时后再丢弃。但其缺点是要在路由更新消息中包含无效的路由项,增加了路由交换开销。

3. 触发更新

循环路由也可能存在于多个路由器之间。例如,路由器 A 认为到达某目标网络可通过路由器 B,B 认为可通过路由器 C,而 C 又认为可通过 A。水平分割技术只能避免在两个邻居路由器之间形成环路,在这种情况下不起作用。此时可采用触发更新(Triggered Updates)技术快速发现在多个路由器之间形成的环路路由,而不必等到环路路由的距离增大到无穷时再发现。

触发更新技术规定,在任何时候,当更新了一条路由的距离时,路由器就立即向其邻居发送路由更新消息,而不必等到下一个发送周期时再发送。邻居路由器更新路由表后,若存在改变距离的路由,也立即向它们的邻居发送路由更新消息,从而引起级联(Cascading)的触发更新,使路由变化尽快在网络中扩散开来,加速路由收敛。

在触发更新扩散的过程中,路由器也会进行正常的周期性路由表交换。如果触发更新尚未扩散到的路由器发送了正常的周期性路由消息,那些已经被触发更新影响的路由器有可能会重新采用旧的路由,从而再次建立一个循环路由。因此,触发更新技术并不能完全避免计数到无穷的问题。当触发更新能在极短时间内完成扩散时,形成环路路由的可能性会很低。

5.2.4　RIP2 报文格式

1. RIP2 报文格式

RIP 协议的报文由固定首部和路由表组成,格式如图 5.2 所示,其中:

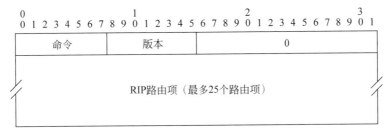

图 5.2　RIP 协议的报文格式

(1) 命令(Command)字段,1 字节,指明了发送该报文的目的。为 1 是请求报文,表明请求报文接收方发送其全部或部分路由表;为 2 是响应报文,表明报文携带有发送方的全部或部分路由表信息。响应报文可以是对请求报文的回应,也可以是发送方周期性的路由表发送(可称为非请求响应)。

(2) 版本(Version)字段,1 字节,RIP 协议版本号,RIP1 设置为 1,RIP2 设置为 2。

(3) 必为 0(Must Be Zero,MBZ)字段,2 字节,必须置为 0。以上 3 个字段组成 RIP 协议的固定首部。

(4) 路由项(RouTe Entry,RTE)字段,20 字节,包含了到达一个目的网络的路由项信息,对应发送方路由表中的一项。每个 RIP 报文中最多可包含 25 个路由项。所有 RIP 协议(RIP1、RIP2 和 RIPng)的固定首部格式都相同,只是路由项格式不同。

RIP2 协议的路由项格式如图 5.3 所示,其中:

(1) 地址族标识符(Address Family Identifier)字段,2 字节,指明解释网络地址时应遵循的协议族。IPv4 协议的地址族标识符定义为 2。

(2) 路由标记(Route Tag)字段,2 字节,是分配给该路由项的一个属性值,主要用于区分内部 RIP 路由(来自自治系统内部)和外部 RIP 路由(来自其他自治系统),例如可用自治系统编号作路由标记。路由器在向邻居通告一个路由时,应当保留该路由的标记不变。

(3) IP 地址(IP Address)字段,4 字节,目的网络的 IPv4 地址。全 0 地址表示默认路由。

(4) 子网掩码(Subnet Mask)字段,4 字节,目的网络的地址掩码。

(5) 下一跳(Next Hop)字段,4 字节,指明报文接收方路由器到达目的网络的下一跳地址。若为 0.0.0.0,表明报文接收方路由器到达目的网络的下一跳的地址就是报文发送方路由器,其地址可从携带 RIP 报文的 IP 分组中获得(源地址)。增加显式的下一跳地址是为了避免额外的分组转发,RFC 2453 的附录(Appendix A)中给出了一个例子。

(6) 距离(Metric)字段,4 字节,指明从报文发送方路由器或下一跳字段地址到达目的网络的路由的距离。

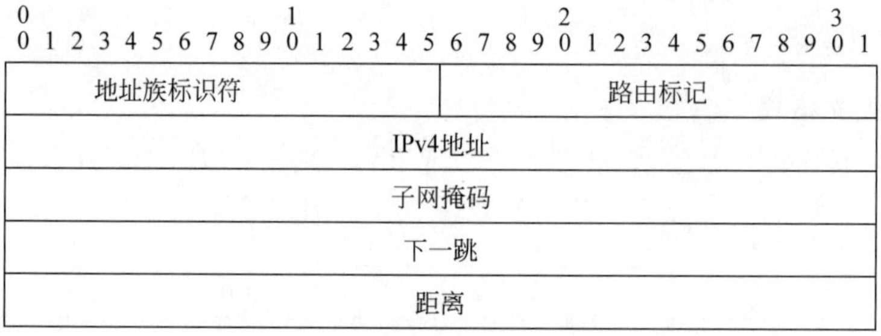

图 5.3 RIP2 协议的路由项格式

2. RIP 请求报文

RIP 路由器除了周期性地向邻居路由器发送自己的路由表外,还可以向邻居路由器显式地请求其全部或部分路由表,这通过向邻居路由器发送 RIP 请求报文(命令字段置为 1)来实现。当一个 RIP 路由器启动时,它可以向其邻居路由器发送 RIP 请求报文,请求邻居把整个路由表发送给自己,以便快速建立起自己的路由表。部分路由表请求主要用于路由监测,此时请求方可以是一台能够发送、接收及处理 RIP 报文的主机(但它不参与 RIP 路由交换)。

在 RIP 请求报文中,若只有一个路由项,且地址族标识符是 0、距离是无穷(16),则表明请求的是整个路由表。报文接收路由器构造一个 RIP 响应报文,在其中逐项填入自己路由表中的有效路由,发送给请求方。若路由数量超过一个 RIP 报文能携带的路由项数,就再构造新的 RIP 响应报文并发送。

在部分路由表请求报文中,路由项列出了所请求的路由。报文接收方在自己的路由表中逐项查找相应路由项,若存在,就填入其距离字段,否则,在距离字段填入 16。最后把报文命令字段置为 2(生成响应报文),并发送给请求方。

请求报文的接收方路由器对全部路由表请求和部分路由表请求的处理也不同。全部路由请求主要用于快速建立请求方路由器的路由表,必须应用水平分割技术;而部分路由表请求主要用于路由诊断,此时需要获得路由项的确切信息,不能改变或隐藏路由项信息,因而不能应用水平分割技术。

发送部分路由表请求报文时,请求方可不使用 RIP 端口,将请求报文直接发送给特定路由器的 RIP 端口。请求报文接收路由器则相应地将生成的响应报文直接发送给请求方的非 RIP 端口。

3. 鉴别报文

RIP2 中路由器可以对每个接收的 RIP 报文进行鉴别(Authentication)。鉴别信息占用第一个路由项的 20 字节(这意味着若携带鉴别信息,一个 RIP2 报文最多能携带 24 个路由项)。采用鉴别机制时,将第一个路由项的地址族标识符字段设置为 0xFFFF,路由标记字段则被重新命名为鉴别类型(Authentication Type),用于区分鉴别机制的类型。RFC 2453 只定义了一种简单的密码鉴别,其鉴别类型是 2。路由项中剩余的 16 字节包含了鉴别用的明文密码(若密码不足 16 字节,则靠左对齐并补 0)。

4. 报文组播发送

RIP1 中路由器用广播(Broadcast)方式向邻居路由器发送 RIP 报文。为了减少对不参与 RIP 协议主机的影响,RIP2 协议支持路由器以组播(Multicast)方式向邻居路由器发送 RIP 报文,使用的组播地址为 224.0.0.9。需要注意的是,由于 RIP 协议只在相邻路由器之间交换报文,因而这里的组播不需要组播管理协议(IGMP)的支持。RIP2 中是否采用组播是可配置的。

5.2.5 RIP2 协议分析

1. 相关命令

(1)启用 RIP

```
Router(config)#router rip
```

执行上述命令将进入 RIP 协议配置模式,可配置 RIP 协议的参数。要停止 RIP 路由协议并清除所有 RIP 配置,可在全局配置模式下使用"no router rip"命令。

(2)指定 RIP 协议版本

```
Router (config-router)#version [1|2]
```

在 RIP 协议配置模式下执行上述命令,指定 RIP 协议的版本。在默认情况下,Cisco路由器可以接收 RIPv1 和 RIPv2 的路由信息,但只发送 RIPv1 的路由信息。

(3)指定直连网络

```
Router (config-router)#network address
```

在 RIP 协议配置模式执行上述命令,向 RIP 协议添加路由器的直连网络信息,参数address 是本路由器直连网络的网络地址。在路由交换过程中,路由器会向其邻居通告配置的直连网络。执行该命令后,路由器将在指定网络的接口上启用 RIP 路由协议,相关接口随即开始发送和接收路由更新报文。

(4) 指定被动接口

```
Router (config-router)#passive-interface interface
```

如果路由器某个接口所连接的网络上没有其他运行 RIP 协议的路由器,路由器就没有必要从这个接口发送 RIP 路由信息。在 RIP 协议配置模式下执行上述命令可禁止路由器从指定接口发送路由信息,参数 interface 是要禁止发送路由信息的接口。注意,虽然路由器不再从该接口发送路由信息,但该接口所连接的网络仍会被路由器通知给相邻的路由器。我们将这类接口称为被动接口。

2. 网络拓扑及配置

在 GNS3 中搭建如图 5.4 所示的网络,并按图 5.4 中所示关系连接路由器和主机接口。新建一个 GNS3 工程 rip2,并保存该网络拓扑。

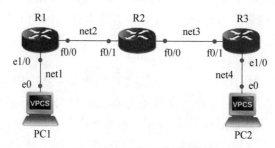

图 5.4 RIP 协议分析的网络拓扑

右击路由器 R1,选择控制台(Console)命令,打开 R1 的控制台窗口,执行下列命令,配置路由器的接口地址及路由协议并保存:

```
 1:  R1#config t
 2:  R1(config)#interface e1/0
 3:  R1(config-if)#ip address 192.168.1.1 255.255.255.0
 4:  R1(config-if)#no shutdown
 5:  R1(config-if)#exit
 6:  R1(config)#interface f0/0
 7:  R1(config-if)#ip address 192.168.2.1 255.255.255.0
 8:  R1(config-if)#no shutdown
 9:  R1(config-if)#exit
10:  R1(config)#router rip
11:  R1(config-router)#version 2
12:  R1(config-router)#network 192.168.1.0
13:  R1(config-router)#network 192.168.2.0
14:  R1(config-router)#passive-interface e1/0
15:  R1(config-router)#end
16:  R1#write
```

参照上述过程,配置路由器 R2 和 R3 的接口地址及路由协议,参数见表 5.3。注意设置 R1 的 e1/0 接口和 R3 的 e1/0 接口为被动接口。

打开 PC1 控制台窗口,执行下列命令,配置其接口地址、默认网关并保存:

```
1:    PC1> ip 192.168.1.100/24 192.168.1.1
Checking for duplicate address...
PC1 : 192.168.1.100 255.255.255.0 gateway 192.168.1.1
2:    PC1> save
```

在 PC2 的控制台窗口中,执行类似命令配置接口地址和默认网关,参数如表 5.3 所示。

表 5.3　RIP 协议分析的网络配置参数

设　　备	接　　口	IP　地　址	地　址　掩　码	默　认　网　关
R1	f0/0	192.168.2.1	255.255.255.0	—
	e1/0	192.168.1.1	255.255.255.0	—
R2	f0/0	192.168.3.1	255.255.255.0	—
	f0/1	192.168.2.2	255.255.255.0	—
R3	f0/1	192.168.3.2	255.255.255.0	—
	e1/0	192.168.4.1	255.255.255.0	—
PC1	e0	192.168.1.100	255.255.255.0	192.168.1.1
PC2	e0	192.168.4.100	255.255.255.0	192.168.4.1

3. RIP2 协议分析

在实验中,我们在 R1 和 R2 之间的网络上捕获 RIP2 分组,分析 RIP2 协议的工作过程。在 R1 和 R2 之间的链路上单击右键,选择开始捕获(Start capture)命令,指定在 R1 的 f0/0 接口或 R2 的 f0/1 接口进行分组捕获。

打开捕获的分组文件,输入显示过滤器"rip.version==2",Wireshark 分组列表窗口显示如图 5.5 所示。

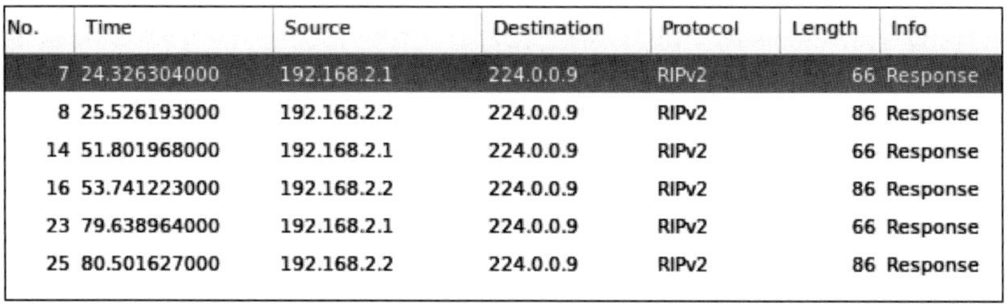

No.	Time	Source	Destination	Protocol	Length	Info
7	24.326304000	192.168.2.1	224.0.0.9	RIPv2	66	Response
8	25.526193000	192.168.2.2	224.0.0.9	RIPv2	86	Response
14	51.801968000	192.168.2.1	224.0.0.9	RIPv2	66	Response
16	53.741223000	192.168.2.2	224.0.0.9	RIPv2	86	Response
23	79.638964000	192.168.2.1	224.0.0.9	RIPv2	66	Response
25	80.501627000	192.168.2.2	224.0.0.9	RIPv2	86	Response

图 5.5　RIP2 分组的周期性交换

观察分组列表窗口中分组的捕获(发送)时间,可以发现 R2(192.168.2.2)和 R1(192.168.2.1)以约 30s 的间隔向组播地址 224.0.0.9 发送 RIPv2 报文。选择一个 R2 发送的分组,在分组首部详细信息窗口查看其分组首部字段值。可看到 RIP 分组封装在

UDP 分组中进行传输，源、目 UDP 端口均为 520；RIP 报文携带的路由项只有到网络 3(192.168.3.0)和网络 4(192.168.4.0)的两项路由，表明 RIP2 协议采用了水平分割技术，即 R2 不会将从 R1 学习到的路由项再发送给 R1。查看 R1 发送的报文，类似地，其携带的路由项只有到网络 1(192.168.1.0)一项。

重新启动在 R1 和 R2 之间链路上的分组捕获，并关闭 R1 的 e1/0 接口(即网络 1 不可达)。打开捕获的分组文件，输入显示过滤器"rip.version＝＝2"，Wireshark 分组列表窗口显示如图 5.6 所示。可以发现，当网络发生故障后，R1 立即发送一个 RIPv2 报文，通知邻居路由器网络 1(192.168.1.0)不可达(距离值为 16)。虽然 R2 从 R1 学习到该路由项，但 R2 也立即向 R1 发送报文，通知网络 1 不可达，即 RIPv2 协议采用了毒性逆转技术。在 Cisco 的 RIP 协议实现中，此后若干次双方仍交换这个网络不可达路由项，直到路由项从路由表中删除。在实验中，由于 R1 的路由表中已经没有除从 R2 学习的路由项，因此 R1 不再发送 RIP 报文。

No.	Time	Source	Destination	Protocol	Length	Info
5	7.744355000	192.168.2.2	224.0.0.9	RIPv2	86	Response
7	12.670252000	192.168.2.1	224.0.0.9	RIPv2	66	Response
10	26.380018000	192.168.2.1	224.0.0.9	RIPv2	66	Response
12	28.414009000	192.168.2.2	224.0.0.9	RIPv2	66	Response
14	33.860761000	192.168.2.2	224.0.0.9	RIPv2	106	Response
17	40.508798000	192.168.2.1	224.0.0.9	RIPv2	66	Response
24	63.622809000	192.168.2.2	224.0.0.9	RIPv2	106	Response
27	69.349919000	192.168.2.1	224.0.0.9	RIPv2	66	Response
33	89.182092000	192.168.2.2	224.0.0.9	RIPv2	106	Response
39	116.842984000	192.168.2.2	224.0.0.9	RIPv2	86	Response
48	146.283800000	192.168.2.2	224.0.0.9	RIPv2	86	Response
55	173.387385000	192.168.2.2	224.0.0.9	RIPv2	86	Response

图 5.6   RIP 分组更新触发

5.3   OSPF 协议分析

开放最短路径优先(Open Shortest Path First, OSPF)协议是一种基于链路状态选路算法的路由协议，支持在多条相同代价路径之间的负载均衡，支持路由信息交换的鉴别，可用作大型自治系统的内部路由协议。RFC 2328 定义了第 2 版本的 OSPF 协议，称为 OSPF2。RFC 5340 对 OSPF2 进行了改进，增加了对 IPv6 协议的支持，称为 OSPF3。

5.3.1   链路状态选路算法

链路状态选路(Link State Routing)算法的基本思想是：将互联网络抽象成一个加权图(Weighted Graph)，其中路由器作为节点，连接路由器的网络作为边，网络的传输代价作为边的权重。参与链路状态选路协议的路由器监测并维护到邻居路由器网络(链路)的状态，并将这些链路状态信息发送给网络中的其他路由器。这样每个路由器都能根据其他路由器发送的链路状态信息构造出当前的完整网络拓扑图(称为链路状态数据库)，然后在拓扑图上用迪杰斯特拉(Dijkstra)算法计算从自己出发到任一网络的最短路由,从而建立起自己的路由表。特别需要注意的是,链路状态选路算法要求所有路由器的链路状态数据库都保持同步(即链路状态数据库完全相同)。

链路状态选路算法能够发现到达一个目的地址的多条等代价路由,因而可支持在多条路由之间进行流量的负载均衡。

OSPF 协议是一种基于链路状态选路算法的内部网关路由协议。

5.3.2　OSPF 协议工作原理

1. 区域及路由

OSPF 协议支持将一个自治系统划分为若干个区域(Area),以支持大规模网络上的选路。一个区域包括一组网络(以及连接到网络上的主机)和连接到任一网络的路由器的接口。每个区域运行一个独立的链路状态选路算法。区域内部的网络拓扑结构在区域外不可见,区域内部的路由器也不知道区域以外网络(其他区域)的拓扑结构细节。

每个区域有一个 32 位的编号,可用类似于 IP 地址的点分十进制法表示,也可用一个十进制数表示。区域 0.0.0.0 是一个特殊的区域,称为 OSPF 主干区域(Backbone Area),其他区域称为非主干区域(Non-Backbone Area)。主干区域和非主干区域通常采用星状结构连接,主干区域作为中心节点(Hub),非主干区域是边缘节点(Spoke)。主干区域连通了非主干区域,为非主干区域提供传输服务,因此主干区域有时也被称为穿越区域(Transit Area)。所有的非主干区域都要连接到主干区域。与主干区域间只有一条连接的非主干区域也称为末端区域(Stub Area)。图 5.7 是一个划分了区域的自治系统的拓扑结构示意图。

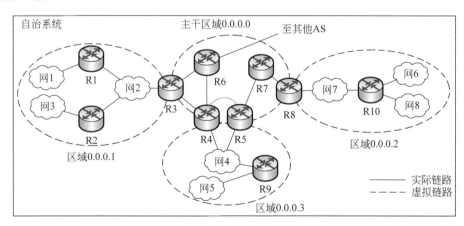

图 5.7　AS 划分成多个区域

自治系统被划分成区域之后,路由器根据其作用也被划分为 4 种类型(一个路由器可以同时属于多种类型):

(1) 内部路由器(Internal Routers),该类型路由器所连接的网络都属于同一区域,运行一个基本的链路状态选路协议。图 5.7 中的 R1、R2、R7、R9 和 R10 都是内部路由器。

(2) 区域边界路由器(Area Border Router),该类型路由器通常连接到多个区域,且必须连接到主干区域(因而所有区域边界路由器都在主干区域中),为每个连接的区域分别运行一个基本的链路状态选路协议。每个区域边界路由器汇总(Summarize)自己所连接的非主干区域的路由信息,并注入主干区域中。由于其他非主干区域的边界路由器也在主干区域中,它们也将获得该非主干区域内部的(汇总)路由信息。这些区域边界路由器再将获得的非主干区域路由信息注入自己连接的非主干区域中。区域边界路由器也会将主干区域的路由信息汇总后注入自己所连接的非主干区域中。图 5.7 中的 R3、R4、R5和 R8 都是区域边界路由器。

(3) 主干路由器(Backbone Routers),指主干区域中的路由器。图 5.7 中的 R3、R4、R5、R6、R7 和 R8 都是主干路由器。注意,区域边界路由器都是主干路由器,但主干路由器并不一定是区域边界路由器。

(4) AS 边界路由器(AS Boundary Router),指自治系统中用于与其他自治系统交换路由信息的路由器。该类型路由器向 AS 中注入外部网络的路由信息。AS 边界路由器可以是内部路由器,也可以是区域边界路由器,甚至可以不位于主干区域中。图 5.7 中的 R6 是一个 AS 边界路由器。

划分区域之后,自治系统内的路由就分成了两个层次:若源、目的主机在同一个区域内,就使用区域内路由(Intra-Area Routing),否则就使用区域间路由(Inter-Area Routing)。区域内路由仅用从区域内部获得路由信息就可完成。区域间路由的传输路径分为三部分:从源主机到其所在区域的区域边界路由器(用区域内部路由);从连接源主机所在非主干区域的区域边界路由器到连接目的主机所在非主干区域的区域边界路由器(用主干区域的内部路由);从目的主机所在区域的区域边界路由器到目的主机(用区域内部路由)。

OSPF 是基于链路状态选路算法的路由协议,计算路由时需要给每条链路指定一种代价。实际上,OSPF 协议可以为自治系统内的每条链路指定多种代价(对应不同的服务类型)。当 AS 边界路由器向自治系统内注入外部路由时,也需要给外部路由指定代价。OSPF 支持两种类型的外部路由代价:

(1) 类型 1 代价,其度量单位与自治系统内的链路代价相同;

(2) 类型 2 代价,其代价比任何自治系统内的链路代价都大。

这两种类型的代价可同时存在,类型 1 代价优先。当采用类型 2 代价时,若有多条外部路由,OSPF 路由器首先选择代价小的路由;如果这些外部路由的类型 2 代价相同,OSPF 路由器再计算从源到 AS 边界路由器的内部路径代价,选择内部路径代价最小的路由。外部路由可能来自其他路由协议(如 BGP)或手工配置。自治系统的默认路由也可以作为外部路由。

OSPF 协议也可以不划分区域,即所有路由器都位于区域 0 中。

2. 虚拟链路

主干区域连通了所有非主干区域,为非主干区域提供传输服务,因此主干区域必须是连续的(Contiguous),即所有区域边界路由器都能通过主干区域到达其他区域边界路由器。

如果主干区域不满足连续性条件,可通过配置虚拟链路(Virtual Link)使主干区域变成连续的。具体而言,如果主干区域中不连续的两部分网络各有一个路由器连接到一个共同的非主干区域,就在这两个主干路由器上进行虚拟链路设置,利用它们在共同非主干区域中的路由建立一条主干区域的虚拟连接。例如,图 5.7 中自治系统的主干区域分为两个不直接连通的部分(R3、R4 和 R6 相连通,R5、R7 和 R8 相连通),其中 R4 和 R5 都连接到非主干区域 0.0.0.3。在这种情况下,可借助区域 0.0.0.3 中的路径在 R4 和 R5 之间建立一条虚拟链路,从而使主干区域变成连续的。

虚拟链路是主干区域拓扑的一部分,为主干区域提供传输服务。主干区域将一条虚拟链路看作一个(非编号的)点到点链路,其代价就是非主干区域中连接虚拟链路两端路由器的路由代价。

3. OSPF 链路状态数据库

OSPF 协议支持 5 种类型的网络:点到点网络(Point-To-Point)、广播网络(Broadcast)、非广播多址接入网络(Non-Broadcast Multi-Access,NBMA)、点到多点网络(Point-To-Multipoint)以及虚拟链路(Virtual Link)。OSPF 协议在 NBMA 网络上模拟广播网络上的行为,但由于网络不支持广播操作,组播发送的报文要依次发送给组播组内的每个节点。OSPF 协议把点到多点网络看作一组点到点网络的集合。

OSPF 协议在一个区域内把网络抽象成一个有向加权图(Directed Weighted Graph),即其链路状态数据库。路由器当作一个节点,点到点网络(点到多点网络当作一组点到点网络)以及虚拟链路当作两条有向边,其代价相同,都是通过网络进行传输的代价。但 OSPF 把广播网络和 NBMA 网络都抽象成了一个伪节点(Pseudo Node),连接到网络的路由器都连接到伪节点上,从路由器到网络伪节点的代价是通过网络进行传输的代价,但从伪节点到路由器的代价则记为 0。外部网络连接到区域边界路由器并指定其到区域边界路由器的路由代价。OSPF 协议在这样一个有向加权图上计算一个以自己为根(Root)的最短路径树,并据此建立自己的路由表。

4. OSPF 基本工作原理

(1)工作过程

OSPF 协议定义了 5 种类型的报文,如表 5.4 所示。OSPF 路由器通过发送这些报文实现路由信息的交换,简要描述如下:

- OSPF 路由器通过 HELLO 协议(定期向邻居路由器(Neighbor Router)发送 HELLO 报文)发现邻居并维持与邻居的链路连接状态。
- OSPF 路由器定期与邻接路由器(Adjacent Router)交换各自的链路状态数据库摘要信息,这通过发送一组数据库描述报文来实现。
- 若路由器发现邻接路由器的某些链路状态比自己数据库中的链路状态更新,就会向对方发

表 5.4 OSPF 报文类型

类型	名 称
1	HELLO 报文
2	数据库描述报文
3	链路状态请求报文
4	链路状态更新报文
5	链路状态确认报文

送链路状态请求报文,请求对方把这些链路的新状态发送给自己。邻接路由器收到链路状态请求报文后,用链路状态更新报文进行响应,其包含有所请求链路的具体状态信息。通过这些报文交换,邻接路由器的链路状态数据库就会达到

同步。

- 当 OSPF 路由器发现与邻居路由器连接的链路的状态发生改变时,采用洪泛(Flooding)机制在 OSPF 路由域中发送链路状态更新报文,以迅速扩散新的链路状态信息。
- OSPF 路由器发送链路状态确认报文对接收到的链路状态更新报文进行确认,以实现可靠的报文发送。

OSPF 协议直接使用 IP 分组发送报文,其协议号是 89。在广播网络上,OSPF 尽可能采用组播方式发送报文。

(2) HELLO 协议

OSPF 协议中,HELLO 协议用于路由器发现邻居(Neighbor)并维护与邻居的链路状态。此外,HELLO 协议还用于广播网络或非广播多址接入网络的指定路由器选举。

① 指定路由器选举

在广播网络或非广播多址接入网络上,可能有多个路由器,这些路由器都清楚该网络的链路状态(网络上连接了哪些路由器)。如果每个路由器都将网络的链路状态发送给其他路由器,就会产生很多重复的发送。OSPF 协议规定,在广播网络或非广播多址接入网络上,通过 HELLO 协议选举一个指定路由器(Designated Router,DR)和一个备份指定路由器(Backup Designated Router,BDR),只有指定路由器才能代表该网络发送网络的链路状态给其他路由器。指定路由器发生故障后,备份指定路由器就变为指定路由器。

路由器发送的 HELLO 报文中包含有路由器的优先级。当路由器连接到广播网络或非广播多址接入网络上的接口启动时,路由器首先检查该网络上是否已经存在一个指定路由器,如果存在就接受该路由器作为网络的指定路由器。否则,如果自己的优先级最高,自己就成为该网络的指定路由器(若两个路由器的优先级相同,则路由器标识符更大的路由器成为指定路由器。),而优先级次高的路由器成为备份指定路由器(同样,若两个路由器的优先级相同,则路由器标识符更大的路由器成为备份指定路由器。)。

指定路由器和备份指定路由器要能接收发往所有指定路由器组播组地址(224.0.0.6)的 OSPF 报文。

② 邻居发现及链路状态维护

OSPF 路由器定期向所有邻居路由器发送 HELLO 报文。HELLO 报文中包含有网络的指定路由器、备份指定路由器以及最近一段时间发送过 HELLO 报文(被自己接收到)的路由器的列表。HELLO 报文的目的地址总是所有 OSPF 路由器组播组地址(224.0.0.5)。

HELLO 协议在不同类型网络上的工作过程不同:

- 在点到点网络、虚拟网络上,路由器向其邻居发送 HELLO 报文;
- 在点到多点网络上,路由器向能够直接通信的所有邻居发送 HELLO 报文;
- 在广播网络上,每个路由器定期组播发送 HELLO 报文;
- 在非广播多址接入网络(NBMA)上,需要进行配置,使 HELLO 协议能正常工作。

每个希望成为指定路由器的路由器都被配置为了解网络上的其他此类路由器。该路由器在其连接 NBMA 的接口启动时,就向其他的此类路由器发送 HELLO 报文,以选举网络的指定路由器。选举完成后,由指定路由器向其他路由器发送 HELLO 报文。

如果一个路由器在其邻居发送的 HELLO 报文中发现了自己的路由器标识符,就表明这两个邻居路由器之间建立了双向的通信链路。

在选举指定路由器(广播网络或 NBMA 网络上)以及确保邻居路由器之间的双向通信后,需要确定是否要在邻居路由器之间建立邻接关系(Adjacency)。邻接关系代表了网络链路状态交换的路径,OSPF 协议只在建立了邻接关系的邻居路由器之间交换链路状态。建立虚拟链路的两个路由器之间也建立了一种邻接关系,称为虚拟邻接(Virtual Adjacency)。并非所有的邻居路由器之间都要建立邻接关系,例如广播网络或非广播多址接入网络上,指定路由器、备份指定路由器与网络上的其他路由器之间有邻接关系,但其他路由器之间并不需要邻接关系。注意,HELLO 报文在所有邻居路由器间发送,而其他类型的报文只在邻接路由器间发送。

建立邻接关系时,首先要同步邻接路由器的链路状态数据库。

(3) 链路状态数据库同步

OSPF 路由器定期与邻接路由器交换各自的链路状态数据库摘要信息,即数据库中有哪些链路的状态信息。OSPF 路由器用一组数据库描述报文描述自己的链路状态数据库摘要,并发送给邻接路由器。每个数据库描述报文包含了一组链路状态通告(Link State Advertisement,LSA)的首部。发送和接收数据库描述报文的过程称为"数据库交换过程"(Database Exchange Process)。在这个过程中,两个路由器之间要建立一种主(Master)、从(Slaver)关系。通常以路由器标识符较大的路由器作为主方。

每个链路状态通告(LSA)都描述了网络的一部分链路状态。OSPF 定义了以下 LSA:

- 路由器链路状态通告(Router-LSA);
- 网络链路状态通告(Network-LSA);
- 摘要链路状态通告(Summary-LSA),根据目的地址不同分为两种类型,即到网络的摘要链路状态通告和到 AS 边界路由器的摘要链路状态通告;
- 自治系统外部链路状态通告(AS-External-LSA)。

路由器 LSA 和网络 LSA 用于描述一个区域中的路由器和网络是如何连接的,分别由路由器和指定路由器生成;摘要链路状态通告用于描述跨区域的路由,由区域边界路由器生成;AS 外部 LSA 用于在整个自治系统中通告从其他自治系统获得的路由信息,由 AS 边界路由器生成。除 AS 外部 LSA 外,其他类型 LSA 都属于某个特定区域(即其生成路由器所属的区域)。

在数据库交换过程中,当路由器发现邻接路由器的一些链路的状态比自己数据库中的链路状态更新时,就向邻接路由器发送链路状态请求报文,请求对方将其更新的链路状态发送给自己。邻接路由器则发送链路状态更新报文进行响应,报文中包含了所请求的链路状态通告。当两个路由器的链路状态数据库达到同步状态后,这两个路由器之间就建立了完全邻接关系(Fully Adjacent)。

建立 OSPF 完全邻接关系的过程中路由器会经过以下状态:

- 失效状态(Down):这是邻居会话的初始状态,表示最近没有从邻居那收到消息。

在 NBMA 网络上,可能仍然会以比较低的频率向处于失效状态的邻居发送 HELLO 报文。

- 尝试状态(Attempt):该状态仅仅适用于连接在 NBMA 网络上的邻居。该状态表示最近没有从邻居收到信息,但仍需要作进一步的尝试来联系邻居。这时按某一特定间隔向邻居发送 HELLO 报文。
- 初始状态(Init):在此状态下,表示最近收到了从邻居发来的 HELLO 报文。但是,仍然没有和邻居建立双向通信(Bidirectional Communication),例如,路由器自身并没有出现在邻居发送的 HELLO 报文中。
- 双向通信状态(2-Way):此状态意味着两台路由器之间建立了双向通信。在此状态下,还将进行 DR 和 BDR 选举(只有处于 2-Way 状态的路由器才有资格参加 DR 和 BDR 选举)。
- 信息交换初始状态(Ex-Start):这个状态是建立邻接关系的第一步。该状态的目标是决定信息交换时路由器的主从关系,并确定初始数据库描述报文的序列号。具有最高路由器 ID 的路由器将成为主路由器。
- 信息交换状态(Exchange):在此状态下的路由器通过向邻居发送数据库描述报文来描述自己的完整的链路状态数据库。每个数据库描述报文都有一个序列号,需要被显式地确认。在任何时候,每次只能发送一个数据库描述报文。在此状态下,路由器也可以发送链路状态请求报文,用来向邻居请求其最新的链路状态通告。
- 信息加载状态(Loading):在此状态下,路由器将会向邻居路由器发送链路状态请求报文,用来请求信息交换过程中发现的更新的链路状态通告。
- 完全邻居状态(Full):在此状态下,邻居路由器之间形成完全邻接关系。邻接关系将会在路由器 LSA 和网络 LSA 中被描述。

(4) 洪泛

OSPF 协议定义了一种可靠的洪泛(Reliable Flooding)机制,用于在 OSPF 路由域中快速扩散链路状态通告。

当路由器接收到链路状态更新报文时,逐个检查其中的链路状态通告(LSA)。如果某个 LSA 的状态比自己数据库中相应的链路状态更新(包括数据库中不存在该链路状态时),路由器就用 LSA 中的链路状态更新自己的数据库。同时,路由器还必须在它的某些接口上继续发送这个 LSA,这种机制称为洪泛(Flooding)。需要注意的是,路由器并不是在这些接口上发送接收到的链路状态更新报文,而是发送根据自己的数据库生成的新的链路状态更新报文,其中包含数据库中某些发生了变化的链路状态的 LSA。因此,链路状态更新报文只是把 LSA 向前传递了一跳。

在哪些接口上进行洪泛取决于 LSA 的类型。AS-外部 LSA 在除末端区域外的整个 AS 中洪泛,洪泛接口是除末端区域接口和虚拟链路接口外的所有接口。不包含虚拟链路接口是因为虚拟链路两端的路由器在其所属非主干区域(非末端区域)的洪泛中已经获得了 AS-外部 LSA。所有其他类型 LSA 都在其所属的特定区域中进行洪泛,洪泛接口是连接到该区域的所有接口(如果是骨干区域,还要包括所有的虚拟链路接口)。

链路状态选路算法要求所有参与路由器的链路状态数据库完全一致,这就要求保证 LSA 的洪泛是可靠的。在 OSPF 协议中,路由器要对每个接收到的 LSA 进行确认(注意不是对每个接收到的链路状态更新报文进行确认,而是对链路状态更新报文中包含的每个 LSA 进行确认。)。路由器可以通过发送链路状态确认报文进行显式地确认,也可以通过发送链路状态更新报文隐式地予以确认。一个确认报文可以对多个 LSA 进行确认。确认报文从接收链路状态更新报文的接口直接发送给特定的邻接路由器。

路由器还可以延迟一段时间再发送确认报文,这样可以把多个 LSA 确认封装在一个链路状态确认报文中,还可以通过组播方式同时向多个邻接路由器发送确认报文。延迟发送也使得同一个网络上路由器的确认报文发送随机化,从而减小了冲突的概率。但当路由器接收到重复的 LSA 时,需要立即向发送方直接发送确认。

5.3.3　OSPF2 协议报文格式

1. OSPF 报文首部

每个 OSPF 报文都有一个固定的首部,其格式如图 5.8 所示,其中:

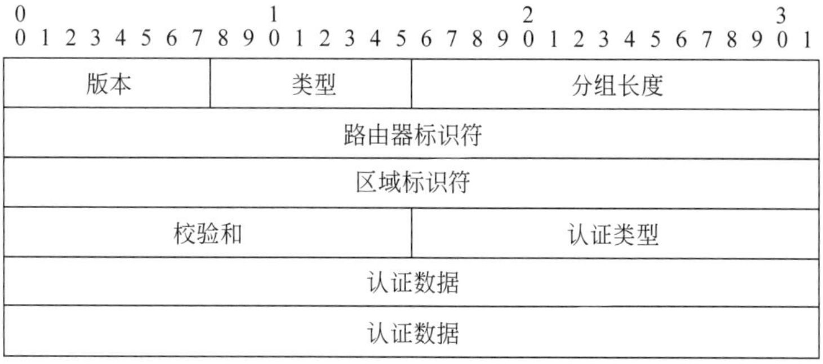

图 5.8　OSPF 报文首部格式

(1) 版本(Version)字段,1 字节,OSPF 协议的版本号,OSPF2 设置为 2。

(2) 类型(Type)字段,1 字节,指明报文的类型。OSPF 报文类型见表 5.4。

(3) 分组长度(Packet Length)字段,2 字节,指明整个 OSPF 报文(包括首部)的长度,以字节为单位。

(4) 路由器 ID(Router ID)字段,4 字节,指明报文发送方路由器的标识符。每个运行 OSPF 协议的路由器都有一个 32 位的标识符,在自治系统中唯一标识该路由器。

(5) 区域 ID(Area ID)字段,4 字节,指明 OSPF 报文所属区域的标识符。OSPF 报文只在某个特定的区域中发送。

(6) 校验和(Checksum)字段,2 字节,整个 OSPF 报文的校验值(除 8 字节的鉴别字段外),计算方法与 IP 首部校验和相同。若报文长度不是 2 字节的整数倍,则计算校验和时要在报文末填充 1 字节 0(但不传输该填充字节)。

(7) 认证类型(Authentication Type)字段,2 字节,指定使用的认证机制。0,不进行认证;1,简单的密码认证;2,加密认证(例如采用 MD5 算法);其他,保留。OSPF 协议的认证可基于接口进行,即可为每个路由器接口独立配置认证机制。

(8) 认证(Authentication)字段,8 字节,包含认证用数据。

2. 链路状态通告

(1) 链路状态通告首部

每个链路状态通告(LSA)都包含一个 20 字节的首部,其格式如图 5.9 所示,其中:

- 链路状态年龄(LS Age)字段,2 字节,从 LSA 生成开始经过的时间,以秒为单位。
- 选项(Options)字段,1 字节,用于 OSPF 路由器之间交换各自的能力等级。这样不同能力的路由器可以共存于一个 OSPF 路由域中(HELLO 报文、链路状态数据库描述报文中也包含有这个字段)。
- 链路状态类型(LS Type)字段,1 字节,指明 LSA 的类型,见表 5.5。每种 LSA 都有各自的格式。

```
 0                   1                   2                   3
 0 1 2 3 4 5 6 7 8 9 0 1 2 3 4 5 6 7 8 9 0 1 2 3 4 5 6 7 8 9 0 1
```

链路状态年龄	选项	链路状态类型
链路状态标识符		
通告路由器		
链路状态序列号		
链路状态校验和	长度	

图 5.9 LSA 首部格式

表 5.5 链路状态类型

链路状态类型	名 称	备 注
1	路由器链路状态通告 (Router-LSA)	由路由器生成,描述路由器每个接口的链路
2	网络链路状态通告 (Network-LSA)	由指定路由器生成,描述网络上的所有路由器
3	网络的摘要链路状态通告 (Network Summary-LSA)	由区域边界路由器生成,描述区域间路由(目的地址是网络)
4	AS 边界路由器的摘要链路状态通告 (AS Border Router Summary-LSA)	由区域边界路由器生成,描述区域间路由(目的地址是 AS 边界路由器)
5	到 AS 外部的链路状态通告 (AS-External-LSA)	由 AS 边界路由器生成,描述到 AS 外部网络的路由或 AS 的默认路由

- 链路状态标识符(Link State ID)字段,4 字节,用于区分 LSA 描述的不同网络环境,具体内容依赖于 LSA 的类型,见表 5.6。
- 通告路由器(Advertising Router)字段,4 字节,生成 LSA 的路由器的标识符。一个 LSA 由链路状态类型、链路状态 ID 和通告路由器三个字段共同标识,与其他 LSA 相区分。
- 链路状态序列号(LS Sequence Number)字段,4 字节,用于检测旧的或重复的链路状态通告。一个 LSA 在 OSPF 路由域中可以同时有多个实例(Instance),相继生成的实例序号是连续的。序号越大,表明 LSA 越新。

- 链路状态校验和(LS Checksum)字段,2 字节,LSA(除链路状态年龄字段外)的 Fletcher 校验和。链路状态序号、链路状态校验和和链路状态年龄三个字段共同用于比较 LSA 实例的新旧。
- 长度(Length)字段,2 字节,指明 LSA(包括首部)的长度,以字节为单位。

表 5.6　链路状态标识符

链路状态类型	链路状态标识符
1	生成 LSA 的路由器的标识符
2	指定路由器的连接网络的接口的 IP 地址
3	目的网络的 IP 地址
4	AS 边界路由器的标识符
5	目的网络的 IP 地址

（2）路由器链路状态通告

区域中的路由器生成路由器链路状态通告(Router-LSA),并在所属的区域中进行洪泛,向区域中的其他路由器通告自己的连接到该区域的每个接口的链路状态。区域边界路由器属于多个区域,针对每个区域生成各自的路由器 LSA,并在相应的区域中进行洪泛。路由器 LSA 首部中的链路状态 ID 是生成该 LSA 的路由器的标识符。

路由器 LSA 的格式如图 5.10 所示,其中:

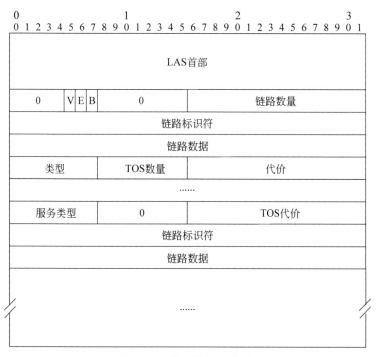

图 5.10　路由器 LSA 格式

- V 标志,即虚拟链路终点(Virtual Link Endpoint)标志。设置为 1 表明本路由器是一个或多个虚拟链路的终点。
- E 标志,即 AS 边界路由器(AS Boundary Router)标志,E 表示外部的(External)。设置为 1 表明本路由器是一个 AS 边界路由器。
- B 标志,即区域边界路由器(Area Border Router)标志。设置为 1 表明本路由器是一个区域边界路由器。
- 链路数量(Number of Links)字段,2 字节,指明该 LSA 描述的链路数量,即路由器连接到所属区域的接口数量。剩余的字段具体描述了这些链路的状态。
- 类型(Type)字段,1 字节,指明一条链路的类型(见表 5.7)。描述该链路的其他字段的值依赖于链路的类型。主机路由被当作连接到一个末端网络的链路(网络掩码为 0xFFFFFFFF)。
- 链路标识符(Link ID)字段,4 字节,指明该链路连接到的对方标识符,用作在链路状态数据库中查找链路的关键字,具体值依赖于链路类型(见表 5.7)。
- 链路数据(Link Data)字段,4 字节,用于构建路由表时计算下一跳地址,具体值依赖于链路类型(见表 5.7)。
- TOS 数量(Number of TOS)字段,1 字节,指明给该链路指定的额外代价(不包括默认的链路代价)的数量。不同代价可对应一种不同类型的服务质量。
- 代价(Metric)字段,2 字节,使用该链路的默认代价。
- 服务类型(TOS)字段,1 字节;TOS 代价(TOS Metric)字段,2 字节。这两个字段共同描述了给该链路指定的一种额外的服务类型及其代价值。为兼容旧的 OSPF2 协议(RFC 1583),可以给链路指定多个(即 TOS 个)额外的服务类型及代价。以上字段(从类型字段开始)描述了一条链路的状态,其余链路重复用上述字段进行描述。

表 5.7　路由器链路类型

类型	含　义	链路标识符字段	链路数据字段
1	连接到其他路由器的点到点链路	邻居路由器的路由器标识符	发送 LSA 的路由器接口的 IP 地址
2	连接到穿越(Transit)网络的链路	指定路由器连接到网络的 IP 地址	发送 LSA 的路由器接口的 IP 地址
3	连接到末端网络的链路	网络的 IP 地址	网络的地址掩码
4	虚拟链路	邻居路由器的路由器标识符	发送 LSA 的路由器接口的 IP 地址

（3）网络链路状态通告

OSPF 协议把广播网络和非广播多址接入网络(NBMA)抽象成链路状态数据库中的一个伪节点,并为网络选举一个指定路由器。指定路由器为网络生成网络链路状态通告(Network-LSA),并在区域中进行洪泛。网络 LSA 描述网络上连接的所有路由器(包括指定路由器自身),即描述了网络伪节点与路由器的连接关系。由于从网络到达路由器的距离规定为 0,因此不需要为这些隐含的链路指定代价。网络 LSA 首部中的链路状态 ID

字段是指定路由器连接网络接口的 IP 地址。

网络 LSA 的格式如图 5.11 所示,其中:

- 网络掩码(Network Mask)字段,4 字节,该网络的地址掩码。
- 连接路由器(Attached Router)字段,4 字节,一个连接到该网络的路由器的标识符。只有与指定路由器完全邻接的(Fully Adjacent)路由器才被包含在网络 LSA 中。由于每个字段的长度固定,因此路由器的数量可以根据报文长度字段(包含在 LSA 首部中)推断出来。

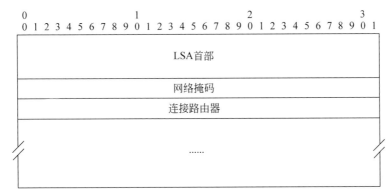

图 5.11　网络 LSA 格式

(4) 摘要链路状态通告

OSPF 协议将整个自治系统划分为若干个区域,每个区域中的路由器只清楚所在区域的网络链路状态。区域边界路由器汇总所连接非主干区域的路由信息,通过主干区域洪泛给其他区域边界路由器。汇总的路由信息包含在摘要链路状态通告(Summary-LSA)中。区域边界路由器汇总从主干区域接收到的摘要 LSA 中包含的区域外部路由信息,再洪泛到所连接的非主干区域中。

有两种类型的摘要 LSA。当描述去往某个网络的路由时,摘要 LSA 的类型是 3,而当描述去往某个 AS 边界路由器的路由时,摘要 LSA 的类型是 4。这两种类型 LSA 的格式相同,只是首部中的链路状态 ID 字段取值不同。类型 3 LSA 的链路状态 ID 是目的网络的地址,而类型 4LSA 的链路状态 ID 是 AS 边界路由器的标识符。

摘要 LSA 的格式如图 5.12 所示,其中:

- 网络掩码(Network Mask)字段,4 字节,类型 3 LSA 中是目的网络的地址掩码,而类型 4 LSA 中没有使用,必须置为 0。
- 代价(Metric)字段,3 字节,使用该路由的代价,即从区域边界路由器到达目的地址(网络或 AS 边界路由器)的路由代价。
- 服务类型(TOS)字段,1 字节;服务类型代价(TOS Metric)字段,3 字节。这两个字段指明了给该链路指定的一种额外的服务类型及其代价值。为兼容旧的 OSPF2 协议(RFC 1583),可以给链路指定多个额外的服务类型。

类型 3 LSA 也可用于描述末端区域(Stub Area)的默认路由,这样就不必在末端区域中洪泛所有的外部路由。描述末端区域默认路由时,LSA 首部中的链路状态 ID 总是

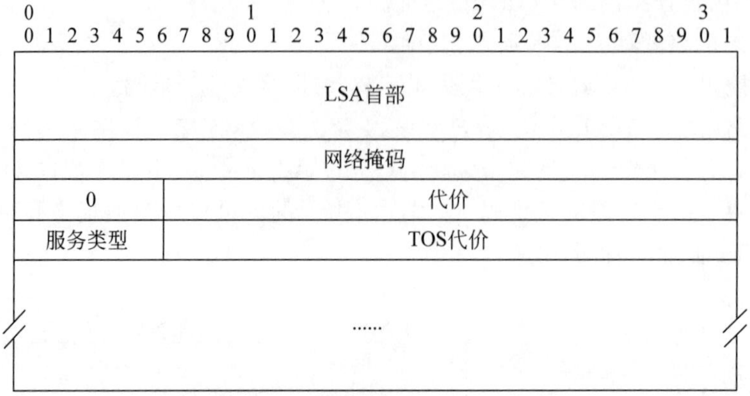

```
0                   1                   2                   3
0 1 2 3 4 5 6 7 8 9 0 1 2 3 4 5 6 7 8 9 0 1 2 3 4 5 6 7 8 9 0 1
```

LSA首部
网络掩码

0	代价
服务类型	TOS代价

……

图 5.12　摘要 LSA 格式

设置成默认地址 0.0.0.0,而网络掩码字段也设置成 0.0.0.0。

（5）AS 外部 LSA

AS 外部链路状态通告（AS-External-LSA）用于描述到达 AS 外部的网络地址的路由,由 AS 边界路由器生成。与其他类型 LSA 不同,AS 外部 LSA 在整个自治系统中（除末端区域外）进行洪泛,而其他类型 LSA 则只在某个相关的区域中进行洪泛。AS 外部 LSA 也可用于描述 AS 的默认路由。AS 外部 LSA 首部中的链路状态 ID 是目的网络的 IP 地址（描述默认路由时设置为 0.0.0.0）。

AS 外部 LSA 的格式如图 5.13 所示,其中:

```
0                   1                   2                   3
0 1 2 3 4 5 6 7 8 9 0 1 2 3 4 5 6 7 8 9 0 1 2 3 4 5 6 7 8 9 0 1
```

LAS首部
网络掩码

E	0	代价

转发地址
外部路由器标记

E	服务类型	TOS代价

转发地址
外部路由器标记

……

图 5.13　AS 外部 LSA 格式

- 网络掩码(Network Mask)字段,4 字节,目的网络的地址掩码。对默认路由设置为 0.0.0.0。
- E 标志,即外部代价类型(Type of External Metric)。若设置为 1,则指明是第 2 类外部代价,即比任何内部路由的代价都要大;若设置为 0,则指明是第 1 类外部代价,即代价的单位与内部链路相同。
- 代价(Metric)字段,3 字节,使用该路由的代价。解释路由代价要参考 E 标志位。
- 转发地址(Forwarding Address)字段,4 字节,指明去往目的地址的分组要被转发的地址。若转发地址为 0.0.0.0,分组会被转发给生成该 LSA 的 AS 边界路由器。
- 外部路由器标记(External Router Tag)字段,4 字节,OSPF 协议不使用该字段,可用于 AS 边界路由器之间的通信。

为兼容旧的 OSPF2 协议(RFC 1583),可以给外部路由指定多个额外的服务类型及代价。描述这些额外服务类型及代价的方式与默认的路由代价相同,只是使用 E 标志所在字节的剩余位来指示服务类型。

3. HELLO 报文

OSPF 路由器周期性在所有接口(包括虚拟链路)上发送 HELLO 报文,以发现邻居路由器并维持与邻居的链路连接状态。此外,HELLO 报文也用于在广播网络或非广播多址接入网络上选举指定路由器和备份指定路由器。在支持广播的网络上,路由器以组播方式发送 HELLO 报文(目的地址 224.0.0.5)。HELLO 报文格式如图 5.14 所示,其中:

图 5.14　HELLO 报文格式

(1) 网络掩码(Network Mask)字段,4 字节,报文发送接口所连接网络的地址掩码。

(2) HELLO 报文间隔(HELLO Interval)字段,2 字节,指明路由器发送 HELLO 报文的间隔时间,单位秒。

(3) 选项(Options)字段,1 字节,用于 OSPF 路由器交换各自的能力等级。

（4）路由器优先级（Router Priority）字段，1字节，用于广播网络或非广播多址接入网络上指定路由器和备份指定路由器的选举。若设置为0，则表明发送方路由器不参加选举。

（5）路由器故障间隔（Router Dead Interval）字段，4字节，指明确认对方路由器发生故障应等待的时间，以秒为单位。

（6）指定路由器（Designated Router）字段，4字节，发送方路由器认为的网络的指定路由器标识符，即指定路由器在该网络上的IP地址。为0.0.0.0表示网络上还没有指定路由器。

（7）备份指定路由器（Backup Designated Router）字段，4字节，发送方路由器认为的网络的备份指定路由器标识符，即备份指定路由器在该网络上的IP地址。为0.0.0.0表示网络上还没有备份指定路由器。

（8）邻居路由器（Neighbor Router）字段，4字节，HELLO报文中可以有多个邻居字段，这些字段列出了最近一段时间内从其接收到有效HELLO报文的邻居路由器的标识符。"最近一段时间"指路由器故障间隔字段指明的时间内。

4. 数据库描述报文

在一个OSPF区域中，具有邻接关系（Adjacency）的路由器之间定期交换各自的链路状态数据库，以实现链路状态数据库的同步。链路状态数据库用一组数据库描述报文（Database Description Packet）来描述。两个邻接路由器交换数据库描述报文时采用"轮询—响应过程"（Poll—Response Procedure），其中一个路由器作为主方（Master），另一个作为从方（Slaver）。主方发送描述自己链路状态数据库的数据库描述报文（Polls），从方也用数据库描述报文进行响应（Responses）。轮询和响应报文通过报文中的数据库描述序号字段进行匹配。

数据库描述报文的格式如图5.15所示，其中：

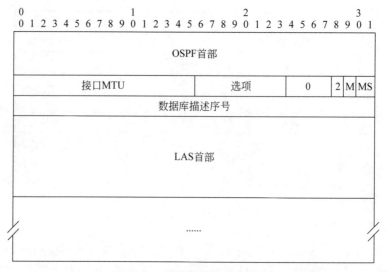

图 5.15　数据库描述报文格式

（1）接口MTU（Interface MTU）字段，2字节，指明报文发送接口所连接网络的最大传输单元。若连接的是虚拟链路(Virtual Link),则设置为 0。

(2) 选项(Options)字段,1 字节,用于 OSPF 路由器之间交换各自的能力等级。

(3) I 标志,即初始(Init)标志,若设置为 1,则表明本报文是描述链路状态数据库的第一个数据库描述报文。

(4) M 标志,即更多(More)标志,若设置为 1,则表明后续还有其他数据库描述报文。

(5) MS 标志,即主(Master)、从(Slaver)标志,若设置为 1,则表明本路由器在链路状态数据库交换过程中是主方,否则是从方。

(6) 数据库描述序号(Database Description Sequence Number),4 字节,用于对描述链路状态数据库的一组数据库描述报文进行编号。第一个报文中该字段是一个随机数,后续报文的序号在此基础上顺序递增。

报文的剩余部分包含了一组链路状态通告首部。由于链路状态通告首部中包含了标识 LSA 实例新旧的信息。因此,这些 LSA 首部就表明了发送方的数据库中具有哪些链路的状态信息,而一组这样的数据库描述报文就能完整地指明发送方的数据库中具有的所有链路。

5. 链路状态请求报文

在与邻接路由器交换链路状态数据库的过程中,路由器可能发现对方有新的链路,或对方的某些链路状态比自己数据库中的状态更新。这时,路由器就向对方发送链路状态请求报文(Link State Request Packet),请求对方发送这些更新的链路状态,以更新自己的数据库。

链路状态请求报文的格式如图 5.16 所示。报文数据部分包含了一系列的链路类型、链路状态标识符和通告路由器字段,每个字段占 4 字节。注意,这三个字段共同标识了一个唯一的链路。因此,整个报文包含了请求其状态的一组链路。

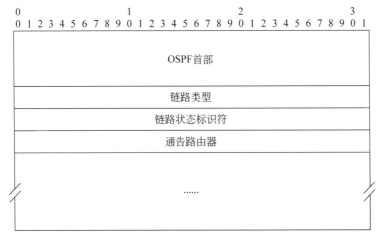

图 5.16　链路状态请求报文格式

6. 链路状态更新报文

路由器发送链路状态更新报文(Link State Update Packet)对链路状态请求报文进行

响应。另外,当路由器发现自己连接的某个链路状态发送变化时,就在 OSPF 路由域中洪泛一个链路状态更新报文,向其他路由器通知链路状态的变化。链路状态用一种链路状态通告(LSA)进行描述。一个链路状态更新报文中可以包含多个 LSA。

链路状态更新报文的格式如图 5.17 所示,其中:

(1) LSA 数量(Number of LSA)字段,4 字节,指明报文中包含的链路状态通告的数量。

(2) 剩余部分是一系列链路状态通告,每个链路状态通告描述了一组链路的状态信息。

在支持广播的网络上,链路状态更新报文以组播方式发送。但如果某些状态更新报文因丢失需要重传,则重传的报文被直接发送给邻接路由器。

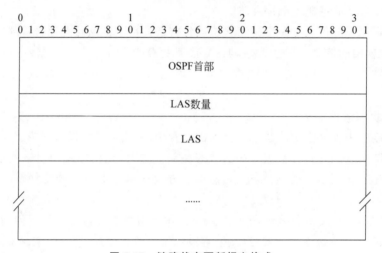

```
0                   1                   2                   3
0 1 2 3 4 5 6 7 8 9 0 1 2 3 4 5 6 7 8 9 0 1 2 3 4 5 6 7 8 9 0 1
```

| OSPF首部 |
| LAS数量 |
| LAS |
| …… |

图 5.17   链路状态更新报文格式

7. 链路状态确认报文

为了使链路状态更新报文的传输可靠,路由器用链路状态确认报文(Link State Acknowledgment Packet)显式地对接收到的链路状态进行确认。一个链路状态确认报文可以包含对多个 LSA 的确认。

链路状态确认报文的格式如图 5.18 所示,报文数据部分是一系列 LSA 首部。LSA 首部中包含了区分 LSA 实例新旧的信息,因此链路状态确认报文表明发送方路由器接收到了报文中包含的 LSA。

根据发送链路状态更新报文的路由器及其发送接口的状态,链路状态确认报文或者以组播方式发送(发送到所有 OSPF 路由器组播地址 224.0.0.5,或指定路由器组播地址 224.0.0.6。),或者以单播方式发送。

5.3.4   OSPF2 协议分析

1. 相关命令

(1) 启用 OSPF 路由协议

```
Router(config)#router ospf process-id
```

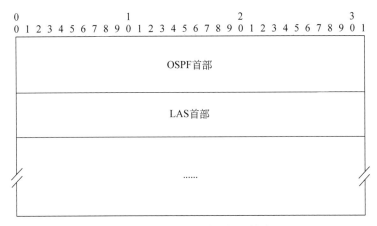

图 5.18 链路状态确认报文格式

参数 process-id 是路由器上的 OSPF 进程号,取值范围是 1 到 65535。路由器上可以同时运行多个 OSPF 进程,每个进程都将生成自己的链路状态数据库实例,这会增加路由器的负荷,因此不推荐这样做。进程 ID 只在路由器内部有效,不同路由器的 OSPF 进程 ID 可以相同。通常网络管理员会在整个 AS 中保持相同的进程 ID。执行此命令后路由器进入 OSPF 协议配置模式。

(2)指定与路由器直连的网络

`Router (config-router)#network address wild-cast area area-id`

参数 address 是与路由器直接连接的网络地址,wild-cast 是通配符掩码,使用网络地址掩码的反码,即为 0 的位需要匹配,为 1 的位不需要匹配。参数 area-id 是区域号,可以是数字或 IP 地址格式。主干区域的区域号必须是 0 或 0.0.0.0。

(3)重启 OSPF 进程

`Router#clear ip ospf process`

重启路由器的所有 OSPF 进程。

(4)查看 OSPF 协议信息

`Router#show ip ospf neighbor`

输出路由器每个接口的邻居路由器的状态信息。

`Router#show ip ospf interface interface`

输出路由器指定接口(参数 interface)的状态信息(包含 OSPF 协议的相关信息)。

`Router#show ip ospf database`

输出路由器的 OSPF 链路状态数据库。

2. 网络拓扑及配置

在 GNS3 中搭建如图 5.19 所示的网络,并按图 5.19 中所示关系连接路由器接口。新建一个 GNS3 工程 ospf2，保存该网络拓扑。按表 5.8 所示参数配置各路由器接口地址。

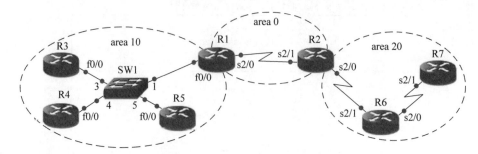

图 5.19　OSPF2 协议分析网络拓扑

表 5.8　OSPF2 协议分析网络配置参数

设　　备	接　　口	IP 地　址	地址掩码	区　域 ID
R1	f0/0	192.168.2.1	255.255.255.0	10
	s2/0	192.168.1.1	255.255.255.0	0
R2	s2/1	192.168.1.2	255.255.255.0	0
	s2/0	192.168.3.2	255.255.255.0	20
R3	f0/0	192.168.2.3	255.255.255.0	10
R4	f0/0	192.168.2.4	255.255.255.0	10
R5	f0/0	192.168.2.5	255.255.255.0	10
R6	s2/1	192.168.3.6	255.255.255.0	20
	s2/0	192.168.4.6	255.255.255.0	20
R7	s2/1	192.168.4.7	255.255.255.0	20

打开 R1 控制台窗口，执行下列命令，启用 OSPF 协议：

```
1:   R1#config t
2:   R1(config)#router ospf 1
3:   R1(config-router)#network 192.168.1.0 0.0.0.255 area 0
4:   R1(config-router)#network 192.168.2.0 0.0.0.255 area 10
5:   R1(config-router)#end
6:   R1#write
```

参照上述命令，配置、启用除 R6（S2/0 接口）和 R7（S2/1 接口）外的其他路由器接口的 OSPF 协议。

3. HELLO 协议分析

（1）邻居发现及关系维持

在区域 10 的以太网上的任一网络接口启动分组捕获。过一段时间后，停止捕获分组。打开捕获的分组文件，输入显示过滤器"ospf.msg.HELLO && ip.src==192.168.2.1"，只显示 R1 发送的 HELLO 报文,如图 5.20 所示。从分组列表窗口可以看到,R1 周期性(约 10s)发送 HELLO 报文,报文的目的地址是所有 OSPF 路由器组播组地址(224.0.0.5)。

No.	Time	Source	Destination	Protocol	Length	Info
3	4.530513	192.168.2.1	224.0.0.5	OSPF	102	Hello Packet
9	14.463033	192.168.2.1	224.0.0.5	OSPF	102	Hello Packet
15	23.959442	192.168.2.1	224.0.0.5	OSPF	102	Hello Packet
20	33.777693	192.168.2.1	224.0.0.5	OSPF	102	Hello Packet
26	43.268922	192.168.2.1	224.0.0.5	OSPF	102	Hello Packet
32	52.598422	192.168.2.1	224.0.0.5	OSPF	102	Hello Packet
38	62.508529	192.168.2.1	224.0.0.5	OSPF	102	Hello Packet

图 5.20　HELLO 报文列表(主机 192.168.2.1)

选择一个 HELLO 报文,在分组首部详细信息窗口查看其首部字段值。注意 OSPF 报文封装在 IP 分组中。查看 IP 协议首部,可以看到分组的 TTL 值为 1,即 HELLO 报文不会被路由器转发,如图 5.21 所示。查看 OSPF 报文详细信息,如图 5.22 所示,可以看到 OSPF 报文由三部分组成:OSPF 首部(OSPF Header)、HELLO 报文(OSPF HELLO Packet)以及本地链路信令数据块(LLS (Local-Link Signaling) Data Block)。

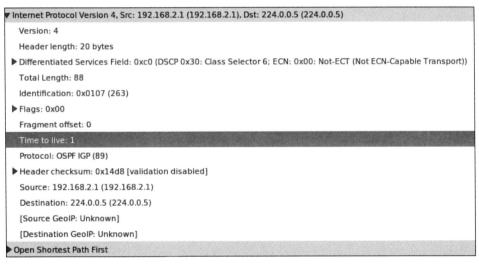

图 5.21　OSPF 报文封装

查看 HELLO 报文,如图 5.23 所示。可以看到 HELLO 报文以 10s 的间隔发送;发送方路由器的优先级为 1;路由故障间隔时间是 40s,即 4 次收不到 HELLO 报文就认为对方发生故障;网络的指定路由器是 R1(192.168.2.1),备份指定路由器是 R3(192.168.2.3),而邻居路由器包括 R3、R4(192.168.2.4)和 R5(192.168.2.5)。

指定路由器和备份指定路由器的选举依赖于广播网络中路由器的启动顺序。路由器 R1、R3、R4 和 R5 的优先级都是 1,但并非路由器标识符大的路由器就一定能成为指定路由器或备份指定路由器。如果先启动的路由器完成了指定路由器和备份指定路由器的选举,即使后加入的路由器优先级更高,或路由器标识符更大(优先级相同时),也不再进行

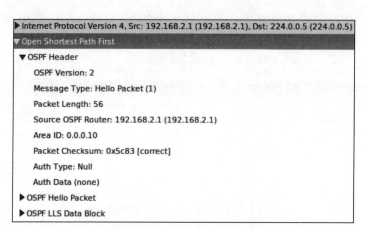

图 5.22　OSPF 报文首部格式

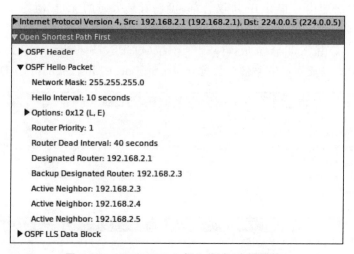

图 5.23　OSPF HELLO 报文格式（广播网络）

选举更新。在实验中，按 R1、R3、R4、R5 的顺序启动路由器 OSPF 进程，因此 R1 成为指定路由器，而 R3 成为备份指定路由器。

本地链路信令数据块是对 OSPF 分组的扩展（RFC 5613），允许在一条链路上的相邻路由器之间进行任意的数据交换。

（2）指定路由器选举

区域 10 中以太网的当前指定路由器是 R1（192.168.2.1），备份指定路由器是 R3（192.168.2.3）。实验中通过重启指定路由器和备份指定路由器上的 OSPF 进程来观察指定路由器和备份指定路由器的选举过程。

① 备份指定路由器选举

重启在该以太网上的分组捕获。打开 R3（备份指定路由器）的控制台窗口，在特权模式下执行命令"clear ip ospf process"，重启 OSPF 进程。稍后停止分组捕获，打开捕获的分组文件，输入显示过滤器"ospf.msg.HELLO & & ip.addr==192.168.2.3"，只显示 R3

发送或接收的 HELLO 分组，如图 5.24 所示。

No.	Time	Source	Destination	Protocol	Length	Info
15	21.515146	192.168.2.3	224.0.0.5	OSPF	102	Hello Packet
20	29.080908	192.168.2.3	224.0.0.5	OSPF	90	Hello Packet
21	29.091354	192.168.2.1	192.168.2.3	OSPF	102	Hello Packet
22	29.137517	192.168.2.3	192.168.2.1	OSPF	94	Hello Packet
44	38.559418	192.168.2.3	224.0.0.5	OSPF	102	Hello Packet
54	48.459057	192.168.2.3	224.0.0.5	OSPF	102	Hello Packet

图 5.24 指定路由器查询报文列表

R3 的 OSPF 进程重启后，将首先查询网络上的指定路由器和备份指定路由器。这通过发送（组播）一个指定路由器和备份指定路由器均为 0.0.0.0 的 HELLO 报文实现（可通过长度的变化寻找该报文，图 5.24 中第 20 个分组，其 HELLO 报文如图 5.25 所示）。

```
▶ Internet Protocol Version 4, Src: 192.168.2.3 (192.168.2.3), Dst: 224.0.0.5 (224.0.0.5)
▼ Open Shortest Path First
  ▶ OSPF Header
  ▼ OSPF Hello Packet
      Network Mask: 255.255.255.0
      Hello Interval: 10 seconds
    ▶ Options: 0x12 (L, E)
      Router Priority: 1
      Router Dead Interval: 40 seconds
      Designated Router: 0.0.0.0
      Backup Designated Router: 0.0.0.0
  ▶ OSPF LLS Data Block
```

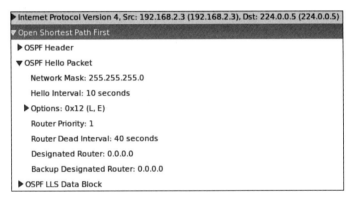

图 5.25 指定路由器查询 HELLO 报文

网络中当前的指定路由器收到查询报文后，向查询路由器发送（单播）一个响应 HELLO 报文（图 5.24 中第 21 个分组），其包含当前的指定路由器和备份指定路由，如图 5.26 所示。

```
▶ Internet Protocol Version 4, Src: 192.168.2.1 (192.168.2.1), Dst: 192.168.2.3 (192.168.2.3)
▼ Open Shortest Path First
  ▶ OSPF Header
  ▼ OSPF Hello Packet
      Network Mask: 255.255.255.0
      Hello Interval: 10 seconds
    ▶ Options: 0x12 (L, E)
      Router Priority: 1
      Router Dead Interval: 40 seconds
      Designated Router: 192.168.2.1
      Backup Designated Router: 192.168.2.5
      Active Neighbor: 192.168.2.3
      Active Neighbor: 192.168.2.4
      Active Neighbor: 192.168.2.5
  ▶ OSPF LLS Data Block
```

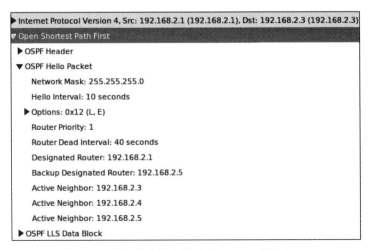

图 5.26 指定路由器查询响应 HELLO 报文（R1）

由于原来的备份指定路由器(R3)重启,其余路由器进行了新备份指定路由器选举。路由器从其当前邻居中选择优先级最高或路由器标识符最大(优先级相同时)的路由器作为新备份指定路由器。实验中,在这些路由器中 R5 的路由器标识符最大(所有路由器的优先级相同,均为 1),成为新备份指定路由器。R3 向指定路由器发送(单播)一个确认 HELLO 报文(图 5.24 中第 22 个分组),其中包含 R3 的当前邻居(R1),如图 5.27 所示。此后,R3 将周期性组播发送 HELLO 报文。

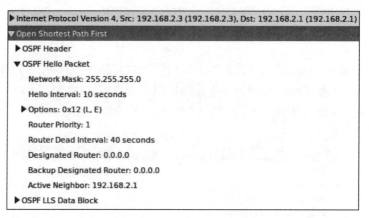

图 5.27　指定路由器查询确认 HELLO 报文

② 指定路由器选举

重启在该以太网上的分组捕获。打开 R1(指定路由器)的控制台窗口,在特权模式下执行命令"clear ip ospf process",重启 OSPF 进程。稍后停止分组捕获,打开捕获的分组文件,输入显示过滤器"ospf.msg.HELLO && ip.addr==192.168.2.1",只显示 R1 发送或接收的 HELLO 分组,如图 5.28 所示。

No.	Time	Source	Destination	Protocol	Length	Info
11	15.827526	192.168.2.1	224.0.0.5	OSPF	102	Hello Packet
15	19.224384	192.168.2.1	224.0.0.5	OSPF	90	Hello Packet
16	19.239490	192.168.2.3	192.168.2.1	OSPF	102	Hello Packet
17	19.252333	192.168.2.5	192.168.2.1	OSPF	102	Hello Packet
19	19.264155	192.168.2.1	192.168.2.3	OSPF	94	Hello Packet
20	19.264191	192.168.2.1	192.168.2.5	OSPF	98	Hello Packet
21	19.264461	192.168.2.4	192.168.2.1	OSPF	102	Hello Packet
24	19.385255	192.168.2.1	192.168.2.4	OSPF	102	Hello Packet
63	28.648495	192.168.2.1	224.0.0.5	OSPF	102	Hello Packet
79	38.220213	192.168.2.1	224.0.0.5	OSPF	102	Hello Packet

图 5.28　指定路由器查询报文列表

R1 的 OSPF 重启后,首先查询网络中的指定路由器和备份指定路由器。R1 发送(组播)一个 HELLO 报文,其指定路由器和备份指定路由器均为 0.0.0.0。网络的所有路由器都向 R1 发送(单播)一个 HELLO 报文。R3 发送的 HELLO 报文(图 5.28 中第 16 个分组)如图 5.29 所示。由于原指定路由器 R1 失效,R3 认为原备份指定路由器(R5)变为指定路由器,而备份指定路由器仍是 R5。R4 发送的 HELLO 报文(图 5.28 中第 21 个分组)与此类似,如图 5.30 所示。

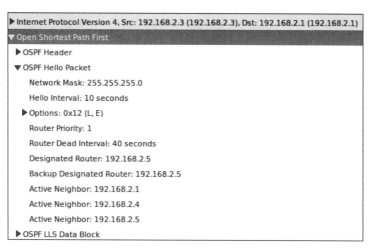

图 5.29　指定路由器查询响应 HELLO 报文(R3)

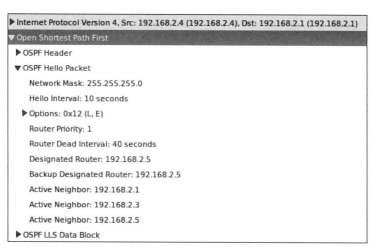

图 5.30　指定路由器查询响应 HELLO 报文(R4)

R5 发送的 HELLO 报文(图 5.28 中第 17 个分组)如图 5.31 所示。R5 是原备份指定路由器,当原指定路由器(R1)失效后,R5 将成为新的指定路由器,并从其当前的邻居中选择优先级最高或路由器标识符最大(优先级相同时)的路由器(R4)作为新的备份指定路由器。

R1 收到 R3、R5、R4 发送的响应 HELLO 报文后,分别向各自发送(单播)确认 HELLO 报文(图 5.28 中第 19、20、24 个分组),如图 5.32~图 5.34 所示。

4. 链路状态数据库同步

当邻接关系初始化后,邻接路由器之间开始交换数据库描述报文。这些报文描述了路由器链路状态数据库的摘要信息(即报文中只有 LSA 的首部信息)。

```
▶ Internet Protocol Version 4, Src: 192.168.2.5 (192.168.2.5), Dst: 192.168.2.1 (192.168.2.1)
▼ Open Shortest Path First
  ▶ OSPF Header
  ▼ OSPF Hello Packet
      Network Mask: 255.255.255.0
      Hello Interval: 10 seconds
    ▶ Options: 0x12 (L, E)
      Router Priority: 1
      Router Dead Interval: 40 seconds
      Designated Router: 192.168.2.5
      Backup Designated Router: 192.168.2.4
      Active Neighbor: 192.168.2.1
      Active Neighbor: 192.168.2.3
      Active Neighbor: 192.168.2.4
  ▶ OSPF LLS Data Block
```

图 5.31　指定路由器查询响应 HELLO 报文（R5）

```
▶ Internet Protocol Version 4, Src: 192.168.2.1 (192.168.2.1), Dst: 192.168.2.3 (192.168.2.3)
▼ Open Shortest Path First
  ▶ OSPF Header
  ▼ OSPF Hello Packet
      Network Mask: 255.255.255.0
      Hello Interval: 10 seconds
    ▶ Options: 0x12 (L, E)
      Router Priority: 1
      Router Dead Interval: 40 seconds
      Designated Router: 0.0.0.0
      Backup Designated Router: 0.0.0.0
      Active Neighbor: 192.168.2.3
  ▶ OSPF LLS Data Block
```

图 5.32　指定路由器查询确认 HELLO 报文（R3）

```
▶ Internet Protocol Version 4, Src: 192.168.2.1 (192.168.2.1), Dst: 192.168.2.5 (192.168.2.5)
▼ Open Shortest Path First
  ▶ OSPF Header
  ▼ OSPF Hello Packet
      Network Mask: 255.255.255.0
      Hello Interval: 10 seconds
    ▶ Options: 0x12 (L, E)
      Router Priority: 1
      Router Dead Interval: 40 seconds
      Designated Router: 0.0.0.0
      Backup Designated Router: 0.0.0.0
      Active Neighbor: 192.168.2.3
      Active Neighbor: 192.168.2.5
  ▶ OSPF LLS Data Block
```

图 5.33　指定路由器查询确认 HELLO 报文（R5）

> Internet Protocol Version 4, Src: 192.168.2.1 (192.168.2.1), Dst: 192.168.2.4 (192.168.2.4)
> ▼ Open Shortest Path First
> ▶ OSPF Header
> ▼ OSPF Hello Packet
>   Network Mask: 255.255.255.0
>   Hello Interval: 10 seconds
>   ▶ Options: 0x12 (L, E)
>   Router Priority: 1
>   Router Dead Interval: 40 seconds
>   Designated Router: 0.0.0.0
>   Backup Designated Router: 0.0.0.0
>   Active Neighbor: 192.168.2.3
>   Active Neighbor: 192.168.2.4
>   Active Neighbor: 192.168.2.5
> ▶ OSPF LLS Data Block

图 5.34 指定路由器查询确认 HELLO 报文（R4）

数据库描述报文有两种：空数据库描述报文和包含 LSA 首部信息的数据库描述报文。当两个路由器相互收到 HELLO Seen 报文（即路由器包含在 HELLO 报文中的邻居字段列表中）之后，它们开始互相发送空数据库描述报文。空数据库描述报文用来确定通信过程中的主从关系。通常以路由器标识符较大的路由器作为主方。主从关系确立后，从方使用主方的序号向主方发送第一个包含 LSA 首部信息的数据库描述报文；主方在收到从方的数据库描述报文后发送自己的序号加 1 的数据库描述报文（包含 LSA 首部信息），作为对收到从方报文的确认。如果还有更多的链路状态，从方、主方将继续发送数据库描述报文。在这个交换过程中，只有主方可以更改序号，从机使用主方确定的序号。

配置 R6 的接口 S2/0 和 R7 的接口 S2/1。分别在区域 10 中的链路、区域 0 中的链路以及区域 20 中的各链路上启动分组捕获。然后，先后在 R6 的接口 S2/0 和 R7 的接口 S2/1 启用 OSPF 路由协议。

打开 R7 和 R6 之间链路上捕获的分组文件，输入过滤器"ospf && not ospf.msg. HELLO"，即只关注非 HELLO 报文的 OSPF 消息。Wireshark 分组列表窗口显示如图 5.35 所示。注意，所有报文的目的地址都是所有 OSPF 路由器组播组地址 224.0.0.5。

No.	Time	Source	Destination	Protocol	Length	Info
45	164.450718	192.168.4.7	224.0.0.5	OSPF	68	DB Description
47	164.461383	192.168.4.6	224.0.0.5	OSPF	68	DB Description
48	164.461414	192.168.4.6	224.0.0.5	OSPF	148	DB Description
49	164.471494	192.168.4.7	224.0.0.5	OSPF	68	DB Description
50	164.483479	192.168.4.6	224.0.0.5	OSPF	68	DB Description
51	164.498071	192.168.4.7	224.0.0.5	OSPF	96	LS Request
52	164.511112	192.168.4.6	224.0.0.5	OSPF	216	LS Update
53	164.883761	192.168.4.7	224.0.0.5	OSPF	100	LS Update
54	165.006585	192.168.4.6	224.0.0.5	OSPF	124	LS Update
56	167.029332	192.168.4.7	224.0.0.5	OSPF	148	LS Acknowledge
57	167.390097	192.168.4.6	224.0.0.5	OSPF	68	LS Acknowledge

图 5.35 R6、R7 链路状态数据库同步报文交换过程

其中,第 45、47 个报文(Wireshark 编号)分别是 R7 和 R6 在建立 2-way 关系后发送的空数据库描述报文,用于确定数据库交互过程中的主从方。这两个报文的详细字段内容如图 5.36 和图 5.37 所示。由于 R7 的路由器 ID 更大,因此 R7 将成为主方,而 R6 成为从方。

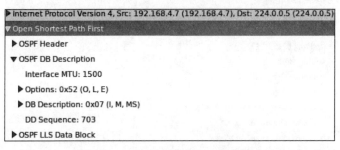

图 5.36　R7 发送的空数据库描述报文

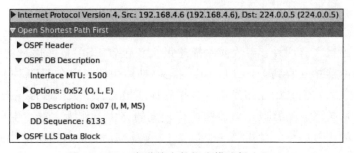

图 5.37　R6 发送的空数据库描述报文(一)

R6 以主方确定的序号(703)发送数据库描述报文,其包含了自己的链路状态数据库中的 LSA 首部,如图 5.38 所示(第 48 个分组)。其中的 4 个 LSA 首部分别描述了路由器 R2、R6 的链路状态以及网络 192.168.1.0(区域 0)和 192.168.2.0(区域 10)的摘要链路状态。图 5.39 是路由器 R6 的 LSA 首部信息,图 5.40 是网络 192.168.1.0 的 LSA 首部信息,从两图可知,这两个链路状态分别是由 R6(路由器标识符 192.168.4.6)和 R2(路由器标识符 192.168.3.2)通告的。注意第 48 个数据库描述报文的 M 标志位为 1(后续有更多报文),因此 R7 发送序号为 704 的数据库描述报文(第 49 个报文)。

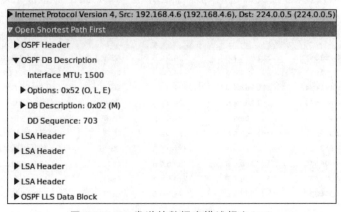

图 5.38　R6 发送的数据库描述报文(二)

```
▼ LSA Header
    LS Age: 53 seconds
    Do Not Age: False
  ▶ Options: 0x22 (DC, E)
    LS Type: Router-LSA (1)
    Link State ID: 192.168.4.6
    Advertising Router: 192.168.4.6 (192.168.4.6)
    LS Sequence Number: 0x80000003
    LS Checksum: 0x5060
    Length: 60
```

图 5.39　R6 的路由器链路状态宣告首部

```
▼ LSA Header
    LS Age: 366 seconds
    Do Not Age: False
  ▶ Options: 0x22 (DC, E)
    LS Type: Summary-LSA (IP network) (3)
    Link State ID: 192.168.1.0
    Advertising Router: 192.168.3.2 (192.168.3.2)
    LS Sequence Number: 0x80000001
    LS Checksum: 0x2202
    Length: 28
```

图 5.40　网络 192.168.1.0 的摘要
链路状态宣告首部

　　由于此时 R7 的数据库为空,因此第 49 个报文不包含任何 LSA 首部,如图 5.41 所示。R6 再次向 R7 发送一个序号为 704 的数据库描述报文(第 50 个报文),如图 5.42 所示。发送完描述数据库的 LSA 首部信息后,最后一个报文的 M 标志位应置为 0。实验中的网络规模小,只需要一个报文(第 48 个报文)就能完成数据库的描述,因此第 50 个报文中的 M 为 0。

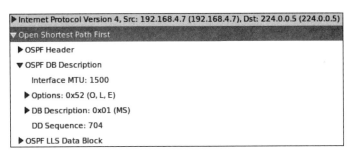

```
▶ Internet Protocol Version 4, Src: 192.168.4.7 (192.168.4.7), Dst: 224.0.0.5 (224.0.0.5)
▼ Open Shortest Path First
  ▶ OSPF Header
  ▼ OSPF DB Description
      Interface MTU: 1500
    ▶ Options: 0x52 (O, L, E)
    ▶ DB Description: 0x01 (MS)
      DD Sequence: 704
  ▶ OSPF LLS Data Block
```

图 5.41　R7 增加数据库描述报文序号

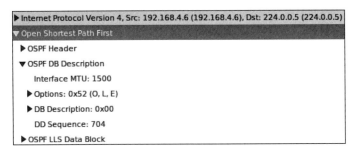

```
▶ Internet Protocol Version 4, Src: 192.168.4.6 (192.168.4.6), Dst: 224.0.0.5 (224.0.0.5)
▼ Open Shortest Path First
  ▶ OSPF Header
  ▼ OSPF DB Description
      Interface MTU: 1500
    ▶ Options: 0x52 (O, L, E)
    ▶ DB Description: 0x00
      DD Sequence: 704
  ▶ OSPF LLS Data Block
```

图 5.42　R6 指明数据库描述报文发送完成

　　交换完数据库描述报文后,R7 将向 R6 请求其缺失的链路状态信息。这通过发送链路状态请求和链路状态更新报文实现。R7 发送的链路状态请求报文如图 5.43 所示(第 51 个报文),R6 回复的链路状态更新报文如图 5.44 所示(第 52 个报文)。

　　图 5.45 和图 5.46 分别给出了路由器链路状态宣告和网络摘要链路状态宣告的详

细信息格式。注意,在实验中先在 R6 的 S2/0 接口上启动 OSPF2 协议,配置了网络 192.168.4.0 的信息,而 R7 和 R6 还未成为完全邻接关系。因此,此时 R6 的链路状态中还不包括 R7 和 R6 之间的点到点链路(PTP)。

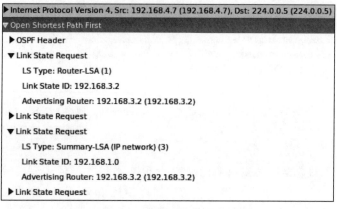

图 5.43　R7 发送的链路状态请求报文

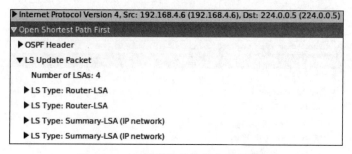

图 5.44　R6 发送的链路状态更新报文

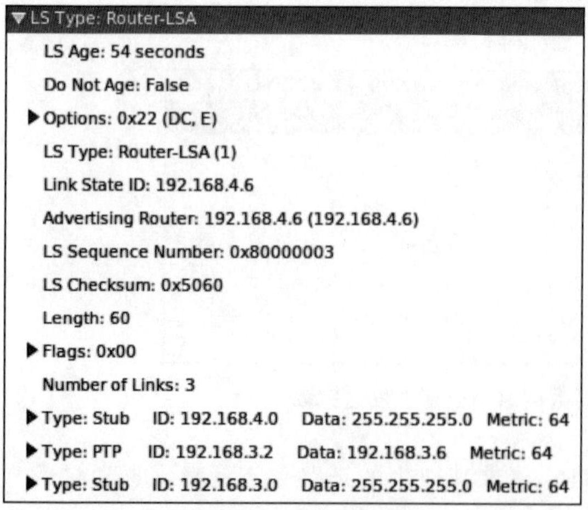

▼ LS Type: Router-LSA
　　LS Age: 54 seconds
　　Do Not Age: False
▶ Options: 0x22 (DC, E)
　　LS Type: Router-LSA (1)
　　Link State ID: 192.168.4.6
　　Advertising Router: 192.168.4.6 (192.168.4.6)
　　LS Sequence Number: 0x80000003
　　LS Checksum: 0x5060
　　Length: 60
▶ Flags: 0x00
　　Number of Links: 3
▶ Type: Stub　ID: 192.168.4.0　Data: 255.255.255.0　Metric: 64
▶ Type: PTP　ID: 192.168.3.2　Data: 192.168.3.6　Metric: 64
▶ Type: Stub　ID: 192.168.3.0　Data: 255.255.255.0　Metric: 64

图 5.45　路由器链路状态宣告(R6)

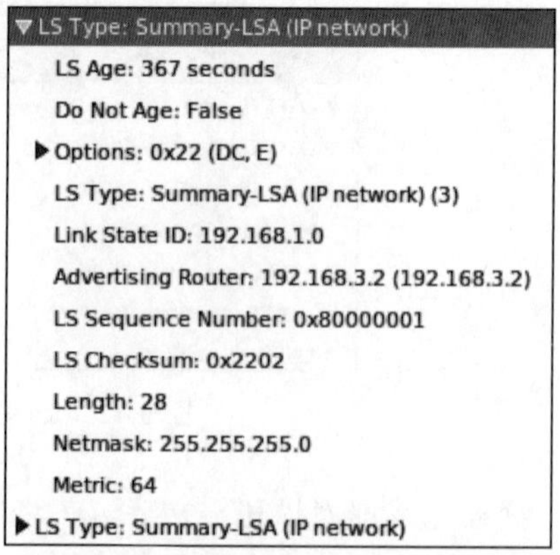

▼ LS Type: Summary-LSA (IP network)
　　LS Age: 367 seconds
　　Do Not Age: False
▶ Options: 0x22 (DC, E)
　　LS Type: Summary-LSA (IP network) (3)
　　Link State ID: 192.168.1.0
　　Advertising Router: 192.168.3.2 (192.168.3.2)
　　LS Sequence Number: 0x80000001
　　LS Checksum: 0x2202
　　Length: 28
　　Netmask: 255.255.255.0
　　Metric: 64
▶ LS Type: Summary-LSA (IP network)

图 5.46　网络摘要链路状态宣告
(网络 192.168.1.0)

路由器 R6 和 R7 交换完成当前各自的链路状态数据库后,在区域 20 中洪泛当前的链路状态更新(第 53、54 个分组),即通知 R6 和 R7 之间的点到点链路及网络,如图 5.47 和图 5.48 所示。

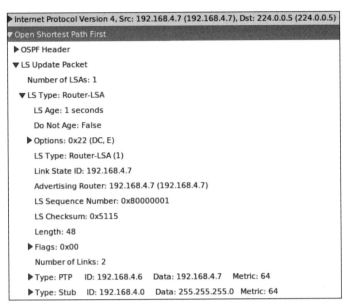

图 5.47　R7 发送的链路状态更新报文

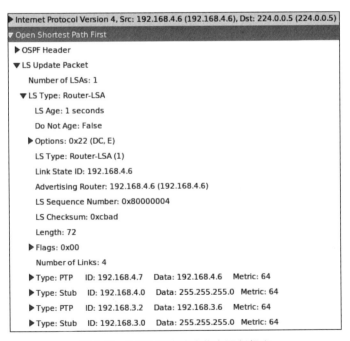

图 5.48　R6 发送的链路状态更新报文

　　R7 和 R6 发送的链路状态确认报文如图 5.49 和图 5.50 所示。注意,R7 发送的确认报文中包含了 5 个 LSA 首部,其中 4 个是对第 52 个链路状态更新报文中 LSA 的确认,另一个是对第 54 个链路状态更新报文中 LSA 的确认。

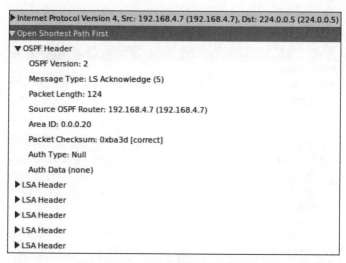

图 5.49   R7 发送的链路状态确认报文

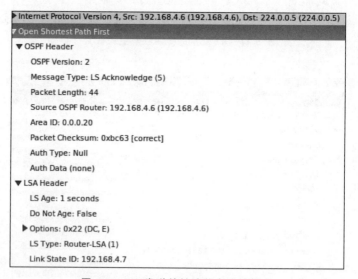

图 5.50   R6 发送的链路状态确认报文

5. 链路状态更新

（1）区域 20 中的洪泛

R7 和 R6 之间链路的更新会在区域 20 中进行洪泛。R6 和 R2 之间的链路状态更新过程如图 5.51 所示(使用过滤器"ospf && not ospf.msg.HELLO")。其中,第 80 个报文是 R6 配置网络 192.168.4.0 后发送的链路状态更新报文(路由器 LSA),如图 5.52 所示。此时 R6 和 R7 之间尚未建立完全邻接关系,因此 R6 的路由器 LSA 中并不包含它们之间的点到点链路,而只包含了配置的网络。图 5.53 是 R2 发送的链路状态确认报文(第 82

个报文）。第 107 和 108 个报文是完成链路状态数据库同步后，R6 发送的 R7 和 R6 的路由器 LSA 更新报文，如图 5.54 和图 5.55 所示。第 110 个报文是 R2 对第 107 和 108 个报文中的 LSA 的确认，如图 5.56 所示。

No.	Time	Source	Destination	Protocol	Length	Info
80	186.496746	192.168.3.6	224.0.0.5	OSPF	112	LS Update
82	189.024530	192.168.3.2	224.0.0.5	OSPF	68	LS Acknowledge
107	240.401653	192.168.3.6	224.0.0.5	OSPF	100	LS Update
108	240.512611	192.168.3.6	224.0.0.5	OSPF	124	LS Update
110	242.898102	192.168.3.2	224.0.0.5	OSPF	88	LS Acknowledge

图 5.51　R6 和 R2 之间的链路状态更新过程

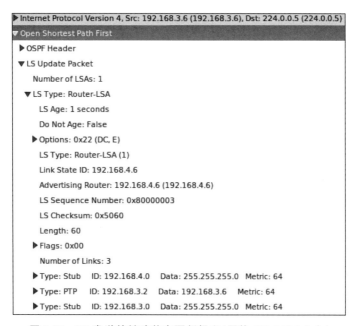

图 5.52　R6 发送的链路状态更新报文（网络 192.168.3.0 上）

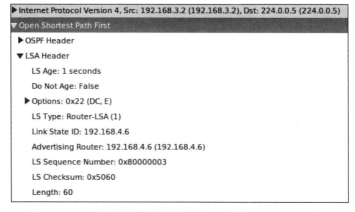

图 5.53　R2 发送的链路状态确认报文（网络 192.168.3.0 上）

```
▶ Internet Protocol Version 4, Src: 192.168.3.6 (192.168.3.6), Dst: 224.0.0.5 (224.0.0.5)
▼ Open Shortest Path First
  ▶ OSPF Header
  ▼ LS Update Packet
     Number of LSAs: 1
   ▼ LS Type: Router-LSA
      LS Age: 2 seconds
      Do Not Age: False
    ▶ Options: 0x22 (DC, E)
      LS Type: Router-LSA (1)
      Link State ID: 192.168.4.7
      Advertising Router: 192.168.4.7 (192.168.4.7)
      LS Sequence Number: 0x80000001
      LS Checksum: 0x5115
      Length: 48
    ▶ Flags: 0x00
      Number of Links: 2
    ▶ Type: PTP   ID: 192.168.4.6   Data: 192.168.4.7   Metric: 64
    ▶ Type: Stub   ID: 192.168.4.0   Data: 255.255.255.0   Metric: 64
```

图 5.54　R6 发送的链路状态更新报文-1（网络 192.168.3.0 上，同步数据库后）

```
▶ Internet Protocol Version 4, Src: 192.168.3.6 (192.168.3.6), Dst: 224.0.0.5 (224.0.0.5)
▼ Open Shortest Path First
  ▶ OSPF Header
  ▼ LS Update Packet
     Number of LSAs: 1
   ▼ LS Type: Router-LSA
      LS Age: 1 seconds
      Do Not Age: False
    ▶ Options: 0x22 (DC, E)
      LS Type: Router-LSA (1)
      Link State ID: 192.168.4.6
      Advertising Router: 192.168.4.6 (192.168.4.6)
      LS Sequence Number: 0x80000004
      LS Checksum: 0xcbad
      Length: 72
    ▶ Flags: 0x00
      Number of Links: 4
    ▶ Type: PTP   ID: 192.168.4.7   Data: 192.168.4.6   Metric: 64
    ▶ Type: Stub   ID: 192.168.4.0   Data: 255.255.255.0   Metric: 64
    ▶ Type: PTP   ID: 192.168.3.2   Data: 192.168.3.6   Metric: 64
    ▶ Type: Stub   ID: 192.168.3.0   Data: 255.255.255.0   Metric: 64
```

图 5.55　R6 发送的链路状态更新报文-2（网络 192.168.3.0 上，同步数据库后）

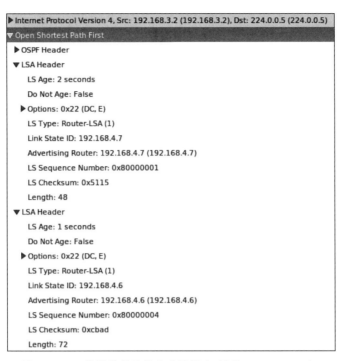

图 5.56　R2 发送的链路状态确认报文（网络 192.168.3.0 上）

（2）区域 0 中的洪泛

区域 20 中 R6 和 R7 间链路状态的更新将被在区域 0 和区域 10 中通知。在区域 0 中，路由器 R2 以网络摘要 LSA 方式通知该链路状态的更新，即网络 192.169.4.0。区域 0 中链路状态更新过程如图 5.57 所示（使用过滤器"ospf && not ospf.msg.HELLO"），其中 R2(192.168.1.2，OSPF 路由器标识符 192.168.3.2)发送链路状态更新报文（第 94 个分组，详细信息如图 5.58 所示），R1(192.168.1.1)发送链路状态确认报文（第 95 个分组，详细信息如图 5.59 所示）。注意，R2 通知到达网络 192.168.4.0 的代价是 128。Cisco IOS 将当前路由器到目的网络所途径的每一个送出接口的代价（cost）累计值作为路由度量，使用公式"10^8/接口带宽"来计算接口网络的代价，其中 10^8 作为参考带宽，而接口带宽值与接口类型有关。例如，串行接口的默认带宽值为 T1 速率，即 1544kb/s，即串行接口的开销为 $10^8/154000 \approx 64$；快速以太网接口的带宽为 100Mb/s，开销为 $10^8/10^8 = 1$。在实验中，从 R2 到达网络 192.168.4.0 要经过两个串行接口，因此代价值是 128。

No.	Time	Source	Destination	Protocol	Length	Info
94	203.161929	192.168.1.2	224.0.0.5	OSPF	80	LS Update
95	205.664705	192.168.1.1	224.0.0.5	OSPF	68	LS Acknowledge

图 5.57　区域 0 中的链路状态更新分组列表

（3）区域 10 中的洪泛

区域 10 中链路状态更新过程如图 5.60 所示（使用过滤器"ospf && not ospf.msg.HELLO"）。区域边界路由器 R1 向 OSPF 指定路由器组播组（地址 224.0.0.6)发送网络摘要

```
▶ Internet Protocol Version 4, Src: 192.168.1.2 (192.168.1.2), Dst: 224.0.0.5 (224.0.0.5)
▼ Open Shortest Path First
  ▶ OSPF Header
  ▼ LS Update Packet
      Number of LSAs: 1
    ▼ LS Type: Summary-LSA (IP network)
        LS Age: 1 seconds
        Do Not Age: False
      ▶ Options: 0x22 (DC, E)
        LS Type: Summary-LSA (IP network) (3)
        Link State ID: 192.168.4.0
        Advertising Router: 192.168.3.2 (192.168.3.2)
        LS Sequence Number: 0x80000001
        LS Checksum: 0x835d
        Length: 28
        Netmask: 255.255.255.0
        Metric: 128
```

图 5.58　R2 发送的链路状态更新报文

```
▶ Internet Protocol Version 4, Src: 192.168.1.1 (192.168.1.1), Dst: 224.0.0.5 (224.0.0.5)
▼ Open Shortest Path First
  ▶ OSPF Header
  ▼ LSA Header
      LS Age: 1 seconds
      Do Not Age: False
    ▶ Options: 0x22 (DC, E)
      LS Type: Summary-LSA (IP network) (3)
      Link State ID: 192.168.4.0
      Advertising Router: 192.168.3.2 (192.168.3.2)
      LS Sequence Number: 0x80000001
      LS Checksum: 0x835d
      Length: 28
```

图 5.59　R1 发送的链路状态确认报文

LSA，如图 5.61 所示，指定路由器 R5 和备份指定路由器 R4 将会接收到链路状态更新报文。而后，指定路由器 R5 将向所有 OSPF 路由器组播组（地址 224.0.0.5）发送该网络摘要 LSA，如图 5.62 所示。R5 的发送隐含了对 R1 发送的确认。备份指定路由器 R4 则向地址 224.0.0.5 发送链路状态确认报文（图 5.63），即同时向 R1 和 R5 的发送进行了确认。R3 向地址 224.0.0.6 发送链路状态确认报文（图 5.64），对 R5 发送的链路状态更新报文进行确认。

No.	Time	Source	Destination	Protocol	Length	Info
122	207.293736	192.168.2.1	224.0.0.6	OSPF	90	LS Update
125	207.305849	192.168.2.5	224.0.0.5	OSPF	90	LS Update
126	209.818170	192.168.2.4	224.0.0.5	OSPF	78	LS Acknowledge
127	209.828365	192.168.2.3	224.0.0.6	OSPF	78	LS Acknowledge

图 5.60　区域 10 中的链路状态更新分组列表

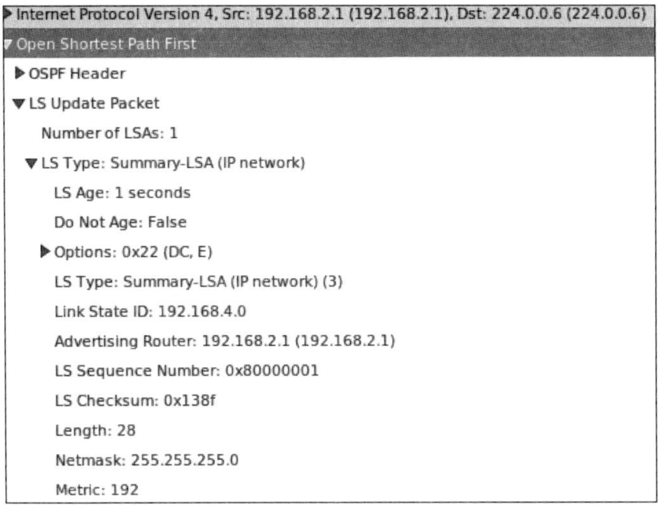

▶ Internet Protocol Version 4, Src: 192.168.2.1 (192.168.2.1), Dst: 224.0.0.6 (224.0.0.6)
▼ Open Shortest Path First
　▶ OSPF Header
　▼ LS Update Packet
　　Number of LSAs: 1
　　▼ LS Type: Summary-LSA (IP network)
　　　LS Age: 1 seconds
　　　Do Not Age: False
　　　▶ Options: 0x22 (DC, E)
　　　LS Type: Summary-LSA (IP network) (3)
　　　Link State ID: 192.168.4.0
　　　Advertising Router: 192.168.2.1 (192.168.2.1)
　　　LS Sequence Number: 0x80000001
　　　LS Checksum: 0x138f
　　　Length: 28
　　　Netmask: 255.255.255.0
　　　Metric: 192

图 5.61　区域边界路由器 R1 发送的链路状态更新报文

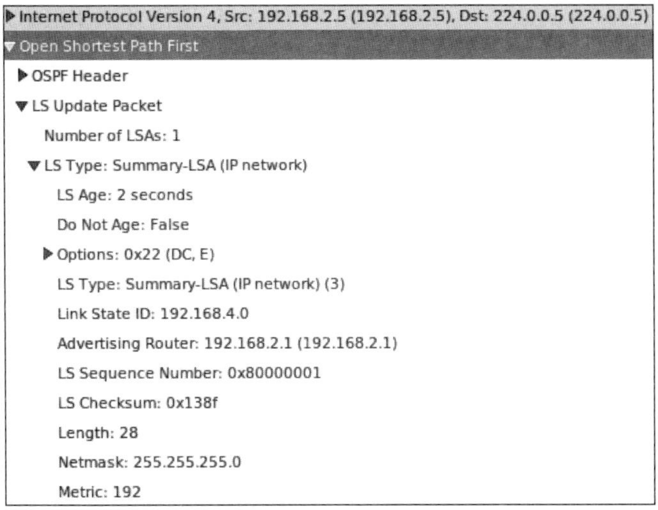

▶ Internet Protocol Version 4, Src: 192.168.2.5 (192.168.2.5), Dst: 224.0.0.5 (224.0.0.5)
▼ Open Shortest Path First
　▶ OSPF Header
　▼ LS Update Packet
　　Number of LSAs: 1
　　▼ LS Type: Summary-LSA (IP network)
　　　LS Age: 2 seconds
　　　Do Not Age: False
　　　▶ Options: 0x22 (DC, E)
　　　LS Type: Summary-LSA (IP network) (3)
　　　Link State ID: 192.168.4.0
　　　Advertising Router: 192.168.2.1 (192.168.2.1)
　　　LS Sequence Number: 0x80000001
　　　LS Checksum: 0x138f
　　　Length: 28
　　　Netmask: 255.255.255.0
　　　Metric: 192

图 5.62　指定路由器 R5 发送的链路状态更新报文

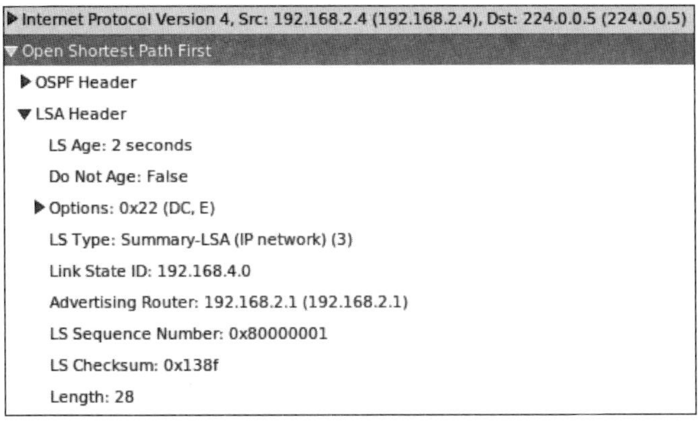

▶ Internet Protocol Version 4, Src: 192.168.2.4 (192.168.2.4), Dst: 224.0.0.5 (224.0.0.5)
▼ Open Shortest Path First
　▶ OSPF Header
　▼ LSA Header
　　LS Age: 2 seconds
　　Do Not Age: False
　　▶ Options: 0x22 (DC, E)
　　LS Type: Summary-LSA (IP network) (3)
　　Link State ID: 192.168.4.0
　　Advertising Router: 192.168.2.1 (192.168.2.1)
　　LS Sequence Number: 0x80000001
　　LS Checksum: 0x138f
　　Length: 28

图 5.63　备份指定路由器 R4 发送的链路状态确认报文

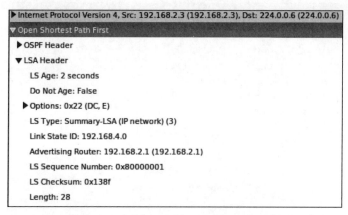

图 5.64　路由器 R3 发送的链路状态确认报文

5.4　BGP 协议分析

边界网关协议(Border Gateway Protocol,BGP)是一种自治系统间的选路协议,主要功能是在 AS 之间交换网络的可达性信息。根据这些可达性信息,路由器能够构造一个 AS 之间的连接关系图,从而计算出到达目的网络的路由。在计算路由时,管理员还可以在 AS 层面上应用一些路由控制策略。例如,控制到某网络的路由不经过某些 AS。RFC 4271 定义了第 4 版本的 BGP 协议(BGP4),支持 CIDR 地址和路由聚集,用于 IPv4 网络的自治系统间选路。RFC 4760 对 BGP4 协议进行了扩展,使它可以支持多种网络层协议的自治系统间选路,如 IPv6、IPX 和 L3VPN 等。

5.4.1　BGP 协议工作原理

在自治系统中,运行 BGP 协议的路由器称为它的 BGP 发言人(BGP Speaker)。BGP 发言人通过与其他自治系统中的 BGP 发言人交换路径信息来学习路由。每个 BGP 发言人都有一个 4 字节的 BGP 标识符(BGP Identifier),这个标识符在 BGP 发言人启动过程中确定,通常就是分配给 BGP 发言人的某个 IP 地址。

BGP 发言人之间使用 TCP 作为传输协议(端口号 179)。建立连接的两个 BGP 发言人互称为对等发言人(Peer)。若两个对等发言人位于同一个 AS 内,则称为内部对等发言人(Internal Peer;内部对等发言人也记为 IBGP),否则称为外部对等发言人(External Peer;外部对等发言人也记为 EBGP)。

两个 BGP 发言人建立 TCP 连接后,首先发送打开报文,协商路由信息交换的参数;然后通过发送更新报文交换各自的路由表(只交换管理策略允许的路由)。BGP 发言人并不需要周期性地交换路由表,而是采用增量式的方法更新路由信息,即只有在路由表发生改变时,才向对等发言人通知改变的路由(增加新路由或撤销失效路由)。一个 BGP 更新报文中可以包含一条增加的新路由,以及多条要撤销的失效路由。

BGP 发言人之间周期性地交换保活报文,以检测对方是否活跃。若对方不再活跃

(一段时间内接收不到对方的保活报文),就关闭与对方的连接。协议运行过程中如果发生错误,BGP 发言人就向对方发送通知报文并关闭连接。连接关闭后,BGP 发言人就撤销对方通知的所有路由。

如果一个自治系统与多个其他 AS 连接,这个自治系统往往会有多个 BGP 发言人。此时必须确保自治系统内部路由的一致性,这需要在所有 BGP 发言人之间建立对等关系,即每个 BGP 发言人都要与其他 BGP 发言人建立连接,成为它们的内部对等发言人。此外,为了防止在 AS 内部出现环路路由,BGP 发言人也不会将从 IBGP 邻居学习到的路由再通告给自己的其他 IBGP 邻居(称为"水平分割"),这也要求保证 IBGP 之间全部互联。

BGP 协议只支持基于目的地址的分组转发。因此,它也只支持基于目的地址的路由策略。

RFC 4271 规定 BGP4 协议采用 RFC 2385 定义的认证机制进行路由信息交换的安全保护。

5.4.2 BGP4 报文格式

1. 报文首部格式

BGP4 定义了 4 种报文:打开报文(OPEN)、更新报文(UPDATE)、通知报文(NOTIFICATION)和保活报文(KEEPALIVE)。每种报文都以一个标识报文开始的固定首部开始,其格式如图 5.65 所示,其中:

图 5.65 BGP 报文固定首部格式

(1) 标记(Maker)字段,16 字节,必须设置为 0,该字段是为了协议兼容性。

(2) 长度(Length)字段,2 字节,指明报文(包括固定首部)的长度,以字节为单位。最小的 BGP 报文长 19 字节(只有固定首部),最大的 BGP 报文不超过 4096 字节。由于 BGP 报文通过 TCP 协议传输,而 TCP 协议是面向字节流的,不保留消息之间的边界,长度字段也指明了字节流中下一个报文的开始位置。

(3) 类型(Type)字段,1 字节,指明 BGP 报文的类型,见表 5.9。

表 5.9 BGP 报文类型

类型	含　　义
1	打开(OPEN)报文,用于初始化通信
2	更新(UPDATE)报文,用于通告新增的或撤销的路由

类型	含　义
3	通知(NOTIFICATION)报文,用于对不正确报文的响应
4	保活(KEEPALIVE)报文,用于检测与对等 BGP 发言人的连接性

2. 打开报文

BGP 发言人与对等 BGP 发言人建立 TCP 连接后,首先向对方发送一个打开(OPEN)报文,协商路由信息交换的参数。接收到对方发送的 OPEN 报文后,BGP 发言人用保活报文(KEEPALIVE)进行响应。OPEN 报文的数据部分格式如图 5.66 所示。

图 5.66　OPEN 报文数据部分格式

图 5.66 中:

(1) 版本(Version)字段,1 字节,指明 BGP 协议的版本,BGP4 协议设置为 4。

(2) 自治系统编号(My Autonomous System)字段,2 字节,指明发送方所属自治系统的编号。

(3) 保持时间(Hold Time)字段,2 字节,指明发送方建议的连接保持时间,以秒为单位。接收方将以自己配置的保持时间和发送方建议的保持时间中的较小者作为实际的连接保持时间,这段时间指明了从对方接收到下一个 BGP 报文的最长等待时间。若超过保持时间后还没有从对方接收到任何报文,就认为对方不可达,并关闭与对方的 TCP 连接。

(4) BGP 标识符(BGP Identifier)字段,4 字节,指明发送方的 BGP 标识符。BGP 发言人在与所有对等发言人通信时必须使用相同的标识符。

(5) 选项参数长度(Opt Parm. Len)字段,1 字节,指明报文中包含的所有选项参数的总长度,以字节为单位。若设置为 0,则表明报文中没有选项参数。

(6) 选项参数(Optional Parameters)字段,长度可变。一个 OPEN 报文中可以包含多个选项参数,每个参数都用一个三元组<参数类型(Parm. Type),参数长度(Parm. Length),参数值(Parm. Value)>表示,格式如图 5.67 所示,其中参数类型和参数长度字段各占 1 字节。注意,参数长度只包含参数值的长度,以字节为单位。

```
0                   1                   2                   3
0 1 2 3 4 5 6 7 8 9 0 1 2 3 4 5 6 7 8 9 0 1 2 3 4 5 6 7 8 9 0 1
```

参数类型	参数长度	参数值（长度可变）

图 5.67　选项参数的格式

3. 更新报文

BGP 发言人通过发送更新（UPDATE）报文来通知对等发言人路由信息。在 BGP4 协议中，一条路由被定义为一组目的地址以及到达这些目的地址的一条路径属性（即到达这组目的地址的路径相同），路径属性包括经过的自治系统列表（即路径）、路由来源、下一跳地址、路由是否被聚集等。BGP 发言人能根据从其他对等发言人接收到的更新报文构造出自治系统之间的连接关系图，从而计算出到达每个目的网络的下一跳地址。UPDATE 报文的数据部分格式如图 5.68 所示，其中：

撤销路由长度（2字节）
撤销路由（长度可变）
路径属性总长度（2字节）
路径属性（长度可变）
网络层可达性信息（长度可变）

图 5.68　UPDATE 报文数据部分格式

（1）撤销路由长度（Withdrawn Routes Length）字段，2 字节，指明紧接着的撤销路由字段的长度，以字节为单位。为 0 表示没有要撤销的路由，报文中也不包含撤销路由字段。

（2）撤销的路由（Withdrawn Routes）字段，长度可变，列出了一组要撤销的路由。一条路由由目的网络的地址标识。在 CIDR 中，网络地址由一个 IP 地址和一个地址掩码表示。BGP4 采用了一种压缩的表示法，即采用二元组＜前缀长度，前缀＞表示网络地址，其中前缀长度字段占 1 字节，指明 32 位 IPv4 地址中网络前缀所占的位数；而前缀字段只有 IP 地址中包含网络前缀的字节，即当前缀长度为 8 或更小时，前缀字段只包含第一个字节，当前缀长度为 9～16 时只包含前两个字节，当前缀长度为 17～24 时只包含前三个字节，而当前缀长度大于 24 时则包含所有 4 字节。特别地，若前缀长度为 0，则表示是默认路由。

（3）路径属性总长度（Total Path Attribute Length）字段，2 字节，指明紧接着的路径属性字段的总长度，单位是字节。为 0 表示报文中不存在路径属性字段和网络层可达性信息字段，即报文中不包含新增路由。

（4）路径属性（Path Attributes）字段，长度可变，指明了通告的新路由的一组属性值，每个属性用一个三元组＜类型、长度、值＞表示，其中类型字段占 2 字节，第一个字节是属性类型标志（见表 5.10），第二个字节是属性类型代码（见表 5.11）；长度字段占 1 字节或 2 字节（依赖于属性类型标志的扩展长度位是否置位），指明了属性值所占的字节数。一个更新报文中,一种路径属性只能出现一次。BGP 路径属性分为四种类型:熟知的必须属性(Well-Known Mandatory)、熟知的可选属性(Well-Known Discretionary)、可选的传递属性(Optional Transitive)和可选的非传递属性(Optional Non-Transitive)。BGP 协议的实现必须支持熟知的(Well-Known)属性(包括必须属性和可选属性)。可选的(Optional)属性可用于扩展 BGP 协议的功能,例如,BGP 对多种网络层协议的支持就是通过定义两种可选属性实现的。

表 5.10　路径属性的类型标志

标志位 (从左至右)	含　义
第 1 位	可选(Optional)标志:0,熟知的(Well-Known)属性;1,可选的(Optional)属性
第 2 位	传递(Transitive)标志,规定可选属性是否可传递:0,不可传递;1,可传递。注意,对熟知的属性,传递标志必须设置为 1
第 3 位	属性生成者(Partial)标志,指明了可选且可传递的属性由路径中的哪类 BGP 发言人生成:0,由路径中的第一个 BGP 发言人生成;1,由路径中其他 BGP 发言人生成。注意,对熟知的属性或可选但不可传递的属性,该标志位必须设置为 0
第 4 位	扩展长度(Extended Length)标志,规定了长度字段所占的字节数:0 为 1 字节;1 为 2 字节
剩余位	未使用,必须设置为 0

表 5.11　路径属性的类型代码

代码	类　型	含　义	备　注
1	ORIGIN	路由信息的来源:0,来自 IGP;1,来自 EGP;2,其他方式	熟知的必须属性。由生成路由信息的 BGP 发言人设置,其他 BGP 发言人不能改变该属性值
2	AS_PATH	到目的地址的路径,一个自治系统序列	熟知的必须属性
3	NEXT_HOP	到目的地址的下一跳地址	熟知的必须属性
4	MULTI_EXIT_DISC	多退出点的优先级。当某邻居 AS 有多个退出点时,用该属性选择优先的退出点(属性值最小的退出点优先)	可选的非传递属性,不能被传递给相邻的 AS
5	LOCAL_PREF	自治系统内使用的优先级。每个 BGP 发言人根据本地配置策略,给每条外部路由计算一个优先级,并通知 AS 内部的对等 BGP 发言人	熟知的可选属性
6	ATOMIC_AGGREGATE	路径聚集标志,指明报文中的路径是否是一条被聚集后的路径	熟知的可选属性
7	AGGREGATOR	路径聚集 BGP 发言人标识,指明聚集路由的 BGP 发言人(包括其所属 AS 的编号和 BGP 标识符)	可选的传递属性

（5）网络层可达性信息（Network Layer Reachability Information）字段，长度可变，列出了一组通过路径属性字段指明的路径可达的网络的地址。网络地址的编码方式与撤销路由中相同。

注意，一个更新报文中可以包含一组要撤销的路由，但只能包含一条新增的路由。报文中同时也可以包含通过这条新增路由可到达的多个目的地址。

4. 保活报文

BGP 发言人周期性地向对等发言人发送保活（KEEPALIVE）报文，以维持与对方的连接。保活报文的发送间隔不能小于 1s，通常设置为保持时间的 1/3。如果保持时间是 0，BGP 发言人就不发送保活报文。

保活报文只包含标准的报文首部（19 字节）而不包含其他数据。

5. 通知报文

当协议运行发生错误时，BGP 发言人就向对等发言人发送通知（NOTIFICATION）报文，并立即关闭相关的 TCP 连接。通知报文的格式如图 5.69 所示，其中：

（1）错误代码（Error Code）字段，1 字节，用于指明错误类型，见表 5.12。

（2）错误子代码（Error Subcode）字段，1 字节，用于进一步指明具体的错误属性，见表 5.12。若某种错误代码没有进一步定义错误子代码，则错误子代码字段置为 0。

（3）数据（Data）字段，长度可变，内容依赖于错误代码和错误子代码，用于错误原因的诊断。

图 5.69 通知报文数据部分格式

表 5.12 通知报文的错误类型

错误代码	含　义	错误子代码	含　义
1	报文首部错误	1	连接不同步
		2	错误的报文长度
		3	错误的报文类型
2	OPEN 报文错误	1	不支持该版本的协议
		2	对等 BGP 发言人的 AS 编号错误
		3	BGP 标识符错误
		4	不支持的选项参数
		5	【已废弃】
		6	保持时间不可接受

续表

错误代码	含　　义	错误子代码	含　　义
3	UPDATE 报文错误	1	错误的路径属性列表
		2	无法识别的熟知属性
		3	遗漏了熟知属性
		4	属性标志错误
		5	属性长度错误
		6	无效的路由信息来源(ORIGIN)属性
		7	【已废弃】
		8	无效的下一跳(NEXT_HOP)属性
		9	选项属性错误
		10	无效的网络地址
		11	无效的 AS 路径
4	保持时间超时	0	
5	BGP 有限状态机错误	0	
6	停止	0	

5.4.3　BGP 协议分析

1. 相关命令

（1）启用 BGP 路由协议

```
Router(config)# router bgp as-number
```

参数 as-number 是路由器所属的自治系统编号。执行此命令后进入 BGP 协议的配置模式。

（2）配置 BGP 邻居

```
Router(config)# neighbor ip remote-as as-number
```

参数 ip 是邻居的 BGP 标识符，as-number 是邻居所属自治系统编号。BGP 无法自动发现邻居，需手工指定，邻居的 IP 地址由本地的 neighbor 命令指定。BGP 连接的源 IP(称为更新源)默认情况下为分组的发送接口地址。注意只有当本地配置的邻居 IP 地址与邻居用于 BGP 连接建立的源 IP 相同时，BGP 连接才能被正常建立。同时，仅需保证一方满足条件即可。

为了保证邻居关系的稳定，IBGP 邻居之间建立连接一般用环回(Loopback)接口的地址。这是因为如果使用物理接口建立邻居连接，当物理接口发生故障后，邻居关系也就失效了。邻居之间的环回地址路由可通过 IGP 获取并提供一定的路由冗余性(当物理线

路也存在冗余的情况下)。注意,使用环回接口建立 IBGP 邻居关系时,必须指定更新源 IP。指定更新源地址用下列命令:

```
Router(config)# neighbor ip update-source interface
```

(3) 路由重分布

```
Router(config) # redistribute protocol [process-id] [metric metric-value]
```

路由重分布是指在不同的路由协议之间交换路由信息的过程,即将由一种路由协议生成的路由信息注入另一种路由协议中。路由重分布是有方向的,可以是单向或双向的。

将 A 路由协议的路由注入 B 路由协议时,要在运行 B 路由协议的进程中进行配置。参数 protocol 是要重分布的路由协议的名称(A 路由协议),process-id 是 A 路由协议的进程号(可选参数,需要指定时提供,例如重分布 OSPF 路由时要指定运行 OSPF 协议的进程号);参数 metric-value 为注入的路由指定外部路由代价。当一种路由协议生成的路由被重分布到另一种路由协议中时,其原协议中的路由代价会丢失,需要在进行重分布时为其指定一个外部代价值。这是因为不同路由协议计算代价的方法不同,路由代价值不具有可比性,无法进行数值上的转换。注意 BGP 协议是一种策略性路由,其路由无代价,把其他协议路由注入 BGP 协议中时不需要指定 metric 参数。

(4) 显示 BGP 路由表

```
show ip bgp
```

输出路由器的 BGP 路由表。

(5) 显示 BGP 邻居路由器

```
show ip bgp neighbors
```

输出路由器的 BGP 邻居。

2. 网络拓扑及配置

在 GNS3 中搭建如图 5.70 所示的网络,并按图 5.70 中所示关系连接路由器接口。新建一个 GNS3 工程 bgp4,保存该网络拓扑。

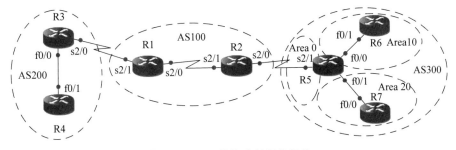

图 5.70　BGP 协议分析网络拓扑

参照 RIP 和 OSPF 协议分析的实验,按表 5.13 所示参数配置路由器各接口的地址。在 AS100 中的路由器(R1、R2)上启用 RIP2 协议,并关闭路由自动汇聚功能,注意设置

R1 的接口 s2/1、R2 的接口 s2/0 为被动接口（Passive-Interface；在路由协议配置模式中执行 passive-interface 命令）；在 AS200 中的路由器（R3、R4）上启用 RIP2 协议，关闭路由自动汇聚功能，设置 R3 接口 s2/0 为被动接口；在 AS300 中的路由器（R5、R6、R7）上启用 OSPF2 协议，设置 R5 的接口 s2/1 为被动接口。

表 5.13　BGP 协议分析的网络配置参数

设备	接口	IP 地址	地址掩码	AS ID	OSPF 区域 ID
R1	s2/0	192.168.100.1	255.255.255.0	100	—
	s2/1	192.168.1.1	255.255.255.0		—
	loopback0	1.1.1.1	255.255.255.0		—
R2	s2/0	192.168.2.2	255.255.255.0	100	—
	s2/1	192.168.100.2	255.255.255.0		—
	loopback0	2.2.2.2	255.255.255.0		—
R3	s2/0	192.168.1.3	255.255.255.0	200	—
	f0/0	192.168.200.3	255.255.255.0		—
R4	f0/1	192.168.200.4	255.255.255.0	200	—
R5	s2/1	192.168.2.5	255.255.255.0	300	0
	f0/0	172.16.10.5	255.255.255.0		10
	f0/1	172.16.20.5	255.255.255.0		20
R6	f0/1	172.16.10.6	255.255.255.0	300	10
R7	f0/0	172.16.20.7	255.255.255.0	300	20

3. BGP 协议分析

（1）BGP 路由交换过程

在 R1 和 R2 之间的链路上启用 PPP 协议的分组捕获，然后分别在 R1 和 R2 上启用 BGP 协议。R1 和 R2 互为 IBGP。在 R1 的控制台窗口中执行下列命令：

```
1:   R1#config t
2:   R1(config)#router bgp 100
3:   R1(config-router)#neighbor 2.2.2.2 remote-as 100
4:   R1(config-router)#neighbor 2.2.2.2 update-source loopback 0
```

注意用 loopback 接口地址作为 IBGP 邻居标识时，必须指定邻居的更新源接口。参照上述命令，在 R2 上启用 BGP 协议。最后，在 R1 和 R2 上，将 RIP 协议的路由重分布到 BGP 协议中。在路由协议配置模式下执行下列命令（以 R1 为例）：

```
R1(config-router)#redistribute rip
```

稍等一段时间后停止分组捕获，打开捕获的分组文件，输入显示过滤器"bgp"，分组列表窗口显示如图 5.71 所示。可以看到，R1（1.1.1.1）和 R2（2.2.2.2）首先向对方发送

OPEN 报文(在成功建立 TCP 连接后;第 36、37 个分组,Wireshark 编号)。R1 发送的 OPEN 报文如图 5.72 所示。可以看到,BGP 报文封装在 TCP 报文中,被动连接方使用了 TCP 端口 179;R1 建议的保持时间(Hold Time)是 180s;报文中包含有 3 个选项参数。

No.	Time	Source	Destination	Protocol	Length	Info
36	82.389530	1.1.1.1	2.2.2.2	BGP	89	OPEN Message
37	82.433467	2.2.2.2	1.1.1.1	BGP	89	OPEN Message
38	82.433530	2.2.2.2	1.1.1.1	BGP	63	KEEPALIVE Message
39	82.441776	1.1.1.1	2.2.2.2	BGP	63	KEEPALIVE Message
57	131.850738	2.2.2.2	1.1.1.1	BGP	63	KEEPALIVE Message
58	131.895794	1.1.1.1	2.2.2.2	BGP	63	KEEPALIVE Message
61	133.977840	2.2.2.2	1.1.1.1	BGP	166	UPDATE Message, UPDATE Message
70	156.056102	1.1.1.1	2.2.2.2	BGP	166	UPDATE Message, UPDATE Message
83	194.305153	2.2.2.2	1.1.1.1	BGP	63	KEEPALIVE Message
92	216.308955	1.1.1.1	2.2.2.2	BGP	63	KEEPALIVE Message
106	254.723607	2.2.2.2	1.1.1.1	BGP	63	KEEPALIVE Message
115	276.737966	1.1.1.1	2.2.2.2	BGP	63	KEEPALIVE Message

图 5.71　BGP 路由交换分组列表(R1、R2)

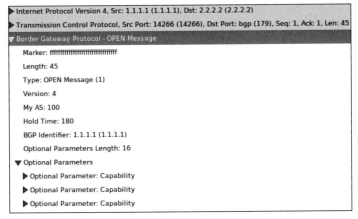

▶ Internet Protocol Version 4, Src: 1.1.1.1 (1.1.1.1), Dst: 2.2.2.2 (2.2.2.2)
▶ Transmission Control Protocol, Src Port: 14266 (14266), Dst Port: bgp (179), Seq: 1, Ack: 1, Len: 45
▼ Border Gateway Protocol - OPEN Message
　　Marker: ffffffffffffffffffffffffffffffff
　　Length: 45
　　Type: OPEN Message (1)
　　Version: 4
　　My AS: 100
　　Hold Time: 180
　　BGP Identifier: 1.1.1.1 (1.1.1.1)
　　Optional Parameters Length: 16
　▼ Optional Parameters
　　▶ Optional Parameter: Capability
　　▶ Optional Parameter: Capability
　　▶ Optional Parameter: Capability

图 5.72　R1 发送的 OPEN 报文

在接收到 OPEN 报文后,BGP 路由器用 KEEPALIVE 报文进行响应(第 38、39 个报文)。R2 发送的 KEEPALIVE 报文如图 5.73 所示。此后,互为邻居的 BGP 路由器周期发送 KEEPALIVE 报文。

▶ Internet Protocol Version 4, Src: 2.2.2.2 (2.2.2.2), Dst: 1.1.1.1 (1.1.1.1)
▶ Transmission Control Protocol, Src Port: bgp (179), Dst Port: 14266 (14266), Seq: 46, Ack: 46, Len: 19
▼ Border Gateway Protocol - KEEPALIVE Message
　　Marker: ffffffffffffffffffffffffffffffff
　　Length: 19
　　Type: KEEPALIVE Message (4)

图 5.73　R2 发送的 KEEPALIVE 报文

当 BGP 路由表改变时,BGP 路由器将向邻居通知路由更新。实验中将 RIP 路由重分布到 BGP 协议后,BGP 路由器发送 UPDATE 报文通知路由更新(第 61、70 个分组)。

R2 发送的第 61 个分组（TCP 报文）中包含了两个 UPDATE 报文，如图 5.74 和图 5.75 所示，分别描述了具有两种路径属性的路由。对 R2 而言，到达网络 192.168.1.0/24 和 1.1.1.0/24 需要通过 192.168.100.1（R1，从 RIP 协议学习到）；由于 R1 和 R2 属于同一个 AS，因此 AS_PATH 为空；到达网络 192.168.100.0/24、192.168.2.0/24 和 2.2.2.0/24 需要通过 2.2.2.2（R2，从 RIP 协议学习到），AS_PATH 同样也为空。

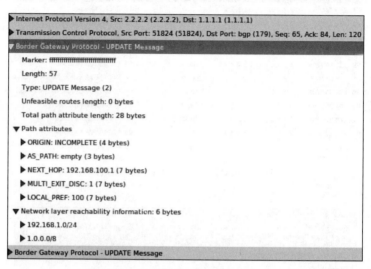

图 5.74　R2 发送的 UPDATE 报文（一）

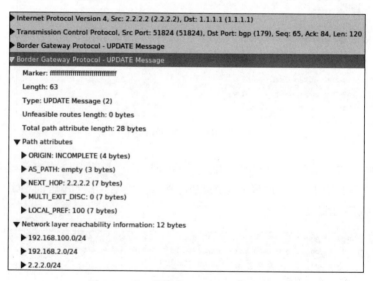

图 5.75　R2 发送的 UPDATE 报文（二）

在 R5 和 R2 之间的链路上启用 PPP 协议分组捕获。在 R5 上启用 BGP 路由协议，并在 R2 和 R5 之间建立 EBGP 邻居关系，然后在 R5 上将 OSPF 协议路由重分布到 BGP 协议。由于邻居关系的建立以及 BGP 路由表的改变，R2 和 R5 将相互通告自己的 BGP 路由表项，其过程与 R1 和 R2 之间的路由交换类似，读者可在捕获分组的文件中分析路由交换过程。注意：此时目的网络位于不同的 AS 中，路由更新报文的路径属性中会包含有 AS_PATH 属性。

类似地，在 R3 上启用 BGP 路由协议并与 R1 建立 EBGP 邻居关系，在 R3 上将 RIP 协议路由重分布到 BGP 协议。读者可通过在 R3 和 R1 间链路上捕获的分组来分析路由交换过程。

（2）BGP 路由到 RIP 协议的重发布

路由重发布具有方向性。在上述实验中，将 RIP 或 OSPF 路由重发布到 BGP 协议中，所有 BGP 路由器将具有整个网络的路由信息。但在各个 AS 内部的路由协议中却没有其他 AS 中网络的路由信息（AS 100 中的两个路由器除外，因为它们都是 BGP 路由器，因而具有全网路由信息）。在 R3 上执行下列命令，可将 BGP 路由表中的路由项重发布到 AS 200 中的 RIP 协议中（执行命令前先在 R3、R4 之间的网络上启动分组捕获）：

```
1:    R3#config t
2:    R3(config)#router rip
3:    R3(config-router)#redistribute bgp 200 metric 5
```

其中参数 metric 指定注入 RIP 路由协议中的 BGP 路由代价为 5。

打开捕获的分组文件，输入显示过滤器"rip"，查看 R3 发送的 RIP 路由表报文（由于水平分割的存在，R4 不发送 RIP 报文），可以发现去往 AS 100 和 AS 300 中网络的路由，且其代价是 5，如图 5.76 所示。

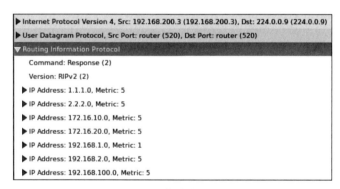

图 5.76　R3 发送的 RIP 报文

（3）BGP 路由到 OSPF 协议的重发布

在 R5 上执行下列命令可将 BGP 路由表中的路由项重发布到 AS 300 中的 OSPF 协议中（执行命令前先在 R5 和 R6、R5 和 R7 之间网络上启动分组捕获）：

```
1:    R5#config t
2:    R5(config)#router ospf 1
3:    R5(config-router)#redistribute bgp 300
% Only classful networks will be redistributed
```

注意，在默认情况下，只有分类地址网络的路由才会被重发布到 OSPF 协议中。在实验网络中，只有 192.168.200.0、192.168.1.0 和 192.168.100.0 的路由项会被重发布到

OSPF 路由协议中,而 R1、R2 的本地回环接口网络的路由不会被重发布,因为它们的子网掩码与默认子网掩码不同。

外部 AS 的路由注入 OSPF 协议时,AS 边界路由器以 AS 外部链路状态宣告(AS-External-LSA)在其 OSPF 路由域中洪泛路由项。例如,图 5.77 是 R5 发送的到网络 192.168.1.0 的 LSA。可以看到,通过 192.168.2.5(R5)到该网络的链路类型是 2,而代价是 1。注意,AS 边界路由器在整个 OSPF 路由域中洪泛这些外部路由项,在区域 20 中也可以观察到这些 LSA。

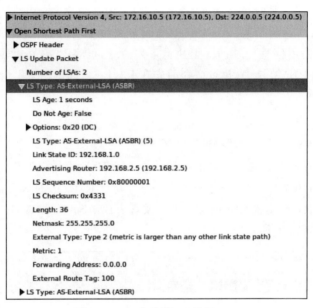

图 5.77　R5 发送的 AS 外部 LSA

若 BGP 路由项很多,将 BGP 路由注入 IGP 协议会对 IGP 的运行造成影响。解决办法是将 AS 中的其他路由器都作为 IBGP,直接通过 BGP 协议发送路由项到每个路由器。由于水平分割原则的存在,IBGP 路由器之间要两两建立连接,以获得完整的 BGP 路由更新。但这种做法的扩展性很低,同时也给网络设备带来了负担。解决 IBGP 扩展性问题的两种有效的办法是路由反射(Route Reflection,RFC 4456)和自治系统联邦(Autonomous System Confederation,RFC 5065)。

(4) BGP 路由的撤销

在 Cisco IOS 中,BGP 协议默认不自动进行路由汇聚,因而分析 BGP 路由交换过程时(在 R5 上将 OSPF 路由重发布到 BGP 协议后),会看到到达网络 172.16.10.0/24 和 172.16.20.0/24 的两个独立路由。在 R5 上执行下列命令,启用 BGP 协议的自动路由汇聚功能:

```
1:   R5#config t
2:   R5(config)#router bgp 300
3:   R5(config-router)#auto-summary
```

　　R5 将到达该两个网络的路由汇聚成一条路由后，通知邻居 BGP 路由器新的路由并撤销原来的两条路由。这些路由更新信息将在 BGP 路由器之间扩散。在 R5 上启用 BGP 路由自动汇聚功能前，在邻居 BGP 路由器之间的网络上启用分组捕获，可查看路由的更新。例如，在 R1 和 R3 之间的网络上进行分组捕获，可以看到 R1 向 R3 发送的 BGP 路由更新报文，如图 5.78 所示。R1 通知 R3，可通过 192.168.1.1(R1)到达网络 172.16.0.0/16，该路由经过的 AS 路径是 100、300。R1 在另一个 BGP 更新报文中通知 R3 撤销网络 172.16.10.0/24 和 172.16.20.0/24 的路由。

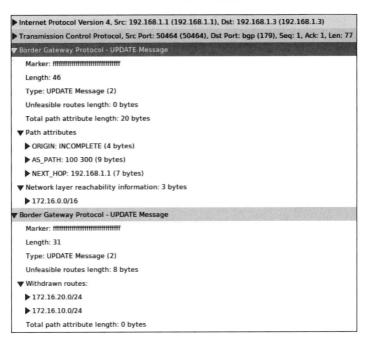

图 5.78　BGP 路由更新与撤销

第6章

传输层协议

传输层位于 OSI/RM 参考模型中从下往上的第四层,介于网络层和应用层之间。传输层利用网络层提供的服务,以此为基础向应用层提供服务。传输层的基本服务是为在端系统运行的应用程序提供进程之间端到端的通信支撑。

本章分为三部分。6.1 节内容涉及传输层的地位和作用、主要协议和多路复用/分解和端口;6.2 节内容涉及 UDP 协议的原理、协议分析和仿真;6.3 节内容涉及 TCP 协议的原理、协议分析和仿真。

6.1 传输层协议概述

6.1.1 传输层的地位和作用

从通信和信息处理的角度来看,传输层为其上面的应用层提供通信服务,属于面向通信部分的最高层,同时也是用户功能中的最低层。当网络的边缘部分中的两台主机使用网络核心部分的功能进行端到端的通信时,只有主机的协议栈才有传输层,而网络核心部分中的路由器在转发分组时仅仅用到下三层的功能。因此,传输层在应用层和网络层之间起承上启下的作用,传输层的作用体现在以下三个方面:

- 传输层提供比网络层质量更高的服务。传输层基于网络层进行工作,而因特网的 IP 层仅尽力而为提供服务。经过 IP 传输的报文可能存在被丢弃、乱序、冗余、长度受限和长时延等现象,因此,其提供的服务是不可靠的。而对于顶层的应用程序,如果其要求可靠性,可以有以下两条解决途径:一是由应用程序自身解决可靠性问题,二是加入新的协议模块专门解决可靠性问题。前一种方法要求应用软件设计者必须直接面对 IP 层及复杂的通信子网,并解决各种影响网络性能的问题,这对于大部分设计者而言是十分困难的。因此,传输层通常采用添加新的协议模块来解决可靠性问题。
- 传输层提供识别应用层进程的机制。从 IP 层来说,通信的两端是两台主机,传递的对象是 IP 数据报,其使用目的 IP 地址作为传递的目的地,但一个 IP 地址标识的只是主机的某一个网络接口,而非主机上运行的应用进程。若使用 IP 地址作为通信的目的地,则无法区分同一主机上运行的多个进程。因此,传输层应使用比 IP 地址更具体的标识符(端口)标识主机中的进程。
- 传输层要针对不同大小的应用层数据进行恰当的处理。对于比较大的数据,如大

型文件、音频或视频等数据进行划分,以便于在网络上进行传输;对于比较小的数
据进行合并后传输,以提高网络利用率。

TCP/IP 协议族提供了两个传输层协议:UDP(User Datagram Protocol,用户数据报
协议)和 TCP(Transmission Control Protocol,传输控制协议)。有关 TCP 和 UDP 的内
容参看本章 6.2 节和 6.3 节。

6.1.2 传输层的两个主要协议

TCP/IP 协议栈的传输层的两个主要协议都是因特网的正式标准,即:

- 用户数据报协议 UDP   (User Datagram Protocol)[RFC 768]
- 传输控制协议 TCP   (Transmission Control Protocol)[RFC 793]

图 6.1 给出了这两种协议在协议栈中的位置。按照 OSI 术
语,两个对等传输实体在通信时传输的数据单位称为 TPDU
(Transport Protocol Data Unit,传输协议数据单元),在 TCP/IP
体系中,根据使用的协议是 TCP 还是 UDP,分别称为 TCP 报文
段(Segment)或 UDP 用户数据报。

图 6.1 TCP/IP 体系中
的传输层协议

UDP 提供无连接的服务。在传送数据之前不需要先建立连
接。对方的传输层在收到 UDP 报文后,也不需要给出任何确
认。虽然 UDP 不提供可靠交付,但在某些情况下 UDP 是一种十分有效的工作方式。传
输层的 UDP 用户数据报与网际层的 IP 数据报有很大区别。IP 数据报通常要通过互联
网中多个路由器的存储转发,但 UDP 用户数据报是在传输层抽象的端到端逻辑信道中
传送。

TCP 提供面向连接的服务。在传输数据前必须先建立连接,数据传输结束后需要释
放连接。因为需要建立连接,TCP 不提供广播或多播服务。由于 TCP 要提供可靠的、面
向连接的传输服务,因此会不可避免地增加许多开销,这不仅使协议数据单元的首部增大
很多,还需要占用许多的处理机资源。TCP 报文段在传输层抽象的端到端逻辑信道中传
送,该信道是可靠的全双工信道,但该信道并不知道其究竟通过了哪些路由器,同时这些
路由器也不知道其上的传输层是否建立了 TCP 连接。

6.1.3 端口

一个 IP 地址能够标识只有一个接口的主机,但由于一台主机可能运行多个应用进
程,显然 IP 地址无法标识该主机上的不同应用进程,因此还需要另一种标识符才能标识
每个进程。由于计算机操作系统所赋予的 PID(Process Identification,进程标识符)仅限
于区分本系统中的进程,而无法标识网络上不同主机中的进程,因此,因特网使用了一种
更通用的方法,即定义了一种称为端口(Port)的抽象定位器,用于标识主机中的进程。

实际上,端口就是 TSAP(Transport Service Access Point,传输层服务访问点)。端
口的作用就是让应用层的各种应用进程都能将其数据通过端口向下交付给传输层,以及
让传输层知道应当将其报文段中的数据向上通过端口交付给应用层相应的进程。从这种
意义上讲,端口是用来标志应用层的进程。

端口使用一个 16 位端口号来进行标识。端口号仅具有本地意义,即端口号仅标志本主机应用层中的各个进程。在因特网中,不同主机的相同端口号是没有关联关系的。一般将传输层的端口号分为三类:

- 熟知端口号(Well-Known Port Number):也称为系统端口号,数值一般为 0～1023(这些端口号由 ICANN 进行管理)。
- 登记端口号:数值为 1024～49151,由没有熟知端口号的服务应用程序使用。使用该范围的端口号必须在 ICANN 登记,以防止重复。
- 客户端口号/短暂端口号:数值为 49152～65535,由客户进程选择暂时使用。当服务器进程收到客户进程的报文时,就可知道客户进程所使用的端口号。通信结束后,刚才已使用的客户端口号就不复存在了,该端口号继续为其他客户进程所使用。

6.1.4 多路复用和多路分解

由于网络层的传输通道只有一个,但需要使用它的应用进程却有很多,因此传输层担负着要将多个应用进程的报文通过同一网络层传输通道进行传输,并正确地进行交付的任务,这种现象称为传输层的多路复用(Multiplexing)与多路分解(Demultiplexing),通常记为多路复用/分解。

在实现过程中,通常使用套接字(Socket)来描述网络两端进程之间的连接,以达到简化编程工作的目的。套接字标识了通信双方的 IP 地址、端口号及传输层协议之间的关联。传输层多路复用要求如下:

- 套接字具有唯一的标识符,该标识符的具体格式与具体协议(TCP 或 UDP)有关。
- 每个报文段都有相关字段指示该报文段所要交付到的端口号。

在进行多路复用/分解时,UDP 套接字用二元组(目的 IP 地址,目的端口号)进行标识。TCP 套接字用四元组(源 IP 地址,源端口号,目的 IP 地址,目的端口号)进行标识。

6.2 UDP 协议分析

6.2.1 UDP 协议概述

1. UDP 协议简介

UDP(User Datagram Protocol,用户数据报协议)是一种无连接的传输层协议,其提供面向事务的简单不可靠的信息传送服务,IETF RFC 768 是 UDP 的正式规范。

用户数据报协议 UDP 只是在 IP 的数据报服务上增加了复用和分用的功能,以及差错检测的功能。UDP 的主要特点如下:

- UDP 是无连接的。即发送数据之前不需要建立连接,因此减少了开销和发送数据之前的时延。
- UDP 提供尽最大努力的交付。即不保证可靠交付,因此主机不需要维持复杂的连接状态表。

- UDP 是面向报文的。发送方应用进程交付给 UDP 的报文,在添加首部后就向下交付给 IP 层。UDP 对从应用层交付下来的报文,既不合并,也不拆分,而是保留报文的边界。即应用进程交给 UDP 多长的报文,UDP 就照样发送,即一次发送一个报文。在接收方的 UDP,对 IP 层提交的 UDP 用户数据报,在去除首部后就原封不动地交付给上层的应用进程。也就是说,UDP 一次交付一个完整的报文。因此,应用进程必须选择合适大小的报文。若报文太长,UDP 把交付给 IP 层后,则 IP 层在传送时有可能要进行分片,分片会降低 IP 层的效率。反之,若报文太短,UDP 把交付给 IP 层后,则会使 IP 数据报的首部的相对长度太大,也会降低 IP 层的效率。
- UDP 没有拥塞控制。因此网络出现的拥塞不会使源主机的发送速率降低,该特点对某些实时应用非常重要的。很多的实时应用(如 IP 电话、实时视频会议等)均要求源主机以恒定的速率发送数据,并且允许在网络发生拥塞时丢弃一些数据,但却不允许数据有太大的时延,而 UDP 正好满足这种需求。
- UDP 支持一对一、一对多、多对一和多对多的交互通信。
- UDP 的首部开销小,只有 8 字节,比 TCP 的 20 字节的首部要短。

虽然某些实时应用需要使用没有拥塞控制的 UDP,但是当很多的主机同时都向网络发送高速率的实时视频流时,网络也有可能产生拥塞,导致目的主机均无法正常进行接收。因此,不使用拥塞控制功能的 UDP 有可能会导致网络产生严重的拥塞问题。

此外,部分 UDP 的实时应用为了减少数据的丢失,需要对 UDP 的不可靠的传输进行适当的改进。在这种情况下,可以在不影响实时性的前提下,采用前向纠错或重传已丢失报文等措施来提高可靠性。

2. UDP 报文格式

UDP 报文格式包括首部(Header)和数据(Data)两部分,图 6.2 给出了 RFC 768 中定义的 UDP 报文结构。

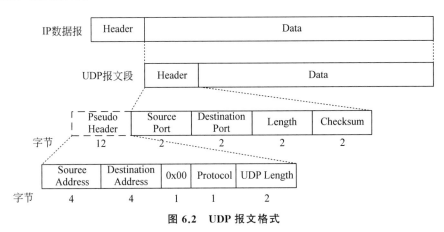

图 6.2　UDP 报文格式

UDP 报文中各字段含义解释如下。

Source Port(源端口号)　用于标识 UDP 报文的应用程序的发送端口号,占 2 字节,若接收端应用程序必须应答收到的报文,应答报文应当发往的目的端口号可由本字段得到。

Destination Port(目的端口号)   用于标识 UDP 报文的接收方端口号,占 2 字节。

Length(长度)   用于标识 UDP 报文的总长度,占 2 字节。本字段最小值为 8,表示只有 UDP 首部,无任何 UDP 数据,最大值由 IP 数据报负载的长度决定。从理论上讲,IP 数据报最大长度为 65535 字节,除去最小的 IP 首部(20 字节),UDP 报文的最大长度为 65515 字节,但在实际应用中,大多数 UDP 实现提供的长度比最大值小。

Checksum(校验和)   用于 UDP 报文的检错,占 2 字节。本字段是可选的,为 0 表示不进行校验,将本字段设为可选的目的是尽量减少在可靠性很高的局域网上使用 UDP 的开销。但 IP 数据报中的首部校验和字段仅对 IP 数据报首部进行校验,因此本字段提供了唯一保证 UDP 报文无差错的途径,因此,在多数场合,使用 UDP 校验和是必要的。

UDP 计算校验和的方法和计算 IP 数据报首部校验和方法类似。不同的地方是,IP 数据报的校验和只校验 IP 数据报的首部,但 UDP 的校验和是把 UDP 报文和伪首部(Pseudo Header)放在一起校验。伪首部逻辑上是 UDP 首部的一部分,但实际上并不传送,其中 Source Address(源 IP 地址)和 Destination Address(目的 IP 地址)标识发送 UDP 报文时使用的源 IP 地址和目的 IP 地址;Protocol(协议)字段标识使用的协议类型(UDP 为 0x11);UDP Length(UDP 长度)字段标识 UDP 报文的长度。

6.2.2 UDP 协议分析

本节将以 GNS3 为工作平台,以实验形式,展开 UDP 协议的分析。

1. 总体思路

在 GNS3 中,模拟两台 Cisco 路由器,两台路由器通过快速以太网相连;每台路由器连接两个子网,路由器上配置 RIP 协议,通过捕获相邻路由器之间交换 RIP 报文的过程,分析 UDP 的报文格式。

2. 网络环境搭建

(1)网络拓扑配置

在 GNS3 中新建工程,配置网络拓扑如图 6.3 所示,其中,R1 和 R2 都是 Cisco 2600 系列路由器(本示例选用 Cisco 2691,选用的 IOS 映像为 c2691-jk9o3s-mz.123-22.bin。),路由器 R1 的 fastEthernet 0/0 端口与路由器 R2 的 fastEthernet 0/0 端口相连,使用

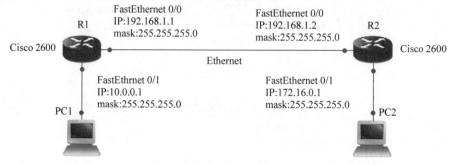

图 6.3 网络拓扑

VPCS 创建 PC1 和 PC2,分别与路由器 R1 和 R2 的 fastEthernet 0/1 端口相连,PC1 和 PC2 的 IP 地址和子网掩码可不配置。

（2）路由器基础配置

在 GNS3 中启动所有设备,分别对路由器 R1 和 R2 的 fastEthernet 0/0 和 0/1 端口配置 IP 地址和子网掩码;停用路由器 R1 和 R2 的 fastEthernet 0/0 端口;启用路由器 R1 和 R2 的 fastEthernet 0/1 端口;路由器 R1 和 R2 上启用 RIP 协议。路由器 R1 配置如下所示。

```
1:  R1#enable
2:  R1#config terminal
3:  R1(config)#interface fastEthernet 0/0
4:  R1(config-if)#ip address 192.168.1.1 255.255.255.0
5:  R1(config-if)#shutdown
6:  R1(config-if)#interface fastEthernet 0/1
7:  R1(config-if)#ip address 10.0.0.1 255.255.255.0
8:  R1(config-if)#no shutdown
9:  R1(config-if)#exit
10: R1(config)#router rip
11: R1(config-router)#network 192.168.1.0
12: R1(config-router)#network 10.0.0.0
```

第 10 行输入 router rip 命令,启用 rip 协议。

第 11 行输入 network 192.168.1.0 命令,声明子网 192.168.1.0 与 R1 路由器直连。

第 12 行输入 network 10.0.0.0 命令,声明子网 10.0.0.0 与 R1 路由器直连。

路由器 R2 与路由器 R1 配置类似,如下所示。

```
1:  R2#enable
2:  R2#config terminal
3:  R2(config)#interface fastEthernet 0/0
4:  R2(config-if)#ip address 192.168.1.2 255.255.255.0
5:  R2(config-if)#shutdown
6:  R2(config-if)#interface fastEthernet 0/1
7:  R2(config-if)#ip address 172.16.0.1 255.255.255.0
8:  R2(config-if)#no shutdown
9:  R2(config-if)#exit
10: R2(config)#router rip
11: R2(config-router)#network 192.168.1.0
12: R2(config-router)#network 172.16.0.0
```

3. 数据捕获

（1）启动 Wireshark 进行捕获

在 GNS3 中,对路由器 R1 与 R2 的 fastEthernet 链路进行捕获。

（2）启用路由器 R1 和 R2 端口

路由器 R1 和 R2 上启用 fastEthernet 0/0 端口,路由器 R1 具体配置如下（路由器 R2

配置同路由器 R1）：

```
1:  R1>enable
2:  R1#configure terminal
3:  R1(config)#int fastEthernet 0/0
4:  R1(config-if)#no shutdown
```

路由器 R1 配置说明如下：

第 4 行的 no shutdown 命令，用于启用 fastEthernet 0/0 端口。

4. 数据格式分析

成功启用路由器 R1 和 R2 的 fastEthernet 0/0 端口后，路由器 R1 和 R2 通过 RIP 协议交互路由表，由于 RIP 协议使用 UDP 报文提供的服务，所以借助于 RIP 的交互过程，可以分析 UDP 的通信过程。图 6.4 给出了 RIP 的交互过程。

图 6.4 中，第 4、5、11 和 12 包是路由器 R1 和 R2 的请求，其余包为路由器 R1 和 R2 之间交互的路由表信息。通过对第 4 包和第 21 包的分析，可帮助我们理解 UDP 承载 RIP 协议数据过程。表 6.1 给出了图 6.4 中第 4 包和第 21 包的内容。

第 4 包的第 1～14 字节为 Ethernet 帧的首部；第 15～34 字节为 IP 数据报的首部；第 35～42 字节为 UDP 报文首部；第 35～36 字节值为 0x0208，为 Source Port 字段，RIP 协议采用 520 号端口进行通信；第 37～38 字节值为 0x0208，为 Destination Port 字段；第 39～40 字节值为 0x0020，为 Length 字段，表示 UDP 报文，长度为 32 字节；第 41～42 字节值为 0x38E4，为 Checksum 字段，0x38E4 为校验和的值；第 43～66 字节为 UDP 报文的 Data 部分，其内容为 RIP v1 的请求报文，具体分析请参看 5.2 节。

第 21 包的第 1～14 字节为 Ethernet 帧的首部；第 15～34 字节为 IP 数据报的首部；第 35～42 字节为 UDP 报文首部；第 35～36 字节值为 0x0208，为 Source Port 字段，RIP 协议采用 520 号端口进行通信；第 37～38 字节值为 0x0208，为 Destination Port 字段；第

39～40 字节值为 0x0020，为 Length 字段，表示 UDP 报文长度为 32 字节；第 41～42 字节值为 0x8BDF，为 Checksum 字段，0x8BDF 为校验和的值；第 43～66 字节为 UDP 报文的 Data 部分，其内容为 RIP v1 的响应报文，具体分析请参看 5.2 节。

表 6.1　RIP 报文示例

包序号	对 应 参 数		
4	0000	ff ff ff ff ff ff c0 01 1e 38 00 00 08 00 45 c0	.........8....E.
	0010	00 34 00 00 00 00 02 11 f6 50 c0 a8 01 01 ff ff	.4.......P......
	0020	ff ff 02 08 02 08 00 20 38 e4 01 01 00 00 00 00	.... 8.......
	0030	00 00 00 00 00 00 00 00 00 00 00 00 00 00 00 00	....
	0040	00 10	..
21	0000	ff ff ff ff ff ff c0 02 1c e4 00 00 08 00 45 c0	.............E.
	0010	00 34 00 00 00 00 02 11 f6 4f c0 a8 01 02 ff ff	.4.......O......
	0020	ff ff 02 08 02 08 00 20 8b df 02 01 00 00 00 02	....
	0030	00 00 ac 10 00 00 00 00 00 00 00 00 00 00 00 00	....
	0040	00 01	..

6.2.3　UDP 协议仿真

本节以 NS3 为仿真平台，展开 UDP 协议的仿真，仿真使用 UDP 协议进行数据通信。

1. 仿真环境设计

本仿真将建立两个通信节点（Node），用这两个节点建立一条 CSMA 链路；在此 CSMA 链路上装载 IP 协议栈，并为两个节点分配 IP 地址；应用层配置简单的 Echo 服务（借助 UDP 实现）。仿真拓扑如图 6.5 所示，协议栈如图 6.6 所示。

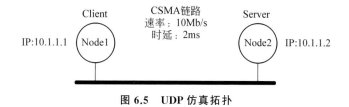

图 6.5　UDP 仿真拓扑

Client			Server	
应用层	Echo		Echo	应用层
传输层	UDP		UDP	传输层
网络层	IP		IP	网络层
数据链路层	CSMA		CSMA	数据链路层
物理层	*		*	物理层
Node1			Node2	

图 6.6　UDP 仿真协议栈

图 6.5 中，Node1 为 Echo 客户端，Node2 为 Echo 服务端，Node1 和 Node2 之间为 CSMA 链路，该链路数据传输速率为 10Mb/s，时延为 2ms。Node1 的 IP 地址为 10.1.1.1，

Node2 的 IP 地址为 10.1.1.2。

在协议栈中,数据链路层上使用 CSMA 协议,网络层使用 IP 协议,传输层使用 UDP 协议,应用层配置 Echo 服务。

2. 仿真设计思路

PPP 协议仿真设计思路如下:

(1) 使用 NodeContainer 的拓扑生成器创建两个 Node,分别代表 Node1 和 Node2;

(2) 使用 InternetStackHelper 为 NodeContainer 中的节点安装 TCP/IP 协议栈;

(3) 使用 CsmaHelper 初始化 CSMA 协议栈,并设定链路速率、时延和 MTU;

(4) 使用 CsmaHelper 将 NodeContainer 安装到 NetDeviceContainer 中;

(5) 使用 Ipv4AddressHelper 为 NetDeviceContainer 中的网络设备设置 IP 地址;

(6) 使用 UdpEchoServerHelper 创建一个 UDP 回显服务端应用,将其安装在 Node2 上;

(7) 使用 UdpEchoClientHelper 创建一个 UDP 回显客户端应用,将其安装在 Node1 上,并设定回显内容为"Hello World";

(8) 使用 CsmaHelper 在 CSMA 协议栈启用 PCAP Trace(不启用混杂模式);

(9) 启动仿真;

(10) 在 UDP 回显服务应用和 UDP 回显客户端应用运行完毕后停止仿真,并销毁对象,释放内存。

3. 仿真代码

仿真实现代码如例程 6-1 所示:

例程 6-1:udptest.cc

```
1:  #include "ns3/core-module.h"
2:  #include "ns3/csma-module.h"
3:  #include "ns3/applications-module.h"
4:  #include "ns3/internet-module.h"
5:
6:  using namespace ns3;
7:
8:  NS_LOG_COMPONENT_DEFINE ("UdpEchoTest");
9:
10: int main (int argc, char * argv[])
11: {
12:   LogComponentEnable ("UdpEchoTest", LOG_LEVEL_INFO);
13:   LogComponentEnable("UdpEchoClientApplication",LOG_LEVEL_INFO);
14:   LogComponentEnable("UdpEchoServerApplication",LOG_LEVEL_INFO);
15:
16:   NS_LOG_INFO ("Create nodes.");
17:   NodeContainer n;
18:   n.Create (2);
19:
```

```
20:    InternetStackHelper internet;
21:    internet.Install (n);
22:
23:    NS_LOG_INFO ("Create channels.");
24:    CsmaHelper csma;
25:    csma.SetChannelAttribute ("DataRate", DataRateValue (DataRate (10000000)));
26:    csma.SetChannelAttribute ("Delay", TimeValue (MilliSeconds (2)));
27:    csma.SetDeviceAttribute ("Mtu", UintegerValue (1400));
28:    NetDeviceContainer d = csma.Install (n);
29:
30:    NS_LOG_INFO ("Assign IP Addresses.");
31:    Ipv4AddressHelper ipv4;
32:    ipv4.SetBase ("10.1.1.0", "255.255.255.0");
33:    Ipv4InterfaceContainer i = ipv4.Assign (d);
34:
35:    NS_LOG_INFO ("Create Applications.");
36:    uint16_t port = 9;   //well-known echo port number
37:    UdpEchoServerHelper server (port);
38:    ApplicationContainer apps = server.Install (n.Get (1));
39:    apps.Start (Seconds (1.0));
40:    apps.Stop (Seconds (10.0));
41:
42:    Address serverAddress;
43:    serverAddress = Address(i.GetAddress (1));
44:    UdpEchoClientHelper client (serverAddress, port);
45:    client.SetAttribute ("MaxPackets", UintegerValue (1));
46:    client.SetAttribute ("Interval", TimeValue (Seconds (1.)));
47:    client.SetAttribute ("PacketSize", UintegerValue (1024));
48:    apps = client.Install (n.Get (0));
49:    apps.Start (Seconds (2.0));
50:    apps.Stop (Seconds (10.0));
51:
52:    client.SetFill (apps.Get (0), "Hello World");
53:
54:    csma.EnablePcapAll ("udp-echo", false);
55:
56:    NS_LOG_INFO ("Run Simulation.");
57:    Simulator::Run ();
58:    Simulator::Destroy ();
59:    NS_LOG_INFO ("Done.");
60: }
```

仿真代码说明如下：

第 2～4 行是加载的头文件声明，第 2 行加载 CSMA 模型库。

第6行声明仿真程序的命名空间为 NS3。

第8行声明名字为"UdpEchoTest"的日志构件,通过引用该名字的操作,可实现打开或者关闭控制台日志的输出。

第12～14行将本仿真程序 Echo 应用的客户端和服务器的日志级别设为 INFO 级,当仿真发生数据包发送和接收事件时,输出相应的日志消息。

第17～18行利用 NodeContainer 创建了两个节点。

第20～21行实例化 IP 协议栈,并为节点安装 IP 协议栈。

第24～28行实例化一个 CSMA 协议的对象,设定数据传输速率、时延参数和 MTU,同时完成设备和信道的配置,将 NodeContainer 对象中的节点连接到 CSMA 网络设备,网络设备通过 CSMA 信道相连。

第31～33行声明一个地址生成器对象,并且分配的起始 IP 地址为 10.1.1.0,子网掩码为 255.255.255.0。

第36～40行声明一个 UdpEchoServerHelper 对象,该对象用于创建服务端应用(在端口 9 上提供服务),并在管理节点的 NodeContainer 容器索引号为 1(索引从 0 开始,即 Node2)的节点上,安装 UdpEchoServerApplication 应用,应用从 1s 时开始,并在 10s 时停止。

第42～50行同上,声明一个 UdpEchoClientHelper 对象,该对象用于创建客户端应用,并在管理节点的 NodeContainer 容器索引号为 0(即 Node1)的节点上,安装 UdpEchoClientApplication 应用,并设置服务端应用的地址、端口号信息、最大数据包数、时间间隔和承载数据大小,应用从 2s 时开始,在 10s 时停止。

第52行设置 UdpEchoClientApplication 应用进行回显的内容为"Hello World"。

第54行声明对 CSMA 信道上的节点启用包捕获(不启用混杂模式)。

第57～58行启用仿真和停止仿真。

4. 仿真运行及结果分析

(1)编译与运行

使用任意文本编辑器将例程 6-1 保存为 udptest.cc,保存在 NS3 安装目录下的 scratch 目录中;在 NS3 安装目录下使用 waf 命令完成编译工作(如图 6.7 所示);若无编译错误,在 NS3 安装目录下使用 waf --run udptest 命令运行程序,运行结果如图 6.8 所示。

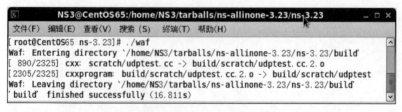

图 6.7 编译仿真程序例程 6-1

(2)结果分析

仿真程序成功运行后,在 NS3 安装目录下,应当存在以 udp-echo 开头的 pcap 文件,

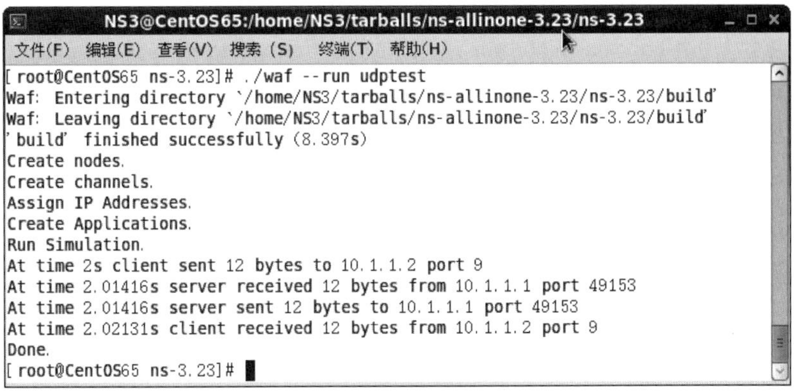

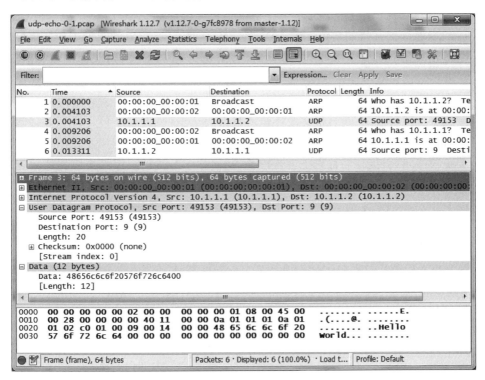

图 6.8　运行仿真程序例程 6-1

该文件是 Node1 和 Node2 的 PCAP Trace 文件。以 Node1 的 Trace 文件为例,其内容如图 6.9 所示。通过分析 Trace 文件内容,可发现如下细节:

图 6.9　例程 6-1 中 Node1 的通信示例

- Node1 向 Node2 发送的 Echo 请求报文前引入了 ARP 解析过程,第 1 包是 Node1 询问 Node2 的 MAC 地址的 ARP 请求,第 2 包是 Node2 对 Node1 的 ARP 请求作出的响应,第 3 包是 Node1 节点上 UdpEchoClientHelper 应用发送的 Echo 请求报文。
- Node2 向 Node1 回送 Echo 响应报文前再次引入了 ARP 解析过程,这是因为 CsmaHelper 中未实现 ARP 缓存。第 4 包是 Node2 询问 Node1 的 MAC 地址的

ARP 请求,第 5 包是 Node2 对 Node1 的 ARP 请求作出的响应,第 6 包是 Node2 节点上 UdpEchoServerHelper 应用回送的 Echo 响应报文。

- Echo 请求报文和 Echo 响应报文的 Data 部分的内容为"Hello World",因最小帧长为 64 字节,UDP 报文后,链路层进行了 6 字节的填充。
- CsmaHelper 中未实现校验和的计算和填充工作。

通过上述分析,例程 6-1 展示了应用层服务使用 UDP 协议进行通信的过程。

6.3　TCP 协议分析

6.3.1　TCP 协议概述

1. TCP 协议简介

TCP(Transmission Control Protocol,传输控制协议)是一个面向连接的、端到端的、提供高可靠性服务的传输层通信协议,在 IETF 的 RFC 793 中进行了定义。因特网上的大多数应用都把 TCP 作为传输层的首选协议。其特点主要包括:

- TCP 是面向连接的协议。和 UDP 的工作原理不同,TCP 协议的工作原理要复杂得多。在不同节点之间传输数据前,必须先建立 TCP 连接;数据传输完毕后,需要释放已建立的连接。
- TCP 提供面向字节流的可靠交付服务。TCP 协议数据按字节流的方式进行传输。虽然每一个 TCP 报文段传输的数据大小不同,但每个报文段都包含起始字节数和窗口大小。当数据到达接收端时,可能存在差错、乱序或重复,为了有效避免这些问题,接收端首先要进行校验,其次按字节流的顺序将接收到的数据顺序排列到接收缓存中,最后提交到高层,从而实现可靠交付。
- TCP 提供全双工通信。TCP 允许通信双方在任何时候都可以发送数据,两端均包含发送缓存和接收缓存,既能发送又可接收数据。

2. TCP 报文段格式

TCP 报文段包括首部(Header)和数据(Data)两部分,其中,TCP 报文段首部的前 20 字节是固定的,其后是根据需要而增加的选项。图 6.10 给出了 RFC 793 中定义的 TCP 报文段结构。各字段含义解释如下:

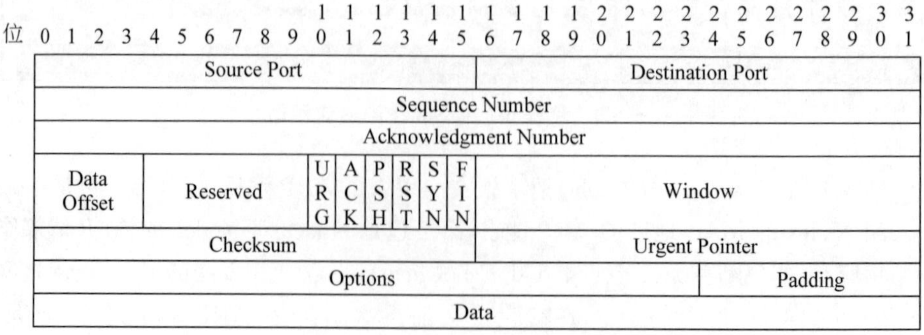

图 6.10　TCP 报文段格式

Source Port（源端口号）　用于标识发送 TCP 报文段的应用程序的端口号,占 2 字节。

Destination Port（目的端口号）　用于接收 TCP 报文段的应用程序的端口号,占 2 字节。

Sequence Number（序号）　用于指明报文段在发送方的数据字节流中的位置,占 4 字节。

Acknowledgemnt Number（确认号）　用于通知对方期望接收下一个报文段的序号,占 4 字节。实际上,序号和确认号是发送方和接收方用来对数据字节进行计数的(非报文段计数)。

Data Offset（数据偏移）　用于度量从报文段开始位置到数据开始位置的偏移量,即 TCP 报文段首部长度,也称为首部长度字段。本字段占 4 比特,以 4 字节为基本计数单位。

Reserved（保留）　保留给未来使用,占 6 比特,固定为 0。

URG（紧急比特）　占 1 比特。当 URG 为 1 时,表示紧急指针字段有效,并通知协议处理程序本报文段中有紧急数据,应尽快传送。

ACK（确认比特）　占 1 比特。当 ACK 为 1 时,标识本报文段携带有确认信息。

PSH（推送比特）　占 1 比特。当 PSH 为 1 时,表示本报文段请求推操作来强制进行数据发送。

RST（复位比特）　占 1 比特。当 RST 为 1 时,表示 TCP 连接中出现严重差错,必须释放连接,此外也用于拒绝非法报文段和拒绝打开连接。

SYN（同步比特）　占 1 比特。当 SYN 为 1 时,表示连接请求或连接接受报文,通常需与 ACK 结合使用。

FIN（终止比特）　占 1 比特。当 FIN 为 1 时,表示发送方的数据已发送完毕,要求释放连接。

Window（窗口）　用于控制对方发送的数据量,进行流量控制,本字段占 2 字节,单位为字节。

Checksum（校验和）　用于 TCP 报文段的检错,占 2 字节。本字段校验的范围包括首部和数据两部分,同 UDP 用户数据报一样,在计算校验和时,需要在 TCP 报文段的前面加上 12 字节的伪首部。

Urgent Pointer（紧急指针）　通常与 URG 字段配合使用,用于标识在本报文段中紧急数据的最后一个字节序号。

Options（选项）　通常只使用 MSS（Maximum Segment Size,最大报文段长度）选项、SACK（Selective Acknowledgment,选择性确认）选项和 WSopt（Window Scale Option,窗口扩大选项）选项。

Padding（填充）　本字段长度不定,用于保证 TCP 报文段首部长度为 32 比特的整数倍。

3. TCP 连接管理

TCP 协议传输数据包含三个阶段:连接建立、数据传送和连接释放。通信双方采用客户/服务器方式进行工作,客户端(Client)主动发起连接建立请求,服务器端(Server)被动等待接收连接建立请求。

（1）TCP 连接建立

图 6.11 显示了 TCP 连接建立的过程。客户端主动发起连接请求,服务器端被动的接收请求,图中方框内显示的是 TCP 的连接状态,最初两端都处于 CLOSED 状态。TCP 通过三次握手(Three-Way Handshake)来建立连接。具体步骤如下:

- 客户端发送连接请求报文段,置 SYN＝1,指明客户端期望连接的服务器端口并选择一个初始序号 seq＝x。TCP 规定,该连接请报文段不能携带数据,但需消耗掉一个序号。此时,TCP 客户进程进入 SYN-SENT 状态。
- 服务器端收到连接请求后,若同意建立连接,则回送确认报文。在确认报文段中应使 SYN＝1 和 ACK＝1,确认号 ack＝x＋1,同时选择一个初始序号 seq＝y。该确认报文也不能携带数据,但同样需消耗一个序号。此时 TCP 服务器进程进入 SYN-RCVD 状态。
- 客户端收到确认报文后,还需对该确认报文进行确认。报文段中置 ACK＝1,确认号 ack＝y＋1,序号 seq＝x＋1。TCP 规定,此报文段可携带数据,若不携带数据则不消耗序号,下一个数据报文段的序号依然是 seq＝x＋1。此时,客户端进入 ESTABLISHED 状态。
- 服务器端收到确认报文后,进入 ESTABLISHED 状态,双方可以开始传送数据,进入 TCP 数据传输阶段。

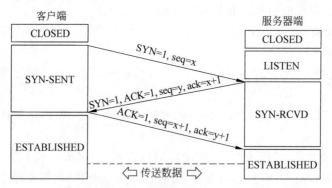

图 6.11　TCP 连接建立过程

（2）TCP 连接释放

图 6.12 描述了 TCP 的连接释放过程。当数据传输结束后,通信的双方都可以主动释放连接。主动发起释放连接报文段的一方为客户端,另一方为服务器端。初始两端均处于 ESTABLISHED 状态,释放连接要经过两个二次挥手,具体步骤如下:

- 客户端发送连接释放报文,并停止再发送数据。该报文置 FIN＝1,并选择一个初始序号 seq＝u,其值为已传送过的数据的最后 1 字节序号加 1。此时,客户端进入 FIN-WAIT-1 状态。TCP 规定,FIN 报文段即使不携带数据,也需消耗掉一个序号。

- 服务器端收到连接释放请求报文后,回送确认报文。确认报文中确认号是 ack＝
  u＋1,报文段自己的序号是 v,即服务器端已传送过的数据的最后 1 字节序号加
  1,服务器端进入 CLOSE-WAIT 状态。此时,从客户端到服务器端的 TCP 连接
  已经释放,客户端不会再给服务器端发送数据。但是,服务器端若有数据要发送,
  客户端仍需要接收,该状态称为半关闭(Half-Close)状态。客户端收到服务器端
  的确认报文后,进入 FIN-WAIT-2 状态。
- 若服务器端没有数据传送,需要释放 TCP 连接,此时向客户端发送连接释放报文
  段。该报文置 FIN＝1,seq＝w,重复上次已发送过的确认号 ack＝u＋1,服务器
  端进入 LAST-ACK 状态。
- 客户端收到服务器端的连接释放报文后,回送确认报文。确认报文中置 ACK＝
  1,ack＝w＋1,而自己的序号 seq＝u＋1,客户端进入 TIME-WAIT 状态。但是,
  现在 TCP 连接还没有释放掉。必须经过时间等待计时器设置的时间 2MSL(最
  长报文段寿命,Maximum Segment Lifetime)之后,客户端才进入 CLOSED 状态。
  此时,双方的 TCP 连接最终释放。

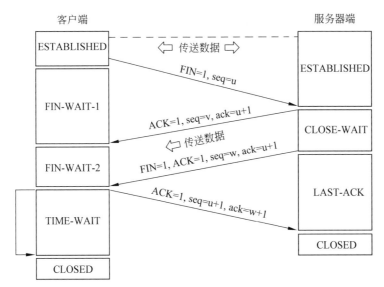

图 6.12　TCP 连接释放过程

(3) TCP 的有限状态机

前面已经提到,在 TCP 的连接中,通信的两端会转换到不同的状态,图 6.13 给出了
TCP 的有限状态机。图中状态名称用方框中的大写英文字符串表示,可以看出共有 11
种状态。正常变迁用粗线箭头表示,异常变迁用细线箭头表示。图中粗实线箭头所指的
状态变迁是客户端的连接建立和释放,粗虚线箭头所指状态变迁是服务器端的连接建立
和释放。

由图 6.13 中可以看出,状态变迁图和 TCP 连接建立的三次握手、连接释放的两个二
次挥手相对应。

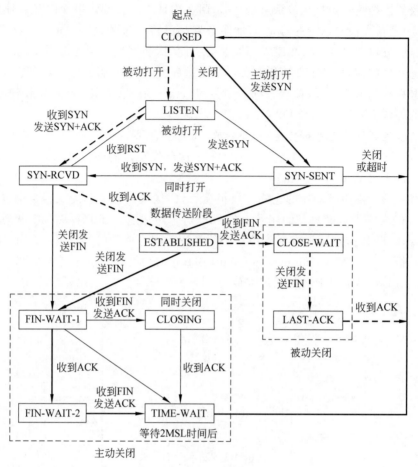

图 6.13　TCP 的有限状态机

4. TCP 可靠数据传输机制

尽管 TCP 所依赖的 IP 服务是尽力而为、不可靠的服务，但 TCP 仍能保证进程从其接收缓存中读出的数据流是没有损坏、没有丢失、非冗余和按序的可靠传输数据流。TCP通过以下方式来提供可靠数据传输机制：

- **面向字节流和缓存机制**。在 TCP 中，数据截断为合理的长度，即应用数据被分割成 TCP 认为最适合发送的数据块后，才进行发送。此点与 UDP 完全不同，UDP中应用进程产生的数据报长度将保持不变。

- **超时重传**。当 TCP 发出一个报文段后，会启动一个定时器，等待目的端确认收到此报文段。若不能及时收到对此报文段的确认，将重发该报文段。超时重传的核心是 RTO(Retransmission TimeOut，重传超时时间)的选择，RTO 的计算方法参见 RFC 6298(2011 年 6 月发布，废止 RFC 2988，更新 RFC 1122)。

- **确认机制**。TCP 的确认机制具有以下特点：①TCP 的确认指明的是期望接收的下一个报文段的序号，而不是已经接收到的报文段序号；②累计确认，TCP 的确认消息会报告已经累积的数据流字节数量；③捎带确认，接收方通常并不设置专门的报文段反馈确认信息,而是把对上一个报文段的确认信息放置在自己发送的数据报文段中捎带回去。TCP 通过使用累计确认和捎带确认来提高通信效率。

- **校验和机制**。TCP 报文段在传输过程中将保存首部和数据的校验和。该校验和的目的是检测数据在传输过程中的任何变化。若收到的校验和有差错,TCP 将丢弃该报文段,并对此报文段不进行确认(希望发端通过超时进行重发)。
- **字节编号机制**。TCP 报文段会承载在 IP 数据报上进行传输,由于 IP 数据报的到达可能会失序,因此 TCP 报文段的到达也可能会失序。如果必要,TCP 将对收到的数据进行重新排序,将收到的数据以正确的顺序交给应用层。
- **自动丢弃重复机制**。既然 TCP 报文段会超时进行重发,那么有可能会收到重复的数据,TCP 的接收端必须能够丢弃重复的数据。
- **流量控制机制**。TCP 提供流量控制,TCP 连接的每一方都有固定大小的缓冲空间,TCP 的接收端只允许对端发送可被接收端缓冲区接纳的数据,以防止发送较快主机使接收较慢主机的缓冲区溢出。具体内容参看本章"TCP 流量控制"。

5. TCP 流量控制

TCP 采用滑动窗口机制进行流量控制,窗口大小为字节数(此点与 TCP 字节编号机制相对应)。在进行端到端的流量控制时,TCP 连接的双方各自设置了两个窗口:发送窗口和接收窗口,分别对应发送缓冲区和接收缓冲区,这两个窗口的尺寸是动态可变的。接收方主机在确认时,使用报文段格式中窗口字段向发送方主机告知自己接收缓冲区的大小,以便发送方主机扩大和缩小发送窗口大小。通过窗口动态可变技术解决了 TCP 的流量控制问题,但是在极端情况下,接收方使用 0 窗口通告停止所有的传输。此时发送方应周期性地发送只有 1 字节数据的报文段,以刺激接收方在缓冲区空间又可用之后,及时通告一个非 0 的窗口值,从而再次触发数据流的传输。

在 TCP 的流量控制过程中,还存在 TCP 糊涂窗口综合征(Silly Window Syndrome)问题。糊涂窗口综合征是指当发送端应用进程产生数据很慢,或接收端应用进程处理接收缓冲区数据很慢或二者兼而有之,就会使应用进程间传送的报文段很小,特别是有效载荷很小。在极端情况下,有效载荷可能只有 1 字节;传输开销有 40 字节(20 字节 IP 首部和 20 字节 TCP 首部)的现象。一般通过 RFC 896 中定义的 Nagle 算法来解决该问题。具体而言,就是让接收方等待一段时间,只有在接收缓存已经有足够的空间存放一个最长的报文段,或者接收缓存已经有一半的空间为空闲时,接收方才发送确认报文段。

6. TCP 拥塞控制

在某段时间,若对网络中某一资源的需求超过了该资源所能提供的可用部分,网络的性能就要变坏,即出现拥塞。出现拥塞后,网络的性能会明显变坏,整个网络吞吐量将随输入负荷的增大而下降。为此,需要对网络进行拥塞控制。

拥塞控制通过防止过多的数据注入到网络中,使网络中的路由器和链路不致过载。TCP 传输是一个复杂的过程,也必须进行拥塞控制。在 RFC 2851 中定义了 4 种拥塞控制的算法,分别是慢启动(Slow-Start)、拥塞避免(Congestion-Avoidance)、快重传(Fast-Retransmit)和快恢复(Fast-Recovery)。下面分别进行介绍。

（1）慢启动和拥塞避免

慢启动和拥塞避免算法被 TCP 发送端用来控制注入网络中的数据量。最开始时，TCP 定义两个状态变量，一个是接收端窗口 rwnd，表示接收方当前缓冲区的大小，接收方将该值放在确认信息中传给发送方；另一个是拥塞窗口 cwnd，表示发送方在收到确认之前能向网络中传输的数据量。不管是 rwnd 还是 cwnd，都是以字节为单位，当发送端发送数据时，发送窗口的上限值选两者之间的最小值，即：

$$\text{发送窗口的上限值} = \text{Min}(\text{rwnd}, \text{cwnd})$$

那 TCP 的发送端又如何确定 cwnd 值呢？这里需要另一个状态变量慢启动门限 ssthresh 值，慢启动门限 ssthresh 值的用法如下：

- 当 cwnd＜ssthresh 时，使用慢启动算法。
- 当 cwnd＞ssthresh 时，则使用拥塞避免算法。
- 当 cwnd＝ssthresh 时，既可以使用慢启动算法，也可以使用拥塞避免算法。

尽管拥塞窗口 cwnd 是以字节为单位，但 cwnd 的增加和减少是以最大报文段 MSS（Maximum Segment Size）为单位。

慢启动算法的主要思想是：新连接开始或拥塞解除后，都仅以 1 个 MSS 作为拥塞窗口 cwnd 的初始值。此后，每收到一个确认，cwnd 增加 1 个 MSS。

慢启动的数据量是按指数增长的，能在较快时间内达到最大值。例如，TCP 把拥塞窗口初始值设为 cwnd＝1，发送一个报文后等待确认信息，当收到确认信息后，cwnd 值加 1 变为 2，发送两个报文段后等待。收到这两个报文段的确认信息后，cwnd 值由 2 变为 4，于是可以连续发送 4 个报文段。收到这四个报文段的确认信息后，cwnd 值由 4 变为 8，于是可以连续发送 8 个报文段。只要报文段没有丢失，拥塞窗口就一直成指数增长，直到接近 ssthresh 值。

当 cwnd 大于或等于 ssthresh 后，进入拥塞避免阶段。

拥塞避免的主要思想是：让拥塞窗口缓慢的增大，即每经过一个往返时间后，就把发送方的拥塞窗口加 1，而不是加倍。此时的数据量是按线性缓慢增长的。

应当注意，无论是在慢启动还是在拥塞避免阶段，只要发送方判断出网络出现拥塞，就要把慢启动门限 ssthresh 值设置为出现拥塞时的发送方窗口值的一半，但不能少于 2。然后把拥塞窗口 cwnd 重新设置为 1。

图 6.14 给出了一个慢启动和拥塞避免算法的示例，具体过程如下：

- 初始时 TCP 进行初始化，设拥塞窗口 cwnd＝1，即一个 MSS。慢启动门限值 ssthresh 的初始值设为 16。
- 执行慢启动算法。拥塞窗口 cwnd 的初始值为 1，以后发送端每收到一个对新报文段的确认，就将发送端的拥塞窗口加 1。因此拥塞窗口 cwnd 随着往返时间呈指数规律增长。当 cwnd 增长到 16 时，达到 ssthresh 的初始值，就改为执行拥塞避免算法，拥塞窗口按线性规律增长。
- 假定当拥塞窗口的数值增长到 24 时，网络出现拥塞，则更新慢启动门限值 ssthresh，变为出现拥塞时发送窗口数值 24 的一半，即 12。拥塞窗口再重新设置为 1，并执行慢启动算法。当 cwnd＝12 时改为执行拥塞避免算法，拥塞窗口按线性规律增长，直至产生拥塞。

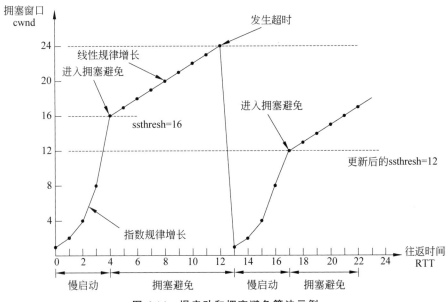

图 6.14 慢启动和拥塞避免算法示例

（2）快重传和快恢复

慢启动和拥塞避免算法是 TCP 早期使用的拥塞控制算法。后期快重传和快恢复对此进行了改进。

快重传算法要求接收方每收到一个失序的报文段后就立即发送重复确认，而不要等待自己发送数据时才进行捎带确认。发送方只要一连收到三个对某一个报文段的重复确认，就立即重传对方尚未收到的报文段，而不必继续等待为该报文段设置的重传计时器到期。

快恢复算法是与快重传算法配合使用的，典型的应用是 TCP Reno 版本，具体思路如下：

- 当发送方连续收到三个重复确认时，把慢启动门限值 ssthresh 减半，并重传丢失的报文段。也有的快恢复实现是将 cwnd 设置为 ssthresh 加上 3 倍的报文段大小，即 cwnd＝ssthresh＋3×MSS。
- 发送方每收到一个确认，cwnd 增加一个报文段大小，并且发送一个报文段。这部分执行的是拥塞避免算法，cwnd 值线性增加。直到发送方再次收到连续的重复确认。
- 在采用快恢复算法时，慢启动算法只是在 TCP 连接建立时和网络出现超时时才使用。

图 6.15 给出图 6.14 示例中的 TCP Reno 版本的拥塞避免过程。

从图 6.15 中可以看出，慢启动和拥塞避免过程和图 6.14 中所示相同。不同之处在于，假定拥塞窗口的数值增长到 24 时，发送端收到 3 个重复的确认，则更新慢启动门限值 ssthresh 为 24 的一半，变为 12。然后将该值赋给拥塞窗口 cwnd，cwnd 值从 12 开始每收

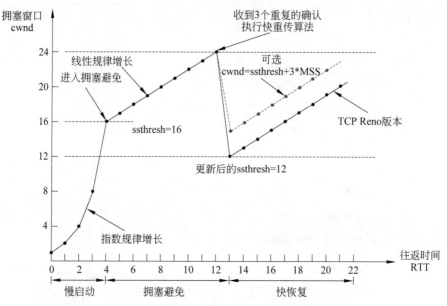

图 6.15 TCP Reno 版本的拥塞避免示例

到一个确认后,cwnd 值加 1,线性增长。

图中虚线显示的是可选的快恢复实现,cwnd 的值变为 ssthresh 加 3 倍的 MSS,即拥塞窗口变为 12 加 3,由 15 向上线性递增。

6.3.2 TCP 协议分析

本节将使用 Telnet 工具,以实验形式,展开 TCP 协议的分析。

1. 总体思路

在 Windows 环境中,启动 Wireshark 捕获网络连接;使用 Telnet 工具连接某 SMTP 服务器,连接成功后,立即使用命令断开连接。通过捕获本机与 SMTP 服务器之间的数据通信过程,分析 TCP 的连接管理。

2. 数据捕获

捕获数据通信过程的步骤如下:

* 启动 Wireshark 捕获当前活动网络连接。
* 在"命令提示符"窗口使用 Telnet 工具连接 SMTP 服务器的 25 端口,如图 6.16 所示,本示例使用网易邮箱服务器。

图 6.16 连接 SMTP 服务器

- 连接成功 SMTP 服务器后,输入 QUIT 命令断开与 SMTP 服务器的连接,如图 6.17 所示。

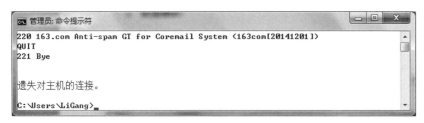

图 6.17 断开与 SMTP 服务器的连接

- 停止 Wireshark 捕获。

3. 数据格式分析

成功捕获本机与 SMTP 服务器之间的数据通信后,因本机可能存在其他外部通信, 因此需要捕获数据中过滤出本机与 SMTP 服务器的通信。过滤方法如下:

- 查找 SMTP 服务器的 IP 地址。在 Wireshark 的显示过滤器中输入 smtp,过滤出 SMTP 的通信过程(如图 6.18 所示),SMTP 服务器的地址为"220.181.12.12"。

![Wireshark SMTP过滤示例界面]

图 6.18 SMTP 过滤示例

- 过滤本机与 SMTP 服务器的通信数据。利用上一步获取的 SMTP 服务地址,使 用 IP 地址过滤与 SMTP 服务器的通信。本例在显示过滤器中输入"ip.addr ＝＝ 220.181.12.12",如图 6.19 所示。

至此,本机与 SMTP 服务器之间的 TCP 通信已全部提取,下面针对本示例重点分析 TCP 连接建立和连接释放过程。

在图 6.19 中,第 149、150 和 151 包为连接建立过程,第 152~178 包是数据传输过 程,第 179~182 包是连接释放过程。

(1) TCP 连接建立

表 6.2 给出了上述示例 TCP 连接建立过程中第 149、150 和 151 包的内容。具体分 析如下:

第 149 包的第 1~14 字节为 Ethernet 帧的首部;第 15~34 字节为 IP 数据报的首部, Source IP 为 192.168.1.52,Destination IP 为 220.181.12.12;第 35~66 字节为 TCP 报文 段首部,Source Port 为 35667,Destination Port 为 25,Sequence Number 为 0x81 46 A7

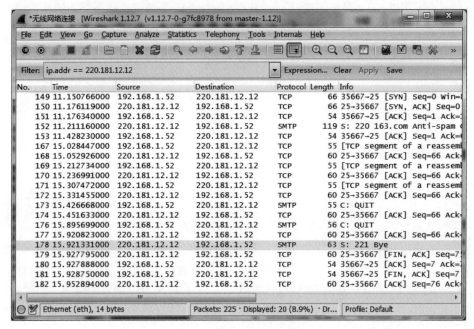

图 6.19   TCP 通信过滤示例

BF，Acknowledgment Number 为 0，Data Offset 为 0x08，即首部长度为 32 字节，SYN 比特置位，Window 为 8192，Checksum 为 0xF005，Urgent Pointer 为 0，即无紧急数据，Options 为 12 字节，MSS 为 1460 字节，允许使用 SACK，WSopt 为 2。

表 6.2   TCP 连接建立过程示例

包序号	对 应 参 数		
149	0000	ec 26 ca 92 91 aa 00 21 63 3a 8f 9d 08 00 45 00	.&.....! c：....E.
	0010	00 34 5d 18 40 00 40 06 33 0e c0 a8 01 34 dc b5	.4].@.@.3....4..
	0020	0c 0c 8b 53 00 19 81 46 a7 bf 00 00 00 00 80 02	...S...F........
	0030	20 00 f0 05 00 00 02 04 05 b4 01 03 03 02 01 01	....
	0040	04 02	
150	0000	00 21 63 3a 8f 9d ec 26 ca 92 91 aa 08 00 45 00	.! c：...&......E.
	0010	00 34 00 00 40 00 36 06 9a 26 dc b5 0c 0c c0 a8	.4..@.6..&......
	0020	01 34 00 19 8b 53 5b b1 1a ac 81 46 a7 c0 80 12	.4..S[...F....
	0030	16 d0 82 ce 00 00 02 04 05 a8 01 01 04 02 01 03	....
	0040	03 07	
151	0000	ec 26 ca 92 91 aa 00 21 63 3a 8f 9d 08 00 45 00	.&.....! c：....E.
	0010	00 28 5d 19 40 00 40 06 33 19 c0 a8 01 34 dc b5	.(].@.@.3....4..
	0020	0c 0c 8b 53 00 19 81 46 a7 c0 5b b1 1a ad 50 10	...S...F..[...P.
	0030	41 0c 99 58 00 00	A..X..

第 150 包的第 1～14 字节为 Ethernet 帧的首部；第 15～34 字节为 IP 数据报的首部，Source IP 为 220.181.12.12，Destination IP 为 192.168.1.52；第 35～66 字节为 TCP 报文

段首部,Source Port 为 25,Destination Port 为 35667,Sequence Number 为 0x5B B1 1A AC,Acknowledgment Number 为 0x81 46 A7 C0,Data Offset 为 0x08,即首部长度为 32 字节,SYN 比特置位,ACK 比特置位,Window 为 5840,Checksum 为 0x82CE,Urgent Pointer 为 0,即无紧急数据,Options 为 12 字节,MSS 为 1448 字节,允许使用 SACK, WSopt 为 7。

第 151 包的第 1～14 字节为 Ethernet 帧的首部;第 15～34 字节为 IP 数据报的首部, Source IP 为 192.168.1.52,Destination IP 为 220.181.12.12;第 35～66 字节为 TCP 报文段首部,Source Port 为 35667,Destination Port 为 25,Sequence Number 为 0x81 46 A7 C0,Acknowledgment Number 为 0x5B B1 1A AD,Data Offset 为 0x05,即首部长度为 20 字节,ACK 比特置位,Window 为 16652,Checksum 为 0x9958,Urgent Pointer 为 0,即无紧急数据。

利用上述分析,请读者自行对照图 6.11 验证 TCP 连接建立过程。

（2）TCP 连接释放

表 6.3 给出了上述示例 TCP 连接释放过程中第 179～182 包的内容。具体分析如下:

表 6.3　TCP 连接释放过程示例

包序号	对 应 参 数	
179	0000　00 21 63 3a 8f 9d ec 26 ca 92 91 aa 08 00 45 00	.! c:...&.......E.
	0010　00 28 45 db 40 00 36 06 54 57 dc b5 0c 0c c0 a8	.(E.@.6.TW......
	0020　01 34 00 19 8b 53 5b b1 1a f7 81 46 a7 c6 50 11	.4...S[....F..P.
	0030　00 2e d9 e5 00 00 00 00 00 00 00 00 00 00	....
180	0000　ec 26 ca 92 91 aa 00 21 63 3a 8f 9d 08 00 45 00	.&.....! c:....E.
	0010　00 28 5d 29 40 00 40 06 33 09 c0 a8 01 34 dc b5	.(])@.@.3....4..
	0020　0c 0c 8b 53 00 19 81 46 a7 c6 5b b1 1a f8 50 10	...S...F..[...P.
	0030　40 f9 99 1a 00 00	@.....
181	0000　ec 26 ca 92 91 aa 00 21 63 3a 8f 9d 08 00 45 00	.&.....! c:....E.
	0010　00 28 5d 2a 40 00 40 06 33 08 c0 a8 01 34 dc b5	.(] * @.@.3....4..
	0020　0c 0c 8b 53 00 19 81 46 a7 c6 5b b1 1a f8 50 11	...S...F..[...P.
	0030　40 f9 99 19 00 00	@.....
182	0000　00 21 63 3a 8f 9d ec 26 ca 92 91 aa 08 00 45 00	.! c:...&.......E.
	0010　00 28 00 00 40 00 36 06 9a 32 dc b5 0c 0c c0 a8	.(..@.6..2......
	0020　01 34 00 19 8b 53 5b b1 1a f8 81 46 a7 c7 50 10	.4...S[....F..P.
	0030　00 2e d9 e4 00 00 00 00 00 00 00 00 00 00	....

第 179 包的第 1～14 字节为 Ethernet 帧的首部;第 15～34 字节为 IP 数据报的首部, Source IP 为 220.181.12.12,Destination IP 为 192.168.1.52;第 35～54 字节为 TCP 报文段首部,Source Port 为 25,Destination Port 为 35667,Sequence Number 为 0x5B B1 1A F7, Acknowledgment Number 为 0x81 46 A7 C6,Data Offset 为 0x05,即首部长度为 20 字节,FIN 比特置位,ACK 比特置位（对上一条 TCP 报文段进行确认的同时,SMTP 服务器通知客户端断开连接。）,Window 为 $0x2e \times 2^7 = 5888$（参见连接建立时第 150 包 WSopt

为 7），Checksum 为 0xD9E5，Urgent Pointer 为 0，即无紧急数据。

第 180 包的第 1～14 字节为 Ethernet 帧的首部；第 15～34 字节为 IP 数据报的首部，Source IP 为 192.168.1.52，Destination IP 为 220.181.12.12；第 35～66 字节为 TCP 报文段首部，Source Port 为 35667，Destination Port 为 25，Sequence Number 为 0x81 46 A7 C6，Acknowledgment Number 为 0x5B B1 1A F8，Data Offset 为 0x05，即首部长度为 20 字节，ACK 比特置位（对第 179 包的断开连接进行确认），Window 为 $0x40F9 \times 2^2 = 66532$（参见连接建立时第 149 包 WSopt 为 2），Checksum 为 0x991A，Urgent Pointer 为 0，即无紧急数据。

第 181 包的第 1～14 字节为 Ethernet 帧的首部；第 15～34 字节为 IP 数据报的首部，Source IP 为 192.168.1.52，Destination IP 为 220.181.12.12；Source Port 为 35667，Destination Port 为 25，Sequence Number 为 0x81 46 A7 C6，Acknowledgment Number 为 0x5B B1 1A F8，Data Offset 为 0x05，即首部长度为 20 字节，FIN 比特置位，ACK 比特置位（客户端发起断开连接），Window 为 $0x40F9 \times 2^2 = 66532$（参见连接建立时第 149 包 WSopt 为 2），Checksum 为 0x9919，Urgent Pointer 为 0，即无紧急数据。

第 182 包的第 1～14 字节为 Ethernet 帧的首部；第 15～34 字节为 IP 数据报的首部，Source IP 为 220.181.12.12，Destination IP 为 192.168.1.52；第 35～54 字节为 TCP 报文段首部，Source Port 为 25，Destination Port 为 35667，Sequence Number 为 0x5B B1 1A F8，Acknowledgment Number 为 0x81 46 A7 C7，Data Offset 为 0x05，即首部长度为 20 字节，ACK 比特置位（对第 181 包的断开连接进行确认），Window 为 $0x2e \times 2^7 = 5888$（参见连接建立时第 150 包 WSopt 为 7），Checksum 为 0xD9E4，Urgent Pointer 为 0，即无紧急数据。

利用上述分析，请读者自行对照图 6.12 验证 TCP 连接释放过程。

6.3.3 TCP 协议仿真

本节以 NS3 为仿真平台，从 TCP 连接管理和 TCP 拥塞控制两个方面展开 TCP 协议的仿真工作。

1. TCP 连接管理仿真

（1）仿真环境设计

本仿真将建立两个通信节点（Node），并在两个节点间建立一条 PPP 链路；在此 PPP 链路上将装载 IP 协议栈，并为两个节点分配 IP 地址；Node1 作为服务器端等待 TCP 连接请求，Node2 作为客户端向服务器端发起 TCP 连接请求；建立 TCP 连接后，客户端发送数据，发送数据完毕后立即关闭 TCP 连接。仿真拓扑如图 6.20 所示，协议栈如图 6.21 所示。

图 6.20　TCP 连接管理仿真拓扑

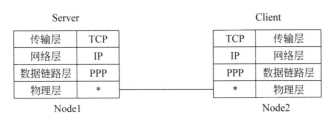

图 6.21　TCP 连接管理协议栈

其中,Node2 为 TCP 客户端,Node1 为 TCP 服务器端,Node1 和 Node2 之间为 PPP 链路,该链路数据传输速率为 1Mb/s,时延为 2ms。Node1 的 IP 地址为 192.168.1.1,Node2 的 IP 地址为 192.168.1.2。

在协议栈中,数据链路层上使用 PPP 协议,网络层使用 IP 协议,传输层使用 TCP 协议。

（2）仿真设计思路

TCP 连接管理仿真设计思路如下：

- 使用 NodeContainer 的拓扑生成器创建两个 Node,分别代表 Node1 和 Node2。
- 使用 InternetStackHelper 为 NodeContainer 中的节点安装 TCP/IP 协议栈。
- 使用 PointToPointHelper 初始化 PPP 协议栈,并设定链路速率和时延。
- 使用 PointToPointHelper 为 NodeContainer 中的节点加载 PPP 协议。
- 使用 Ipv4AddressHelper 为已加载了 PPP 协议和 TCP/IP 协议栈的 NetDeviceContainer 中的网络设备设置 IP 地址。
- 使用 Node1 作为服务器端,创建 Socket,绑定服务器端口 8001,并进行监听。
- 使用 Node2 作为客户端,创建 Socket,绑定端口,并向服务器端 IP 地址和端口发起连接请求。
- Node2 作为客户端,同 Node1 建立连接后,发送 100000 字节的数据。
- Node2 作为客户端,发送数据完毕后,主动关闭连接。
- 使用 PointToPointHelper 在 PPP 协议栈对 Node1 和 Node2 所在的设备启用 PCAP Trace。
- 启动仿真。
- 应用运行完毕后停止仿真,并销毁对象,释放内存。

（3）仿真代码

仿真实现代码如例程 6-2 所示：

例程 6-2：TCPConnection.cc

```
1:  # include <iostream>
2:  # include <string>
3:
4:  # include "ns3/core-module.h"
5:  # include "ns3/network-module.h"
6:  # include "ns3/internet-module.h"
```

```
 7:   #include "ns3/applications-module.h"
 8:   #include "ns3/point-to-point-module.h"
 9:
10: using namespace std;
11: using namespace ns3;
12:
13: NS_LOG_COMPONENT_DEFINE("TCPConnectionExamples");
14:
15: int main (int argc, char * argv[])
16: {
17:     NodeContainer nodes;
18:     nodes.Create(2);
19:
20:     InternetStackHelper stack;
21:     stack.Install(nodes);
22:
23:     PointToPointHelper pointToPointHelper;
24:     pointToPointHelper.SetDeviceAttribute ("DataRate", StringValue
              ("1Mbps"));
25:     pointToPointHelper.SetChannelAttribute ("Delay", StringValue
              ("2ms"));
26:     NetDeviceContainer pppNetDevice = pointToPointHelper.Install(nodes);
27:
28:     Ipv4AddressHelper addressHelper;
29:     addressHelper.SetBase("192.168.1.0", "255.255.255.0");
30:     Ipv4InterfaceContainer interfaces = addressHelper.Assign
              (pppNetDevice);
31:
32:     //server sockets
33:     TypeId tid = TypeId::LookupByName("ns3::TcpSocketFactory");
34:     Ptr<Socket> server = Socket::CreateSocket(nodes.Get(0), tid);
35:     InetSocketAddress addr = InetSocketAddress(Ipv4Address::GetAny(),
              8001);
36:     server->Bind(addr);
37:     server->Listen();
38:
39:     //client sockets
40:     Ptr<Socket> client = Socket::CreateSocket(nodes.Get(1), tid);
41:     InetSocketAddress serverAddr = InetSocketAddress(interfaces.
              GetAddress(0), 8001);
42:     client->Bind();
43:     client->Connect(serverAddr);
44:     client->Send(Create<Packet>(100000));
45:     client->Close();
```

```
46:
47:      pointToPointHelper.EnablePcap("TCPConnection", nodes);
48:
49:      Simulator::Run();
50:      Simulator::Destroy();
51:
52:      return 0;
53: }
```

仿真代码说明如下：

第 1～8 行是加载的头文件声明，第 4 行加载核心模型库，第 5 行加载网络模型库，第 6 行加载因特网模型库，第 7 行加载应用模型库，第 8 行加载 PPP 模型库。

第 10～11 行声明仿真程序使用命名空间 ns3 和 std。

第 13 行声明名字为"TCPConnectionExamples"的日志构件，通过引用该名字的操作，可实现打开或者关闭控制台日志的输出。

第 17～18 行声明了一个名为"nodes"的 NodeContainer，并调用了 nodes 对象的 Create()方法创建了两个节点。

第 20～21 行实例化 IP 协议栈，并为刚创建的节点安装 TCP/IP 协议栈。

第 23～25 行实例化一个 PPP 协议的对象，并设定数据传输速率和时延参数，从上层的角度告诉 PointToPointHelper 对象，创建一个 PointToPointNetDevice 对象，使用"1Mb/s"作为数据速率，使用"2ms"作为被创建的点到点信道的传播时延值。

第 26 行为创建的节点安装 PPP 协议。

第 28～30 行声明了一个地址生成器对象，并且应该从 192.168.1.0 和子网掩码 255.255.255.0 开始分配地址。

第 33 行查找"ns3::TcpSocketFactory"的 TypeId，为方便后续创建 Socket 时，指明 Socket 的协议类型为 TCP。

第 34～37 将 Node1 作为服务器端，其上创建 TCP 类型 Socket，绑定服务器端口 8001，并进行监听。

第 40～42 行将 Node2 作为客户端，其上创建 TCP 类型 Socket，绑定一动态未使用端口。

第 43 行使用客户端 Socket 向服务器端 IP 地址和端口 8001 发起连接请求。

第 44 行在成功建立连接后，发送 100000 字节的数据到服务器端。

第 45 行客户端 Socket 主动关闭连接。

第 47 行在 PPP 协议栈上启用 PCAP Trace，对 Node1 和 Node2 启用包捕获，创建.pcap 格式的 Trace 文件，以方便后期使用 TCPdump 或 Wireshark 分析捕获结果。

第 49～50 行启动仿真，遍历上述预设事件的列表，并执行事件。执行完毕后，销毁对象，释放内存。

（4）仿真运行及结果分析

• 编译与运行

使用任意文本编辑器将例程 6-2 保存成名为 TCPConnection.cc，路径在 NS3 安装目录下的 scratch 目录中；在 NS3 安装目录下使用 waf 命令完成编译工作，如图 6.7 所示；若无编译错误，在 NS3 安装目录下使用 waf --run TCPConnection 命令运行程序，运行结果如图 6.22 所示。

图 6.22　运行仿真程序例程 6-2

• 结果分析

仿真程序成功运行后，NS3 安装目录下应当存在以 TCPConnection 开头的 pcap 文件，该文件是 Node1 和 Node2 的 PCAP Trace 文件。以 Node1 的 Trace 文件为例（TCPConnection-0-1.pcap），使用 Wireshark 分析捕获结果，图 6.23 和图 6.24 展示了有关连接建立和连接释放过程的部分捕获内容。通过分析 Trace 文件内容，可发现如下细节：

No.	Time	Source	Destination	Protocol	Length	Info
1	0.000000	192.168.1.2	192.168.1.1	TCP	58	49153→8001 [SYN] Seq=0 Win=
2	0.000000	192.168.1.1	192.168.1.2	TCP	58	8001→49153 [SYN, ACK] Seq=0
3	0.004179	192.168.1.2	192.168.1.1	TCP	54	49153→8001 [ACK] Seq=1 Ack=
4	0.005123	192.168.1.2	192.168.1.1	TCP	590	49153→8001 [ACK] Seq=1 Ack=
5	0.005123	192.168.1.1	192.168.1.2	TCP	54	8001→49153 [ACK] Seq=1 Ack=
6	0.010154	192.168.1.2	192.168.1.1	TCP	590	49153→8001 [ACK] Seq=537 Ac
7	0.011098	192.168.1.2	192.168.1.1	TCP	590	49153→8001 [ACK] Seq=1073 Ac
8	0.011098	192.168.1.1	192.168.1.2	TCP	54	8001→49153 [ACK] Seq=1 Ack=
9	0.016128	192.168.1.2	192.168.1.1	TCP	590	49153→8001 [ACK] Seq=1609 Ac
10	0.017072	192.168.1.2	192.168.1.1	TCP	590	49153→8001 [ACK] Seq=2145 Ac
11	0.017072	192.168.1.1	192.168.1.2	TCP	54	8001→49153 [ACK] Seq=1 Ack=
12	0.018016	192.168.1.2	192.168.1.1	TCP	590	49153→8001 [ACK] Seq=2681 Ac

File: "D:\Users\LiGang\Desktop\教材\第6... Packets: 285 · Displayed: 285 (100.0%) · Load... Profile: Default

图 6.23　例程 6-2 连接建立仿真结果示例

No.	Time	Source	Destination	Protocol	Length	Info
274	0.188867	192.168.1.2	192.168.1.1	TCP	590	49153→8001 [ACK] Seq=96481
275	0.188867	192.168.1.1	192.168.1.2	TCP	54	8001→49153 [ACK] Seq=1 Ack=
276	0.189811	192.168.1.2	192.168.1.1	TCP	590	49153→8001 [ACK] Seq=97017
277	0.190755	192.168.1.2	192.168.1.1	TCP	590	49153→8001 [ACK] Seq=97553
278	0.190755	192.168.1.1	192.168.1.2	TCP	54	8001→49153 [ACK] Seq=1 Ack=
279	0.191699	192.168.1.2	192.168.1.1	TCP	590	49153→8001 [ACK] Seq=98089
280	0.192643	192.168.1.2	192.168.1.1	TCP	590	49153→8001 [ACK] Seq=98625
281	0.192643	192.168.1.1	192.168.1.2	TCP	54	8001→49153 [ACK] Seq=1 Ack=
282	0.193587	192.168.1.2	192.168.1.1	TCP	590	49153→8001 [ACK] Seq=99161
283	0.194160	192.168.1.2	192.168.1.1	TCP	358	49153→8001 [FIN, ACK] Seq=99
284	0.194160	192.168.1.1	192.168.1.2	TCP	54	8001→49153 [ACK] Seq=1 Ack=
285	0.194247	192.168.1.1	192.168.1.2	TCP	54	[TCP Dup ACK 284#1] 8001→49

File: "D:\Users\LiGang\Desktop\教材\第6... Packets: 285 · Displayed: 285 (100.0%) · Load... Profile: Default

图 6.24　例程 6-2 连接释放仿真结果

第 1~3 包是连接建立过程。第 1 包客户端(Node2,IP:192.168.1.2)使用动态端口(49153)发送连接请求报文段,其中置 SYN=1,指明期望连接的服务器端(Node1)IP(192.168.1.1)和端口(8001)并选择一个初始序号 seq=0;第 2 包服务器端(Node1,IP:192.168.1.1)同意建立连接,回送确认报文,其中置 SYN=1 和 ACK=1,确认号 ack=1,选择初始序号 seq=0;第 3 包客户端(Node2,IP:192.168.1.2)收到确认报文后,对该确认报文进行确认,其中置 ACK=1,确认号 ack=1,而当前序号 seq=1,其后连接建立成功,从第 4 包开始客户端向服务器发送数据。

第 283~284 包是释放连接过程。第 283 包客户端(Node2,IP:192.168.1.2)使用动态端口(49153)主动发送连接释放报文,并停止再发送数据,置 SYN=1、FIN=1、序号 seq=99797 和确认号 ack=1,同时该报文携带 304 字节数据;第 284 包服务器端(Node1,IP:192.168.1.1)收到连接释放请求报文后,回送确认报文,置 ACK=1、序号 seq=1 和确认号 ack=100002,服务器端进入 CLOSE-WAIT 状态,至此,客户端到服务器的 TCP 连接已经释放。

分析第 283~284 中的序号,客户端发送连接释放报文时还捎带了 304 字节数据,共发送 99797+304-1=100000 字节数据(需减去连接建立阶段使用的 1 个序号),服务器端回送确认报文中确认号 ack=100002,表明其期望接收到的下一个报文的序号从 100002 开始,即已经接收到了 100001-1 字节(需减去连接建立阶段使用的 1 个序号)。

第 283~284 包是客户端发起的释放连接过程,服务器端发起的连接释放过程未能捕获,这是因为例程 6-2 未编写服务器端主动释放的语句,此时 TCP 连接处于半连接状态。

综上所述,例程 6-2 仿真了 TCP 协议的连接建立过程和释放连接过程。

2. TCP 拥塞控制仿真

(1) 仿真环境设计

本仿真目的是观察 TCP 拥塞控制窗口的改变情况,其环境为:建立两个通信节点(Node),这两个节点通过 PPP 链路相连;PPP 链路上将装载 IP 协议栈,并为两个节点分配 IP 地址;Node2 作为服务器端等待 TCP 连接请求;Node1 作为客户端上安装自定义应用,该应用使用 TCP 服务向服务器端发起连接请求;TCP 连接建立后,服务器端停止发送数据,以避免对本仿真产生影响,客户端发送数据,并对拥塞控制窗口的改变进行记录;服务器端对其接收设置错误模型,以便触发 TCP 的拥塞控制。仿真拓扑如图 6.25 所示,协议栈如图 6.26 所示。

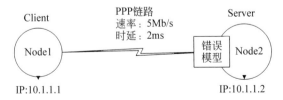

图 6.25　TCP 拥塞控制仿真拓扑

其中,Node1 为 TCP 客户端,Node2 为 TCP 服务端,Node1 和 Node2 之间为 PPP 链路,该链路数据传输速率为 5Mb/s,时延为 2ms。Node1 的 IP 地址为 10.1.1.1,Node2 的

Client

应用层	自定义应用
传输层	TCP
网络层	IP
数据链路层	PPP
物理层	*

Node1

Server

TCP	传输层
IP	网络层
PPP	数据链路层
*	物理层

Node2

图 6.26 TCP 拥塞控制仿真协议栈

IP 地址为 10.1.1.2。

协议栈中,数据链路层上使用 PPP 协议,网络层使用 IP 协议,传输层使用 TCP 协议,客户端应用层使用自定义应用通过传输层发送数据。

(2) 仿真设计思路

TCP 协议拥塞控制仿真设计思路分为两部分:客户端应用设计和仿真流程设计。

客户端应用设计思路如下:

- 创建自定义应用,使其继承 Application;
- 覆盖 Application 中 StartApplication 和 StopApplication 方法,使应用的启动和停止后工作按自定义方式运行;
- StartApplication 实现客户端端口的绑定,并向指定的服务器端发起连接请求,连接成功后启动数据发送;
- 数据发送完毕后,向仿真调度注册下一次发送数据的时间间隔(时间为发送时延),以便进行连续数据发送;
- StopApplication 通知仿真停止发送数据,并关闭连接。

仿真流程设计思路如下:

- 设定仿真中 TCP 拥塞控制采用的算法(Tahoe 或 Reno)。
- 使用 NodeContainer 的拓扑生成器创建两个 Node,分别代表 Node1 和 Node2。
- 使用 PointToPointHelper 初始化 PPP 协议栈,并设定链路速率和时延。
- 使用 PointToPointHelper 将 NodeContainer 安装到 NetDeviceContainer 中。
- 创建错误模型,设置错误率为 0.00001,使 Node2 在接收时使用该模型,以便仿真 TCP 协议的重传机制。
- 使用 InternetStackHelper 为 NodeContainer 中的节点安装 TCP/IP 协议栈。
- 使用 Ipv4AddressHelper 为 NetDeviceContainer 中的网络设备设置 IP 地址。
- 使用 Node2 作为服务器,创建 Socket,绑定服务端口 8080,进行监听,关闭数据发送(即只进行数据接收)。
- 使用 Node1 作为客户端,创建 Socket,设置客户端的拥塞窗口改变时,回调指定函数,记录拥塞窗口改变的时间和大小。
- 创建自定义客户端应用,该应用使用刚创建的客户端 Socket 向服务器发起连接,发送数据。
- 设定应用从 1 秒时开始运行,20 秒时停止运行。

- 设置服务端接收丢失数据时,回调指定函数,记录丢失数据的时间。
- 启动仿真。
- 自定义客户端应用运行完毕后停止仿真,并销毁对象,释放内存。

（3）仿真代码

仿真实现代码如例程 6-3 所示:

例程 6-3: TCPCongestion.cc

```
1:   #include <fstream>
2:   #include "ns3/core-module.h"
3:   #include "ns3/network-module.h"
4:   #include "ns3/internet-module.h"
5:   #include "ns3/point-to-point-module.h"
6:   #include "ns3/applications-module.h"
7:
8:   using namespace ns3;
9:
10:  NS_LOG_COMPONENT_DEFINE ("TCPCongestionExample");
11:
12:  class MyApp : public Application
13:  {
14:    public:
15:
16:      MyApp ();
17:      virtual ~MyApp();
18:
19:      void Setup (Ptr<Socket> socket, Address address, uint32_t packetSize,
uint32_t nPackets, DataRate dataRate);
20:
21:    private:
22:      virtual void StartApplication (void);
23:      virtual void StopApplication (void);
24:
25:      void ScheduleTx (void);
26:      void SendPacket (void);
27:
28:      Ptr<Socket>      m_socket;
29:      Address          m_peer;
30:      uint32_t         m_packetSize;
31:      uint32_t         m_nPackets;
32:      DataRate         m_dataRate;
33:      EventId          m_sendEvent;
34:      bool             m_running;
35:      uint32_t         m_packetsSent;
36:  };
```

```
37:
38:  MyApp::MyApp ()
39:    : m_socket (0),
40:      m_peer (),
41:      m_packetSize (0),
42:      m_nPackets (0),
43:      m_dataRate (0),
44:      m_sendEvent (),
45:      m_running (false),
46:      m_packetsSent (0)
47:  {
48:  }
49:
50:  MyApp::~MyApp()
51:  {
52:    m_socket = 0;
53:  }
54:
55:  void MyApp::Setup (Ptr<Socket> socket, Address address, uint32_t
         packetSize, uint32_t nPackets, DataRate dataRate)
56:  {
57:    m_socket = socket;
58:    m_peer = address;
59:    m_packetSize = packetSize;
60:    m_nPackets = nPackets;
61:    m_dataRate = dataRate;
62:  }
63:
64:  void MyApp::StartApplication (void)
65:  {
66:    m_running = true;
67:    m_packetsSent = 0;
68:    m_socket->Bind ();
69:    m_socket->Connect (m_peer);
70:    SendPacket ();
71:  }
72:
73:  void  MyApp::StopApplication (void)
74:  {
75:    m_running = false;
76:
77:    if (m_sendEvent.IsRunning ())
78:      {
79:        Simulator::Cancel (m_sendEvent);
```

```
80:     }
81:
82:   if (m_socket)
83:     {
84:       m_socket->Close ();
85:     }
86: }
87:
88: void MyApp::SendPacket (void)
89: {
90:   Ptr<Packet> packet = Create<Packet> (m_packetSize);
91:   m_socket->Send (packet);
92:
93:   if (++m_packetsSent < m_nPackets)
94:     {
95:       ScheduleTx ();
96:     }
97: }
98:
99: void MyApp::ScheduleTx (void)
100: {
101:   if (m_running)
102:     {
103:       Time tNext (Seconds (m_packetSize * 8 / static_cast<double>
                 (m_dataRate.GetBitRate ())));
104:       m_sendEvent = Simulator::Schedule (tNext, &MyApp::SendPacket,
                 this);
105:     }
106:   }
107:
108:   static void CwndChange (uint32_t oldCwnd, uint32_t newCwnd)
109:   {
110:     NS_LOG_UNCOND (Simulator::Now ().GetSeconds () << "\t" << newCwnd);
111:   }
112:
113:   static void RxDrop (Ptr<const Packet> p)
114:   {
115:     NS_LOG_UNCOND ("RxDrop at " << Simulator::Now ().GetSeconds ());
116:   }
117:
118:   int main (int argc, char * argv[])
119:   {
120:     Config::SetDefault ("ns3::TcpL4Protocol::SocketType", TypeIdValue
                 (TcpTahoe::GetTypeId ()));
```

```
121:    //Config::SetDefault ("ns3::TcpL4Protocol::SocketType", TypeIdValue
            (TcpReno::GetTypeId ()));
122:
123:    NodeContainer nodes;
124:    nodes.Create (2);
125:
126:    PointToPointHelper pointToPoint;
127:    pointToPoint.SetDeviceAttribute ("DataRate", StringValue ("5Mbps"));
128:    pointToPoint.SetChannelAttribute ("Delay", StringValue ("2ms"));
129:
130:    NetDeviceContainer devices;
131:    devices = pointToPoint.Install (nodes);
132:
133:    Ptr<RateErrorModel> em = CreateObject<RateErrorModel> ();
134:    em->SetAttribute ("ErrorRate", DoubleValue (0.00001));
135:    devices.Get (1)->SetAttribute ("ReceiveErrorModel", PointerValue
            (em));
136:
137:    InternetStackHelper stack;
138:    stack.Install (nodes);
139:
140:    Ipv4AddressHelper address;
141:    address.SetBase ("10.1.1.0", "255.255.255.0");
142:    Ipv4InterfaceContainer interfaces = address.Assign (devices);
143:
144:    uint16_t sinkPort = 8080;
145:    Address sinkAddress (InetSocketAddress (interfaces.GetAddress (1),
            sinkPort));
146:
147:    //server sockets
148:    TypeId tid = TypeId::LookupByName("ns3::TcpSocketFactory");
149:    Ptr<Socket> server = Socket::CreateSocket(nodes.Get(1), tid);
150:    InetSocketAddress addr = InetSocketAddress(Ipv4Address::GetAny(),
            sinkPort);
151:    server->Bind(addr);
152:    server->Listen();
153:    server->ShutdownSend();
154:
155:    Ptr<Socket> ns3TcpSocket = Socket::CreateSocket (nodes.Get (0),
            TcpSocketFactory::GetTypeId ());
156:    ns3TcpSocket->TraceConnectWithoutContext ("CongestionWindow",
            MakeCallback (&CwndChange));
157:
158:    Ptr<MyApp> app = CreateObject<MyApp> ();
```

```
159:        app->Setup (ns3TcpSocket, sinkAddress, 1040, 1000, DataRate
                  ("5Mbps"));
160:        nodes.Get (0)->AddApplication (app);
161:        app->SetStartTime (Seconds (1.));
162:        app->SetStopTime (Seconds (20.));
163:
164:        devices.Get (1)->TraceConnectWithoutContext ("PhyRxDrop",
                  MakeCallback (&RxDrop));
165:
166:        Simulator::Stop (Seconds (20));
167:        Simulator::Run ();
168:        Simulator::Destroy ();
169:
170:        return 0;
171:    }
```

仿真代码说明如下：

第 1~6 行是加载的头文件声明,第 2 行加载核心模型库,第 3 行加载网络模型库,第 4 行加载因特网模型库,第 5 行加载 PPP 模型库,第 6 行加载应用模型库。

第 8 行声明仿真程序使用命名空间 ns3。

第 10 行声明名字为"TCPCongestionExample"的日志构件,通过引用该名字的操作,可实现打开或者关闭控制台日志的输出。

第 12~106 行是自定义应用 MyApp 的实现类。后续仿真流程中客户端上运行的自定义应用由该类实现。

第 12 行声明 MyApp 类继承 Application。在 NS3 中,仿真的用户程序抽象为应用,用 Application 类来描述,该类提供了管理仿真时用户层应用的各种方法,开发者应当用面向对象的方法自定义和创建新的应用。

第 14~26 行声明了 MyApp 类中的方法,其中,第 16~17 行是 MyApp 类的构造方法和析构方法的声明;第 19 行成员方法 Setup()用于对 MyApp 中的成员变量进行初始化;第 22~23 行的声明需要覆盖 Application 类中的成员方法 StartApplication()和 StopApplication(),以便自定义 MyApp 应用实例按照自定义方式运行;第 25 行声明成员方法 ScheduleTx(),该方法用于实现通过计算,注册下一次发送数据的时间;第 26 行声明成员方法 SendPacket(),该方法用于发送数据包。

第 28~35 行是成员变量声明。m_socket 用于保存客户端创建的 Socket,m_peer 用于表示服务器端地址,m_packetSize 表示欲发送的单个数据包的长度,m_nPackets 表示欲发送的数据包的数量,m_dataRate 表示发送速率,m_sendEvent 用于保存下一次注册的发送调度事件的 ID,以便自定义应用停止时,取消最后一次注册的发送,m_running 用于保存应用的运行状态,m_packetsSent 用于保存已发送的数据包的数量。

第 38~48 行是构造方法 MyApp 的具体实现,完成成员变量的初始化。

第 50~53 行是析构方法~MyApp 的具体实现,用户清理 m_socket 成员变量,防止对关闭的 Socket 进行操作。

第 55~62 行是成员方法 Setup 的具体实现,在自定义应用启动前调用,对发送时使用的 Socket、服务器端地址、单个数据包长度、欲发送数据包数量和发送速率进行设定。

第 64~71 行是成员方法 StartApplication 的具体实现,该成员方法对 Application 类中的同名方法进行了覆盖。该成员方法在启动应用时由仿真调用,会将应用置于运行态,已发送数据包归零,对本地端口进行绑定,向服务器发起连接,连接成功调用 SendPacket 成员发送进行数据报发送。

第 73~86 行是成员方法 StopApplication 的具体实现,该成员方法也对 Application 类中的同名方法进行了覆盖。该成员方法在停止应用时由仿真调用,会将应用置于停止态,若最后一次注册的发送没用运行,则取消发送,若连接未关闭,则管理连接。

第 88~98 行是成员方法 SendPacket 的具体实现,该成员方法创建指定长度的数据包,使用已建立的连接进行发送,若还有数据包需要发送,调用成员方法 ScheduleTx 注册下一次发送的时间。

第 99~106 行是成员方法 ScheduleTx 的具体实现,若应用处于运行态,该成员方法根据发送数据包长度和发送速率,计算出下一发送的时间间隔,向仿真调度注册从当前时间推迟指定时间间隔,执行成员方法 SendPacket 进行下一次发送。

第 108~111 行是静态函数 CwndChange 的实现,该函数用于 TCP 连接的拥塞窗口发生改变时进行回调,通过日志输出时间和新窗口的大小。

第 113~116 行是静态函数 RxDrop 的实现,该函数用于接收丢包时进行回调,通过日志输出丢包的时间。

第 118~171 行是仿真流程的实现部分。

第 120~121 行是配置当前 TCP 协议进行拥塞控制的算法,第 120 行将按照 Tahoe 算法进行拥塞控制(算法实现请参看 NS3 源代码中"tcp-tahoe.cc"文件的 NewAck、DupAck 和 Retransmit 方法。),第 120 行将按照 Reno 算法进行拥塞控制(算法实现请参看 NS3 源代码中 tcp-reno.cc 文件的 NewAck、DupAck 和 Retransmit 方法。)。

第 123~124 行声明了一个名为"nodes"的 NodeContainer,并调用 NodeContainer 的 Create()方法创建了两个节点。

第 126~128 行实例化一个 PPP 协议的对象,并设定数据传输速率和时延参数,使用"5Mb/s"作为数据速率,使用"2ms"作为被创建的点到点信道的传播时延值。

第 130~131 行为创建的节点安装 PPP 协议。

第 133~135 行利用 RateErrorModel 类创建错误模型,设置错误率为 0.00001,使 Node2(服务器端)在接收时使用该模型,产生丢包,使 TCP 协议认为出现拥塞,触发拥塞控制算法。

第 137~138 行实例化 IP 协议栈,并为节点安装 TCP/IP 协议栈。

第 140~142 行声明了一个地址生成器对象,并且应该从 10.1.1.0 和子网掩码 255.255.255.0 开始分配地址。

第 144~145 行声明服务器端的 IP 地址(Node2 IP:10.1.1.2)和端口号(8080)。

第 148 行查找"ns3::TcpSocketFactory"的 TypeId,为方便后续创建 Socket 时,指明 Socket 的协议类型为 TCP。

第 149～153 将 Node2 作为服务器端,其上创建 TCP 类型 Socket,绑定服务器端口 8080 进行监听,关闭数据发送(即只进行数据接收)。

第 155～156 行将 Node1 作为客户端,其上创建 TCP 类型 Socket。设置客户端的拥塞窗口改变时,回调静态函数 CwndChange,通过日志记录拥塞窗口改变的时间和大小;

第 158～159 行创建自定义客户端应用 MyApp,该应用通过调用成员方法 Setup 进行初始化,通知应使用的客户端 Socket,服务器端地址,数据包长度为 1040 字节,发送 1000 次,发送速率为 5Mb/s。

第 160 行在 Node1 上安装自定义应用。

第 161～162 行设定自定义应用从 1s 时开始运行(调用 StartApplication),20s 时停止运行(调用 StopApplication)

第 164 行设置服务器端接收丢包时,回调静态函数 RxDrop,通过日志记录丢包时间。

第 166～168 行通知仿真于 20s 后停止,启动仿真。执行完毕后,销毁对象,释放内存。

(4) 仿真运行及结果分析

• 编译与运行

使用任意文本编辑器将例程 6-3 保存成名为 TCPCongestion.cc,路径在 NS3 安装目录下的 scratch 目录中;在 NS3 安装目录下使用 waf 命令完成编译工作,如图 6.7 所示;若无编译错误,在 NS3 安装目录下使用“./waf --run TCPCongestion ＞TahoeCwnd.dat 2＞&1”命令运行程序,如图 6.27 所示,命令解释如下:

图 6.27　仿真运行例程 6-3

“＞”表示输出重定向;

“＞TahoeCwnd.dat”表示把执行的结果存入到文件 TahoeCwnd.dat,在一般情况下,输出重定向到当前屏幕,“＞TahoeCwnd.dat”表示输出重定向到该文件;

“2＞&1”表示把错误信息 Stderr 也放到 Stdout 中输出。在 Shell 中,Stdin、Stdout 和 Stderr 是标准输入、标准输出和、标准错误的文件描述符(即 0、1 和 2),可以重定向文件描述符关联文件的内容到另外一个文件描述符,“&”表示在后台执行。

从图 6.27 中可以看出,仿真没有任何输出,因为在命令行中已经将输出重定向到了文件“TahoeCwnd.dat”中,打开“TahoeCwnd.dat”进行观察,某次仿真结果的文件内容与下面内容类似:

```
1:  Waf: Entering directory '/home/NS3/tarballs/ns-allinone-3.23/ns-3.23/
       build'
2:  Waf: Leaving directory '/home/NS3/tarballs/ns-allinone-3.23/ns-3.23/
       build'
```

```
3:  'build' finished successfully (8.549s)
4:  1   536
5:  1.0093   1072
6:  1.01528   1608
7:  1.02125   2144
8:  1.02628   2680
9:  1.02817   3216
10: 1.03226   3752
11: 1.04578   7504
12:     (略)
13:     (略)
14:     (略)
15: 1.04767   8040
16: 1.04956   8576
17: 1.05145   9112
18: RxDrop at 1.05219
19: 1.05333   9648
20: 1.05711   536
21: 1.07127   1072
22: 1.07724   1608
23:     (略)
24:     (略)
25:     (略)
26: 1.12474   5593
27: 1.12663   5644
28: RxDrop at 1.12738
29: 1.12852   5694
30: 1.13229   536
31: RxDrop at 1.13587
32: 1.1389   1072
33: 1.14488   1608
34:     (略)
35:     (略)
36:     (略)
37: 1.19488   4550
38: 1.28173   6856
```

使用 gnuplot 工具，按照下述命令方式进行绘图，在安装目录下，将会生成一个文件名为 Tahoe.png 的图像，如图 6.28 所示。

```
[root@CentOS65 ns-3.23]# gnuplot
gnuplot> set terminal png size 640,480
gnuplot> set output "Tahoe.png"
gnuplot> plot "TahoeCwnd.dat" using 1:2 title "Tahoe Congestion Window"
with linespoints
```

```
gnuplot> exit
```

gnuplot 命令解释如下：

set termianl png：设置输出图片格式，如 png、gif、jpg 等。

set size width,height：设置图片宽度,高度。

set output "图片名称"：设置保存图片名称。

plot title "标题名"：设置图片标题名称。

plot "数据.dat" using 1：2 with linespoints：按照数据文件"数据.dat"输出图像,使用第 1 列和第 2 列作为数据源。

with linespoints：设置绘图时使用点作为显示符号,点与点之间用线连接。

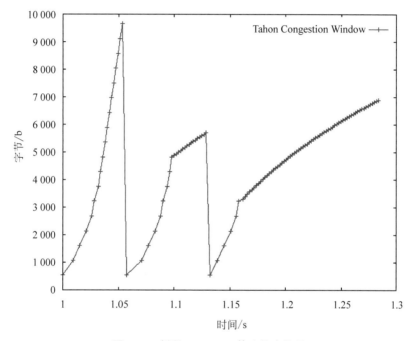

图 6.28 例程 6-3 Tahoe 算法仿真结果

将例程 6-3 的第 120 行注释,第 121 行取消注释,将 TCP 的拥塞控制算法改为 Reno,再次运行仿真,并进行绘图,仿真结果如图 6.29 所示。

• 结果分析

通过分析图 6.28 和图 6.29,可发现如下细节：

在 TCP Tahoe 算法中,TCP 的拥塞窗口呈现周期性变化。开始执行时,先由慢启动阶段开始,cwnd 超过 ssthresh 时进入拥塞避免阶段。当数据报丢失时,TCP Tahoe 将 ssthresh 设为数据报丢失时的一半,拥塞窗口设为 1,Tahoe 重新进入慢启动阶段。

在 TCPReno 算法中,当检测到数据报丢失时,ssthresh 设置为先前 cwnd 值的一半,cwnd 设置为 ssthresh 加上 3 倍的报文段大小。重传丢失的数据报后,TCP Reno 由拥塞避免阶段开始。

综上所述,例程 6-3 仿真了在 Tahoe 和 Reno 算法下 TCP 协议拥塞控制的不同情况。

有兴趣的读者可以通过自行修改 NS3 源代码中 tcp-tahoe.cc 文件中的 NewAck、DupAck 和 Retransmit 方法,实现自己的拥塞控制算法。

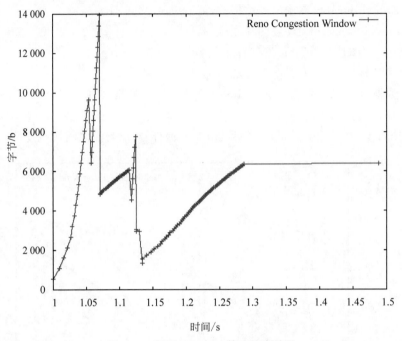

图 6.29 例程 6-3 Reno 算法仿真结果

第7章

应用层协议

应用层位于网络体系结构的最高层,在应用层中运行着各种网络应用程序。网络应用通常是指在网络端系统上运行,并能通过网络进行交互的应用软件程序。当使用某种网络应用服务时,至少会涉及两个或更多个端系统中的应用进程。网络应用功能是位于不同端系统中的多个进程通过彼此之间的通信和协议共同完成的,而一种应用层协议定义了某种应用程序进程之间的通信规则。

当前,网络应用程序使用的体系结构可分为两类:客户端/服务器端体系结构(Client/Server Architecture)和对等(Peer to Peer,P2P)体系结构。

7.1　因特网应用系统服务

因特网为用户提供了众多的网络应用服务,常用的应用服务包括:WWW(World Wide Web,万维网)、DHCP(Dynamic Host Configuration Protocol,动态主机配置协议)、FTP(File Transfer Protocol,文件传输协议)、SMTP(Simple Mail Transfer Protocol,简单邮件传输协议)和 DNS(Domain Name System,域名系统)等。

7.2 小节讨论域名系统(DNS),支撑因特网目录服务的 DNS 协议为网络对象实现了层次化的名字空间,通过协调不同层次的域名服务器进行高效工作。

7.3 小节讨论动态主机配置协议(DHCP),DHCP 协议通常被应用在大型的局域网络环境中,通过集中进行管理、分配 IP 地址,使网络环境中的主机动态的获得 IP 地址、网关地址、DNS 服务器地址等信息,来提升地址的使用效率。

7.4 小节讨论文件传输协议(FTP),FTP 协议用于因特网上的控制文件的双向传输。

7.5 小节讨论 SMTP(简单邮件传输协议)和 POP3(Post Office Protocol - Version 3,邮局协议版本 3),SMTP 协议规定了源地址到目的地址之间传送邮件的规则,这些规则控制邮件的传输方式。POP3 协议用于支持使用客户端远程管理在服务器上的电子邮件。

7.6 小节讨论万维网(WWW)系统中使用的超文本传输协议(Hypertext Transfer Protocol,HTTP)。HTTP 提供了访问超文本信息的功能,用于 WWW 浏览器和 WWW 服务器端之间进行通信。

7.2　DNS 系统协议分析

7.2.1　DNS 系统组成及工作过程

1. DNS 协议简介

DNS 使用名字数据库可以将主机名(Hostname)转换成 IP 地址,也可以进行反向转换,将要查询的 IP 地址转换成主机名。RFC 1035 给出了 DNS 协议的内容。

2. 域名空间

任何一个连接在因特网上的主机或路由器,都有一个唯一的层次结构的名字,即域名(Domain Name)。域(Domain)还可以划分为子域,而子域还可继续划分为子域的子域,这样就形成了顶级域、二级域、三级域等。域名的结构由若干个分量组成,各分量之间用点隔开。各分量分别代表不同级别的域名。每一级的域名都由英文字母和数字组成,且不超过 63 个字符,也不区分大小写字母。级别最低的域名写在最左边,而级别最高的顶级域名则写在最右边。完整域名总共不超过 255 个字符。

在 DNS 中,既不规定一个域名需要包含多少个子域名,也不规定每一级的域名代表的含义。各级域名由其上一级的域名管理机构管理,而最高的顶级域名则由 ICANN 进行管理。等级的命名方法使每一个域名在整个因特网范围内是唯一的,并且也容易设计出一种高效的域名查询机制。

现在顶级域名分为三大类:

- **国家顶级域名 nTLD**　采用 ISO 3166 的规定。如 cn 表示中国,us 表示美国,uk 表示英国,等等。国家顶级域名又常记为 ccTLD。cc 表示国家代码。
- **通用顶级域名 gTLD**　常见的通用顶级域名有 14 个,如表 7.1 所示。
- **基础结构域名(Infrastructure Domain)**　顶级域名只有一个,即 arpa,用于反向域名解析,因此又称为反向域名。

表 7.1　常见顶级域名

名字	说　　明	名字	说　　明
aero	航空运输企业	int	IP(Internet Protocol)
biz	公司和企业	mil	军事部门(美国专用)
com	公司企业	museum	博物馆
coop	合作团体	name	个人
edu	教育机构(美国专用)	net	网络服务机构
gov	政府部门(美国专用)	org	非营利性组织
info	信息服务提供商	pro	专业个体组织

在国家顶级域名下注册的二级域名由该国家自行确定。例如,顶级域名为 jp 的日本,将其教育和企业机构的二级域名定为 ac 和 co,而不用 edu 和 com。

采用域名树结构可以清楚表示因特网的域名系统。图 7.1 中展示了因特网域名空间的结构,可以将其看成是一棵倒过来的树,在最上面的是根,但没有对应的名字。根下一级的节点就是最高一级的顶级域名(由于根没有名字,所以在根下一级的域名就叫作顶级域名。)。顶级域名可往下划分子域,即二级域名。再往下划分就是三级域名、四级域名,以此类推。这里注意:因特网的名字空间是按照机构的组织来划分的,与物理网络无关,与 IP 地址中的“子网”也没有关系。

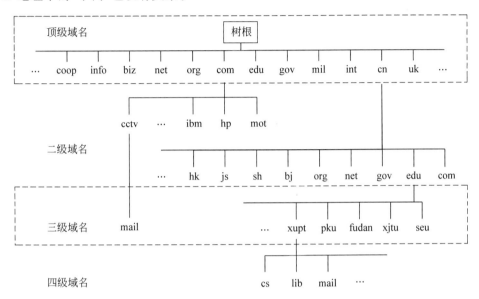

图 7.1　因特网的名字空间

3. DNS 服务器的种类

名字空间的相关信息(其中最重要的就是域名与 IP 地址的映射关系)必须保存在计算机中,供其他应用查询。显然不能将所有信息都存储在一台计算机中。DNS 采用的方法是将域名信息分布到叫作域名服务器的计算机上。

DNS 将整个名字空间划分为许多不相交的区(Zone),每一个区设置相应的权限域名服务器(Authoritative Name Server),用来保存该区中的所有主机域名到 IP 地址的映射关系。也就是说,DNS 服务器的管辖范围不是以“域”为单位,而是以“区”为单位。区是 DNS 服务器实际管辖的范围。区可能等于或小于域,但一定不可能大于域。

根据域名服务器所起的作用,可以把域名服务器划分为以下四种不同的类型:

(1) 根域名服务器(Root Name Server)

根域名服务器是最高层次的域名服务器,也是最重要的域名服务器。所有的根域名服务器都知道所有的顶级域名服务器的域名和 IP 地址。根域名服务器是最重要的域名服务器,因为不管是哪一个本地域名服务器,若要对因特网上任何一个域名进行解析(即转换为 IP 地址),只要自己无法解析,就要首先求助于根域名服务器。假定所有的根域名服务器都瘫痪了,那么整个的 DNS 系统就无法工作。由于根域名服务器在 DNS 中的特殊地位,因此对根域名服务器有许多具体的要求,读者可以参阅 RFC 2870。

（2）顶级域名服务器（即 TLD 服务器）

顶级域名服务器负责管理在该顶级域名服务器注册的所有二级域名。当收到 DNS 查询请求时，就给出相应的应答（可能是最后的结果，也可能是下一步应当查询的域名服务器的 IP 地址）。

（3）权限域名服务器

权限域名服务器负责管理一个区中的域名。当一个权限域名服务器不能给出最后的查询应答时，就会告诉发出查询请求的 DNS 客户端，下一步应当查询的域名服务器的 IP 地址。

（4）本地域名服务器（Local Name Server）

本地域名服务器对域名系统非常重要。当一个主机发出 DNS 查询请求时，该查询请求报文就发送给本地域名服务器。由此可以看出本地域名服务器的重要性。每一个因特网服务提供商 ISP，或一个大学，甚至一个大学里的系，都可以建有一个本地域名服务器，这种域名服务器有时也称为默认域名服务器。

本地域名服务器离用户较近，一般不超过几个路由器的距离。当所要查询的主机也属于同一个本地 ISP 时，该本地域名服务器立即就能将所查询的主机名转换为 IP 地址，而不需要再去询问其他的域名服务器。为了提高域名服务器的可靠性，DNS 域名服务器通常把数据复制到几个域名服务器进行保存，其中的一个是主域名服务器，其他的是辅助域名服务器。当主域名服务器出故障时，辅助域名服务器可以保证 DNS 的查询工作不会中断。主域名服务器定期把数据复制到辅助域名服务器中，而更改数据只能在主域名服务器中进行，从而保证了数据的一致性。

4. 解析

把名字映射为地址，或者把地址映射为名字，都称为名字地址解析（Name Address Resolution）。

DNS 采用客户端/服务器端架构。需要把地址映射为名字或者把名字映射为地址的主机需要调用的程序，称为解析程序（Resolver）的 DNS 客户程序。解析程序访问离其最近的 DNS 服务器，并发出查询映射请求。若 DNS 服务器存在该信息，就满足解析程序的要求，给予应答，否则，可以让解析程序再去查询其他服务器，或者直接由其他服务器提供该信息。当解析程序收到含有映射关系的应答后，就解释该应答，分析判断应答中映射关系的正确性，最终将结果回送给查询请求映射的进程。

（1）递归查询

图 7.2 展示了递归查询过程。客户端（解析程序）可以向域名服务器请求递归应答。若服务器是该域名的权限服务器，就检查数据库并响应。若服务器不是权限服务器，就将请求发送给另一个服务器（通常是父服务器）并等待响应。若父服务器是权限服务器，则响应，否则，再将查询再发送给另一个服务器。当查询最终被解析后，响应就沿原路返回，直至送达给请求客户端。

（2）迭代查询

若客户端没有要求递归应答，则映射可以按迭代方式进行。若服务器是该域名的权限服务器，就发送解答。若不是，就返回其认为可以解析该查询的服务器的 IP 地址给客

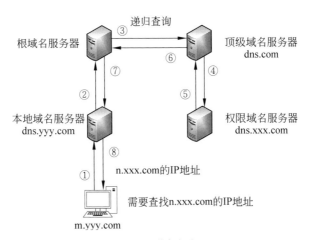

图 7.2　递归解析

户端。客户端再次向第二个服务器发送查询。若新找到的服务器能够解决问题,就用 IP 地址应答,否则,就向客户端返回一个新的服务器的 IP 地址。此时客户端向第三个服务器再次查询。该过程称为迭代过程,因为客户端向多个服务器重复同样的查询。图 7.3 展示了迭代查询过程。

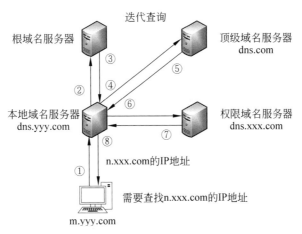

图 7.3　迭代解析

5. DNS 报文格式

DNS 报文分为查询报文和响应报文两种类型,这两种类型的报文格式基本相同(见图 7.4)。

- **查询报文**　查询报文包括一个首部和若干个问题记录。
- **响应报文**　响应报文包括一个首部和若干个问题记录、应答记录、授权记录以及附加记录。

(1)首部

查询报文和响应报文具有相同的首部格式,但是在查询报文中会将某些字段置为 0。首部的长度为 12 字节,其格式如图 7.5 所示。

首部
问题部分

(a) 查询

首部
问题部分
回答部分
授权部分
附加部分

(b) 响应

图 7.4　查询报文和响应报文

标识	标志
问题记录数	回答记录数 (在查询报文中全是0)
受权记录数 (在查询报文中全是0)	附加记录数 (在查询报文中全是0)

图 7.5　首部格式

首部中的各字段说明如下：

- **标识**　长度为 16 比特,客户端使用该字段进行响应与查询的匹配工作。客户端在每次发送查询时使用不同的标识号,服务器端在对应响应中重复设置该标识号。
- **标志**　长度为 16 比特,划分为若干子字段,如图 7.6 所示。各标志子字段说明如下:

QR	OpCode	AA	TC	RD	RA	3个0	rCode

图 7.6　标志字段

QR(查询/响应)　1 位子字段,定义报文类型,若为 0,为查询报文。若为 1,则为响应报文。

OpCode(操作码)　4 位子字段,定义查询或响应的类型(若为 0 则是标准查询或响应,若为 1 则是反向查询或响应,若为 2 则是服务器状态请求。)。

AA(授权应答)　1 位子字段,置位时(值为 1),表示名字服务器是权限服务器,只用在响应报文中。

TC(截断)　1 位子字段,置位时(值为 1),表示响应已超过 512 字节并已截断为 512 字节。在 DNS 使用 UDP 服务时会使用该标志。

RD(期望递归)　1 位子字段,置位时(值为 1),表示客户端希望得到递归应答。该子字段在查询报文中置位,在响应报文中重复置位。

RA(递归可用)　1 位子字段,在响应中置位时,表示可得到递归响应。只能在响应报文中置位。

保留　3 位子字段,目前置为 000。

rCode(返回码)　4 位子字段,表示在响应中的差错状态。只有权限服务器才能判断差错状态,表 7.2 给出了该字段可能的值。

表 7.2　rCode 的值

值	含　义	值	含　义
0	无差错	4	查询类型不支持
1	格式差错	5	管理上禁止
2	域名服务器错误	6～15	保留
3	域参照错误		

- **问题记录数**　长度为 16 比特,包含了报文的问题部分中的查询记录数。
- **应答记录数**　长度为 16 比特,包含了响应报文的应答部分中的应答记录数。在查询报文中值为 0。
- **授权记录数**　长度为 16 比特,包含了响应报文的授权部分中的授权记录数。在查询报文中值为 0。
- **附加记录数**　长度为 16 比特,包含了响应报文的附加部分中的附加记录数。在查询报文中值为 0。

（2）问题部分

问题部分包括了一个或多个问题记录。在查询报文和响应报文中都会出现。该问题部分稍后进行讨论。

（3）应答部分

应答部分包括了一个或多个资源记录。只在响应报文中出现,内容是从服务器端到客户端(解析程序)的应答。该应答部分稍后进行讨论。

（4）授权部分

授权部分包括了一个或多个资源记录。只在响应报文中出现。为该查询给出一个或多个权限服务器的相关信息(域名)。

（5）附加信息部分

附加信息部分包括了一个或多个资源记录。只在响应报文中出现。该部分提供了辅助解析程序的附加信息。例如,服务器可以在授权部分向解析程序提供权限服务器的域名,而在附加信息部分提供同一个权限服务器的 IP 地址。

6. 记录的类型

DNS 使用两种类型的记录。

- **问题记录**　用于查询报文和响应报文的问题部分。
- **资源记录**　用于响应报文的应答、授权和附加信息部分。

（1）问题记录

问题记录(Question Record)用于客户端获取服务器上的信息。问题记录中包含了域名。图 7.7 给出了问题记录的格式。下面列出了问题记录的各字段。

- **查询名字**　可变长度字段,其中包含域名。图 7.8 给出了该字段的格式示例,其中计数字段指出每一级域名中的字符数。
- **查询类型**　长度为 16 比特,定义了查询类型。表 7.3 给出了一些常用的值。注意

图 7.7　问题记录的格式

图 7.8　查询名字字段格式示例

最后两种只能用在查询中。

- **查询类别**　长度为 16 比特,定义了使用 DNS 的特定协议。表 7.4 给出了一些常用的值,通常为 1,表示是因特网查询。

表 7.3　查询类型

类型	助记符	说　　明
1	A	地址。32 位的 IP 地址,用于将域名转换为地址
2	NS	名字服务器。标志了区域的权限服务器
5	CNAME	规范名。定义主机的正式名字的别名
6	SOA	授权开始。标记一个区域的开始
11	WKS	熟知服务。定义主机提供的网络服务
12	PTR	指针。用于将 IP 地址转换为域名
13	HINFO	主机信息。指明主机使用的硬件和操作系统
15	MX	邮件交换。将邮件转发到一个邮件服务器
28	AAAA	地址。IPv6 地址
252	AXFR	请求传送完整区域文件
255	ANY	请求所有记录

表 7.4　查询类别

类别	助记符	说　　明
1	AN	因特网
2	CSNET	CSNET 网络
3	CS	COAS 网络
4	HS	由 MIT 开发的 Hesoid 服务器

（2）资源记录

每个域名（树上的每一个节点）都与一个称为资源记录（Resource Record）的记录相关联。服务器数据库由许多资源记录组成，同时，资源记录也是服务器返回给客户端的信息。图 7.9 给出了资源记录格式。

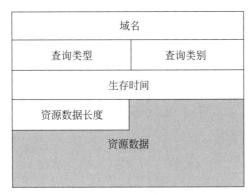

图 7.9　资源记录格式

- **域名**　包含了域名的可变长度字段。该字段是问题记录中的域名副本。由于 DNS 要求在名字重复出现的地方使用压缩，因此该字段可能是问题记录中域名的偏移量指针（2 字节）。偏移量指针的具体格式是最前面的两个高位是 11，用于识别指针。其余的 14 位从 DNS 报文的开始处计数（从 0 开始），指出重复名字在该报文中的相应字节数。这里给出一个典型的示例 0xC00C（1100000000001100），$0xC(12_{10})$ 恰好为首部的长度，指向问题记录的查询名字字段。

- **查询类型**　与问题记录的查询类型字段相同，但是查询类型中的最后两个类型不允许使用。

- **查询类别**　与问题记录的查询类别字段相同（见表 7.4）。

- **生存时间**　长度为 32 比特，定义了应答的有效期，以秒为单位。在有效期内，接收方可以将其保存在高速缓存中。值为 0，表示该资源记录只能用于单个的事务，而不能存放在高速缓存中。

- **资源数据长度**　长度为 16 比特，定义资源数据的长度。

- **资源数据**　该字段为可变长度字段，包含了对查询的应答（在应答部分），或者权限服务器的域名（在授权部分），或者一些其他的附加信息（在附加信息部分）。该字段的格式和内容取决于类型字段的值。其类型说明如下：

　　数值　数值以 8 比特为单位。例如，IPv4 地址是 4 个 8 比特的整数倍，而 IPv6 地址是 16 个 8 比特的整数倍。

　　域名　域名用标号序列来表示。每个标号前面是 1 字节的长度字段，用于定义标号中的字符数。因为每个域名都以空标号结束，因此每个域名的最后一个字节都是值为 0 的长度字段。为了区分长度字段和偏移指针，长度字段的高两位永远是零（00），因为标号的长度不能超过 63，即 6 位的最大值（111111）。

　　偏移指针　域名可以用偏移指针来代替。偏移指针长度为 2 字节，它的两个最高两位为 1(11)。

字符串　每个字符串前有 1 字节的长度字段,其后才是字符串的内容。字符串最长为 255 个字符(包括长度字段)。

7.2.2　DNS 协议分析

本节将在 Windows 平台下,使用 Ping 工具,以实验形式,展开 DNS 协议的分析。

1. 总体思路

在 Windows 环境中,启动 Wireshark 捕获网络连接;使用 Ping 工具对某个域名主机进行连通性测试,Ping 工具在进行连通性测试前,会先对域名进行 DNS 解析工作。通过捕获本机与域名服务器之间的数据通信过程,来分析 DNS 报文格式。

2. 数据捕获

捕获数据通信过程的步骤如下。

(1) 启动 Wireshark 捕获当前活动网络连接。

(2) 清除本地高速 DNS 解析缓存,清除 DNS 缓存需使用"ipconfig /flushdns"命令,如图 7.10 所示。

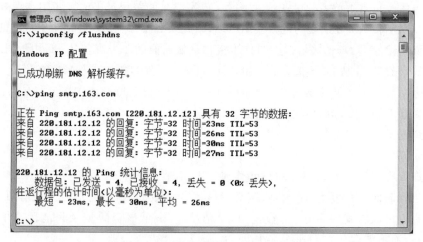

图 7.10　清空 DNS 缓存和触发 DNS 解析

(3) 在"命令提示符"窗口使用 Ping 工具对某个域名主机进行连通性测试,使用"ping [某个域名主机]",如图 7.10 所示,本示例使用网易邮箱服务器(smtp.163.com)。

(4) 停止 Wireshark 捕获。

3. 数据格式分析

成功捕获本机与 DNS 服务器之间的数据通信后,因本机可能存在其他外部通信,因此需要捕获数据中过滤出本机与 DNS 服务器的通信。过滤方法如下:

在 Wireshark 的显示过滤器中输入"dns",过滤出 DNS 协议的通信过程,如图 7.11 所示,可以看到,本示例中 DNS 服务器的地址为"202.117.128.2"。

下面针对本示例重点分析 DNS 报文格式。在图 7.11 中,第 1 包为 DNS 查询报文,第 2 包是响应报文。

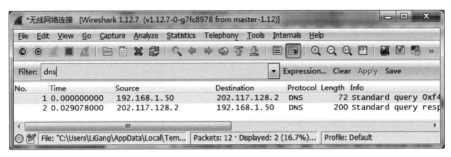

图 7.11　DNS 过滤示例

表 7.5 中给出了上述示例 DNS 查询响应过程中第 1、2 包的内容。具体分析如下：

第 1 包的第 1～14 字节为 Ethernet 帧的首部；第 15～34 字节为 IP 数据报的首部，Source IP 为 192.168.1.50，Destination IP 为 202.117.128.2；第 35～42 字节为 UDP 数据报的首部，Source Port 为 64876，Destination Port 为 53，说明上层应用可能是 DNS 服务；第 43～72 字节为 DNS 报文，标识字段为 0xF4D2，标志字段为 0x0100（其中 QR 字段为 0，该 DNS 报文为查询报文，OpCode 字段为 0，表示标准查询，RD 字段为 1，表示希望得到递应应答。），问题记录数字段为 0x0001，说明报文问题部分中查询记录数为 1，应答记录数字段为 0x0000（查询报文中应为零），授权记录数字段为 0x0000（查询报文中应为零），附加记录数为 0x0000（查询报文中应为零），问题记录字段为 0x04 73 6D 74 70 03 31 36 33 03 63 6F 6D 00 00 01 00 01，其中查询名字字段为 0x04 73 6D 74 70 03 31 36 33 03 63 6F 6D 00，表示"smtp.163.com"，查询类型字段为 0x0001，表示查询 32 位的 IP 地址，查询类别为 0x0001，表示因特网查询。

第 2 包的第 1～14 字节为 Ethernet 帧的首部；第 15～34 字节为 IP 数据报的首部，Source IP 为 202.117.128.2，Destination IP 为 192.168.1.50；第 35～42 字节为 UDP 数据报的首部，Source Port 为 53，Destination Port 为 64876，说明上层应用可能是 DNS 服务；第 43～200 字节为 DNS 报文，标识字段为 0xF4D2，与 DNS 请求报文一致，标志字段为 0x8180（其中 QR 字段为 1，该 DNS 报文为响应报文，OpCode 字段为 0，表示标准查询，AA 字段为 0，表示响应 DNS 查询的服务器不是权限服务器，TC 字段为 0，表示响应报文未超过 512 字节，RA 字段为 1，表示递归应答。），问题记录数字段为 0x0001，说明报文问题部分中查询记录数为 1，应答记录数字段为 0x0008，表示应答记录有 8 条，授权记录数字段为 0x0000，表示授权记录有 0 条，附加记录数为 0x0000，表示附加记录有 0 条，问题记录字段为 0x04 73 6D 74 70 03 31 36 33 03 63 6F 6D 00 00 01 00 01，内容同查询报文，解释同上。资源记录字段从第 73～200 字节，其中域名字段为问题记录中的域名的偏移量指针，查询类型字段为 0x0001，表示查询结果为 32 位的 IP 地址，查询类别字段为 0x0001，表示类别为因特网，生存时间字段为 0x00 00 07 08，表示此应答的有效期为 1800s，资源数据长度字段为 0x0004，资源数据字段为 0xDC B5 0C 0C，表示域名对应的 IP 地址为 220.181.12.12，其后还有 7 条资源记录，同前 1 条资源记录类似，指出域名对应的 IP 地址从 220.181.12.11 ～ 220.181.12.18。

表 7.5　DNS 查询响应过程示例

包序号	对 应 参 数
1	0000　ec 26 ca 92 91 aa 00 21 63 3a 8f 9d 08 00 45 00　　.&......! c：....E.
	0010　00 3a 4e 35 00 00 80 11 e0 2b c0 a8 01 32 ca 75　　.：N5.....+...2.u
	0020　80 02 fd 6c 00 35 00 26 e9 43 f4 d2 01 00 00 01　　...l.5.&..C......
	0030　00 00 00 00 00 00 04 73 6d 74 70 03 31 36 33 03　　.......smtp.163.
	0040　63 6f 6d 00 00 01 00 01　　　　　　　　　　　　com.....
2	0000　00 21 63 3a 8f 9d ec 26 ca 92 91 aa 08 00 45 00　　.! c：...&......E.
	0010　00 ba 38 af 00 00 3d 11 38 32 ca 75 80 02 c0 a8　　..8...=.82.u....
	0020　01 32 00 35 fd 6c 00 a6 e8 c1 f4 d2 81 80 00 01　　.2.5.l...........
	0030　00 08 00 00 00 00 04 73 6d 74 70 03 31 36 33 03　　.......smtp.163.
	0040　63 6f 6d 00 00 01 00 01 c0 0c 00 01 00 01 00 00　　com.............
	0050　07 08 00 04 dc b5 0c 0c c0 0c 00 01 00 01 00 00　　................
	0060　07 08 00 04 dc b5 0c 0f c0 0c 00 01 00 01 00 00　　................
	0070　07 08 00 04 dc b5 0c 10 c0 0c 00 01 00 01 00 00　　................
	0080　07 08 00 04 dc b5 0c 0b c0 0c 00 01 00 01 00 00　　................
	0090　07 08 00 04 dc b5 0c 12 c0 0c 00 01 00 01 00 00　　................
	00a0　07 08 00 04 dc b5 0c 0d c0 0c 00 01 00 01 00 00　　................
	00b0　07 08 00 04 dc b5 0c 11 c0 0c 00 01 00 01 00 00　　................
	00c0　07 08 00 04 dc b5 0c 0e　　　　　　　　　　　　........

7.3　DHCP 系统协议分析

7.3.1　DHCP 系统组成及工作过程

1. DHCP 概述

DHCP(Dynamic Host Configuration Protocol,动态主机配置协议)是一种采用客户端/服务器端方式工作的应用层协议,该协议允许服务器端向客户端动态分配 IP 地址和配置信息。在 RFC 1541(已被 RFC 2131 取代)中定义了该协议的内容。

DHCP 客户端和 DHCP 服务器端即可以位于同一个网络,也可位于不同网络。下面分别讨论上述两种情况。

(1) 位于同一个网络

客户端和服务器端可以位于同一个网络中,图 7.12 展示了这种情况。此时客户端和服务器端交互的步骤如下:

- DHCP 服务器端在 UDP 端口 67 发出被动打开,等待客户端的请求。
- 客户端在 UDP 端口 68 发出主动打开。客户端请求报文会封装为 UDP 用户数据报,其目的端口号是 67,源端口号是 68。UDP 用户数据报再封装成 IP 数据报。由于客户端既不知道自己的 IP 地址(源地址),也不知道服务器的 IP 地址(目的地址),因此客户端使用全 0 的源地址和全 1 的目的地址。
- 服务器使用广播或单播报文响应客户端,使用 UDP 源端口 67 和目的端口 68。因为服务器知道客户端的 IP 地址,同时也知道客户端的物理地址,不需要使用

ARP 的服务进行从逻辑地址到物理地址的映射,所以可以使用单播报文响应客户端。

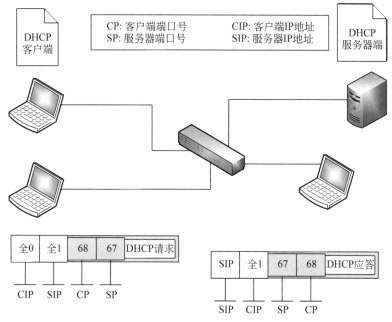

图 7.12　客户端与服务器端位于同一个网络

(2) 位于不同网络

客户端和服务器可以位于同一个网络中,客户端可以在某个网络上,而服务器可以在另一个网络上。图 7.13 展示了这种情况。

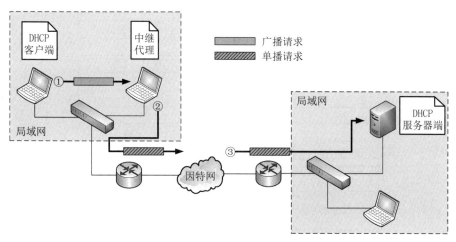

图 7.13　客户端与服务器在不同的网络上

但是,这种结构引入了新的问题,由于 DHCP 请求是广播发送的,客户端不知道服务器的 IP 地址,而广播的 IP 数据报不能通过任何路由器,路由器收到广播分组直接丢弃。

因此要解决该问题,就需要一个中介物,某台主机(或是一台能够配置为在应用层工作的路由器)可用来充当中继。此时,该主机就称为中继代理(Relay Agent)。中继代理知道DHCP服务器的单播地址,并在端口 67 监听广播报文,当其收到 DHCP 请求报文后,将请求报文封装成一个单播数据报,并把此请求发送给 DHCP 服务器。携带了单播目的地址的分组可以被任何一个路由器转发,最终到达 DHCP 服务器。DHCP 服务器知道报文来自中继代理,因为在请求报文中有一个字段定义了中继代理的 IP 地址,中继代理在收到应答后,再把应答发送给 DHCP 客户端。

2. DHCP 的配置

DHCP 可提供静态和动态的地址分配。对于静态地址分配,DHCP 有一个专门的数据库,可以静态地把物理地址绑定到 IP 地址。

对于动态地址分配,DHCP 还有第二个数据库,包括一个可用的 IP 地址池。当DHCP 客户端请求临时的 IP 地址时,DHCP 服务器就从可用(即未使用的)IP 地址池中取出一个 IP 地址进行指派,可以协商该 IP 地址的使用时间(租用期)。

当 DHCP 服务器收到 DHCP 客户端发送给它的请求时,服务器首先检查静态数据库。若静态数据库中存在所请求物理地址的表项,则返回客户端的永久 IP 地址。反之,若静态数据库中没有表项,服务器从可用 IP 地址池中选择一个临时 IP 地址,并把该地址指派给客户端,同时在动态数据库中添加相应的表项。

从地址池指派的地址都是临时地址。DHCP 服务器向客户端授予在某一段时间内对该地址的租用权。当租用时效过期,客户端可以停止使用租用的 IP 地址,或者续租,服务器可以选择同意或不同意续租,若服务器不同意,客户端应当停止使用租用的 IP 地址。

3. DHCP 报文格式

图 7.14 给出了 DHCP 报文的格式。各字段说明如下。

0	8	16	24	31
操作码	硬件类型	硬件长度	跳数	
事务标识				
秒数		标志		
客户端IP地址				
你的IP地址				
服务器IP地址				
中继IP地址				
客户端硬件地址(16字节)				
服务器名(64字节)				
引导文件名(128字节)				
选项(可变长度)				

图 7.14 DHCP 报文格式

- **操作码** 长度为 8 比特,定义了 DHCP 报文的类型:请求(0x1)或应答(0x2)。
- **硬件类型** 长度为 8 比特,定义了物理网络的类型。硬件类型其实指明了网络类型,值为 1 时表示以太网 MAC 地址类型。
- **硬件长度** 长度为 8 比特,定义了以字节为单位的物理地址的长度。以太网

MAC 地址长度为 6 字节,即为以太网时该值为 0x6。

- **跳数**   长度为 8 比特,定义报文可经过的 DHCP 中继的最大数目。默认为 0。DHCP 请求报文每经过一个 DHCP 中继,该字段就会增加 1。没有经过 DHCP 中继时值为 0。(若数据包需经过 Router 传送,每站加 1,若在同一网内,为 0。)

- **事务标识**   长度为 4 字节,该字段携带了一个整数。事务标识由客户端设置,用来对应答和请求进行匹配,服务器要在应答中返回相同值。

- **秒数**   长度为 16 比特,DHCP 客户端从获取到 IP 地址或者续约过程开始到现在所消耗的时间,以秒为单位。在没有获得 IP 地址前该字段始终为 0。

- **标志**   长度为 16 比特,该字段只使用了最左 1 位(最高 1 位),其余位都应当置 0。用来标识 DHCP 服务器应答报文是采用单播还是广播发送,0 表示采用单播发送方式,1 表示采用广播发送方式。注意:在客户端正式分配了 IP 地址之前的第一次 IP 地址请求过程中,所有 DHCP 报文都是以广播方式发送的,包括客户端发送的 DHCP Discover 和 DHCP Request 报文,以及 DHCP 服务器发送的 DHCP Offer、DHCP ACK 和 DHCP NAK 报文。当然,如果是由 DHCP 中继器转发的报文,则都是以单播方式发送的。另外,IP 地址续约、IP 地址释放的相关报文都是采用单播方式进行发送的。标志字段格式如图 7.15 所示。

图 7.15   标志字段格式

- **客户端 IP 地址**   长度为 4 字节,包含客户端的 IP 地址。若客户端没有该信息,则该字段的值是 0。仅在 DHCP 服务器发送的 ACK 报文中显示,在其他报文中均显示 0,因为在得到 DHCP 服务器确认前,DHCP 客户端还没有分配到 IP 地址。

- **你的 IP 地址**   长度为 4 字节,为 DHCP 服务器分配给客户端的 IP 地址。仅在 DHCP 服务器发送的 Offer 和 ACK 报文中显示,其他报文中显示为 0。

- **服务器 IP 地址**   长度为 4 字节,下一个为 DHCP 客户端分配 IP 地址等信息的 DHCP 服务器地址。仅在 DHCP Offer、DHCP ACK 报文中显示,其他报文中显示为 0。

- **中继 IP 地址**   DHCP 客户端发出请求报文后经过的第一个 DHCP 中继的 IP 地址。如果没有经过 DHCP 中继,则显示为 0。

- **客户端硬件地址**   长度为 16 字节,指明客户端的物理地址。在每个报文中都会显示对应 DHCP 客户端的硬件地址

- **服务器名**   长度为 64 字节,为 DHCP 客户端分配 IP 地址的 DHCP 服务器名称(DNS 域名格式)。在 Offer 和 ACK 报文中显示发送报文的 DHCP 服务器名称,

其他报文显示为 0。

- **引导文件名**　长度为 128 字节,DHCP 服务器为 DHCP 客户端指定的启动配置文件名称及路径信息。仅在 DHCP Offer 报文中显示,其他报文中显示全为 0。
- **选项**　选项字段,长度可变,可以携带附加信息(如网络掩码或默认路由器地址)和携带某些厂商特定的信息,该字段只用在应答报文中。服务器使用了一个称为**魔块**(Magic Cookie)的数字,该数字的 IP 地址格式的值为 99.130.83.99,当客户端读取完报文之后,就搜索该魔块。若发现魔块标志,则其后的 60 字节就是选项。选项由三个字段组成:1 字节的标记字段、1 字节的长度字段以及可变长度的值字段。长度字段定义值字段的长度,而不是整个选项的长度,如图 7.16 所示。选项的可选值如表 7.6 所示。

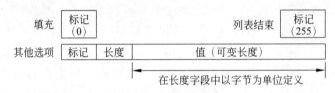

图 7.16　选项格式

表 7.6　DHCP 选项

标　记	长 度 符	值	说　明
0			填充
1	4	子网掩码	子网掩码
2	4	当天的时间	时间偏移
3	可变	IP 地址	默认路由器
4	可变	IP 地址	时间服务器
5	可变	IP 地址	IEN16 服务器
6	可变	IP 地址	DNS 服务器
7	可变	IP 地址	Log 服务器
8	可变	IP 地址	Quote 服务器
9	可变	IP 地址	打印服务器
10	可变	IP 地址	Impress
11	可变	IP 地址	RLP 服务器
12	可变	DNS 名	主机名
13	2	整数	引导文件大小
53	1	稍后讨论	用于动态配置
128～254	可变	特定信息	厂商相关
255			列表结束

为了提供动态的地址分配,DHCP 客户需要从一个状态转换到另一个状态,状态转换取决于收到的报文和发送的报文。

在此种情况下,报文的类型是由包含在 DHCP 报文中的标记为 53 的选项进行定义的。表 7.7 展示了 DHCP 报文类型的取值。

表 7.7　DHCP 报文类型的取值

报 文 类 型	取　　值
DHCP Discover	1
DHCP Offer	2
DHCP Request	3
DHCP Decline	4
DHCP ACK	5
DHCP NAK	6
DHCP Release	7
DHCP Inform	8

4. DHCP 报文种类

DHCP 报文类型共有 8 种(主要使用其中的 7 种类型),分别如下:

- DHCP Discover。
- DHCP Offer。
- DHCP Request。
- DHCP ACK。
- DHCP NAK。
- DHCP Release。
- DHCP Decline。
- DHCP Inform。

以上 8 种报文的基本功能如表 7.8 所示。

表 7.8　DHCP 报文类型

报 文 类 型	取　　值
DHCP Discover	因为 DHCP 客户端在请求 IP 地址时并不知道 DHCP 服务器的位置,因此 DHCP 客户端会在本地网络内以广播方式发送 Discover 请求报文,以发现网络中的 DHCP 服务器。所有收到 Discover 报文的 DHCP 服务器都会发送应答报文,DHCP 客户端据此可以知道网络中存在的 DHCP 服务器的位置
DHCP Offer	DHCP 服务器收到 Discover 报文后,会在所配置的地址池中查找一个合适的 IP 地址,加上相应的租约期限和其他配置信息(如网关、DNS 服务器等),构造一个 Offer 报文,发送给 DHCP 客户端,告知用户本服务器可以为其提供 IP 地址。但该报文只是告诉 DHCP 客户端可以提供 IP 地址,最终还需要客户端通过 ARP 来检测该 IP 地址是否重复

报 文 类 型	取 值
DHCP Request	DHCP 客户端可能会收到很多 Offer 报文,所以必须在这些应答中选择一个。通常是选择第一个 Offer 应答报文的服务器作为自己的目标服务器,并向该服务器发送一个广播的 Request 请求报文,通告选择的服务器,希望获得所分配的 IP 地址。另外,DHCP 客户端在成功获取 IP 地址后,在地址使用租期过去 1/2 时,也会向 DHCP 服务器发送单播 Request 请求报文请求续延租约,如果没有收到 ACK 报文,在租期过去 3/4 时,会再次发送广播的 Request 请求报文以请求续延租约
DHCP ACK	DHCP 服务器收到 Request 请求报文后,根据 Request 报文中携带的用户 MAC 来查找有没有相应的租约记录,如果有则发送 ACK 应答报文,通知用户可以使用分配的 IP 地址
DHCP NAK	如果 DHCP 服务器收到 Request 请求报文后,没有发现有相应的租约记录或者由于某些原因无法正常分配 IP 地址,则向 DHCP 客户端发送 NAK 应答报文,通知用户无法分配合适的 IP 地址
DHCP Release	当 DHCP 客户端不再需要使用分配 IP 地址时,就会主动向 DHCP 服务器发送 Release 请求报文,告知服务器用户不再需要分配 IP 地址,请求 DHCP 服务器释放对应的 IP 地址
DHCP Decline	DHCP 客户端收到 DHCP 服务器 ACK 应答报文后,通过地址冲突检测发现服务器分配的地址冲突或者由于其他原因导致不能使用,则会向 DHCP 服务器发送 Decline 请求报文,通知服务器所分配的 IP 地址不可用,以期获得新的 IP 地址
DHCP Inform	DHCP 客户端如果需要从 DHCP 服务器端获取更为详细的配置信息,则向 DHCP 服务器发送 Inform 请求报文;DHCP 服务器在收到该报文后,将根据租约进行查找到相应的配置信息后,向 DHCP 客户端发送 ACK 应答报文。目前基本不用

5. DHCP 工作过程

DHCP 在提供服务时,DHCP 客户端是以 UDP 68 号端口进行数据传输的,而 DHCP 服务器是以 UDP 67 号端口进行数据传输的。DHCP 服务不仅体现在为 DHCP 客户端提供 IP 地址自动分配过程中,还体现在后面的 IP 地址续约和释放过程中。

在 DHCP 服务器为 DHCP 客户端初次提供 IP 地址自动分配过程中,一共经过了以下四个阶段:**发现阶段**(DHCP 客户端在网络中广播发送 DHCP Discover 请求报文,发现 DHCP 服务器,请求 IP 地址租约);**提供阶段**(DHCP 服务器通过 DHCP Offer 报文向 DHCP 客户端提供 IP 地址预分配);**选择阶段**(DHCP 客户端通过 DHCP Request 报文确认选择第一个 DHCP 服务器为它提供 IP 地址自动分配服务);**确认阶段**(被选择的 DHCP 服务器通过 DHCP ACK 报文把在 DHCP Offer 报文中准备的 IP 地址租约给对应 DHCP 客户端)。在 DHCP 客户端在获得了一个 IP 地址以后,就可以发送一个 ARP 请求,来避免由于 DHCP 服务器地址池重叠而引发的 IP 冲突。

DHCP 服务器为 DHCP 客户端初次提供 IP 地址自动分配过程具体描述如下。

(1)发现阶段

即 DHCP 客户端获取网络中 DHCP 服务器信息的阶段。在客户端配置了 DHCP 客户端程序并启动后,以广播方式发送 DHCP Discover 报文寻找网络中的 DHCP 服务器。此广播报文采用传输层的 UDP 68 号端口发送,经过网络层 IP 协议封装后,源 IP 地址为

0.0.0.0(因为此时还没有分配 IP 地址),目的 IP 地址为 255.255.255.255(有限广播 IP 地址)。

（2）提供阶段

即 DHCP 服务器向 DHCP 客户端提供预分配 IP 地址的阶段。网络中的所有 DHCP 服务器接收到客户端的 DHCP Discover 报文后,都会根据自己地址池中 IP 地址分配的优先次序选出一个 IP 地址,然后与其他参数一起通过传输层的 UDP 67 号端口,在 DHCP Offer 报文中以广播方式发送给客户端(目的端口是 DHCP 客户端的 UDP 68 号端口)。客户端通过封装在帧中的目的 MAC 地址(也就在 DHCP Discover 报文中的客户硬件地址字段值)的比对来确定是否接收该帧。但这样一来,理论上 DHCP 客户端可能会收到多个 DHCP Offer 报文(当网络中存在多个 DHCP 服务器时),但 DHCP 客户端只接受第一个到来的 DHCP Offer 报文。DHCP Offer 报文经过 IP 协议封装后的源 IP 地址为 DHCP 服务器自己的 IP 地址,目的地址仍是 255.255.255.255 广播地址,使用的协议仍为 UDP。

（3）选择阶段

即 DHCP 客户端选择 IP 地址的阶段。如果有多台 DHCP 服务器向该客户端发来 DHCP Offer 报文,客户端只接受第一个收到的 DHCP Offer 报文,然后以广播方式发送 DHCP Request 报文。在该报文的选项中包含 DHCP 服务器在 DHCP Offer 报文中预分配的 IP 地址,对应的 DHCP 服务器 IP 地址等。也就相当于同时告诉其他 DHCP 服务器,可以释放已提供的地址,并将这些地址返回到可用地址池中。

（4）确认阶段

即 DHCP 服务器确认分配级 DHCP 客户端 IP 地址的阶段。某个 DHCP 服务器在收到 DHCP 客户端发来的 DHCP Request 报文后,只有 DHCP 客户端选择的服务器会进行如下操作:如果确认将地址分配给该客户端,则以广播方式返回 DHCP ACK 报文;否则返回 DHCP NAK 报文,表明地址不能分配给该客户端。在 DHCP 服务器发送的 DHCP ACK 报文的 IP 协议首部,源 IP 地址是 DHCP 服务器 IP 地址,目的 IP 地址仍然是广播地址 255.255.255.255。在 DHCP ACK 报文中的"你的 IP 地址"字段包含要分配给客户端的 IP 地址,而客户硬件地址是发出请求的客户端中网卡的 MAC 地址。同时在选项部分也会在 DHCP Offer 报文中把所分配的 IP 地址的子网掩码、默认网关、DNS 服务器、租约期、续约时间等信息加上。

7.3.2　DHCP 协议分析

本节将在 Windows 平台下,借助 ipconfig 工具,以实验形式,展开 DHCP 协议的分析。

1. 总体思路

在 Windows 环境中,配置当前活动网络适配器开启 DHCP 模式,自动获取 IP 地址等相关信息;启动 Wireshark 捕获当前网络适配器;同时开启 DHCP 服务器。通过捕获本机与 DHCP 服务器之间的数据通信过程,来分析 DHCP 的报文格式。

2. 数据捕获

捕获数据通信过程的步骤如下：

（1）配置当前活动网络适配器开启 DHCP 模式（在网络适配器的 IPv4 属性中设置"自动获得 IP 地址"和"自动获得 DNS 服务器地址"，如图 7.17 所示。）。

（2）启动 Wireshark 捕获当前活动网络连接。

（3）开启 DHCP 服务器。

（4）当网络适配器自动获取到 IP 地址等信息后（通过 ipconfig 命令检查），停止 Wireshark 捕获。

图 7.17　网络适配器开启 DHCP 模式设置

3. 数据格式分析

成功捕获本机与 DHCP 服务器之间的数据通信后，因本机可能存在其他外部通信，因此需要从捕获数据中过滤出本机与 DHCP 服务器的通信。过滤方法如下：

在 Wireshark 的显示过滤器中输入"bootp"（因 DHCP 协议是根据 BOOTP 协议改进过来的），过滤出 DHCP 的通信过程，如图 7.18 所示，DHCP 服务器的地址为"192.168.1.1"。

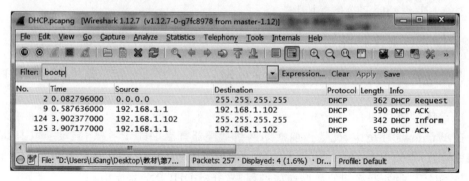

图 7.18　DHCP 过滤示例

下面针对本示例重点分析 DHCP 报文格式。在图 7.18 中,第 2 包和第 124 包为 DHCP 请求报文;第 9 包和第 125 包是应答报文。

表 7.9 中给出了上述示例 DHCP 请求应答过程中第 2、9 包的内容。具体分析如下:

表 7.9　DHCP 请求应答过程示例

包序号	对 应 参 数
2	0000　ff ff ff ff ff ff 00 21 63 3a 8f 9d 08 00 45 00 0010　01 5c 17 86 00 00 80 11 22 0c 00 00 00 00 ff ff 0020　ff ff 00 44 00 43 01 48 f9 db 01 01 06 00 a4 a1 0030　75 93 00 00 00 00 00 00 00 00 00 00 00 00 00 00 0040　00 00 00 00 00 00 00 21 63 3a 8f 9d 00 00 00 00 0050　00 00 00 00 00 00 00 00 00 00 00 00 00 00 00 00 · (全 0) · 0100　00 00 00 00 00 00 00 00 00 00 00 00 00 00 00 00 0110　00 00 00 00 00 00 63 82 53 63 35 01 03 3d 07 01 0120　00 21 63 3a 8f 9d 32 04 c0 a8 01 66 0c 0f 4c 69 0130　47 61 6e 67 2d 44 79 6e 61 62 6f 6f 6b 51 12 00 0140　00 00 4c 69 47 61 6e 67 2d 44 79 6e 61 62 6f 0150　6b 3c 08 4d 53 46 54 20 35 2e 30 37 0c 01 0f 03 0160　06 2c 2e 2f 1f 21 79 f9 2b ff
9	0000　00 21 63 3a 8f 9d 9c 21 6a 42 57 d4 08 00 45 00 0010　02 40 00 12 40 00 40 11 b4 e3 c0 a8 01 01 c0 a8 0020　01 66 00 43 00 44 02 2c f6 c5 02 01 06 00 a4 a1 0030　75 93 00 00 00 00 00 00 00 00 c0 a8 01 66 00 00 0040　00 00 00 00 00 21 63 3a 8f 9d 00 00 00 00 0050　00 00 00 00 00 00 00 00 00 00 00 00 00 00 00 00 · (全 0) · 0100　00 00 00 00 00 00 00 00 00 00 00 00 00 00 00 00 0110　00 00 00 00 00 00 63 82 53 63 35 01 05 36 04 c0 0120　a8 01 01 33 04 00 00 1c 20 06 08 7c 59 01 81 dd 0130　0b 01 44 01 04 ff ff ff 00 03 04 c0 a8 01 01 ff · (全 0) · 0240　00 00 00 00 00 00 00 00 00 00 00 00 ……………

第 1 包的第 1～14 字节为 Ethernet 帧的首部;第 15～34 字节为 IP 数据报的首部, Source IP 为 0.0.0.0,Destination IP 为 255.255.255.255;第 35～42 字节为 UDP 数据报的首部,Source Port 为 68,Destination Port 为 67,说明上层应用可能是 DHCP 服务;第 43～362 字节为 DHCP 报文,操作码字段为 0x01,表示请求,硬件类型字段为 0x01,表示以太网,硬件长度字段为 0x06,表示物理地址长度为 6 字节,跳数字段为 0,事务标识字段为 0xA4 A1 75 93,秒数字段为 0x0000,标志字段为 0x0000,表示单播,客户端 IP 地址字

段为 0.0.0.0,你的 IP 地址字段为 0.0.0.0,服务器的 IP 地址字段为 0.0.0.0,中继 IP 地址字段为 0.0.0.0,客户端硬件地址字段为 00:21:63:3A:8F:9D,服务器名字段未给出,引导文件名字段未给出,Magic Cookie 字段为 0x63 82 53 63,其后为选项字段,选项字段共有 8 个,如表 7.10 所示。

表 7.10　DHCP 请求报文选项字段示例(第 1 包)

选 项 序 号	类型	长度/字节	说　　明
1	53	1	消息类型为 Request
2	61	7	客户端硬件类型为以太网,MAC 地址为 00:21:63:3A:8F:9D
3	50	4	客户端曾经使用过 IP 地址:192.168.1.102
4	12	15	主机名:LiGang-Dynabook
5	81	18	Client Fully Qualified Domain Name
6	60	8	厂商类别:MSFT 5.0
7	55	12	参数请求列表
8	255		列表结束

第 9 包的第 1~14 字节为 Ethernet 帧的首部;第 15~34 字节为 IP 数据报的首部,Source IP 为 192.168.1.1,Destination IP 为 192.168.1.102;第 35~42 字节为 UDP 数据报的首部,Source Port 为 67,Destination Port 为 68,说明上层应用可能是 DHCP 服务;第 43~590 字节为 DHCP 报文,操作码字段为 0x02,表示应答,硬件类型字段为 0x01,表示以太网,硬件长度字段为 0x06,表示物理地址长度为 6 字节,跳数字段为 0,事务标识字段为 0xA4 A1 75 93,秒数字段为 0x0000,标志字段为 0x0000,表示单播,客户端 IP 地址字段为 0.0.0.0,你的 IP 地址字段为 192.168.1.102,服务器的 IP 地址字段为 0.0.0.0,中继 IP 地址字段为 0.0.0.0,客户端硬件地址字段为 00:21:63:3A:8F:9D,服务器名字段未给出,引导文件名字段未给出,Magic Cookie 字段为 0x63 82 53 63,其后为选项字段,选项字段共有 7 个,如表 7.11 所示。

表 7.11　DHCP 应答报文选项字段示例(第 9 包)

选 项 序 号	类型	长度/字节	说　　明
1	53	1	消息类型为 ACK
2	54	4	DHCP 服务器的 IP 地址:192.168.1.1
3	51	4	租约为 7200s
4	6	8	DNS 服务器:124.89.1.129 和 221.11.1.68
5	1	4	子网掩码:255.255.255.0
6	3	4	默认路由器(网关):192.168.1.1
7	255		列表结束

7.4　FTP 系统协议分析

7.4.1　FTP 系统组成及工作过程

1. FTP 协议概述

文件传输协议(FTP)用于从一台主机把文件复制到另一台主机。FTP 在主机之间使用两条连接：一条连接用于数据传输,而另一条连接则用于传输控制信息(命令和响应)。把命令与数据的传输分开使得 FTP 的效率更高。控制连接使用非常简单的通信规则,只需要传输命令或响应。

FTP 使用两个熟知的 TCP 端口：端口 21 用于控制连接,而端口 20 用于数据连接。图 7.19 给出了 FTP 的基本模型。客户端由三个组件组成：用户接口、客户端控制进程和客户端数据传输进程。服务器由两个组件组成：服务器控制进程和服务器数据传输进程。在控制进程之间的是控制连接。在数据传输进程之间是数据连接。

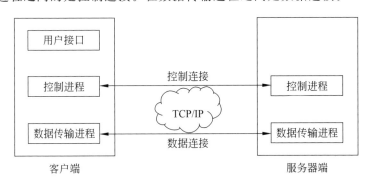

图 7.19　FTP 的基本模型

在整个 FTP 会话的交互过程中,控制连接始终处于连接状态。数据连接则在每一次文件传输时,先建立连接,传输完毕后关闭连接。即每当涉及使用传输文件的命令时,就打开数据连接,而当文件传输完毕时就关闭连接。换言之,当用户开始一个 FTP 会话时,就打开控制连接。在控制连接处于打开状态时,若传输多个文件,则数据连接可以打开和关闭多次。注意：控制连接和数据连接使用不同的工作策略和端口号。

(1) 控制连接

创建控制连接共有两个步骤：

- 服务器端在熟知端口 21 被动打开,等待客户端的连接。
- 客户使用临时端口主动打开,向服务器发起连接请求,建立控制连接。

连接在通信的整个过程中一直保持。图 7.20 展示了服务器和客户端之间建立控制连接的步骤。

(2) 数据连接

数据连接使用服务器端的熟知端口 20。创建数据连接的步骤如下：

- 客户端被动打开一个临时端口。

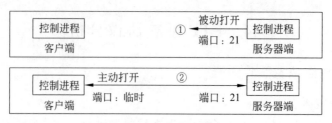

图 7.20　建立控制连接步骤

- 客户端使用 PORT 命令将临时端口号发送给服务器。
- 服务器收到端口号后,使用熟知端口 20 和收到的临时端口号发起连接请求。

注意:服务器应用在实现上述过程中第 3 步骤存在差异,为使服务器可以为多个客户端服务,不一定会使用熟知端口 20 发起连接请求,创建数据连接。图 7.21 展示了服务器和客户端之间建立数据连接的步骤。若采用被动方式建立数据连接(使用 PASV 命令),建立数据连接的步骤与图 7.21 会有所不同。

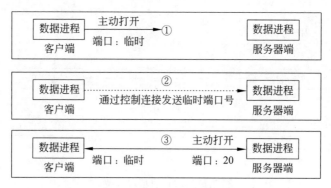

图 7.21　建立数据连接步骤

2. FTP 命令处理

FTP 使用控制连接在客户进程和服务器进程之间建立通信。在通信时,从客户端向服务器发送命令,而服务器对客户端的命令进行响应。

(1) 命令

命令形式是 ASCII 大写字符,其后的参数可选。命令可以分为以下 6 组:

- **接入命令**　接入命令使用户能够访问远程系统。表 7.12 列举了该组的常用命令。
- **文件管理命令**　文件管理命令使用户能访问到远程计算机的文件系统。该命令允许用户使用目录结构、创建新的目录、删除文件等等操作。表 7.13 给出了该组的常用命令。
- **数据格式化命令**　数据格式化命令让用户定义数据结构、文件类型以及传输方式。所定义的格式可由文件传输命令来使用。表 7.14 给出了该组的常用命令。
- **端口定义命令**　端口定义命令定义客户端的数据连接使用的端口号。有两种方法可以使用。第一种方法使用 PORT 命令,客户端可选择一个临时端口号,并通过被动打开把端口号发送给服务器,服务器向该端口发起连接请求,创建数据连接。第二种方法使用 PASV 命令,客户端要求服务器先选择一个端口号,服务器在该端口被动打开,并在响应中发送端口号(见表 7.18 中的编号为 227 的响应),客户端使用该端口号主动打开,发起连接请求。表 7.15 给出了该组的常用命令。

- **文件传输命令** 文件传输命令用于控制传输文件。表 7.16 给出了该组的常用命令。
- **杂项命令** 杂项命令用于将用户要求的信息返回客户端。表 7.17 给出了该组的常用命令。

表 7.12 FTP 接入命令

命 令	参 数	说 明
USER	用户标识符	用户信息
PASS	用户口令	口令
ACCT	应付费的服务	财务信息
REIN		重新初始化
QUIT		从系统注销
ABOR		命令异常终止

表 7.13 FTP 文件管理命令

命 令	参 数	说 明
CWD	目录名	改变到另一个目录
CDUP		改变到父目录
DELE	文件名	删除文件
LIST	目录名	列出子目录或文件
NLST	目录名	列出子目录或无其他属性的文件
MKD	目录名	创建新目录
PWD		显示当前目录
RMD	目录名	删除目录
RNFR	文件名(旧文件名)	标志要重新命名的文件
RNTO	文件名(新文件名)	重新命名文件
SMNT	文件系统名	安装文件系统

表 7.14 FTP 数据格式化命令

命 令	参 数	说 明
TYPE	A(ASCII),E(EBCDIC),I(图像),N(非打印),或 T(TELNET)	定义文件类型
STRU	F(文件),R(记录),P(页面)	定义数据的组织
MODE	S(流),B(块),C(压缩)	定义传输方式

表 7.15　FTP 端口定义命令

命　令	参　数	说　明
PORT	6 个数字的标识符	客户端选择端口
PASV		服务器选择端口

表 7.16　FTP 文件传输命令

命　令	参　数	说　明
RETR	文件名	读取文件：文件从服务器传送到客户端
STOR	文件名	存储文件：文件从客户端传送到服务器
APPE	文件名	与 STOR 类似，但是若文件存在，将数据添加到文件尾部
STOU	文件名	与 STOR 相同，但是文件名在目录中必须唯一
ALLO	文件名	在服务器为文件分配存储空间
REST	文件名	在指明的数据点给文件标记确定位置
STAT	文件名	返回文件的状态

表 7.17　FTP 杂项命令

命　令	参　数	说　明
HELP		询问关于服务器的信息
NOOP		检查服务器是否工作
SITE	文件名	指明特定场所的命令
SYST		询问服务器使用的操作系统

（2）响应

服务器收到一个 FTP 命令后，会产生至少一个响应，并将响应返回客户端。

响应分为两个部分：3 位数字的代码和跟随在代码后的文本。3 位数字是定义代码；文本部分定义所需的参数或额外的解释说明。现将 3 位数字记为 xyz，下面解释每一位数字的含义。

- **第一位数字**　第一位数字 x 定义命令的状态。该位置上可以使用下列 5 个数字：
  1yz（正面初步应答）　表示动作已经开始。服务器在接受命令之前将发送应答。
  2yz（正面完成应答）　表示动作已经完成。服务器将接受命令。
  3yz（正面中间应答）　表示命令已经接受，但需要进一步的信息。
  4yz（过渡负面完成应答）　表示动作没有发生，但差错是暂时的。
  5yz（永久负面完成应答）　表示命令没有接受，不能再次发送。
- **第二位数字**　第二位数字 y 定义命令的状态。该位置上可以使用下列 6 个数字：
  x0z（语法）。
  x1z（信息）。

x2z(连接)。

x3z(鉴别和账号)。

x4z(未指明)。

x5z(文件系统)。

- **第三位数字** 第三位数字 z 提供附加信息。表 7.18 给出了可能出现的响应代码列表。

表 7.18 FTP 响应代码列表

代　　码	说　　明
120	服务不久即将就绪
125	数据连接打开；数据传输不久即将开始
150	文件状态是 OK
200	命令 OK
211	系统状态或求助应答
212	目录状态
213	文件状态
214	求助报文
215	命名系统类型(操作系统)
220	服务就绪
221	服务关闭
225	数据连接打开
226	关闭数据连接
227	进入被动方式,服务器发送 IP 地址和端口号
230	用户登录 OK
250	请求文件动作 OK
331	用户名 OK：需要口令
332	需要登录账号
350	文件动作在进行中：需要更多的信息
425	不能打开数据连接
426	连接关闭：不能识别的命令
450	未采取文件动作：文件不可用
451	动作异常终止：本地差错
452	动作异常终止：存储器不足
500	语法差错：不能识别的命令

续表

代　码	说　明
501	参数或变量的语法差错
502	命令未实现
503	不良命令序列
504	命令参数未实现
530	用户未登录
532	存储文件需要账号
550	动作未完成：文件不可用
552	请求的动作异常终止：超过分配的存储器空间
553	未采取请求动作：文件名不允许

3. FTP 文件传输

FTP 文件传输在控制连接上发送的命令控制下，在数据连接上进行文件传输。注意：FTP 的文件传输仅用于以下三种情况：

- **读取文件**　从服务器把文件复制到客户端（下载）。在 RETR 命令的监督下完成。
- **存储文件**　从客户端把文件复制到服务器（上传）。在 STOR 命令的监督下完成。
- **读取目录和文件名列表**　从服务器向客户端发送目录列表或文件名列表。在 LIST 命令的监督下完成。应注意，FTP 把目录和文件名列表均看成是文件，通过数据连接进行发送。

7.4.2　FTP 协议分析

本节将在 Windows 平台下，使用 FTP 工具，以实验形式，展开 FTP 协议的分析工作。

1. 总体思路

在 Windows 环境中，启动 Wireshark 捕获网络连接；使用 FTP 工具连接某个 FTP 服务器；登录成功后，读取 FTP 服务器根目录下文件列表；最后退出服务器。通过捕获本机与服务器之间的数据通信过程，分析 FTP 协议的交互过程。

2. 数据捕获

捕获 FTP 通信过程的步骤如下，参见图 7.22。

（1）启动 FTP 服务器。

（2）启动 Wireshark 捕获当前活动网络连接。

（3）使用 FTP 工具登录 FTP 服务器，使用命令"ftp［ftp 域名 ｜ ftp IP 地址］"。

（4）输入用户名。

（5）输入密码。

（6）获取远程目录文件列表，使用命令"ls"。

（7）退出 FTP 服务器，使用命令"quit"。

（8）停止 Wireshark 捕获。

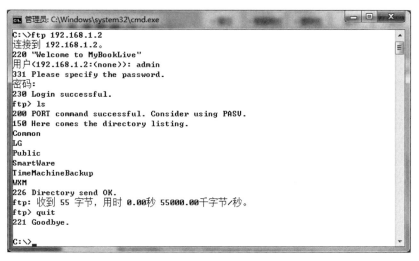

图 7.22　FTP 操作示例

3. FTP 流程分析

在成功捕获本机与 FTP 服务器之间的数据通信后，因本机可能存在其他外部通信，因此需要捕获数据中过滤出本机与 FTP 服务器的通信。过滤方法如下：

在 Wireshark 的显示过滤器中输入"ip.addr ＝＝［ftp IP 地址］&& tcp"，过滤出 FTP 的通信过程，如图 7.23 所示，在本示例中，FTP 服务器的地址为"192.168.1.2"。

本示例重点分析 FTP 的通信过程。在图 7.23 中，第 121～123 包为控制连接的连接建立的三次握手过程；第 182～185 包为控制连接的释放连接过程；第 124～181 包为本机客户端与 FTP 服务器的交互流程，其中，第 163～165 包为数据连接的连接建立过程；第 166～167 包为数据连接的传输过程；第 168、169、172 和 173 包为数据连接的释放连接过程。

由于 FTP 协议在通信时，从客户端向服务器发送命令，而响应从服务器发回到客户端，可以通过跟踪 TCP Stream 的方法提取交互的命令和响应，选择图 7.23 中的某个 TCP 包，选择 Wireshark 主菜单中的 Analyze—> Follow TCP Stream，跟踪 TCP Stream，结果如图 7.24 所示。

本示例交互的流程如下，参看图 7.25。

（1）连接建立成功后，FTP 服务器在控制连接上发送 220（服务就绪）响应。

（2）客户端发送 USER 命令。

（3）服务器验证用户名正确后，响应 331，表示用户名正确，需要继续输入口令。

（4）客户端发送 PASS 命令。

（5）服务器验证该用户密码后，响应 230，表示用户登录成功。

（6）客户端被动打开一个临时端口，以便进行数据连接，同时发送 PORT 命令（在控

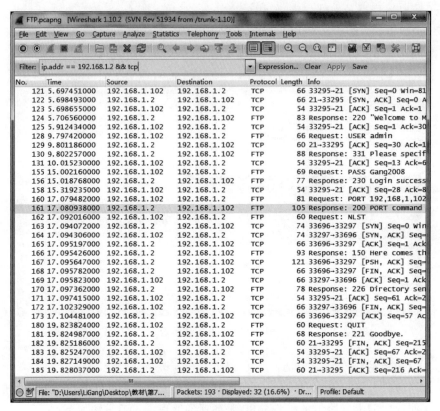

图 7.23　FTP 通信过滤示例

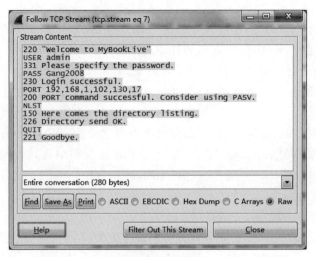

图 7.24　FTP 通信跟踪示例

制连接上），将端口号发送给服务器。本示例为"PORT 192,168,1,102,130,17"，即被动打开端口为 $130\times2^8+17=33297$。

（7）服务器在控制连接上发送响应 200，表示命令 OK，收到客户端发来的临时端口。

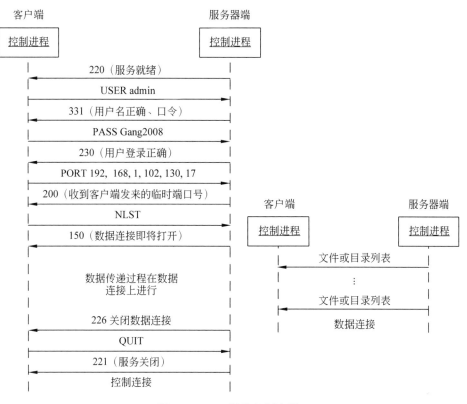

图 7.25　FTP 通信示例流程

（8）客户端发送 NLST 报文。

（9）服务器响应 150，表示数据连接即将打开。同时，服务器主动连接客户端临时端口，建立数据连接。

（10）服务器在数据连接上发送文件或目录列表（作为一个文件），当整个列表（文件）发送后，服务器在控制连接上响应 226，表示要关闭数据连接。

（11）服务器主动开始关闭数据连接。

（12）客户端现在有两个选择。可以使用 QUIT 命令请求关闭控制连接，或者发送其他命令开始新的活动（甚至打开另一个数据连接）。在本示例中，客户端发送 QUIT 命令。

（13）服务器收到 QUIT 命令后，服务器响应 221，表示要服务关闭，其后主动关闭控制连接。

7.5　邮件系统协议分析

电子邮件是一种用电子信息手段提供信息交换的通信方式，是因特网应用中使用较为广泛的服务。电子邮件具有传递迅速和费用低廉的优点，现在的电子邮件不仅可以传送文字信息，还可以附上声音、图像和视频。在本节中，将讨论电子邮件系统的一般体系结构,并介绍电子邮件的三个主要构件：用户代理、邮件服务器和邮件协议。

7.5.1　邮件系统组成及工作过程

1. 邮件系统的体系结构

电子邮件系统主要包括如图 7.26 所示的三个组成构件,即用户代理、邮件服务器,以及邮件发送协议(如 SMTP)和邮件读取协议(如 POP3)。POP3 是邮局协议(Post Office Protocol)的版本 3。

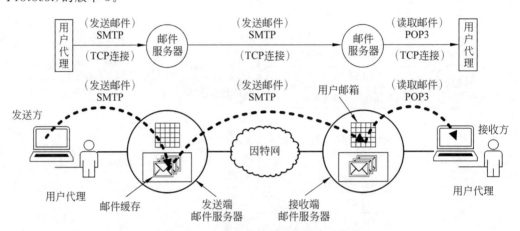

图 7.26　电子邮件的最主要的组成构件

用户代理 UA(User Agent)是用户与电子邮件系统的接口,在大多数情况下 UA 是运行在用户 PC 机中的一个程序。因此用户代理又称为电子邮件客户端软件。用户代理向用户提供一个很友好的接口(目前主要是用窗口界面)来发送和接收邮件。目前可供大家选择的用户代理有很多种(例如 Outlook、Foxmail 等)。

用户代理至少应当具有以下四个功能：

(1) **撰写**。给用户提供编辑邮件的环境。例如,可以让用户能创建便于使用的通讯录(有常用的人名和地址)。回邮件时不仅能很方便地从收到的邮件中提取出对方地址,并自动地将此地址写入到邮件中恰当的位置,而且还能方便地对收到的邮件提出的问题进行答复(系统自动将收到的邮件复制一份在用户撰写回邮件的窗口中,因而用户不需要再输入收到的邮件中的问题)。

(2) **显示**。能方便地在计算机屏幕上显示出收到的邮件(包括收到的邮件附上的声音和图像)。

(3) **处理**。处理包括发送邮件和接收邮件。收件人应能根据情况按不同方式对收到的邮件进行处理。例如,阅读后删除、存盘、打印、转发等,以及自建目录对收到的邮件进行分类保存。有时还可在读取邮件之前先查看一下邮件的发件人和长度等,对于不愿接收的邮件可直接在邮箱中删除。

(4) **通信**。发件人在撰写完邮件后,要利用邮件发送协议发送到用户所使用的邮件服务器。收件人在接收邮件时,要使用邮件读取协议从本地邮件服务器接收邮件。

邮件服务器的功能是发送邮件和接收邮件,同时还要向发件人报告邮件传送的结果

(已交付、被拒绝、丢失等)。邮件服务器按照客户端/服务器方式工作。邮件服务器需要使用两种不同的协议。一种协议用于用户代理向邮件服务器发送邮件或在邮件服务器之间发送邮件,如 SMTP 协议,另一种协议用于用户代理从邮件服务器读取邮件,如邮局协议 POP3。

邮件服务器必须能够同时充当客户端和服务器。例如,当邮件服务器 A 向另一个邮件服务器 B 发送邮件时,A 作为 SMTP 客户端,而 B 是 SMTP 服务器。反之,当 B 向 A 发送邮件时,B 是 SMTP 客户端,而 A 是 SMTP 服务器。

图 7.26 同时展示了发送和接收电子邮件的几个重要步骤。注意,SMTP 和 POP3(或 IMAP)均利用 TCP 协议进行工作(TCP 的可靠数据传输)。

(1) 发件人使用用户代理撰写和编辑要发送的邮件。

(2) 发件人发送邮件时将发送邮件的工作全都交给用户代理完成。用户代理把邮件用 SMTP 协议发给发送方邮件服务器,用户代理充当 SMTP 客户端,而发送方邮件服务器充当 SMTP 服务器。

(3) SMTP 服务器收到用户代理发来的邮件后,把邮件临时存放在邮件缓存队列中,等待发送到接收方的邮件服务器(等待时间的长短取决于邮件服务器的处理能力和队列中待发送的邮件的数量。一般情况下,等待时间都远远大于分组在路由器中等待转发的排队时间。)。

(4) 发送方邮件服务器的 SMTP 客户端与接收方邮件服务器的 SMTP 服务器建立 TCP 连接,然后把邮件缓存队列中的邮件依次发送出去。如果 SMTP 客户端还有邮件要发送到同一个邮件服务器,可以在原来已建立的 TCP 连接上重复发送。如果 SMTP 客户端无法和 SMTP 服务器建立 TCP 连接(例如,接收方服务器过负荷或出了故障),那么要发送的邮件就会继续保存在发送方的邮件服务器中,并在稍后一段时间再进行新的尝试。如果 SMTP 客户端超过了规定的时间还不能把邮件发送出去,那么发送邮件服务器就把这种情况通知用户代理。

(5) 运行在接收方邮件服务器中的 SMTP 服务器进程收到邮件后,把邮件放入收件人的用户邮箱中,等待收件人进行读取。

(6) 收件人通过用户代理收取邮件,用户代理使用 POP3(或 IMAP)协议读取自己的邮件。请注意,在图 7.26 中,POP3 服务器和 POP3 客户端之间的箭头表示的是邮件传送的方向,但它们之间的通信是由 POP3 客户发起的。

请注意图 7.26 有两种不同的通信方式。一种是“推”(Push):SMTP 客户端把邮件“推”给 SMTP 服务器;另一种是“拉”(Pull):POP3 客户端把邮件从 POP3 服务器“拉”过来。

2. 邮件地址

电子邮件由信封(Envelope)和内容(Content)两部分组成。电子邮件的传输程序根据邮件信封上的信息来传送邮件。与邮局按照信封上的信息投递信件类似,在邮件的信封上,最重要的就是收件人的地址。TCP/IP 体系的电子邮件系统规定电子邮件地址(E-mail Address)的格式如下:

收件人邮箱名@邮箱所在主机的域名

收件人邮箱名又简称为用户名(User Name),是收件人自己定义的字符串标识符。但应注意,标志收件人邮箱名的字符串在邮箱所在邮件服务器的计算机中必须是唯一的。以保证该电子邮件地址在世界范围内是唯一的。此点对于保证电子邮件能够在整个因特网范围内的准确交付十分重要。电子邮件的用户名一般采用容易记忆的字符串。

3. 邮件结构

一封电子邮件分为信封和内容两大部分。在 RFC 2822 文档中只规定了邮件内容中的首部(Header)格式,而对邮件的主体(Body)部分则让用户自由撰写。用户写好首部后,邮件系统自动地将信封所需的信息提取出来并写在信封上,因此用户不需要填写电子邮件信封上的信息。

邮件内容首部包括以下关键字,后面加上冒号,其中最重要的关键字是:To 和 Subject。

- **To**:后面填入一个或多个收件人的电子邮件地址。在电子邮件软件中,用户把经常通信的对象姓名和电子邮件地址写到地址簿(Address Book)中。当撰写邮件时,只需打开地址簿,单击收件人名字,收件人的电子邮件地址就会自动地填入到合适的位置上。
- **Subject**:是邮件的主题。反映了邮件的主要内容。主题类似于文件系统的文件名,便于用户查找邮件。
- **Cc**:抄送一个"复写副本"。表示应给某某人抄送一个邮件副本。
- **Bcc(Blind carbon copy)**:暗送一个"复写副本"。表示发件人能将邮件的副本送给某人,但不希望此事为收件人知道。
- **From**:表示发件人的电子邮件地址,一般由邮件系统自动填入。
- **Date**:表示发件人的发件日期,一般都由邮件系统自动填入。
- **Reply-To**:对方回邮件所用的地址。该地址可以与发件人发件时所用的地址不同。

4. SMTP 的工作过程

邮件传送通过用户代理(UA)实现。用户代理(UA)和邮件服务器进行发送邮件的正式协议称为简单邮件传输协议(SMTP)。在大多数的情况下,需要两对用户代理(UA)和邮件服务器,图 7.27 给出了此种情况下 SMTP 协议的工作范围。

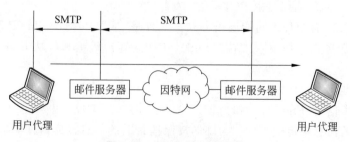

图 7.27   SMTP 的工作范围

在图 7.27 中,使用了两次 SMTP,即在发送方和发送方的邮件服务器之间,以及在两个邮件服务器之间使用。在邮件服务器和接收方之间还需要另外一个协议 POP3 或 IMAP。SMTP 规定了如何在两个 SMTP 进程间交换使用命令和响应信息的方法。

(1) 命令和响应

SMTP 使用命令和响应在用户代理和邮件服务器之间传送邮件,参见图 7.28。

图 7.28　命令与响应

每一个命令或响应都以二字符(回车和换行)的行结束标记终止。

• 命令

命令从用户代理发送到邮件服务器。命令包括关键词,后面跟着零个或多个参数。SMTP 协议中定义了 14 个命令。表 7.19 给出了这 14 个命令和相应的参数,解释如下:

表 7.19　SMTP 命令

命　　令	参　　数	命　　令	参　　数
HELO	发送方的主机域名	NOOP	
MAIL FROM	发件人	TURN	
RCPT TO	预期的收件人	EXPN	邮件发送列表
DATA	邮件的主体	HELP	命令
QUIT		SEND FROM	预期的收件人
REST		SOML FROM	预期的收件人
VRFY	收件人名字	SAML FROM	预期的收件人

HELO 命令用于用户标识自己,其参数是用户主机的域名。格式举例如下:

HELO student.xupt.edu.cn

MAIL FROM 命令用于标识发件人。命令使用的参数是发件人的电子邮件地址(本地部分加上域名)。格式举例如下:

MAIL FROM: 0401001@student.xupt.edu.cn

RCPT TO 命令用于标识预期的收件人。命令使用的参数是收件人的电子邮件地址。若有多个收件人,则该命令要重复使用。格式举例如下:

RCPT TO: 0401002@xiyou.edu.cn

DATA 命令用于初始化数据传输,在 DATA 命令后面所有的行都是邮件内容,邮件内容以只包含一个“.”的行表示结束。格式举例如下:

DATA
This is a Test Message.

Please don't reply.

·

QUIT 命令指示结束会话。格式举例如下：

QUIT

RSET 命令用于重置会话，取消当前传输。该命令使用后，将会删除所有存储的发件人和收件人的信息，连接将被复位。格式举例如下：

REST

VRFY 命令用于验证指定的用户/邮箱是否存在；因为存在安全问题，服务器常禁用此命令。格式举例如下：

VRFY: 0401002@xiyou.edu.cn

NOOP 命令表示空操作，服务器应响应 OK，通常用于测试。格式举例如下：

NOOP

TURN 命令用于交换发件人和收件人位置，即发件人变成收件人，收件人变成发件人。大多数 SMTP 服务器并不支持该功能。格式举例如下：

TURN

EXPN 命令用于要求接收邮件的服务器将作为参数的发送列表进行扩展，并返回组成列表的收件人的邮箱地址。格式举例如下：

EXPN:xyz

HELP 命令用于查询服务器支持的命令。格式举例如下：

HELP:TURN

SEND FROM 命令指明邮件要交付到收件人的终端，而不是邮箱。若收件人没有登录，则会退回邮件。命令参数为收件人地址。格式举例如下：

SEND FROM: 0401001@student.xupt.edu.cn

SOML FROM 命令指明邮件要交付到收件人的终端或邮箱。表示若收件人已登录，邮件就只交付到终端。若收件人未登录，邮件就交付到邮箱。命令参数是收件人地址。格式举例如下：

SOML FROM: 0401001@student.xupt.edu.cn

SAML FROM 命令指明邮件要交付到收件人的终端和邮箱。表示若收件人已登录，邮件就交付给终端和邮箱。若收件人未登录，邮件就只交付给邮箱。命令参数是收件人地址。格式举例如下：

SAML FROM:0401001@student.xupt.edu.cn

- 响应

响应从邮件服务器发送到用户代理,响应由三位十进制数字的代码和附加的文本信息组成。此点与 FTP 和 HTTP 响应的情况相似。表 7.20 列出了一些常用的响应。

表 7.20 SMTP 响应代码列表

代　　码	说　　明
正面完成应答	
211	系统状态或系统帮助响应
214	帮助信息
220	服务器就绪
221	服务器关闭
250	要求的邮件操作完成
251	用户非本地,将转发向<forward-path>
正面中间应答	
354	开始邮件输入,以"."结束
过渡负面完成应答	
421	服务器未就绪,关闭传输信道
450	邮箱不可用
451	放弃要求的操作,处理过程中出错
452	系统存储不足,要求的操作未执行
永久负面完成应答	
500	语法差错:不能识别的命令
501	参数格式错误
502	命令不可实现
503	错误的命令序列
504	命令参数不可实现
550	要求的邮件操作未完成,邮箱不可用
551	用户非本地,请尝试<forward-path>
552	过量的存储分配,要求的操作未执行
553	邮箱名不可用,要求的操作未执行
554	操作失败

(2)邮件传输阶段

电子邮件的传输共分为 3 个阶段:连接建立、邮件传送和连接终止。

- 连接建立

当用户代理与 SMTP 邮件服务器熟知端口 25 建立了 TCP 连接后，SMTP 邮件服务器准备进入连接建立阶段。如图 7.29 所示，该阶段包括以下 3 个步骤：邮件服务器发送代码 220（服务就绪），告诉用户代理已准备好接收邮件，若邮件服务器未就绪，则发送代码 421（服务不可用）；用户代理发送 HELO 命令，并使用自己的主机域名进行标识，该步骤必须存在，用于将用户的主机域名通知邮件服务器；邮件服务器响应代码 250（请求命令完成）或根据不同情况给出其他代码。若邮件服务器响应代码 250，表示连接建立成功。

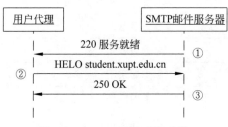

图 7.29　SMTP 连接建立阶段

- 邮件传送

在用户代理与邮件服务器之间建立连接后，发件人可以给一个或多个收件人发送单个邮件。如图 7.30 所示，该阶段包括 8 个步骤：用户代理发送 MAIL FROM 命令声明邮

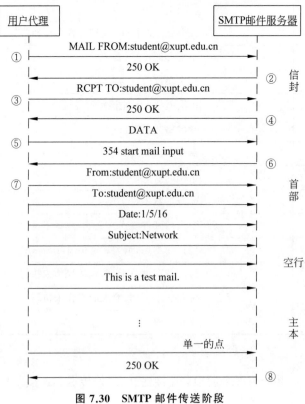

图 7.30　SMTP 邮件传送阶段

件的发件人,包括发件人的邮件地址(邮箱和域名),该步骤必须存在,用于将邮件返回地址交给服务器,以便返回差错或回复邮件时使用;服务器响应代码 250(请求命令完成)或其他适当的代码;用户代理发送 RCPT TO 命令,命名包含收件人的邮件地址,若收件人超过一个,则该步骤与下一个步骤将重复进行;服务器响应代码 250(请求命令完成)或其他适当的代码,若收件人超过一个,则该步骤与上一个步骤将重复进行;用户代理发送 DATA 命令对邮件的传输进行初始化;服务器响应代码 354(开始邮件输入)或其他适当的代码;用户代理使用连续的行发送邮件的内容,一行以二字符的行结束标记(回车和换行)终止,最终邮件以仅有一个点的行结束;服务器响应代码 250(请求命令完成)或其他适当的代码。

- 连接终止

在邮件传送成功后,用户代理终止连接。该阶段包括两个步骤,如图 7.31 所示:用户代理发送 QUIT 命令;邮件服务器响应代码 221 或其他适当的代码,连接终止之后,必须关闭 TCP 连接。

图 7.31　SMTP 连接终止阶段

5. POP3 工作过程

邮件交付的第一阶段和第二阶段使用 SMTP,一方面,在第三阶段并不使用 SMTP,因为 SMTP 是一个推送协议,是把邮件从用户代理推送到邮件服务器。换言之,邮件的方向是从用户代理到服务器。但另一方面,在第三阶段需要一个拉取协议,用户代理必须把邮件从邮件服务器拉取到用户代理。邮件的方向是从邮件服务器到用户代理。

目前,共有两种邮件读取协议可以使用:邮局协议版本 3(POP3)和互联网邮件读取协议版本 4(IMAP)。

图 7.32 给出了两种协议出现的位置。

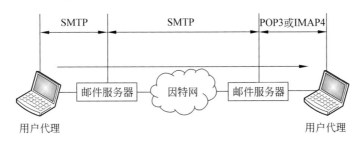

图 7.32　POP3 和 IMAP4

(1) POP3 工作过程

邮局协议版本 3(POP3)协议本身非常简单,但功能有限。用户代理 POP3 软件安装在收件人的计算机上;服务器 POP3 软件安装在邮件服务器上。

当用户需要从邮件服务器的邮箱中下载电子邮件时,用户代理就开始读取邮件。用户代理向服务器的 TCP 端口 110 发起连接请求,建立 TCP 连接,之后发送用户名和口令,访问邮箱。用户代理可以读取邮件列表,并逐个读取邮件。图 7.33 展示了使用 POP3 协议收取邮件的工作过程。

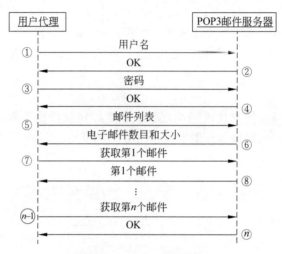

图 7.33　POP3 工作过程

POP3 有如下两种工作方式。

- **删除方式**　删除方式就在每一次读取邮件后就把邮箱中的该邮件删除。删除方式通常用于用户使用固定计算机工作的场合,而用户在读取或应答邮件后可以保存或整理所收到的邮件。

- **保存方式**　保存方式就是在读取邮件后仍然在邮箱中保存该邮件。保存方式通常用于用户离开自己的主要计算机时来读取邮件。邮件读取后还保存在系统中,供日后读取和整理。

(2) 命令和响应

POP3 命令的一般形式如下:

COMMAND [Parameter] <CRLF>

其中 COMMAND 是 ASCII 形式的命令名,Parameter 是相应的命令参数,<CRLF>是回车换行符(0x0D,0x0A)。

POP3 邮件服务器响应由一个或多个命令行组成,响应第一行以"+OK"或"-ERR"开始,其后附加若干 ASCII 文本信息。"+OK"和"-ERR"分别指出相应的操作状态成功还是失败。

POP3 命令不区分大小写,但参数区分大小写,详细说明请参考 RFC 1939。常用命令如表 7.21 所示。

表 7.21　POP3 的常用命令

命令	参　　数	状态	描　　　　述
USER	Username	认证	此命令与下面的 PASS 命令若执行成功,将导致状态转换
PASS	Password	认证	此命令若执行成功,状态转化为处理状态
APOP	Name,Digest	认证	Digest 是 MD5 消息摘要
STAT	None	处理	请求服务器发回关于邮箱的统计资料
UIDL	[Msg#]（邮件号,下同）	处理	返回邮件的唯一标识符,POP3 会话的每个标识符都将是唯一的
LIST	[Msg#]	处理	返回邮件数量和每个邮件的大小
RETR	[Msg#]	处理	返回由参数标识的邮件的全部文本
DELE	[Msg#]	处理	服务器将由参数标识的邮件标记为删除,由 QUIT 命令执行
TOP	[Msg# n]	处理	处理服务器将返回由参数标识的邮件前 n 行内容,n 必须是正整数
NOOP	None	处理	服务器返回一个肯定的响应,用于测试连接是否成功
QUIT	None	处理认证	1. 若服务器处于“处理”状态,将进入“更新”状态以删除任何标记为删除的邮件,并重返“认证”状态,结束会话,释放连接 2. 若服务器处于“认证”状态,则结束会话,退出连接

（3）三种工作状态

POP3 协议中有三种状态:认证状态、处理状态和更新状态。命令的执行可以改变协议的状态,但对于具体的某个命令,只能在具体的某种状态下使用,请参看表 7.21。

在用户代理与 POP3 邮件服务器刚建立连接时,其状态为认证状态;一旦用户代理提供了用户身份并被成功认证,即由认证状态转入处理状态;在完成相应的操作后,用户代理发送 QUIT 命令,则进入更新状态,更新之后又重返认可状态;在认可状态下执行 QUIT 命令,可释放连接。状态间的转移如图 7.34 所示。

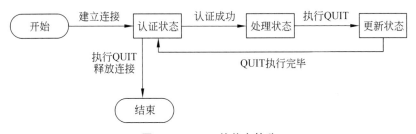

图 7.34　POP3 的状态转移

6. MIME

电子邮件的结构比较简单。但其简单是有代价的,只能发送使用 NVT7 位 ASCII 码格式的邮件。换而言之,存在限制。例如,不能使用英文之外的语言(如法文、德文、希伯来文、俄文、中文以及日文)。此外,不能用来发送二进制文件或发送视频和音频数据。

MIME(Multipurpose Internet Mail Extensions,多用途因特网邮件扩充)是一个辅助

协议,允许非 ASCII 数据能够通过电子邮件传送。MIME 在发送方把非 ASCII 数据转换为 NVT ASCII 数据,并交付给用户代理,通过因特网发送。在接收方将邮件再转换为原来的数据,工作原理如图 7.35 所示。

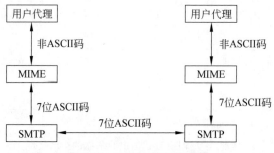

图 7.35 MIME 的工作原理

MIME 定义了 5 种首部,这些首部可包含在[RFC 822]首部中,提供了有关邮件主体的信息。5 种首部包括: MIME 版本(MIME-Version)、内容-类型(Content-Type)、内容-传送-编码(Content-Transfer-Encoding)、内容-标识(Content-Id)和内容-描述(Content-Description)。

图 7.36 给出了 MIME 的首部示例。

图 7.36 MIME 的首部

(1) MIME-Version

该首部定义 MIME 使用的版本,当前的版本是 1.1。

(2) Content-Type

该首部定义邮件主体使用的数据类型。内容类型和内容子类型用"/"分隔开。根据子类型的不同,首部还可包含其他一些参数。MIME 允许 7 种不同的数据类型,表 7.22 给出了 7 种类型的说明。

表 7.22 MIME 中的数据类型和子类型

类　　型	子　类　型	说　　明
正文	Plain(纯文字)	无格式的正文
	HTML	HTML 格式

续表

类 型	子 类 型	说 明
多部分	Mixed(混合)	主体包含不同数据类型的有序部分
	Parallel(并行)	同上,但无序
	Digest(摘要)	与混合相似,但默认为 Message/RFC 822
	Alternative(交替)	几个部分是同一邮件的不同版本
邮件	RFC 822	主体是被封装的邮件
	Partial(部分)	主体是更大邮件的分片
	External-Body(外部主体)	主体是到另一个邮件的索引
图像	JPEG	JPEG 格式的图像
	GIF	GIF 格式的图像
视频	MPEG	MPEG 格式的视频信号
音频	Basic(基本)	8kHz 的单声道语音编码
应用	PostScript	Adobe PostScript
	Octet-Stream(8 位组流)	一般的二进制数据(8 位字节)

- **正文**　原始邮件是 7 位的 ASCII 格式,不需要用 MIME 来转换。现在有两种子类型:纯文字和 HTML。

- **多部分**　主体包含多个独立的部分。多部分首部需要定义每一个部分的边界。为此目的使用了一个参数。该参数是一个标记串,放在每部分的前面:单独占据一行,前面有两个"-"字符。主体结束的位置也使用边界标记,前面仍然有"-"字符,后面以两个"-"字符结束。该类型定义了 4 种子类型:混合、并行、摘要和交替。在混合子类型中,提供给收件人的部分与邮件中的顺序完全一样。每部分有不同的类型,并在其边界被定义。并行子类型与混合子类型相似,当各部分的顺序不重要。摘要子类型也和混合子类型相似,默认为 Message/RFC 822。在交替子类型中,同样的邮件使用不同的格式重复着。下面是使用混合子类型的多部分邮件的例子:

```
Content-Type: multipart/mixed; boundary=xxxx

--xxxx
Content-Type: text/plain
..................................................。
--xxxx
Content-Type: image/gif
..................................................。
--xxxx—
```

- **邮件**   在邮件类型中,主体就是完整的邮件、邮件的一部分,或到邮件的指针。现在使用的有 3 种子类型:RFC 822、部分或外部主体。RFC 822 子类型用于主体被封装在另一个邮件中(包括首部和主体)的情况。部分子类型用于原始邮件被分片成不同的邮件,而邮件是分片之一的情况,分片必须在终点由 MIME 进行重装。还有三个参数必须加上:ID、编号和总数。"ID"对邮件进行标识,在所有的分片中都出现。"编号"定义分片的顺序。"总数"定义组成原始邮件的分片数。子类型外部主体指出主体不包含真正的邮件,而仅有对原始邮件的索引(指针)。子类型后面的参数定义如何找到原始邮件。

- **图像**   原始邮件是一幅静止图像,没有动画。当前使用的两种子类型是 JPEG 和 GIF 格式。

- **视频**   原始邮件是时变图像(动画)。唯一的子类型是电视图像专家组(MPEG)。若动画包括声音,则必须使用音频内容类型分开发送。

- **音频**   原始邮件是声音。唯一的子类型是使用 8kHz 标准音频数据的基本子类型。

- **应用**   原始邮件是一种前面没用定义的数据类型。现在使用的只有两种子类型:PostScript 和八位组流。PostScript 用于数据为 Adobe PostScript 格式的情况。八位组流用于数据必须解释为 8 位字节序列(二进制文件)的情况。

(3) Content-Transfer-Encoding

该首部定义把邮件编码为便于传输的 0 和 1 的方法,方法使用的格式如下:

Content-Transfer-Encoding: <type>

表 7.23 列举了常用的 4 类编码。

表 7.23   Content-Transfer-Encoding 编码类型

类　　型	说　　明
7bit	NVT ASCII 字符和短行
8bit	非 ASCII 字符和短行
Base64	6 位数据块被编码成 8 位 ASCII 字符
引用可打印	非 ASCII 字符被编码成等号后跟随一个 ASCII 码

- **7bit**   7 位 NVT ASCII 编码。不需要特殊的信息,但行的长度不能超过 1000 个字符。

- **8bit**   8 位编码。非 ASCII 字符可以发送,但行的长度仍不能超过 1000 个字符。MIME 不进行任何编码,使用的 SMTP 协议必须能够传送 8 位非 ASCII 字符。因此,不推荐使用该类型,应尽量使用 Base64 和引用可打印类型。

- **Base64**   要发送的数据由字节组成,且在最高位不一定是 0 时,使用该类型是一种解决该问题的方法。Base64 把该类型的数据转换为可打印字符,然后作为 ASCII 字符或底层邮件传送机制支持的任何类型的字符集发送出去。Base64

把二进制数据（由比特流组成）划分为 24 比特的块。每块再分为 4 个部分，每部分由 6 比特组成（见图 7.37）。每一个 6 比特部分按照表 7.24 被解释为一个字符。

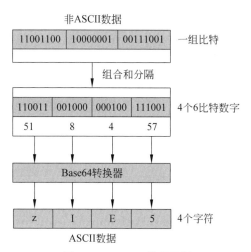

图 7.37　Base64 编码示例

表 7.24　Base64 编码表

值	代码	值	代码	值	代码	值	代码	值	代码	值	代码
0	A	11	L	22	W	33	h	44	s	55	3
1	B	12	M	23	X	34	i	45	t	56	4
2	C	13	N	24	Y	35	j	46	u	57	5
3	D	14	O	25	Z	36	k	47	v	58	6
4	E	15	P	26	a	37	l	48	w	59	7
5	F	16	Q	27	b	38	m	49	x	60	8
6	G	17	R	28	c	39	n	50	y	61	9
7	H	18	S	29	d	40	o	51	z	62	+
8	I	19	T	30	e	41	p	52	0	63	/
9	J	20	U	31	f	42	q	53	1		
10	K	21	V	32	g	43	r	54	2		

- **引用可打印（Quoted-Printable）** 该方案是 Base64 的冗余编码方案：该编码方案把 24 比特变为 4 个字符，而最终发送 32 比特。开销为 25%。若邮件数据由大部分的 ASCII 字符和一小部分非 ASCII 字符组成，就可以使用引用可打印编码。若字符是 ASCII，则就按原样发送；若字符是非 ASCII，则用 3 个字符发送。第一个字符是等号"="，后两个字符是用十六进制表示的字节。图 7.38 给出了示例。

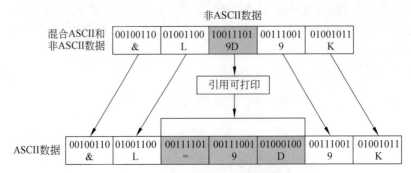

图 7.38　引用可打印编码示例

（4）Content-Id

该首部在多邮件环境中唯一地标识整个邮件。

（5）Content-Description

该首部定义主体是否为图像、音频或视频。

7.5.2　SMTP 协议分析

本节将在 Windows 平台下，使用 Telnet 工具，以实验形式，展开 SMTP 协议的分析。

1. 总体思路

在 Windows 环境中，启动 Wireshark 捕获网络连接；使用 Telnet 工具连接某个 SMTP 服务器（图 7.39）；登录成功后，给某个邮箱用户发送邮件；最后退出服务器。通过捕获本机与服务器之间的数据通信过程，分析 SMTP 协议的交互过程。

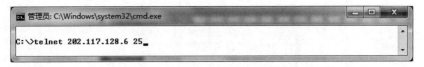

图 7.39　telnet 连接 SMTP 服务器示例

2. 数据捕获

捕获 SMTP 通信过程的步骤如下，参见图 7.40。

（1）启动 SMTP 服务器（也可使用支持 SMTP 协议的邮件服务器）。

（2）启动 Wireshark 捕获当前活动网络连接。

（3）使用 Telnet 工具连接 SMTP 服务器，使用命令"telnet［SMTP 服务器域名 ‖ SMTP 服务器 IP 地址］25"。

（4）输入"EHLO 用户机域名"命令，通知服务器客户端的域名。

（5）输入"AUTH LOGIN"命令，通知服务器进行鉴权登录。

（6）输入 Base64 编码的用户名，本示例中用户名为"gangl@xupt.edu.cn"，Base64 编码为"Z2FuZ2xAeHUwdC5lZHUuY24＝"。

（7）输入 Base64 编码的密码，本示例中密码为"xuptxupt"，Base64 编码为"eHVwdHh1cHQ＝"。

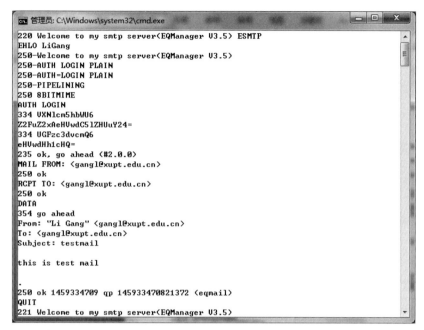

图 7.40　SMTP 操作示例

（8）输入"MAIL FROM：<XXX@XXX>"，通知邮件服务器发件人的邮件地址。

（9）输入"RCPT TO：<XXX@XXX>"，通知邮件服务器收件人的邮件地址。

（10）输入邮件内容，直至邮件写完，以仅有一个"."字符的行结束。

（11）输入"QUIT"，通知邮件服务器终止连接。

（12）停止 Wireshark 捕获。

3. SMTP 流程分析

在成功捕获本机与 SMTP 服务器之间的数据通信后，因本机可能存在其他外部通信，因此需要捕获数据中过滤出本机与 SMTP 服务器的通信。过滤方法如下：

在 Wireshark 的显示过滤器中输入"smtp"，过滤出 SMTP 的通信过程，如图 7.41所示。

本示例将重点分析 SMTP 协议的交互过程，通过跟踪 TCP Stream 的方法可以很方便地提取 SMTP 的整个交互过程，提取交互的命令和响应，选择图 7.41 中的某个 TCP包，选择 Wireshark 主菜单中的 Analyze—>Follow TCP Stream，跟踪 TCP Stream，结果如图 7.42 所示。

本示例的交互流程如下，参看图 7.42。

（1）在 TCP 连接建立成功后，服务器主动发送代码 220（服务就绪）告诉用户代理，其已准备好接收邮件。

（2）用户代理发送 HELO 命令，并使用自己的域名地址标识自己。

（3）服务器响应代码 250（请求命令完成），如果身份有效，则服务器进入等待认证状态，主动推送自身支持的所有 SMTP 认证方式，本例中的服务器支持 LOGIN、PLAIN 两种认证方式。

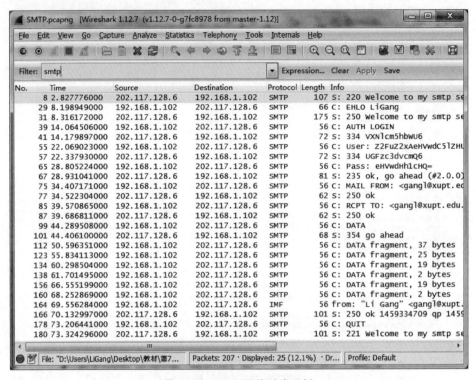

图 7.41　SMTP 通信过滤示例

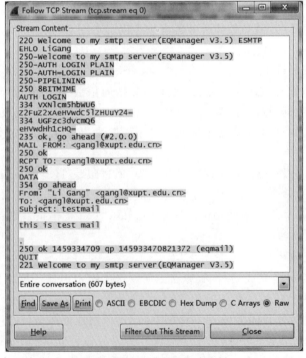

图 7.42　SMTP 通信跟踪示例

（4）用户代理判断自身是否支持服务器提供的 SMTP 认证方式,若支持,则向服务器请求认证,发送 AUTH LOGIN 命令。

（5）如果认证请求合理,服务器响应"334 VXNlcm5hbWU6",334 表示等待用户代理输入,VXNlcm5hbWU6(Base64)表示等待输入用户名,此时服务器将进入等待用户输入状态。

（6）用户代理向服务器发送转码后的用户名。

（7）服务器响应"334 UGFzc3dvcmQ6",334 表示等待用户代理输入,UGFzc3dvcmQ6(Base64)表示等待输入密码,服务器再次进入等待用户输入状态。

（8）用户代理向服务器发送转码后的密码。

（9）若用户名和密码均正确,服务器响应代码 235,表示用户认证成功。

（10）此时用户代理与服务器之间应用连接建立成功。之后进入邮件传送阶段。

（11）用户代理发送 MAIL FRQM 命令说明邮件的发送方。

（12）服务器响应代码 250 表示成功。

（13）用户代理发送 RCPT TO 命令,说明收件人的邮件地址。

（14）服务器响应代码 250 表示成功。

（15）用户代理发送 DATA 命令对邮件的传输进行初始化。

（16）服务器响应代码 354(开始邮件输入)。

（17）用户代理用连续的行发送邮件的内容。每一行以行结束标记(回车和换行)终止。整个邮件以仅有一个"."的行结束。

（18）服务器响应代码 250 表示成功。当邮件传送成功后,用户代理应终止连接,进入连接终止阶段。

（19）用户代理发送 QUIT 命令。

（20）服务器响应代码 221(服务关闭传输信道),连接终止阶段结束,之后 TCP 连接必须关闭。

7.5.3 POP3 协议分析

本节将在 Windows 平台下,使用 Telnet 工具,以实验形式,展开 POP3 协议的分析。

1. 总体思路

在 Windows 环境中,启动 Wireshark 捕获网络连接;使用 Telnet 工具连接某个 POP3 服务器(见图 7.43);登录成功后,收取 1 封邮件;最后退出服务器。通过捕获本机与服务器之间的数据通信过程,分析 POP3 协议的交互过程。

2. 数据捕获

捕获 POP3 通信过程的步骤如下,参见图 7.44。

（1）启动 POP3 服务器(也可使用支持 POP3 协议的邮件服务器)。

（2）启动 Wireshark 捕获当前活动网络连接。

（3）使用 Telnet 工具连接 POP3 服务器,使用命令"telnet［POP3 服务器域名‖POP3 服务器 IP 地址］110"。

（4）输入"USER［username］"命令,通知服务器用户名。

（5）输入"PASS［password］"命令，通知服务器密码，请求服务器认证。

（6）输入"STAT"命令，请求服务器返回邮箱的统计资料。

（7）输入"UIDL"命令，请求服务器返回邮件的唯一标识符。

（8）输入"LIST"命令，请求服务器返回邮件数量和每个邮件的大小。

（9）输入"RETR［Msg♯］"命令，通知服务器返回由参数标识的邮件的全部文本。

（10）输入"QUIT"，通知邮件服务器终止会话，释放连接。

（11）停止 Wireshark 捕获。

图 7.43　Telnet 连接 POP3 服务器示例

图 7.44　POP3 操作示例

3. POP3 流程分析

在成功捕获本机与 POP3 服务器之间的数据通信后，因本机可能存在其他外部通信，因此需要捕获数据中过滤出本机与 POP3 服务器的通信。过滤方法如下：

在 Wireshark 的显示过滤器中输入"pop",过滤出 POP3 的通信过程,如图 7.45 所示。

本示例将重点分析 POP3 协议的交互过程,通过跟踪 TCP Stream 的方法可以很方便地提取 POP3 的整个交互过程,提取交互的命令和响应,选择图 7.45 中的某个 TCP 包,选择 Wireshark 主菜单中的 Analyze→Follow TCP Stream,跟踪 TCP Stream,结果如图 7.46 所示。

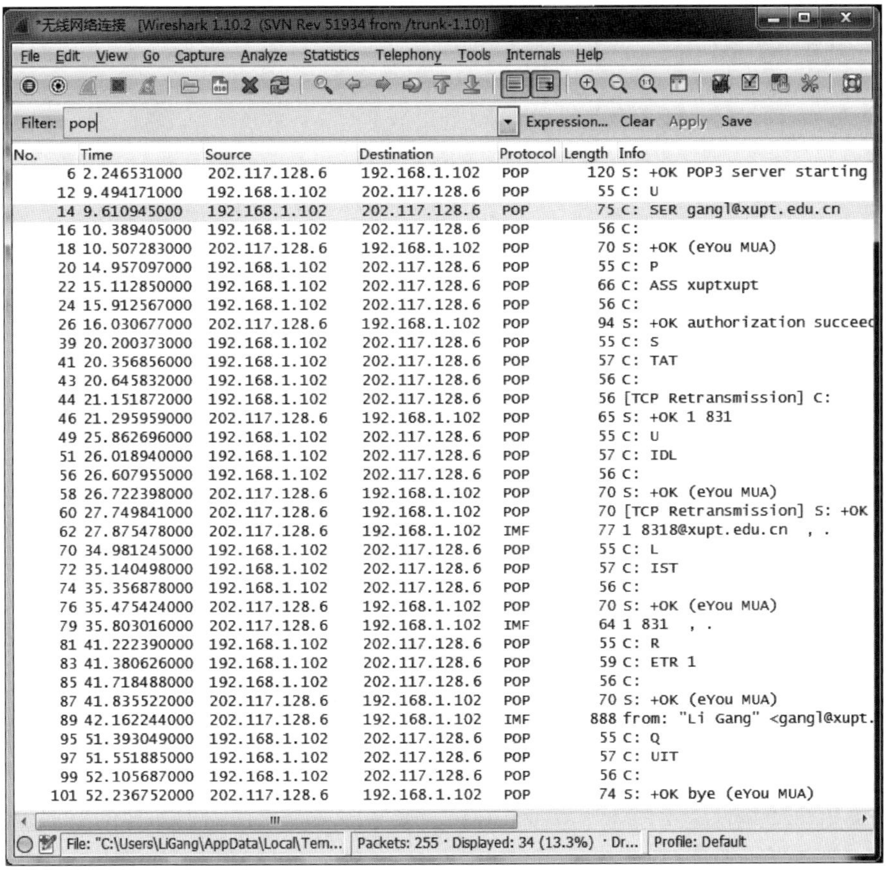

图 7.45 POP3 通信过滤示例

本示例中交互的流程如下,参看图 7.46。

(1) TCP 连接建立成功后,服务器主动响应+OK,通知用户代理,其已进入认证状态。

(2) 用户代理发送 USER 命令,通知服务器用户名。

(3) 服务器响应+OK,表示 USER 命令执行成功。

(4) 用户代理发送 PASS 命令,通知服务器密码,请求服务器认证。

(5) 服务器响应+OK,表示服务器认证执行成功,服务器进入处理状态。

(6) 用户代理发送 STAT 命令,请求服务器返回邮箱的统计资料。

(7) 服务器响应+OK,表示 STAT 命令执行成功,返回邮件数量及大小。

图 7.46　POP3 通信跟踪示例

（8）用户代理发送 UIDL 命令，请求服务器返回邮件的唯一标识符。

（9）服务器响应＋OK，表示 UIDL 命令执行成功，返回邮件的唯一标识符。

（10）用户代理发送 LIST 命令，请求服务器返回邮件数量和每封邮件的大小。

（11）服务器响应＋OK，表示 UIDL 命令执行成功，返回邮件数量和每封邮件的大小。

（12）用户代理发送 RETR［Msg♯］命令，通知服务器返回标识邮件的全部文本。

（13）服务器响应＋OK，表示 RETR 命令执行成功，返回标识邮件的全部文本。

（14）用户代理发送 QUIT 命令，通知邮件服务器终止会话，释放连接。

（15）服务器响应＋OK，表示 QUIT 命令执行成功，终止会话，释放连接。

7.6　WWW 系统协议分析

WWW(World Wide Web)简称为万维网(Web)。WWW 是由许多互相链接的超文本组成的系统，通过因特网进行访问。在该系统中，将每个有用的事物称为"资源"；并由 URL(Uniform Resoure Locator，全局统一资源定位符)进行标识；资源通过 HTTP (Hypertext Transfer Protocol，超文本传输协议)进行传送。在本节中，先讨论有关万维网的问题，再讨论 HTTP 协议。

7.6.1　WWW 系统组成及工作过程

WWW 采用分布式的客户端/服务器架构,其中的客户端使用浏览器访问服务器提供的服务。但是,服务的提供者分布在许多称为网站(Site)的地方。每个网站保存有一个或多个文档,称为 Web 页面。每一个 Web 页面都可以包含到同一个或其他网站的其他 Web 页面的链接。换言之,每一个 Web 页面都可以是简单页面或是复合页面。简单 Web 页面不包含到其他 Web 页面的链接,复合 Web 页面包含一个或多个到其他 Web 页面的链接。每一个 Web 页面都是一个包含名称及地址的文件。

1. WWW 系统组成

(1) 超文本和超媒体

超文本指创建的文档包含有链接到其他文档的引用。在超文本文档中,部分文本定义为到其他文本的链接。当在浏览器中浏览超文本时,可以通过单击该链接来获取链接指向的文档。

当文档包含到其他文本文档的链接或图片、视频和声音时,称之为超媒体。

(2) Web 客户端(浏览器)

浏览器用于解释和显示 Web 页面,几乎所有的浏览器都采用类似的体系结构。通常,一个浏览器通常由 3 部分组成:

- **控制程序**　控制程序接收来自键盘或鼠标的输入,通过客户端程序访问需要浏览的文档。控制程序使用某个解释程序在屏幕上显示文档。
- **客户端协议**　客户端协议可以是前面提到过的某个协议,如 FTP、TELNET 或 HTTP。
- **解释程序**　解释程序可以是 HTML、Java 或 JavaScript,取决于文档的类型。常见的浏览器包括 Internet Explorer、Chrome 和 Firefox。

(3) Web 服务器

Web 页面存储在服务器上。每当有客户端请求到达时,就将对应的文档发送给客户端。

为了提高效率,服务器通常在其高速缓存的存储器中存储请求过的文档。通过多线程或多进程方式来提高服务器的效率。在这种情况下,服务器在同一时间可应答多个请求。常见的服务器有 Apache 和微软的 Internet Information Server(IIS)。

(4) 统一资源定位符(URL)

客户端要访问 Web 页面就需要使用文件名称和地址。为了方便地访问在世界范围的文档,HTTP 使用统一资源定位符(URL)。

URL 是在因特网上指明任何种类的信息的标准。URL 的一般形式由以下四部分组成:协议、主机、端口和路径(见图 7.47)。

| 协议 | :// | 主机 | : | 端口 | / | 路径 |

图 7.47　URL 的格式

在协议的帮助下,客户端/服务器程序读取文档。许多不同的协议可用来读取文档,其中有 Gorpher、FTP、News 和 TELNET。现在最常用的是 HTTP。

主机指明信息所存放地点的域名。Web 页面通常存放在计算机上,而该计算机通常使用以"WWW"开始的域名。

URL 可以有选择是否需要显示指明服务器的端口号。如果需要显示指明端口,就将端口插入在主机和路径之间,与主机用冒号分隔。

路径指明信息存放的路径名。路径本身可以包含"/",在 UNIX 操作系统中用"/"把目录与子目录和文件分隔开。换言之,路径定义文档在目录系统中存放的完整文件名。

2. HTTP 工作过程

超文本传送协议(HTTP)主要用于在万维网上进行数据存取。万维网客户端程序与万维网服务器程序之间的交互会遵守 HTTP 协议,用于实现万维网上各种超链接的数据传输,HTTP 协议是应用层协议,使用 TCP 连接进行可靠的传送。

HTTP 协议定义了浏览器(即万维网客户进程)怎样向万维网服务器请求万维网文档,以及服务器怎样把文档传送给浏览器。HTTP 协议是万维网上能够可靠地交换文件(包括文本、声音、图像等各种多媒体文件)的重要基础。目前,主要使用 HTTP 协议的 1.1 版本(RFC 2616)。

(1) HTTP 事务

客户端和服务器之间的 HTTP 事务如图 7.48 所示。虽然 HTTP 使用 TCP 的服务,但 HTTP 本身是无状态的协议。也就是说,服务器不会保存客户端的相关信息。客户端发送请求报文来初始化事务,服务器发送响应报文进行应答。

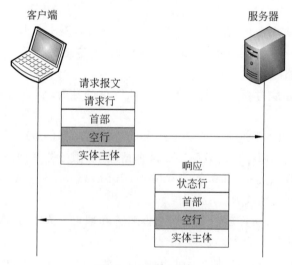

图 7.48   HTTP 事务

(2) 有条件请求

在 HTTP 协议里,客户端可以在请求中增加一些条件。此时,服务器将在条件满足时回送请求的万维网页面,否则服务器将仅仅对客户端进行通知。例如,客户端要求服务器提供网页修改的时间和日期,以决定是否用缓存当中的页面来进行显示。客户端可以通过发送 If-Modified-Since 首部行来通知服务器仅发送在指明时间点之后修改过的页面。

（3）持续连接

HTTP v1.0 的主要缺点是每请求一个文档就要有两倍的 RTT 开销。一种开销是，若某个页面上有很多链接的对象（例如图片等），需要依次进行链接，那么每一次链接下载都会导致 2 倍的 RTT 开销。另一种开销就是客户端和服务器为每一次新建立的 TCP 连接分配的缓存和变量。特别是万维网服务器往往要同时服务于大量客户端的请求，这样会使万维网服务器的负担很重。为解决该问题，浏览器基本上均有打开多个并行 TCP 连接的能力，且每一个 TCP 连接处理客户端的一个请求。因此，使用并行 TCP 连接可以缩短响应时间。HTTP v1.1 协议较好地解决了这个问题，开始支持持续连接，并将其作为默认设置。

① 非持续连接

在非持续连接中，对每一个请求/响应都要建立一次 TCP 连接。下面列出此种策略的步骤：客户端打开 TCP 连接，并发送请求；服务器发送响应，并关闭连接；客户端读取数据，直到它遇到文件结束标记；然后关闭连接。

使用这种策略时，对于在不同文件中的 N 个不同图片（都位于同一服务器上），连接必须打开和关闭 $N+1$ 次。非持续连接策略给服务器造成了很大的开销，因为服务器需要 $N+1$ 个不同的缓存，而每次打开连接都要进入 TCP 的慢启动过程。

② 持续连接

HTTP v1.1 中持续连接是默认设置。持续连接有两种工作方式：

- **非流水线方式**　非流水线方式的特点是客户端在收到前一个响应后才能发出下一个请求。因此，在 TCP 连接建立后，客户端每访问一次对象都要用去一个往返时间 RTT，这比非持续连接的两倍 RTT 的开销，节省了建立 TCP 连接所需的一个 RTT 时间。但非流水线方式还是有缺点的，因为服务器在发送完一个对象后，其 TCP 连接就处于空闲状态，浪费了服务器资源。

- **流水线方式**　流水线方式的特点是客户端在收到 HTTP 的响应报文之前就能够接着发送新的请求报文。一个接一个的请求报文到达服务器后，服务器就可连续发回响应报文。使用流水线方式时，客户端访问所有的对象只需花费一个 RTT 时间，使 TCP 连接中的空闲时间减少，提高了下载文档的效率。

3. HTTP 报文格式

（1）请求报文

图 7.49 给出了请求报文的格式。请求报文包括一个请求行、一个首部，有时还有一个实体主体。

① 请求行

在请求报文中的第一行是请求行，请求行共有 3 个字段，如图 7.49 所示，3 个字段以"空格"分隔，分别称为方法、URL 和版本。在该行最后，以回车和换行两个字符为结束。方法字段定义了请求类型。

表 7.25 给出了 HTTP v1.1 中的常用方法。第二个字段 URL，定义了相关 Web 网页的名称和地址。第三个字段版本，给出当前使用协议的版本。HTTP 的最新版本是 v1.1。

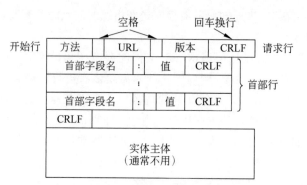

图 7.49 请求报文格式

表 7.25 HTTP 的方法

方　法	动　作
GET	请求读取由 URL 所标志的信息
HEAD	请求读取由 URL 所标志的信息的首部
POST	给服务器添加信息（例如，注释）
PUT	在指明的 URL 下存储一个文档
TRACE	用来进行环回测试的请求报文
CONNECT	用于代理服务器
DELETE	删除指明的 URL 所标志的资源
OPTION	请求一些选项的信息

② 请求报文的首部行

在请求行之后，可以有零到多个请求首部（Request Header）行。每个首部行都是客户端向服务器发送的附加信息。例如，客户端可以向服务器要求文档应以某种特殊格式进行发送。首部可以有一个或多个首部行，每一个首部行都由首部字段名、冒号、空格和首部值组成，如图 7.49 所示。

表 7.26 给出了请求报文中一些常用的首部字段名。首部值字段定义了与首部字段名相关联的值。首部值的完整列表可以参考 RFC 2616。

③ 请求报文实体主体

实体主体可以出现在请求报文中。请求报文中的实体主体部分通常是一些需要发送的备注信息。

表 7.26 请求首部字段名

首部字段名	描　述
User-Agent	通知服务器浏览器种类、名称等信息
Accept	通知服务器，客户端能够处理的媒体类型及媒体类型的相对优先级

续表

首部字段名	描　　述
Accept-Charset	通知服务器客户端支持的字符串及字符集的相对优先顺序
Accept-Encoding	告知服务器客户端支持的内容编码及内容编码的优先级顺序
Accept-Language	告知服务器客户端能够处理的自然语言集
Authorization	告知服务器客户端的认证信息，即证书值
Host	告知服务器客户端主机地址和端口号
Date	告知服务器当前日期
Upgrade	告知服务器优先使用的通信协议
Cookie	把 Cookie 回送给服务器
If-Modified-Since	告知服务器指定日期以后更新的文档才进行发送

（2）响应报文

响应报文的格式如图 7.50 所示。响应报文包含状态行、首部行和空行。有时也包含一个实体主体。

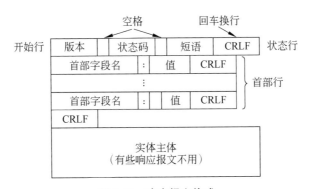

图 7.50　响应报文格式

① 状态行

响应报文中的第一行称为状态行（Status Line）。该行共有 3 个字段，以空格为分隔符，回车换行符为结束。第一个字段定义 HTTP 协议的版本（目前是 1.1 版）。状态码字段定义了请求的状态，该字段由 3 个数字组成。100 系列的代码指示提供信息；200 系列的代码则指示成功的请求；300 系列的代码是把客户端重新定向到另一个 URL；400 系列的代码指示在客户端的差错；500 系列的代码指示在服务端的差错。

表 7.27 列出了最常用的一些状态码和状态短语。

② 响应报文的首部行

在状态行之后，可以有零到多个响应首部行。每个首部行从服务器向客户端发送附加信息。例如，服务器可以发送有关文档的额外信息。每个首部行可以由首部字段名、冒号、空格和首部值组成。表 7.28 列出了响应报文中一些常见的首部字段名。

③ 实体主体

实体主体包含从服务器向客户端发送的文档。如果响应不是错误报文,则实体主体将出现在响应报文中。

表 7.27　状态码和状态短语

状态码	状态短语	说　　明
100	Continue	请求的开始部分已收到,客户端可以继续请求
101	Switching	服务器同意切换协议
200	OK	请求成功
201	Created	请求被创建完成,同时新的资源被创建
202	Accepted	需处理的请求已被接受,但是处理未完成
204	No Content	实体主体中没有内容
301	Moved Permanently	所请求的页面已经转移至新的 URL
302	Moved Temporarily	所请求的页面已经临时转移至新的 URL
304	Not Modified	未按预期修改文档
400	Bad Request	服务器未能理解请求
401	Unanthorized	被请求的页面需要用户名和密码
403	Forbidden	对被请求页面的访问被禁止
404	Not Found	服务器无法找到被请求的页面
405	Method Not Allowed	请求中指定的方法不被允许
406	Not Acceptable	服务器生成的响应无法被客户端接受
500	Internal Server Error	请求未完成。服务器遇到不可预知的情况
501	Not Implemented	请求未完成。服务器不支持所请求的功能
503	Service Unavailable	请求未完成。服务器临时过载

表 7.28　响应首部字段名

首部字段名	描　　述
Date	给出当前日期
Server	给出服务器的相关信息
Content-Encoding	指明编码方案
Content-Language	指明语言
Content-Length	给出文档长度
Content-Type	指出媒体类型
Last-Modified	文档上次修改的时间

7.6.2　HTTP 协议分析

本节将在 Windows 平台下,以实验形式,展开 HTTP 协议的分析。

1. 总体思路

在 Windows 环境中,启动 Wireshark 捕获网络连接;使用浏览器浏览某个 Web 网页;Web 网页正常显示后,关闭浏览器;通过捕获本机与服务器之间的数据通信过程,分析 HTTP 协议的通信过程。

2. 数据捕获

捕获 HTTP 通信过程的步骤如下:

(1) 启动 Wireshark 捕获当前活动网络连接。

(2) 使用浏览器浏览某个 Web 网页,如图 7.51 所示。

(3) 待页面显示完整后,关闭浏览器。

(4) 停止 Wireshark 捕获。

图 7.51　HTTP 浏览网页示例

3. HTTP 通信过程分析

成功捕获本机与 Web 服务器之间的数据通信后,因本机可能存在其他外部通信,因此需要捕获数据中过滤出本机与 Web 服务器的通信。具体过滤方法如下:

在 Wireshark 的显示过滤器中输入“ip.addr ＝＝［Web 服务器 IP 地址］”,过滤出 HTTP 的通信过程,如图 7.52 所示,本示例中,Web 服务器的地址为“202.117.128.6”。

本示例重点分析 HTTP 的通信过程。在图 7.52 中,第 72～74 包为 TCP 连接建立的三次握手过程;第 199 包为 TCP 连接的释放连接过程;第 81～99 包为浏览器与 HTTP 服务器的数据通信过程。

由于 HTTP 协议在通信时,从客户端向服务器发送命令,而响应从服务器发回到客户端,因此可以通过跟踪 TCP Stream 的方法提取交互的命令和相应。跟踪 TCP Stream 的结果如图 7.53 所示。

本示例的交互流程如下,参看图 7.53。

(1) 连接建立成功后,FTP 服务器在控制连接上发送 220(服务就绪)响应。

(2) 客户端发送请求命令,具体内容如下:

```
GET /tpl/login/user/images/login_logo.png HTTP/1.1
Accept: text/html, application/xhtml+xml, */*
Accept-Language: zh-CN
```

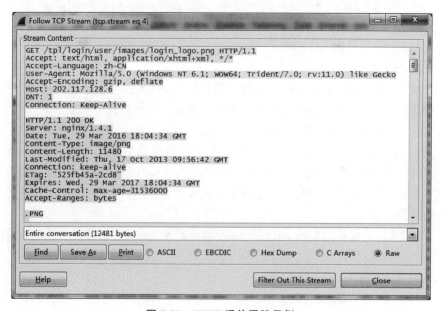

图 7.52　HTTP 通信过滤示例

图 7.53　HTTP 通信跟踪示例

User-Agent: Mozilla/5.0 (Windows NT 6.1; WOW64; Trident/7.0; rv:11.0) like Gecko
Accept-Encoding: gzip, deflate
Host: 202.117.128.6
DNT: 1

```
Connection: Keep-Alive
```

该请求中,使用 GET 命令请求服务器的文档,文档路径为"/tpl/login/user/images / login_logo.png",HTTP 协议的版本为 1.1。

在请求的首部行中,客户端能够接受的媒体格式为"text/html,application/xhtml+ xml,＊/＊";客户端能够处理的语言为"zh-CN";客户端程序标志为"Mozilla/5.0 (Windows NT 6.1;WOW64;Trident/7.0;rv:11.0) like Gecko";客户端能够处理的编码方案为"gzip, deflate";访问主机为"202.117.128.6";"DNT:1"表示不进行跟踪;"Connection:Keep-Alive"表示 TCP 连接在发送后将仍然保持打开状态,浏览器可以继续通过相同的连接发送请求。

(3) 服务器接到请求后,给予相应的响应信息,具体内容如下:

```
HTTP/1.1 200 OK
Server: nginx/1.4.1
Date: Tue, 29 Mar 2016 18:04:34 GMT
Content-Type: image/png
Content-Length: 11480
Last-Modified: Thu, 17 Oct 2013 09:56:42 GMT
Connection: keep-alive
ETag: "525fb45a-2cd8"
Expires: Wed, 29 Mar 2017 18:04:34 GMT
Cache-Control: max-age=31536000
Accept-Ranges: bytes
```

在该响应中,HTTP 协议的版本为 1.1;状态码为"200 OK",表示请求成功。

响应的首部行中,服务器的相关信息为"nginx/1.4.1";服务器的当前时间为"Tue, 29 Mar 2016 18:04:34 GMT";响应的媒体类型为"image/png";响应的文档长度为"11480";文档上次改变的时间为"Thu, 17 Oct 2013 09:56:42 GMT";"Connection:Keep-Alive"表示 TCP 连接在发送后将仍然保持打开状态,浏览器可以继续通过相同的连接发送请求;ETag:"525fb45a-2cd8"表示对当前文档的被请求变量的实体值为"525fb45a-2cd8",Etag 主要的作用是在(Css File,Image,JavaScript File)文件后面添加一个唯一的参数(相当于查询参数字符串),Etag 由服务器端生成,并且随着文件的改变而改变,因此浏览器只重新请求获取 Etag 发生变化的文件,减少浏览器端数据的流量,加快浏览器的反应速度,减轻服务器端的压力;文档过期的时间为"Wed, 29 Mar 2017 18:04:34 GMT";"Cache-Control:max-age＝31536000"表示文档被访问后的存活时间;"Accept-Ranges:bytes"表示可以请求网页实体的一个或者多个子范围字段为字节;实体主体部分是文档的内容,长度由 Content-Length 进行控制。

(4) 在客户端浏览器关闭时,应当触发 TCP 连接释放的四次挥手过程,但在本例中,客户端使用 RST 来释放连接(参看图 7.52 中第 199 包),这是因为 Windows 平台 HTTP 协议实现底层使用的是连接池,如果连接是由连接池自身关闭的,则会有 FIN/ACK,否则就是 RST 包,以便尽快回收资源。

第8章

网络管理 SNMP 协议

网络管理是指规划、稳定、安全地控制网络资源的使用和网络的各种活动，以使网络的性能达到最优。网络管理的目的在于提供对网络进行规划、设计、操作运行、管理、监视、分析、控制、评估和扩展的手段，从而合理地组织和利用系统资源，提供安全、可靠、有效及友好的服务。

本章在介绍网络管理标准 SNMP(Simple Network Management Protocol，简单网络管理协议)的基础上，对 SNMP 协议进行简要地分析，以加深读者对网络管理协议的理解。

8.1　网络管理概述

网络正常运行往往不为用户感知，但用户却非常容易感知网络出现的故障，网络管理的工作就是监控、确保网络的正常运行。

当前对网络进行监控的方法有很多种，具体采用哪种方法依赖于管理服务的精度要求，不同的管理力度需要获取不同的运行数据来源。通过分析构成网络的各个组件运行状况，就可获知网络的整体运行状况。

网络组件的异构性使得针对不同厂家、不同版本的设备进行直接监控非常困难，当出现问题后，再去每个相关设备上对设备状态进行查询，势必无法满足网络管理的日常需求。因此必须采用统一的管理系统集中获取数据，以解决上述问题，该管理系统能够自动获取被管设备的状态，对获取的状态数据进行分析处理，并将结果呈现给管理员，甚至可以预警即将发生的异常。

通常，网络管理系统采用软硬件结合的方式，以软件为主进行分布式管理，其目的是通过管理网络使网络高效正常运行。其网络管理功能一般分为配置管理、性能管理、安全管理、计费管理和故障管理五大管理功能。

- **配置管理（Configuration Management）**　包括视图管理、拓扑管理、软件管理、网络规划和资源管理。只有在有权配置整个网络时，才可能正确地管理该网络，排除出现的问题，因此配置管理是网络管理最重要的功能，配置管理的关键是设备管理，包括布线系统的维护和关键设备管理。
- **性能管理（Performance Management）**　包括网络吞吐量、响应时间、线路利用率、网络可用性等参数。网络性能管理指通过监控网络运行状态，调整网络性能参数来改善网络的性能，确保网络平稳运行。主要包括性能数据的采集和存储、性能门限的管理和性能数据的显示和分析。

- **安全管理**（Security Management）　主要保护网络资源与设备不被非法访问，以及对加密机构中的密钥进行管理。安全管理是涉及问题包括网络数据的私有性、授权和访问控制。
- **计费管理**（Accounting Management）　主要管理各种业务资费标准，制定计费政策，以及管理用户业务使用情况和费用等。
- **故障管理**（Fault Management）　又称失效管理，主要对来自硬件设备或路径节点的报警信息进行监控、报告和存储，以及进行故障诊断、定位与处理。网络故障管理包括故障检测、隔离和排除三方面。

网络管理对象一般包括路由器、交换机和 HUB 等。近年来，网络管理对象有扩大化的趋势，即把网络中几乎所有的实体：网络设备、应用程序、服务器系统、辅助设备如 UPS 电源等都作为被管对象。给网络系统管理员提供了一个全面系统的网络视图。

网络管理的任务就是收集、监控网络中各种设备和设施的工作参数、工作状态信息，将结果显示给管理员并进行处理，从而控制网络中的设备、设施、工作参数和工作状态，使其可靠运行。

网络管理的目标是最大限度地增加网络的可用时间，提高网络设备的利用率、网络性能、服务质量和安全性，简化网络管理和降低网络运行成本，并提供网络的长期规划。

SNMP 是 TCP/IP 框架下的一种网络管理协议，其提供了用来监控和维护网络的基本操作。SNMP 由于其简单、轻便，容易部署等特点，已成为网络管理的事实标准。

8.2　SNMP 体系结构

SNMP 作为一种网络管理手段，是应用层上当前最流行的标准网络管理框架，其采用 UDP/IP 实现 Internet 上的通信来提供网络管理服务。其主要提供一个基本框架用来实现对鉴别、授权、访问控制以及网络管理实施等的高层管理。

SNMP 包含两类实体，即网络管理者(管理者)和被管网络实体(代理)。网络管理者(通常是主机)控制和监视着一组被管网络实体，被管网络实体通常是路由器和服务器，如图 8.1 所示。

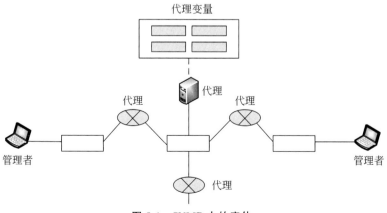

图 8.1　SNMP 中的实体

SNMP 以少量的网络管理者对一组被管网络实体进行控制,监控安装在不同物理网络上不同厂商的设备。SNMP 使得管理任务与被管设备的物理特性和底层组网技术无关,可用于由各个厂商制造的路由器互连的不同类型的局域网和广域网中。

8.2.1　网络管理者和被管网络实体

网络管理者通常称为管理者(Manager),是运行了 SNMP 客户端程序的主机。被管网络实体通常称为代理(Agent),是运行了 SNMP 服务器程序的路由器(或主机)。网络管理者和被管网络实体通过 SNMP 通信协议交互。

被管网络实体把需要管理的信息保存在数据库中,网络管理者可以使用此数据库中的数据。例如,路由器可以把已收到的和已转发的分组数量值保存在相应的数据库中。网络管理者可以读取和分析比较这两个值,以便发现路由器是否拥塞。

网络管理者还可以让路由器执行某些特定动作。例如,路由器定期检查重启计数器的值,以确定是否需要重新启动。例如,当计数器的值为 0 时,就应当重新启动。网络管理者可以利用此点,只需发送控制报文,设置该计数器的值为 0,就可从远程重新启动该被管网络实体。

被管网络实体也可以参与管理过程,例如,在被管网络实体上运行的服务器程序可以检查当前运行环境,若发现存在异常,就可向网络管理者发送告警报文(Trap)。

综上所述,SNMP 的管理使用如下三种基本思想。

- 网络管理者通过请求获取被管网络实体的信息。
- 网络管理者可以重新设置被管网络实体数据库中的值,以便控制被管网络实体完成特定的任务。
- 被管网络实体可以向网络管理者发出异常告警,以参与管理过程。

8.2.2　SNMP 管理组件

SNMP 的网络管理包含以下 3 个组成部分,如图 8.2 所示。

- **MIB(Management Information Base,管理信息库)**　在管理信息库中存储用于被管理进程查询和设置的信息。
- **SMI(Structure of Management Information,管理信息结构)**　用于定义存储在 MIB 中的管理信息的语法和语义,在 RFC 1155 中规定了管理信息结构(SMI)的一个基本框架。

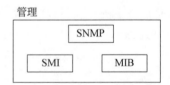

图 8.2　SNMP 网络管理组件

- **SNMP(Simple Network Management Protocol,简单网络管理协议)**　定义了网络管理主机与被管代理间的通信方法,是网络管理的最重要的组成部分之一。

下面对 SNMP 网络管理组件的各组成部分所起的作用和相互关系进行说明:

1. SNMP 通信协议的作用

SNMP 通信协议定义了网络管理者与被管网络实体之间的报文格式,报文中包含对象(变量)名和状态(值)。SNMP 通信协议负责读取和写入报文中对象的状态(变量值)。

2. SMI 的作用

SMI 定义了 SNMP 标准所需的信息组织和表示方法,提供 MIB 对象的标准描述方法,定义了 SNMP 通信双方交互报文的标准格式。简言之,SMI 就是一种标准的语法规则,其定义了一些通用规则,用于命名对象,定义对象类型(包括范围和长度),以及说明对象和值进行编码的方法,以解决通信双方的计算机体系结构的差异。

注意:SMI 仅定义了规则,并没有定义实体中管理多少对象,或对象使用的类型。

3. MIB 的作用

MIB 为被管网络实体创建了一组命名对象,定义了对象类型,并将命名对象与类型进行关联。

4. SNMP、SMI 和 MIB 的关系

下面用一个简单场景来说明 SMI、MIB 和 SNMP 组件起到的作用及它们三者之间的关系,如图 8.3 所示。网络管理者(管理者)向某个被管网络实体(代理)发送报文,以便获得代理收到的 UDP 用户数据报的数量信息。MIB 负责找出存储收到的 UDP 用户数据报数量的对象;SMI 负责对该对象的名字进行编码;SNMP 负责创建 GetRequest 报文,并对编码后的报文进行封装。

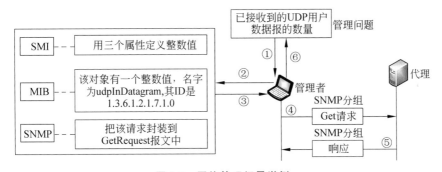

图 8.3　网络管理场景举例

8.3　SMI

SNMP 要求两端的协议实体交换各种报文,而底下提供服务的层要求用户数据都是字节序列,SNMP 使用 SMI 解决 SNMP 实体如何从接收到的 1 字节序列中识别出报文,同时解决如何把一个用内部数据结构表示的报文转换成一个可供发送的字节序列。

SMI 定义了 SNMP 中所需的信息组织和表示方法,提供了 MIB 对象的标准描述方法,定义了 SNMP 通信双方交换报文的标准格式。简言之,SMI 是一种标准的语法规则。

SMI 作为网络管理组件之一,实现以下功能:

- 管理对象命名规则。
- 管理对象的数据类型。
- 规定网络传输数据的编码方法。

SMI 强调处理对象所需的三个属性:命名、数据类型和编码方法。

8.3.1　管理对象命名规则

　　SMI 规定每个被管对象(路由器、路由器中的某个状态值、主机的接口状态等)都应该有全局唯一的名字。SMI 使用 ASN.1(Abstract Syntax Notation One,抽象语法记法)在全局中给对象命名,ASN.1 是基于对象标识符(Object Identifier)的树形结构分层命名方法。树形结构从根开始,每个对象定义采用由点分隔开的整数序列的形式。对象标识符的树形结构如图 8.4 所示。

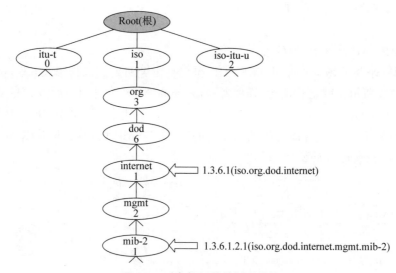

图 8.4　对象标识符的树形结构

　　树顶是根,每个对象的名字是从其所在树形结构中的位置派生出来的,该名字称为对象标识符,通过跟踪从树形结构根部至其底部(即对象本身)的路径进行创建。路径分支处的每个位置称为节点。节点可同时拥有父节点和子节点。如果一个节点没有子节点,就称其为叶节点,叶节点就是实际的对象。一个完整的对象标识符包括从根开始、包含叶节点在内的所有节点。各节点由“.”连接和分隔,采用点分十进制的记法,除了这种记法以外,还可采用便于阅读和记忆的点分字符串记法。例如,mib-2 子树为.1.3.6.1.2.1,为方便理解记忆,可以记为.iso.org.dod.internet.mgmt.mib-2,上述两种记法具有相同含义,前者利于进行编码传输,后者利于阅读。SNMP 使用的各个对象位于 mib-2 对象下面,标识符永远从.1.3.6.1.2.1 开始。为了表示方便,最前面的“.”通常被省略。

　　使用 ASN.1 规定树形结构命名规则,可以使操作对象标准化,有利于不同厂商设备之间的互联互通。

8.3.2　管理对象的数据类型

　　对象的第二个属性是其所存储的数据类型。SMI 采用了 ASN.1(Abstract Syntax Notation One,抽象语法记法)的基本定义,同时还增加了几个新的定义。换言之,SMI 是 ASN.1 的一个子集,也是 ASN.1 的一个超集。ASN.1 提供了一种表示数据的标准方法,在 ISO 8824 中进行了定义。

SMI 使用两大类型数据来定义对象中存储的数据类型：简单类型和结构化类型。结构化类型可由简单类型进行构造。

1. 简单类型

简单类型是原子数据类型，是构造其他各种数据类型的基础。其定义部分直接源于 ASN.1，在 SMI 中又新增了部分内容。表 8.1 给出了 SMI 中常用的简单数据类型。

表 8.1　简单类型

类　　型	大　　小	说　　明
INTERGER	4 字节	在 $-2^{31} \sim 2^{31}-1$ 的整数值
Interger32	4 字节	和 INTERGER 相同
Unsigned32	4 字节	在 $0 \sim 2^{32}-1$ 的无符号值
OCTET STRING	可变	不超过 65535 字节长的字符串
OBJECT IDENTIFIER	可变	ASN.1 的对象标识符
IPAddress	4 字节	由 4 个整数组成的 IP 地址
Counter32	4 字节	可从 0 增加到 2^{32} 的整数，当它到达最大值时就返回到 0
Counter64	8 字节	64 位的计数器
Gauge32	4 字节	与 Counter32 相同，但当它到达最大值时不返回，而是保持在这个数值直到复位
TimeTicks	4 字节	记录时间的计数值，以 1/100 秒为单位
BITS		比特串
Opaque	可变	不透明类型

2. 结构化类型

结构化类型是将简单类型或结构化类型组合起来构成的数据类型。SMI 定义了如下两种结构化数据类型。

- **Sequence**　该数据类型与 C 语言中的 Structure 类似。一个 Sequence 包括 0 个或多个简单数据。例如，MIB2 子树下的 udp.udpTable。udpEntry 代表代理进程目前使用的 UDP 数量。这个变量包含两种简单数据类型：udp.udpTable.udpEntry.udpLocalAddress 是 IPAddress 类型，用于表示 IP 地址；udp.udpTable.udpEntry.udpLocalPort 是 INTEGER 类型，用于表示端口号，是 0～65535 的整数。
- **Sequence of**　该数据类型是一个向量的定义，其所有元素具有相同的类型。如果每一个元素都具有简单的数据类型，例如整数类型，那么就得到一个简单的向量（一个一维向量）。如果向量中的每一个元素是一个 Sequence(结构)，就可以将其看成一个二维数组或表。

列表(List)和表(Table)都属于结构化类型，分别使用 Sequence 和 Sequence of 表示。例如 SNMP 报文包括很多字段，并且每个字段都不同，因此可以用 Sequence 描述；路由表是表结构,因此可以用 Sequence of 描述,但每个路由表项都可用 Sequence 描述。图 8.5 给出了结构化类型的示例。

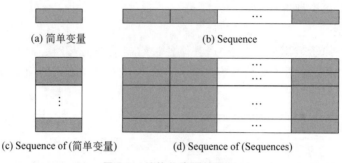

(a) 简单变量　　　　　　　　(b) Sequence

(c) Sequence of (简单变量)　　　(d) Sequence of (Sequences)

图 8.5　结构化类型的示例

8.3.3　编码方法

SMI 利用 BER(Basic Encode Rules,基本编码规则)对 SNMP 报文进行编码。BER 在 ISO 8825 中进行了定义,其规定了在网络传输时字段如何编码。BER 规定,字节中最高比特是第 8 比特,最低比特是第 1 比特,在网络上传输的首个比特是第 8 比特。

SMI 使用 BER 指明 SNMP 报文中的每个字段都要编码为三元组格式:标记、长度和值,如图 8.6 所示。

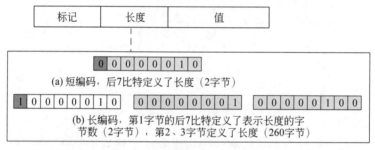

(a) 短编码,后7比特定义了长度（2字节）

(b) 长编码,第1字节的后7比特定义了表示长度的字节数（2字节）,第2、3字节定义了长度（260字节）

图 8.6　编码格式及举例

标记指明了数据类型,长度指明了数据区的长度,值为真正的数据。标记字段长度为 1 字节,定义了数据的类型。表 8.2 给出了常用数据类型及代码,分别用二进制和十六进制表示相应的标记。

长度字段的长度是可变的。根据编码的实际长度,ASN.1 定义了两种长度编码(Length Encoding)方法:长编码和短编码。编码字节的最高位表示是短编码还是长编码,0 代表短编码,1 代表长编码。

在短编码中,数据的长度必须小于 128 字节。低 7 位用来表示数据的长度。

长编码中用多个字节表示长度,第一个字节为长度标识符字节,该字节描述其后用多少个字节来表示长度,字节的最高位为 1,其余 7 位则定义长度所需字节数。

值字段是真正的数据部分,具体内容随不用的应用而不同,按照 BER 中定义的规则对数据值进行编码。

表 8.2　数据类型及代码

数 据 类 型	标记（二进制）	标记（十六进制）
INTEGER	00000010	0x02
OCTET STRING	00000100	0x04
OBJECT IDENTIFIER	00000110	0x06
NULL	00000101	0x05
Sequence，Sequence of	00110000	0x30
IPAddress	01000000	0x40
Counter	01000001	0x41
Gauge	01000010	0x42
TimeTicks	01000011	0x43
Opaque	01000100	0x44

下面给出了编码的 3 个例子。

例 8-1　定义 INTEGER 14（见图 8.7）。

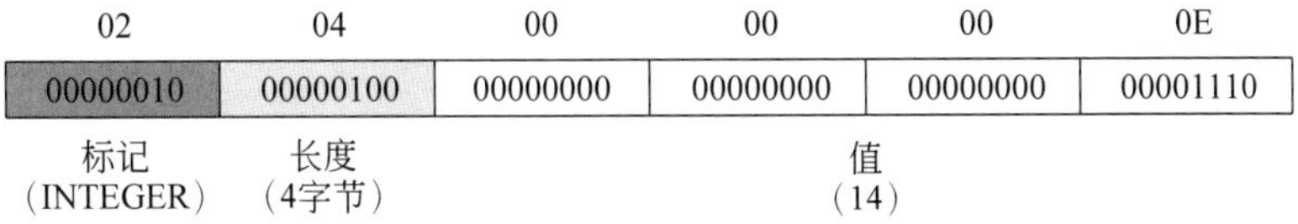

02	04	00	00	00	0E
00000010	00000100	00000000	00000000	00000000	00001110

标记（INTEGER）　长度（4字节）　值（14）

图 8.7　例 8-1 图

例 8-2　定义 OCTET STRING "HI"（见图 8.8）。

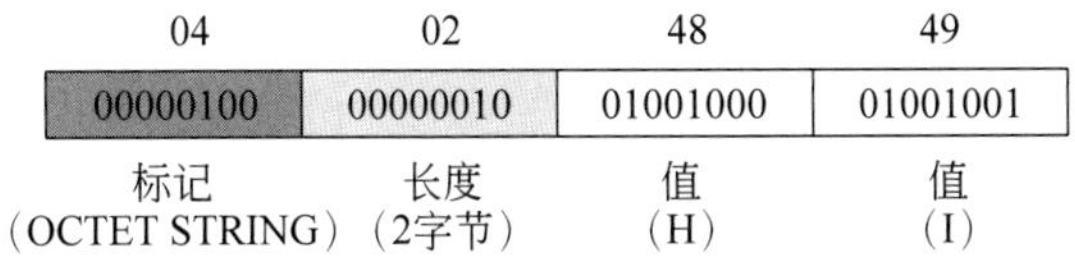

04	02	48	49
00000100	00000010	01001000	01001001

标记（OCTET STRING）　长度（2字节）　值（H）　值（I）

图 8.8　例 8-2 图

例 8-3　定义 OBJECT IDENTIFIER 1.3.6.1（iso.org.dod.internet）（见图 8.9）。

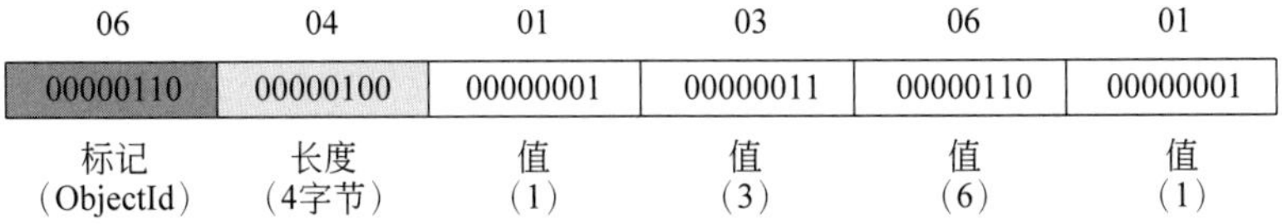

06	04	01	03	06	01
00000110	00000100	00000001	00000011	00000110	00000001

标记（ObjectId）　长度（4字节）　值（1）　值（3）　值（6）　值（1）

图 8.9　例 8-3 图

8.4 MIB

8.4.1 MIB 概述

管理信息库中包含所有可以由 SNMP 进行管理的对象集合。MIB 可以管理的对象包括设备名字、类型、物理接口的详细信息、路由表、ARP 缓存等,这些对象反映了设备的属性及其运行状态。将网络中所有设备包含的对象属性进行汇总,可以方便地获取整个网络的属性及运行状态。

管理信息库是网络管理的第二个组件,目前应用的版本是 MIB-2(管理信息库版本2)。每个被管网络实体都有自己的 MIB-2,包含了能够管理的所有对象的集合。

MIB-2 子树在 RFC 1213 中进行了定义,其名称为"基于 TCP/IP 的 Internet 网络管理信息库:MIB-II"。

在 MIB-2 中,将对象划分为 10 个不同的组:system(系统组)、interfaces(接口组)、address translation(地址转换组)、ip(IP 组)、icmp(ICMP 组)、tcp(TCP 组)、udp(UDP 组)、egp(ERP 组)、transmission(传输组)和 snmp(SNMP 组)。在对象命名注册树上表现为以"mib-2"节点为根的子树中的 10 个分支,如图 8.10 所示。

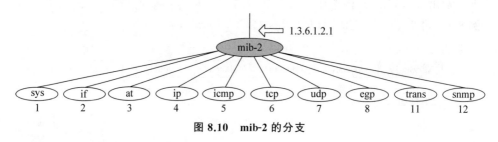

图 8.10 mib-2 的分支

下面对 MIB-2 的部分内容进行简单介绍。

1. system 组

system 组定义被管对象的通用信息,如名字、位置、启动时间等,如表 8.3 所示。system 组的值都需要事先设置,并且不会随着运行状态的改变而改变,具有相对稳定性。

2. interfaces 组

interfaces 组定义被管设备所有接口的相关信息,如接口号、物理地址和 IP 地址,并且还提供一些负载的统计信息。interfaces 组里有两个顶级对象,ifNumber 和 ifTable。ifNumber 指示了设备上存在的接口数量,OID 为 1.3.6.1.2.1.2.1。ifTable 包含了每个接口的相关信息,OID 为 1.3.6.1.2.1.2.2。ifTable 中的一些常用对象如表 8.4 所示。

了解端口的运行状态可以及时发现网络中潜在的运行问题。如果一个接口的 ifInDiscards 较大,则说明该接口存在拥塞问题;如果 ifOutDiscards 较大,则说明需要为该接口分配更多的缓冲区空间;如果 ifInErrors 和 ifOutErrors 较大,则说明可能硬件存在问题。

表 8.3　system 组

对　　象	OID	描　　述	访问权限
sysDescr	1.3.6.1.2.1.1.1	设备描述,依赖于厂商提供的内容	只读
sysObjectID	1.3.6.1.2.1.1.2	代理软件标识	只读
sysUptime	1.3.6.1.2.1.1.3	以百分之一秒为单位,给出代理已经运行的时间	只读
sysContact	1.3.6.1.2.1.1.4	负责管理该设备的人员信息	只读
sysName	1.3.6.1.2.1.1.5	设备名称	只读
sysLocation	1.3.6.1.2.1.1.6	设备物理位置	只读
sysServices	1.3.6.1.2.1.1.7	设备可能提供的服务	只读

表 8.4　ifTable 中的一些常用对象

对　　象	OID	描　　述	访 问 权 限
ifIndex	1.3.6.1.2.1.2.2.1.1	接口的唯一标识值	只读
ifSpeed	1.3.6.1.2.1.2.2.1.5	传输速率,单位为 b/s	只读
ifAdminStatus	1.3.6.1.2.1.2.2.1.7	接口的状态	只读
ifInOctets	1.3.6.1.2.1.2.2.1.10	在接口上接收到的总字节数	只读
ifInDiscards	1.3.6.1.2.1.2.2.1.13	在接口上丢弃的接收到的分组数量	只读
ifInErrors	1.3.6.1.2.1.2.2.1.14	由于错误导致丢弃的接收的分组数量	只读
ifOutOctets	1.3.6.1.2.1.2.2.1.16	在接口上发送的总字节数量	只读
ifOutDiscards	1.3.6.1.2.1.2.2.1.19	在接口上丢弃的发送的分组数量	只读
ifOutErrors	1.3.6.1.2.1.2.2.1.20	由于错误导致丢弃的发送的分组数量	只读

interfaces 组对象常常用来对网络的历史状况进行统计分析,在了解了正常工作时的统计值后,当出现异常统计值时,才能及时发现问题。在计算统计值时,为了获取有意义的统计值,需要使用两个不同时间点的计数器差值,其中一个值提供参考点,利用另外一个值来计算出变化量。可以用函数 delta 表示这个差值,这时接口的利用率可用下式进行计算:

$$接口的利用率 = \frac{\sum delta(ifInOctets) \times 8}{ifSpeed \times delta(sysUpTime)} \times 100\%$$

在使用上述公式时,需要注意到,要用系统启动后所有的入比特数除以速率和启动时间的乘积,因此 delta 是多次差值计算的累计结果,累计的时间范围为系统启动以来的全部时间范围。

接口的利用率说明在通常情况下带宽的使用情况,如果达到了 90% 的利用率,就应该考虑升级线路,以避免将来可能发生的拥塞。

类似地,接口发送率为:

$$接口的发送率 = \frac{\sum delta(ifOutOctets) \times 8}{ifSpeed \times delta(sysUpTime)} \times 100\%$$

管理系统将统计出的接口利用率和发送率通知管理人员,并可以根据事先确定的门限值启动预警,利用率的合理取值取决于网络的实际情况和用户的性能需求。

3. ip 组

ip 组定义有关 IP 的信息,如路由器和 IP 地址,可以使用该组提供的信息来辅助发现路由问题。ip 组中的一些对象如表 8.5 所示。其中 ipRouteTable 是一个表对象,通过检索该表,可以跟踪 IP 路径、检查路由更新。

表 8.5　ip 组中的一些对象

对　　象	OID	描　　述	访问权限
ipForwarding	1.3.6.1.2.1.4.1	可以转发(1)或者非转发(2)	只读
ipDefaultTTL	1.3.6.1.2.1.4.2	默认的 TTL	只读
ipInHdrErrors	1.3.6.1.2.1.4.4	由于 IP 报头中错误而丢弃的输入数据报数量	只读
ipRoutingDiscards	1.3.6.1.2.1.4.8	由于资源限制丢弃的路由表项目数量	只读
ipRouteTable	1.3.6.1.2.1.4.21	维护设备的 IP 路由表	读写

4. icmp 组

icmp 组定义有关 ICMP 实现和操作的相关信息,包括 ICMP 消息总数、接收到的 ICMP 消息、发送的 ICMP 消息、错误接收的 ICMP 消息和由于资源限制而没有发送的 ICMP 消息数量。可以根据 ICMP 组的统计信息趋势变化,发现性能问题和管理故障。

5. tcp 组

tcp 组定义有关 TCP 的信息,如设备当前存在的 TCP 连接信息、TCP 超时值及 TCP 端口号等。

6. udp 组

udp 组定义有关 UDP 的信息,如端口号、已发送和已接收的报文数。与 TCP 不同的是,UDP 是无连接的,所以没有连接信息。

udp 组中的 MIB 值,既有简单变量,也有表。例如,udp 组中包含几个简单变量和一个表。其中,udp 组中的简单变量如表 8.6 所示。udpTable 中的两个变量如表 8.7 所示。

表 8.6　udp 组中的简单变量

名　　称	OID	数据类型	描　　述	访问权限
udpInDatagram	1.3.6.1.2.1.7.1	Counter	UDP 数据报文输入数	只读
udpNoPorts	1.3.6.1.2.1.7.2	Counter	没有发送到有效端口的 UDP 数据报数量	只读
udpInErrors	1.3.6.1.2.1.7.3	Counter	接收到有错误的 UDP 数据报数量	只读
udpOutDatagram	1.3.6.1.2.1.7.5	Counter	UDP 数据报输出数	只读

表 8.7　udpTable 中的变量

名　　称	OID	数据类型	描　　述	访问权限
udpLocalAddress	1.3.6.1.2.1.7.5.1.1	IPAddress	监听进程的本地 IP 地址,0.0.0.0 代表接收任何接口的数据报	只读
udpLocalPort	1.3.6.1.2.1.7.5.1.1	[0…65535]	监听进程的本地端口号	只读

在实际中,大部分设备均支持 MIB-2 的定义,但也有可能会出现新的 MIB 定义。

8.4.2　MIB 变量的访问

下面以 udp 组为例,说明如何访问 MIB 变量。在 udp 组有 4 个简单变量和一个记录序列(表),如图 8.11 所示。

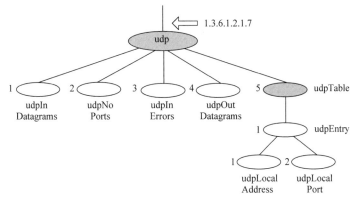

图 8.11　udp 组的 MIB

1. 简单变量的访问

可以在使用组的 ID(1.3.6.1.2.1.7)后跟随变量 ID 进行访问简单变量。访问图 8.11 中 4 个简单变量的方法如下:

```
udpInDatagrams    →   1.3.6.1.2.1.7.1
udpNoPorts        →   1.3.6.1.2.1.7.2
udpInErrors       →   1.3.6.1.2.1.7.3
udpOutDatagrams   →   1.3.6.1.2.1.7.4
```

但对象标识符定义的是变量而不是实例(内容),要访问每个变量的实例或内容,必须对其增加实例后缀。简单变量的实例后缀就是“0”。换言之,要给出以上变量的实例,可使用以下的方法:

```
udpInDatagrams.0    →   1.3.6.1.2.1.7.1.0
udpNoPorts.0        →   1.3.6.1.2.1.7.2.0
udpInErrors.0       →   1.3.6.1.2.1.7.3.0
udpOutDatagrams.0   →   1.3.6.1.2.1.7.4.0
```

2. 表的访问

访问标识表,要使用表 ID。如图 8.12 所示,UDP 组只有一个表(ID 是 5)。因此,要访问该表,可以使用如下方法:

```
udpTable  →  1.3.6.1.2.1.7.5
```

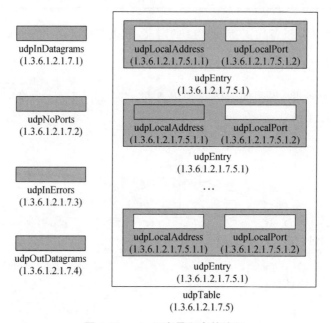

图 8.12　udp 组变量和表的访问

但该表不是 MIB 树结构的叶节点,因此不可以直接访问该表,而是要定义该表(ID 是 1)中的项目(Sequence),如下所示。

```
udpEntry  →  1.3.6.1.2.1.7.5.1
```

而该项目也不是叶节点,故也不可直接访问,因此需要定义项目中的每一个实体(字段),如下所示。

```
udpLocalAddress  →  1.3.6.1.2.1.7.5.1.1
udpLocalPort     →  1.3.6.1.2.1.7.5.1.2
```

上述两个变量是叶节点,虽然能够访问两个变量实例,但需定义是哪一个实例。在任何时候,表中的每一个"本地地址/本地端口对"可以有不同的值。要访问表中某个特定的实例(行),应当给上述 ID 加上索引。

在 MIB 中,数组的索引并不是整数,其索引基于项目中的一个或多个字段的值。本例中,udpTable 的索引基于本地地址和本地端口号,如图 8.13 所示,图中给出了一个具有 4 行的表,以及每个字段的值,每行的索引是两个值的组合。

若访问本地地址实例的第一行,需使用标识符加上实例的索引:

```
udpLocalAddr.181.23.45.14.23  →  1.3.6.1.2.1.7.5.1.1.181.23.45.14.23
```

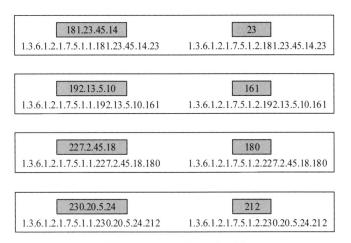

图 8.13 udpTable 索引举例

注意,并非所有表的索引都如上所示,还存在多种情况,例如,某些表的索引使用一个字段的值,某些表使用两个字段的值。

8.4.3 字典式排序

在 MIB 变量中,对象标识符(包括实例标识符)按照字典顺序排列。表的顺序按照先列后行的规则进行排列,换而言之,要按逐列的顺序访问。在每一列中,必须采用从上向下的方式进行访问,如图 8.14 所示。如果采用字典式排序(Lexicographic Ordering)的方式,在定义了第一个变量后,可以逐一访问一组变量(在 SNMP 中 GetNextRequest 报文具有此特点)。

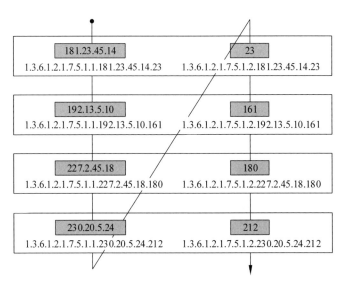

图 8.14 字典式排序举例

8.5　SNMP

SNMP 在网络管理中使用了 SMI 和 MIB。SNMP 允许进行以下操作：

- 管理者读取代理定义的对象值；
- 管理者把值存储在代理定义的对象中；
- 代理把关于异常情况的告警报文发送给管理者。

SNMP 采取请求/响应的方式进行工作，规定了管理者和代理之间交换管理信息的方法。SNMP 通过使用 UDP 数据报进行通信，由于 UDP 采用不可靠的交付，不能确保请求或者响应能够正确送达，因此如果在一定时间后还没有收到响应，则可以自行决定是否需要重传请求。

具体的工作过程一般为管理者向代理发送请求报文，代理收到请求后，执行相应的动作，然后向管理者发送响应报文。在某些情况下，代理也可以主动向管理者发送报文，该报文被称为陷入（Trap）报文，这种报文用于通知管理者有异常情况发生，例如设备重启动，链路状态改变等。

当前，SNMP 定义了三个版本的网络管理协议，SNMP v1，SNMP v2 和 SNMP v3。SNMP v1，v2 有很多共同的特征，但是 SNMP v2 版本增强了 SNMP v1 的功能，例如新的 PDU 类型。SNMP v3 在先前两版本的基础上增加了安全和远程配置能力。为了解决不同版本的兼容性问题，在 RFC 3584 中定义了共存策略。

8.5.1　PDU 概述

1. SNMP v1 PDU

SNMP v1 是最早使用的 SNMP 协议，其仅定义了 5 种类型的 PDU（GetRequest、GetNextRequest、SetRequest、Response 和 Trap），如图 8.15 所示。

SNMP v1 的 5 种 PDU 的描述参见本小节 SNMP v2 中表 8.8。

SNMP v1 的 5 种 PDU 的简要介绍参见本小节 SNMP v3 部分。

2. SNMP v2 PDU

SNMP v2 是 SNMP v1 的演进版本。其中，GetRequest，GetNextRequest、SetRequest 和 Response 的 PDU 与 SNMP v1 是相同的，另外，SNMP v2 增加并增强了一些操作。

在 SNMP v2 中，如果 GetRequest 中需要多个请求值，若某个请求值不存在，其他请求仍然会正常执行。但在 SNMP v1 中将响应错误报文。此外，在 SNMP v1 中，Trap PDU 和其他几种类型的 PDU 格式不同，而在 SNMP v2 中，简化了 Trap 报文，使 Trap PDU 和其他几种类型的 PDU 的格式基本相同。

SNMP v2 还新增了两个新的 PDU：GetBulkRequest 和 InformRequest，如图 8.16 所示。

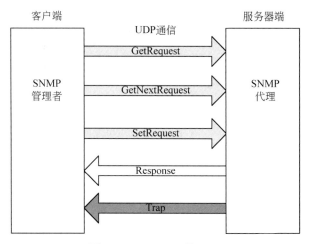

图 8.15 SNMP v1 的 PDU

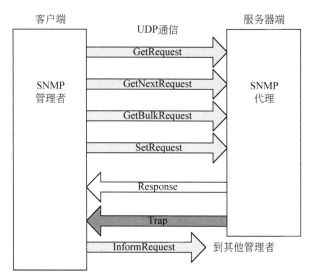

图 8.16 SNMP v2 的 PDU

这 7 种 PDU 的描述如表 8.8 所示。

表 8.8 SNMP v2 的 PDU

PDU	发送方向	描　　述
GetRequest	管理者到代理	读取一个 MIB 值或者一组 MIB 值
GetNextRequest	管理者到代理	读取 PDU 中定义的对象标识符后面的对象值，主要是用来遍历表中的 MIB 值
GetBulkRequest	管理者到代理	以数据块方式读取大量数据
SetRequest	管理者到代理	在代理上设置 MIB 值

续表

PDU	发 送 方 向	描　　述
Response	代理到管理者	响应 GetRequest 和 GetNextRequest，其中包含了管理者所请求的 MIB 值
Trap	代理到管理者	用来报告异常事件的发生
InformRequest	管理者到远程管理者	由一个管理者角色的实体发给另一个管理者角色的实体，用于请求某个应用提供管理信息

SNMP v2 的 7 种 PDU 的简要介绍参见本小节 SNMP v3 部分。

3. SNMP v3 PDU

SNMP v3 在前面版本基础上增加了安全能力和远程配置能力，SNMP v3 引入了 VACM(View-Based Access Control Model，基于视图的访问控制模型)和 USM(User-Based Security Model，基于用户的安全模型)。从而支持不同的安全机制和接入控制。

在 SNMP v3 中定义了 8 种 PDU 报文，如图 8.17 所示。这 8 种 PDU 的描述如表 8.9 所示。其中，GetRequest、GetNextRequest 和 GetBulkRequest 都是管理者向代理请求 MIB 数据，这三个 PDU 的区别在于数据请求的粒度：GetRequest 请求 MIB 值的任意集合；多个 GetNextRequest 用于顺序读取 MIB 对象或表；GetBulkRequest 允许读取大数据，减少发送多个 GetRequest、GetNextRequest 的开销。

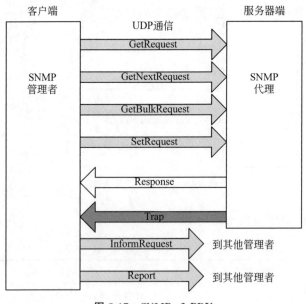

图 8.17　SNMP v3 PDU

SetRequest 用于管理者设置被管设备中的一个或者多个 MIB 对象，代理用 Response PDU 进行应答。

下面对 SNMP v3 的 8 种 PDU 进行简要介绍：

表 8.9 SNMP v3 的 PDU

PDU	发 送 方 向	描 述
GetRequest	管理者到代理	读取一个 MIB 值或者一组 MIB 值
GetNextRequest	管理者到代理	读取 PDU 中定义的对象标识符后面的对象值,主要是用来遍历表中的 MIB 值
GetBulkRequest	管理者到代理	以数据块方式读取大量数据
SetRequest	管理者到代理	在代理上设置 MIB 值
Response	代理到管理者	响应 GetRequest 和 GetNextRequest,其中包含了管理者所请求的 MIB 值
Trap	代理到管理者	用来报告异常事件的发生
InformRequest	管理者到远程管理者	由一个管理者角色的实体发给另一个管理者角色的实体,用于请求某个应用提供管理信息
Report	管理者到远程管理者	在管理者之间报告某些类型的错误,还未使用

（1）GetRequest（读取请求）

GetRequest PDU 是由管理者（客户端）发送给代理（服务器），用于读取一个变量或一组变量的值。

（2）GetNextRequest（读取下一个请求）

GetNextRequest PDU 是由管理者发送给代理，用来读取变量的值。读取的值是 ObjectID 后面的对象值。主要是用来读取表中的条目值的场景,因为若管理者不知道条目的索引,就无法读取表中的条目值。但是,管理者可以使用 GetNextRequest 以及定义表的 ObjectID 来间接获取条目值,这是因为第一个条目的 ObjectID 紧跟在表的 ObjectID 的后面,所以用 GetNextRequest 返回的第一个条目值就是期望的结果,以此类推,管理者可以使用该 ObjectID 获得下一个项目的值。

（3）GetBulkRequest（读取块请求）

GetBulkRequest PDU 由管理者发送给代理,用来读取大量的数据。可用来代替多个 GetRequest PDU 和 GetNextRequest PDU。

（4）SetRequest（设置请求）

SetRequest PDU 是由管理者发送给代理,用来设置（存储）变量值。

（5）Response（响应）

Response PDU 是由代理发送给管理者,用于响应 GetRequest 和 GetNextRequest,其中包含管理者请求的一个或多个变量值。

（6）Trap（陷入）

Trap 也称为 SNMP v2 Trap,以与 SNMP v1 Trap 进行区分,Trap PDU 由代理发送给管理者,用来报告异常事件。例如,若代理重新启动,就会通知管理者,并报告重新启动的时间。

（7）InformRequest（通知请求）

InformRequest PDU 是由一个管理者发送给另一个远程管理者,以便从由远程管理者控制下的代理获取某些变量的值,InformRequest 使用 Response PDU 进行响应。

（8）Report（报告）

Report PDU 用于管理者之间报告某些类型的错误。目前还未使用。

8.5.2　PDU 格式

根据 SNMP 报文的不同版本和不同操作,PDU 格式不尽相同。下面分别说明 SNMP 的三个版本的报文格式,SNMP v1 和 SNMP v2 中未具体说明的 PDU 格式,请参看 SNMP v3 PDU 格式。

1. SNMP v1 PDU 格式

SNMP v1 的 5 种 PDU 格式如图 8.18 所示。

PDU Type	Request ID	0	0	Variable Bindings

GetRequest / GetNextRequest / SetRequest PDU

PDU Type	Request ID	Error Status	Error Index	Variable Bindings

Response PDU

PDU Type	Enterprise	Agent Addr	Generic Trap	Specific Trap	Time Stamp	Variable Bindings

Trap PDU

Name 1	Value 1	Name 2	Value 2	…	Name n	Value n

Variable Bindings

图 8.18　SNMP v1 PDU 格式

图 8.18 中各字段的含义为:

- **PDU 类型（PDU Type）**　PDU 类型。
- **请求标识（Request ID）**　用于匹配请求和响应,SNMP 会给每个请求分配全局唯一的 ID。
- **错误状态（Error Status）**　用于表示在处理请求时出现的错误,包括 6 种错误:noError(0)、tooBig(1)、noSuchName(2)、badValue(3)、readOnly(4)和 genErr(5)。
- **错误索引（Error Index）**　当出现异常情况时,提供变量绑定表（Variable Bindings)中导致异常的变量信息。
- **变量绑定表（Variable Bindings）**　变量名和对应值的表,说明要检索或设置的所有变量及其值。在请求报文中,变量的值为 0。
- **制造商 ID（Enterprise）**　设备制造商的标识,声明生成 Trap 信息的设备类型,即 sysObjectID 对象的取值。
- **代理地址（Agent Addr）**　产生陷入的代理 IP 地址。
- **一般陷入（Generic Trap）**　共分为 7 种,包括 coldStart(0)、warmStart(1)、linkDown

（2）、linkUp(3)、authenticationFailure(4)、egpNeighborLoss(5)、enterpriseSpecific(6)。

- **特殊陷入（Specific Trap）**　与设备有关的特殊陷入代码。
- **时间戳（Time Stamp）**　代理发出陷入的时间，即 sysUpTime 对象的取值。

2. SNMP v2 PDU 格式

SNMP v2 增加了 GetBulkRequest 和 InformRequest 操作报文。GetBulkRequest 操作所对应的基本操作类型是 GetNextRequest 操作，可以通过设定 Non Repeaters 和 Max Repetitions 参数，一次性从代理获取大量管理对象的数据。

在 SNMP v2 中修改了 Trap 报文的格式。SNMP v2 Trap PDU 采用 SNMP v1 GetRequest／GetNextRequest／SetRequest PDU 相同的格式，并将 sysUpTime 和 snmpTrap OID 作为 Variable Bindings 中的变量，用于构造报文。SNMP v2 的 PDU 格式如图 8.19 所示。

PDU Type	Request ID	Non Repeaters	Max Repetitions	Variable Bindings

GetBulkRequest PDU

PDU Type	Request ID	0	0	Variable Bindings

Trap PDU

sysUpTime.0	Value 1	snmpTrapOID.0	Value 2	…

Trap PDU的Variable bindings

图 8.19　SNMP v2 PDU 格式

3. SNMP v3 PDU 格式

SNMP v3 中报文格式发生了较大的变化，但其中的 PDU 部分的格式与 SNMP v2 基本保持一致。

SNMP v3 中 8 种 SNMP PDU 的格式如图 8.20 所示。GetBulkRequest PDU 与其他 PDU 的两处不同已在图中进行了说明。

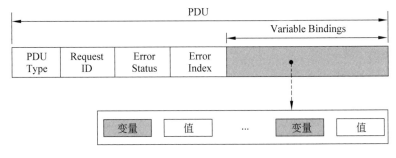

区别：
1. 对所有的请求报文（GetBulkRequest除外），错误状态和错误索引都是全零。
2. 在GetBulkRequest中，错误状态字段被替换为非重复数N（Non Repeater）字段，而错误索引字段被替换为最大后继数M（Max Repetition）字段。

图 8.20　SNMP v3 PDU 的格式

各字段说明如下。

（1）PDU 类型（PDU Type）

该字段定义了 PDU 的类型，见表 8.10。

表 8.10　PDU 类型

类　　型	标记（二进制）	标记（十六进制）
GetRequest	10100000	0xA0
GetNextRequest	10100001	0xA1
Response	10100010	0xA2
SetRequest	10100011	0xA3
GetBulkRequest	10100101	0xA5
InformRequest	10100110	0xA6
Trap(SNMP v2)	10100111	0xA7
Report	10101000	0xA8

（2）请求标识（Request ID）

该字段是一个序号，由管理者在请求 PDU 中使用，而代理在响应 PDU 中重复填入。用来使响应和请求进行配对。

（3）错误状态（Error Status）

该字段是一个整数，用来给出代理报告的错误类型。在请求报文中它的值是 0。表 8.11 列举了可能出现的错误类型。

表 8.11　错误类型

状　　态	名　　称	意　　义
0	noError	无错误
1	tooBig	响应太大无法放入一个报文
2	noSuchName	变量不存在
3	badValue	要存储的值无效
4	readOnly	不能修改这个值
5	genErr	其他错误

（4）非重复数 N（Non Repeaters）

该字段只用在 GetBulkRequest 中，用来替换错误状态字段，其他请求 PDU 中的错误状态字段为 0。

（5）错误索引（Error Index）

该字段是一个偏移值，用于告知管理者引起错误变量的位置。

（6）最大后继数 M（Max Repetition）

该字段只用在 GetBulkRequest 中，用来替换错误索引字段，其他请求 PDU 中的错误索引字段为 0。

（7）变量绑定表（Variable Bindings）

变量绑定表字段是变量和对应值的表。在 GetRequest 和 GetNextRequest 中其值为空，在 Trap PDU 中，填入与各特定 PDU 相关的变量和值。

8.5.3　SNMP 报文格式

SNMP 报文使用 UDP 传输，封装在 UDP 协议数据报中，其情况如图 8.21 所示。

图 8.21　SNMP 消息封装

1. SNMP v1 和 v2 报文格式

SNMP v1 和 v2 报文由 Version、Community 和 SNMP PDU 三部分组成，如图 8.22 所示。

图 8.22　SNMP 消息组成

SNMP 报文中的主要字段定义如下：

- **Version**　SNMP 版本。
- **Community**　团体名，用于代理与管理者之间的认证。团体名分为可读和可写两种，如果执行 GetRequest、GetNextRequest 操作，则使用可读团体名进行认证；如果执行 SetRequest 操作，则使用可写团体名进行认证。
- **SNMP PDU**　SNMP 协议数据单元，用来交换数据的载体。

2. SNMP v3 报文格式

SNMP v3 的报文是 Sequence 类型，由四部分组成：Version（版本）、Global Data（全局数据）、Security Parameters（安全参数）和 Scope PDU（包含已编码的 PDU），如图 8.23 所示。Version（版本）和 Security Parameters（安全参数）是简单类型。Global Data（全局数据）和 Scope PDU 是 Sequence 类型。

（1）Version（版本）

版本字段的数据类型为 INTEGER，版本字段的值是版本号减 1，对于 SNMP v1，则为 0。注意，若版本号为 SNMP v1 和 SNMP v2，Global Data（全局数据）和 Security Parameters（安全参数）使用共同体（Community）来替代，同时 Scope PDU 使用 Scope PDU 中的 PDU 部分替代。

（2）Global Data（全局数据）

全局数据字段为 Sequence 类型，由以下四个简单类型的元素组成：RequestID（标

报文

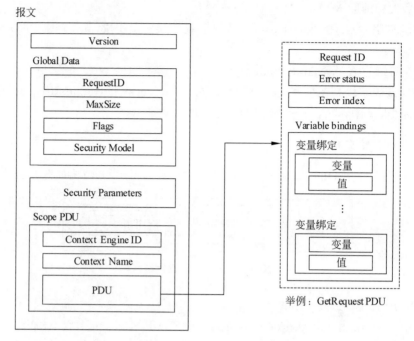

图 8.23　SNMP v3 报文格式

识)、MaxSize(最大长度)、Flags(标志)和 Security Model(安全模型)。主要字段定义解释如下：

- **RequestID**　请求报文的序列号。
- **MaxSize**　消息发送方所能够容纳的消息最大字节,同时也表明了发送方能够接收到的最大字节数。
- **Flags**　消息标志位,占 1 字节,只有最低的三个比特位有效,比如 0x0 表示不认证不加密,0x1 表示认证不加密,0x3 表示认证加密,0x4 表示发送 Report PDU 标志等。
- **Security Model**　消息的安全模型值,取值为 0～3。0 表示任何模型,1 表示 SNMP v1 安全模型,2 表示 SNMP v2 安全模型,3 表示 SNMP v3 安全模型。

（3）Security Parameters(安全参数)

该部分为 Sequence 类型,在 SNMP v3 中,根据安全实现的具体情况,有时会非常复杂。其包括以下主要字段。

- **Authoritative EngineID**　消息交换中权威 SNMP 的 snmpEngineID,用于 SNMP 实体的识别、认证和加密。该取值在 Trap、Response、Report 中是源端的 snmpEngineID,对 GetRequest、GetNextRequest、GetBulkRequest、SetRequest 中是目的端的 snmpEngineID。
- **Authoritative EngineBoots**　消息交换中权威 SNMP 的 snmpEngineBoots。表示从初次配置时开始,SNMP 引擎已经初始化或重新初始化的次数。
- **Authoritative EngineTime**　消息交换中权威 SNMP 的 snmpEngineTime,用于时

间窗口判断。

- **UserName**　用户名,消息代表其正在交换。NMS 和 Agent 配置的用户名必须保持一致。
- **Authentication Parameters**　认证参数,认证运算时所需的密钥。如果没有使用认证则为空。
- **Privacy Parameters**　加密参数,加密运算时所用到的参数,比如 DES CBC 算法中形成初值 IV 所用到的取值。如果没有使用加密则为空。

（4）Scope PDU

该部分包含了两个简单类型和包含已编码的 PDU。两个简单类型解释说明如下:

- **Context Engine ID**　用于识别 SNMP 实体。对于接收消息,该字段确定消息该如何处理;对于发送消息,在发送一个消息请求时该字段由应用提供。
- **Context Name**　用于在相关联的上下文引擎范围中识别特定的上下文。

PDU 部分与 SNMP v1 和 SNMP v2 的 PDU 部分功能相同,不再赘述,此处给出一个 SNMP v3 GetRequest PDU 的例子。注意 Variable Bindings（变量绑定表）是 Sequence 类型,由一个或多个被称为 Variable Binding（变量绑定）的 Sequence 组成。每一个 Variable Bindings（变量绑定）由两个简单类型的元素构成:变量和值。

例 8-4　管理者（SNMP 客户端）使用 GetRequest 报文读取路由器收到的 UDP 数据报数量（图 8.24）。该报文只有一个 Variable Bindings 实体。与此信息对应的 MIB 对象是 udpInDatagrams,其对象标识符是 1.3.6.1.2.1.7.1.0,管理者希望读取该值,因此在发送时定义了一个空实体,发送的字节用十六进制表示。

此处的 Variable Bindings 只有一个 Variable Binding,其中变量的类型为 0x06,长度为 0x09,值的类型为 0x05,长度为 0x00。整个 Variable Binding 是长度为 0x0D(13)的 Sequence。因而 Variable Bindings 是一个长度为 0x0F(15)的 Sequence。GetRequest PDU 的长度为 0x1D(0x29)。该 PDU 内嵌在 Scope PDU 中,是一个长度为 0x2F(47)字节的 Sequence。安全参数长度为 0x28(40)字节,本示例中未给出细节。全局数据本身是 0x0D(13)字节长的 Sequence。因此该报文一共内嵌了三个 Sequence 和一个整数（版本）,长度共计 0x6D(111)字节。整个报文的长度为 113 字节。

8.5.4　SNMP 端口

SNMP 通信协议在两个熟知端口 161 和 162 上使用传输层的 UDP 服务。其中,熟知端口 161 由服务器（代理）使用,而熟知端口 162 由客户端（管理者）使用。

代理（服务器）被动打开端口 161,管理者（客户端）主动打开临时端口。客户端向服务器发送请求报文,使用临时端口作为源端口,熟知端口 161 作为目的端口。服务器向客户端发送响应报文,使用熟知端口 161 作为源端口,临时端口作为目的端口。

管理者（客户端）被动打开端口 162,然后等待来自代理（服务器）来的报文。只要代理（服务器）有 Trap 报文要发送,就使用主动打开临时端口,使用熟知端口 162 作为目的端口（见图 8.25）。

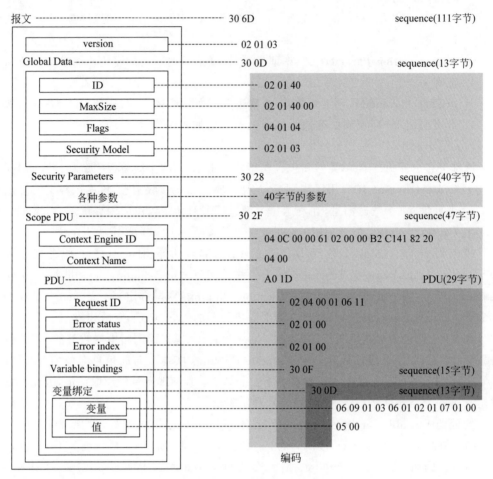

图 8.24 例 8-4 图

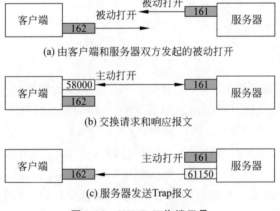

(a) 由客户端和服务器双方发起的被动打开

(b) 交换请求和响应报文

(c) 服务器发送Trap报文

图 8.25 SNMP 工作端口号

8.5.5　SNMP 安全策略

SNMP PDU 不仅有查询功能,还有设置功能(SetRequest)。如果入侵者截获 SNMP 报文或者伪造 SNMP 报文,均有可能对网络造成安全威胁。

从安全性角度考虑,应当具有如下的安全要求:

- 只有经过认证的管理员才能访问 MIB,代理应当使自己的 MIB 免于不必要的或未经认证授权的访问;
- 不同管理员应该有不同的读写权限。

在 SNMP v1 中,代理和管理者通过 SNMP 用明文进行通信,采用团体名(Community)作为唯一授权实体认证鉴别手段。与设备认可的团体名不符的 SNMP 报文将被丢弃。所谓团体是指一个 SNMP 代理和一组 SNMP 管理员之间的关系。团体在代理上进行定义,只具有本地意义。代理为每个所期望的认证、访问控制建立相应的团体,给每个团体指定本地唯一的团体名,并提供给该团体中的管理者,管理者在进行 Get 或者 Set 操作时,必须使用团体名。代理可以通过建立多个团体名,来实现赋予团体不同的读写权限。但是使用团体名的方法过于简单,对于使用明文传输的 SNMP PDU 几乎没有实质性的安全保护。

8.6　SNMP 协议分析

本节将以 GNS3 为工作平台,以实验形式,展开 SNMP 协议的分析。

8.6.1　总体思路

在 GNS3 中,模拟一台 Cisco 路由器,路由器上配置启动 SNMP 服务,该路由器通过网络云与本地网络相连。通过捕获网络云与路由器之间通信过程,分析 SNMP 的报文格式。

8.6.2　网络环境搭建

1. 网络拓扑配置

在 GNS3 中新建工程,配置网络拓扑如图 8.26 所示,其中,R1 是 Cisco 2600 系列路由器(本示例选用 Cisco 2691,选用的 IOS 映像为 c2691-jk9o3s-mz.123-22.bin),路由器 R1 的 fastEthernet 0/0 端口与网络云"Cloud 1"的以太网连接相连,网络云与本地连接相连需要配置网络云,在"Cloud 1"右击,在上下文菜单中选择"Configure"选项,如图 8.27 所示,在节点配置器中将网络云中的以太网与本地连接相连,如图 8.28 所示。

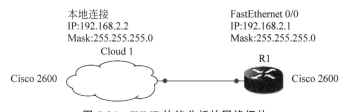

图 8.26　SNMP 协议分析的网络拓扑

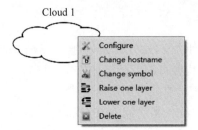

图 8.27　网络云配置

图 8.28　配置网络云与本地连接相连

2. 路由器基础配置

在 GNS3 中启动所有设备，对路由器 R1 的 fastEthernet 0/0 端口配置 IP 地址和子网掩码；路由器 R1 上启用 SNMP 服务。路由器 R1 配置如下所示。

```
1:  R1#enable
2:  R1#config terminal
3:  R1(config)#interface fastEthernet 0/0
4:  R1(config-if)#ip address 192.168.2.1 255.255.255.0
5:  R1(config-if)#no shutdown
6:  R1(config-if)#exit
7:  R1(config)#snmp-server community public ro
8:  R1(config)#snmp-server community private rw
9:  R1(config)#exit
```

第 7 行输入 snmp-server community public ro 命令,配置访问 SNMP 服务的只读变量的团体名为 public。

第 8 行输入 snmp-server community private rw 命令,配置访问 SNMP 服务的读写变量的团体名为 private。

8.6.3　数据捕获

1. 启动 Wireshark 进行捕获

在 GNS3 中,对路由器 R1 与"Cloud 1"的 Ethernet 链路进行捕获。

2. 使用 SNMP 命令查询路由器

在命令行提示符下,输入"snmputil get 192.168.2.1 public .1.3.6.1.2.1.4.3.0"(snmputil 工具需自行下载),若路由器 R1 的 SNMP 服务正常启动,返回结果如图 8.29 所示。

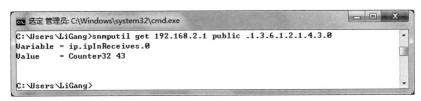

图 8.29　SNMP Get 操作示例

snmputil 请求操作的命令格式:

```
usage:  snmputil [get|getnext|walk] agent community oid [oid ...]
        snmputil trap
```

其中,agent 表示代理进程的 IP 地址,community 表示团体名,oid 表示 MIB 对象 ID。

3. 数据格式分析

成功进行 SNMP 查询后,会捕获到 SNMP 的报文,图 8.30 展示了捕获到的 SNMP 报文示例。在图 8.30 中,第 2、4 和 6 包是 SNMP 的 GetRequest 报文,第 3、5 和 7 包是 SNMP 的 Response 报文。通过对第 2 包和第 3 包的分析,可帮助理解 SNMP 报文的格式。表 8.12 给出了图 8.30 中第 2 包和第 3 包的内容。

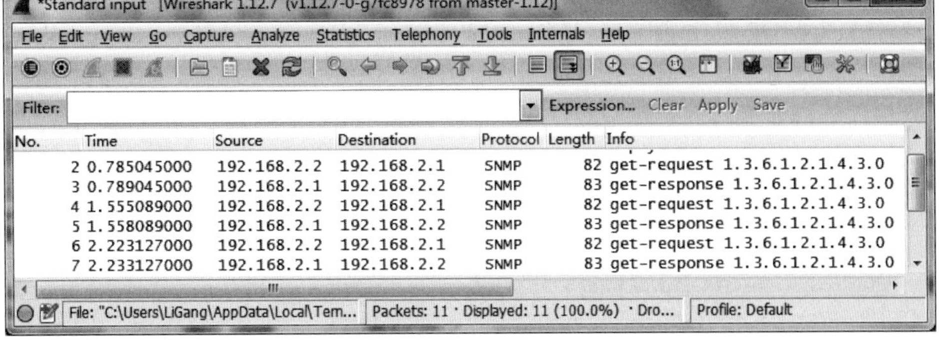

图 8.30　SNMP 报文示例

表 8.12　SNMP 报文内容示例

包序号	对 应 参 数
2	0000　c0 01 19 90 00 00 02 00 4c 4f 4f 50 08 00 45 00 0010　00 44 07 32 00 00 80 11 ae 23 c0 a8 02 02 c0 a8 0020　02 01 ee bf 00 a1 00 30 54 9d 30 26 02 01 00 04 0030　06 70 75 62 6c 69 63 a0 19 02 01 01 02 01 00 02 0040　01 00 30 0e 30 0c 06 08 2b 06 01 02 01 04 03 00 0050　05 00
3	0000　02 00 4c 4f 4f 50 c0 01 19 90 00 00 08 00 45 00 0010　00 45 00 07 00 00 ff 11 36 4d c0 a8 02 01 c0 a8 0020　02 02 00 a1 ee bf 00 31 de 94 30 27 02 01 00 04 0030　06 70 75 62 6c 69 63 a2 1a 02 01 01 02 01 00 02 0040　01 00 30 0f 30 0d 06 08 2b 06 01 02 01 04 03 00 0050　41 01 39

第 2 包的第 1～14 字节为 Ethernet 帧的首部;第 15～34 字节为 IP 数据报的首部;第 35～42 字节为 UDP 报文段首部;第 37～38 字节值为 0x00A1(161),为 Destination Port 字段,表明 UDP 报文段的数据部分可能为 SNMP 报文;第 43～82 字节为 SNMP 报文,该 SNMP 报文解析如下:

```
30 26     {类型 Sequence,长度 26₁₆=38₁₀ }
|---02 01 00     {类型 INTEGER,长度 01₁₆=1₁₀,版本=0,SNMP v1}
|---04 06 70 75 62 6C 69 63     {类型 OCTET STRING,长度 06₁₆=6₁₀,团体名="public"}
|---A0 19     {类型"上下文结构类型",SNMP 报文类型为 GetRequest,长度 19₁₆=25₁₀ }
|---02 01 01     {类型 INTEGER,长度 01₁₆=1₁₀,Request ID=01₁₆ }
|---02 01 00     {类型 INTEGER,长度 01₁₆=1₁₀,Error status=00₁₆ }
|---02 01 00     {类型 INTEGER,长度 01₁₆=1₁₀,Error index=00₁₆ }
|---30 0E     {类型 Sequence of,长度 0E₁₆=14₁₀ }
|---|---30 0C     {类型 Sequence,长度 0C₁₆=12₁₀ }
|---|---|---06 08 2B 06 01 02 01 04 03 00     {类型 OBJECT IDENTIFIER,长度
|                                           08₁₆=8₁₀,ID 为 1.3.6.1.2.1.4.3.0}
|---|---|---05 00                          {类型 NULL,长度 00₁₆=0₁₀ }
```

第 3 包的第 1～14 字节为 Ethernet 帧的首部;第 15～34 字节为 IP 数据报的首部;第 35～42 字节为 UDP 报文段首部;第 35～36 字节值为 0x00A1(161),为 Source Port 字段,表明 UDP 报文段的数据部分可能为 SNMP 报文;第 43～83 字节为 SNMP 报文,该 SNMP 报文解析如下:

```
30 27     {类型 Sequence,长度 27₁₆=39₁₀ }
|---02 01 00     {类型 INTEGER,长度 01₁₆=1₁₀,版本=0,SNMP v1}
|---04 06 70 75 62 6C 69 63     {类型 OCTET STRING,长度 06₁₆=6₁₀,团体名="public"}
|---A2 1A     {类型"上下文结构类型",SNMP 报文类型为
|         Response,长度 1A₁₆=26₁₀ }
|---02 01 01     {类型 INTEGER,长度 01₁₆=1₁₀,Request ID=01₁₆ }
```

|---02 01 00　　　{类型 INTEGER,长度 $01_{16}=1_{10}$,Error status=00_{16}}

|---02 01 00　　　{类型 INTEGER,长度 $01_{16}=1_{10}$,Error index=00_{16}}

|---30 0F　　　{类型 Sequence of,长度 $0F_{16}=15_{10}$}

|--- |---30 0D　　　{类型 Sequence,长度 $0D_{16}=13_{10}$}

|--- |--- |---06 08 2B 06 01 02 01 04 03 00　　　{类型 OBJECT IDENTIFIER,长度
|　　　　　　　　　　　　　　　　　　$08_{16}=8_{10}$,ID 为 1.3.6.1.2.1.4.3.0}

|--- |--- |---41 01 39　　　　　　　{类型 Counter32,长度 $01_{16}=1_{10}$,值 $39_{16}=57_{10}$}

通过上述分析,在上面的示例中,"Cloud 1"发送 SNMP v1 版本的 GetRequest 报文,路由器回应相同版本、相同 Request 的 Response 报文。

第 9 章

网络协议设计技术

网络协议是计算机网络及数据通信的核心,如何开发正确、有效的网络协议是网络协议设计中一直进行研究的重要问题。目前,采取集成化、形式化的网络协议开发过程,可以减少网络协议开发中潜在的错误,提高网络协议开发的效率和质量。

网络协议设计是网络协议开发的第一步,用以产生网络协议文本初始版本。网络协议设计质量的好坏将直接关系到所开发出来的网络协议性能、功能是否能满足用户需求,以及网络协议后期的维护成本。

本章主要介绍网络协议、网络协议的层次模型、网络协议的基本内容和网络协议设计的基本方法。在本书前面章节已经介绍了多个已在网络中广泛使用的网络协议,这些网络协议以及其采用的一些技术和方法,在构造新的网络协议时,是可以直接采用和借鉴的。因此,本章还对网络协议设计所涉及的一些基本技术,如差错控制技术、流量控制技术进行简要介绍。

9.1 网络协议设计的基本内容

9.1.1 网络协议的通信环境

通信环境是协议设计要优先考虑的问题。只有充分了解和定义了协议运行的通信环境,才能准确设计出协议的其他元素。也只有这样,设计出来的协议才能在功能和性能上满足用户的需求。

根据通道容纳报文的数量,可以将通道分成 3 类:空通道(Empty Channels)、非缓存通道(Non-Buffered Channels)和缓存通道(Buffered Channels)。

- **空通道** 指报文的发送时间和延时时间为零的通道,即在任何时刻通道中不容纳报文,报文一旦从输入端进入就立即在输出端出现。
- **非缓存通道** 指在任何时刻,最多只有一个正在传送的报文通道。
- **缓存通道** 指允许有多个报文停留的通道。

$N-1$ 层通道的以下性质对 N 层协议的构成有非常重要的影响。

1. 通道的形成方式

N 层对等协议实体 A 和 B 间的通道主要有以下几种形成方式:

- A 和 B 建立并独占一条连接,此时 $N-1$ 层应提供有连接服务;
- A 和 B 与其他协议实体一起共享一条连接;

- A 和 B 利用 $N-1$ 层提供的无连接服务进行通信；
- 如果 $N-1$ 层为物理层，A 和 B 可独占一条物理信道，或共享一条物理信道。

2. 通道的队列性质

除物理层外，一般可将 $N-1$ 层通道当成队列通道，即一个数据报文从 N 层源端协议实体发出之后要在 N 层以下各层多次存储转发，在每个存储转发处就存在一个队列。队列的主要性质是平均队列长度和最大队列允许长度。队列越长，数据报文在通道中的延时就越大；若队列长度达到最大允许长度，那么后续的数据报文将丢失。通道的队列性质对 N 层协议的功能和性质有着重要影响。对于物理信道而言，其通道有时不具有队列性质，此时报文在通道中的时延是固定的，不会丢失且有序。

3. 往返时延（Round Trip Time，RTT）

RTT 是指报文从 N 层源端实体发出到该报文的应答信息到达该实体的时间，它包括目标实体收到报文之后，对报文进行处理然后发出应答信息的时间。RTT 是协议的最重要参数之一。

4. 通道的差错特性

通道的差错特性主要包括：报文出错率、报文丢失率、报文重复率、报文失序率。通道的差错特性与它的形成方式有关。如果通道是利用 $N-1$ 层有连接服务形成的，或者是利用物理信道，那么传递的报文不会失序。而如果通道是利用 $N-1$ 层的无连接服务形成的，则报文就有可能失序。

5. 通道的可靠性

通道的可靠性是指通道故障，如连接断开、复位等。

6. 报文的最大长度或最大传输单元（MTU）

报文的最大长度或最大传输单元指明通道所能接收的最大报文长度，该参数主要影响 N 层协议的报文分段、组合等功能。例如，Ethernet 中的 MTU。

7. 通道的工作方式

根据通信双方的分工和信号传输方向可将通信分为三种方式：单工、半双工与全双工。

- **单工（Simplex）方式**　通信双方设备中发送器与接收器分工明确，只能在由发送器向接收器的单一固定方向上传送数据。
- **半双工（Half Duplex）方式**　通信双方设备既是发送器，也是接收器，两台设备可以相互传送数据，但某一时刻则只能向一个方向传送数据。
- **全双工（Full Duplex）方式**　通信双方设备既是发送器，也是接收器，两台设备可以同时在两个方向上传送数据。

根据通道的工作方式可分为同步通信与异步通信两种方式。

- **同步通信**　连续串行传送数据的通信方式，一次通信只传送一帧信息。
- **异步通信**　异步通信在发送字符时，所发送的字符之间的时间间隔可以是任意的。

8. 通道的带宽（Bandwidth）

带宽原指某个信号具有的频带宽度。对于数字通道而言，带宽是指在通道上能够传送的数字信号的速率,即数据率或比特率。

网络协议设计的大量经验表明,大量的协议不能正常工作是由于对协议运行的环境做出了错误的假定。网络协议设计者必须确保直接定义环境假定,而不能隐晦地指明。

9.1.2 网络协议提供的服务

从通信时是否需要连接的角度看,各层所提供的服务可分为两大类,即面向连接(Connection-Oriented)服务与无连接(Connectionless)服务。现分别介绍如下。

1. 面向连接服务

所谓连接是两个对等实体在通信前所执行的一组操作,包括申请存储器资源,初始化若干变量,进行通信参数的协商等。面向连接服务与人们打电话类似,先通过呼叫操作获得一条可通话的电路,然后再通话,通话完毕再挂机,释放所占用的电路。面向连接服务也要经过三个阶段:在数据传输前,先建立连接,连接建立后再传输数据,数据传送完后,释放连接。面向连接服务可确保数据传送的次序和传输的可靠性。

面向连接服务具有以下的特点:
- 面向连接服务的数据传输过程必须经过连接建立、连接维护与释放连接的三个过程;
- 面向连接服务的数据传输过程中,各分组可以不携带目的节点的地址;
- 面向连接服务的传输连接类似一个通信管道,发送方在一端放入数据,接收方从另一端取出数据;
- 面向连接数据传输的收发数据顺序不变,传输可靠性好,但是协议复杂,信效率不高。

2. 无连接服务

无连接服务仅具有数据传输这个阶段。无连接服务由于无连接建立和释放过程,故消除了除数据通信外的其他开销,因而它的优点是灵活方便、迅速,特别适合于传送少量零星的报文,但无连接服务不能防止报文的丢失、重复或失序。

无连接服务具有以下的特点:
- 无连接服务的每个分组都携带完整的目的节点地址,各分组在系统中是独立传送的。
- 无连接服务中的数据传输过程不需要经过连接建立、连接维护与释放连接的三个过程。
- 数据分组传输过程中,目的节点接收的数据分组可能出现乱序、重复与丢失的现象。
- 无连接服务的可靠性不好,但是协议相对简单,通信效率较高。

无连接服务有以下三种类型:
- **数据报**(Datagram) 其特点是不需要接收方做任何响应,因而是一种不可靠的服务。数据报常被描述为"尽最大努力交付(Best Effort Delivery)"。
- **确认交付**(Confirmed Delivery) 又称为可靠的数据报。该服务对每个报文产生一个确认给发送方用户,不过这个确认不是来自接收方的用户而是来自提供服务的层。这种确认只能保证报文已经发给远端的目的站了,但并不能保证目的站用户已收到这个报文。

- **请求应答**(Request-Reply)　收端用户每收到一个报文,就向发端用户发送一个应答报文。事务(即 Transaction,又可译为事务处理或交易)中的"一问一答"方式的短报文,以及数据库中的查询,都很适合使用这种类型的服务。

9.1.3　网络协议功能

N 层协议通过实现一定的功能为上一层提供服务。例如,传输层可以向上层提供可靠的面向连接的数据传输服务,其需要实现以下功能:连接管理、差错控制、流量控制等。网络协议实现的功能主要分为两大类:连接管理和数据交换。然而为了设计或实现的目的,并不限制对所描述的功能进行组装或分解。

1. 连接管理

对于提供面向连接的数据传输服务的协议,必须提供连接管理功能。协议实现的连接一般有两种类型:点对点连接和点对多点连接。连接管理通常包括三个阶段:连接建立、连接维护和连接释放。

在连接建立期间,服务提供者和用户会就连接和数据流的 QoS(Quality of Service,服务质量)进行协商。服务质量涉及连接上传输数据的可靠性、安全性和其他性能方面的要求。如果不能找到可共同接受的 QoS,则连接建立失败。

在连接建立和连接释放阶段,为了对延迟的 N 层 PDU 所导致的错误的连接建立和释放进行保护,通常需要采取一些保护措施。例如,TCP 协议中采取的三次握手(Three-Way Handshake)机制。

目前,主要有两种连接释放方式:突然释放和完善释放。突然释放是指立即关闭连接,不考虑是否还有数据正在传输当中,所有未完成传输或未发送的数据将丢失。完善释放则不同,需要等到所有的数据被成功地发送之后,才关闭连接。若提供可靠服务,为正确地传递所有的数据,可采用重传技术。然而若提供不可靠的服务,则可认为数据离开本节点时就已发送成功。

除了连接建立、维护和释放以外,某些协议还支持一些其他形式的连接管理功能,如连接迁移、转发、合并、分离、连接复用和分用等。

2. 数据交换

在数据交换阶段,实现数据的发送和接收。协议支持的用户数据类型如表 9.1 所示。

表 9.1　协议支持的用户数据类型

数据类型	说　　　明	协议举例
块数据	用户数据以整块的形式交给协议	UDP 报文
流数据	用户数据以一串字节流的形式交给协议传送	TCP 字节流
批数据	短时间内用户向协议递交大量数据	
优先数据	用户向协议递交的数据具有不同的优先级	IPv6 支持

续表

数据类型	说　　明	协议举例
带外数据	在正常数据流中夹杂着需要协议优先处理的数据	OSI 的加速数据
紧急数据	用户要求协议中断正常数据的传送,而将此类数据优先发送,是带外数据的一种	TCP 支持的紧急数据
编码数据	协议需要对数据进行编码,其后再传送	

为实现数据的传输功能,一般需要实现下列子功能:

(1) **对齐**　对齐功能是指把一个 PDU 中的 PCI 字段(头部、尾部以及用来传输协议控制信息的有效载荷字段)调整到存储器的边界,以避免访问冲突。

(2) **分段和合段**　如果报文长度大于 $N-1$ 层通道最大允许报文长度,N 层协议必须将报文放入多个 N 层 PDU 中发送(每个 PDU 中的 PCI 信息不一样)。接收方要执行相反的过程,即合段(Reassembling)。

(3) **拼装和分离**　如果报文长度很小,为了提高 $N-1$ 层通道利用率,N 层协议需要将多个报文拼装成一个 N 层 PDU 后发送。到了接收方,协议将 N 层 PDU 分离出多个 N 层报文来。

(4) **PDU 的装配与拆装**　在发送数据之前,N 层协议需要装配 PDU,即按照给定格式附上协议控制信息 PCI。对于接收到的 PDU 要进行拆装,拆出 PCI。

(5) **报文的编码与解码**　N 层协议可能要对报文进行编码、加密、压缩(发送方)或解密、复原(接收方)。

(6) **校验和**　为了实现差错检测功能,N 层协议在接收 N 层数据(全部或部分)输入后,通常会产生一个固定大小的校验和作为输出。校验和的算法通常有以下几类:奇偶校验、循环冗余校验(CRC)、散列函数(如 MD5)和密码校验(如数据鉴别算法)。

(7) **抖动补偿**　抖动补偿功能使得协议能接受任何种类的通信量模式的数据流作为输入,产生一个连续的流作为输出。

(8) **带外数据、紧急数据的发送和接收**。

3. 差错控制

由于在网络上传输的 PDU 会有一定损坏、丢失、重复和失序的概率。协议的差错控制功能负责差错的检测及恢复,来保证数据的可靠传输。差错控制功能由发送方和接收方共同实现,用于防止丢失、重复和失序,主要使用的技术手段包括:序号、确认、定时器和重传。

不同协议实现的差错控制功能是不一样的。提供可靠的数据传输服务的协议,如TCP 协议的差错控制功能比较强;而提供不可靠的数据传输服务的协议实现的差错控制功能则要弱一些,甚至不提供,如 UDP Lite 协议。差错控制机制与下层提供的通道的性质有很大关系,下层提供的数据通道的可靠性越高,则上层协议需实现的差错控制机制越少。

4. 流量控制

所谓流量控制就是调整发送信息的速率,使得接收节点能够及时处理信息的一个过程。流量控制的目的主要有以下两个：

- 为了防止网络出现拥挤及死锁而采取的一种措施。当发至某一接收节点的信息速率超出该节点的处理或转换报文的能力时，就会出现拥挤现象。因此，防止拥挤的问题就简化为各个节点提供一种能控制来自其他节点的信息速率的方法问题。
- 使业务量均匀地分配给各个网络节点。因此，即使在网络正常工作情况下，流量控制也能减少信息的传递时延，并能防止网络的任何部分（相对于其余部分）处于过载状态。

滑动窗口流量控制机制是当前采用的比较著名的流量控制机制之一。

5. 拥塞控制

网络的吞吐量与通信子网负荷（即通信子网中正在传输的分组数）有着密切的关系。当通信子网负荷比较小时，网络的吞吐量（分组数/秒）随网络负荷（每个节点中分组的平均数）的增加而线性增加。当网络负荷增加到某一值后，若网络吞吐量反而下降，则表征网络中出现了拥塞现象。在一个出现拥塞现象的网络中，到达某个节点的分组将会遇到无缓存区可用的情况，从而使这些分组不得不由前一节点重传，或者需要由源节点或源端系统重传。当拥塞比较严重时，通信子网中相当多的传输能力和节点缓存区都用于这种无谓的重传，从而使通信子网的有效吞吐量下降。由此引起恶性循环，使通信子网的局部甚至全部处于死锁状态，最终导致网络有效吞吐量接近为零。

拥塞控制的主要功能是：

- 防止网络因过载而引起吞吐量下降和迟延增加。
- 避免死锁。
- 在互相竞争的各用户之间公平地分配资源。

6. 其他协议功能

除上述功能以外，N 层协议可能还包括许多其他功能，例如：

（1）**无空闲控制**　无空闲控制是指在通信空闲期间，周期性地检查所有通信参与者的活跃度。它一般通过轮询来实现。只要轮询包能够到达，发送方和接收方都能肯定对方仍是活跃的。

（2）**通信量控制**　N 层通信量控制功能监视数据流，检测的通信量与所给定的性能 QoS 的详细说明是否一致。若检测到不一致性，该功能将丢弃与之相关的 PDU，或提示其违反了 QoS。

（3）**通信量填充**　N 层协议通信量填充功能主要产生虚假的报文，以防止通信量分析。它包含两方面的含义：为产生一个恒定速率的报文，加入假的报文；填充报文到一个恒定的长度。要求填充的通信量既不被识别，又能从实际的报文内容和通信量中区分出来。

（4）**通信量整形**　N 层协议的通信量整形功能将突发性的输出平滑为连续的流。

（5）**路由选择**　路由选择是指根据 PDU 中的目的地址，为该 PDU 选择适当的路由，即找到该 PDU 的下一站的地址。

9.1.4 网络协议元素

协议一般由以下 6 种元素构成。

- 服务原语和服务原语时序。
- 协议数据单元(PDU)及 PDU 交换时序。
- 协议状态。
- 协议事件。
- 协议变量。
- 协议行动和谓词。

通常,每种协议功能都包括 6 种元素。有些协议功能由于不直接向用户提供服务(如流控制),就不包含服务原语。有些协议功能由于协议机制很简单(如理想条件下的数据链路层协议),可能不包括协议变量,没有专门的 PDU 定义。但是,多个协议功能组织成一个完整的协议之后,上述 6 种元素缺一不可。

1. 服务原语和服务原语时序

N 层协议的服务原语和原语参数详细而准确地描述了 N 层协议和它的服务用户之间的接口(即 SAP)。从使用服务原语的角度来考虑,可将服务分为两类:

- 需要确认的服务。
- 不需要确认的服务。

根据所提供的服务的不同,为完成一项功能所需的服务原语的个数和服务原语的时序是不一样的。图 9.1 给出了为需要确认的服务和不需要确认的服务的服务原语时序。

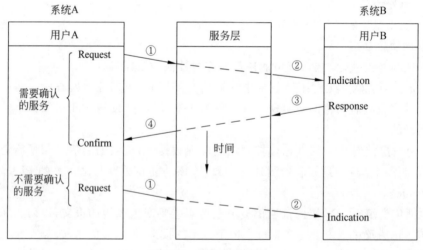

图 9.1 服务原语时序

图中小圆圈中的数字表示原语发送的顺序。假定系统 A 的 N 层服务用户 A 要和系统 B 中的 N 层服务用户 B 进行通信,并以需要确认的服务为例。用户 A 就先发出 Request 原语,以调用服务提供者的某个进程。该行为引起系统 A 的 N 层实体向某对等实体发送一个 PDU。当系统 B 的 N 层实体收到这个 PDU 后,向其服务用户发送

Indication 原语。通常表示以下两种情况：

- 表示系统 B 的 N 层服务用户应当调用一个适当的协议过程。
- 表示服务提供者已经调用了一个必要的过程。

接着，服务用户 B 发送 Response 原语，用以完成刚才 Indication 原语所调用的过程。这时，协议又产生一个 PDU，通过网络到达系统 A。

最后，系统 A 的 N 层实体发送 Confirm 原语，表示完成了先前由服务用户 A 发出的 Request 原语所调用的过程。

2. PDU 及 PDU 交换时序

PDU 从语法和语义上详细准确地定义 N 层协议实体之间交换信息的格式，除此之外，协议还必须描述 PDU 交换的时序（即协议定时）。例如，当一个协议实体收到 CR PDU(Connection Request)之后，应该发送 CA PDU(Connection Acknowledgement)或 DR PDU(Disconnect Request)。这三个 PDU 的交换时序是 CR→CA 或 CR→DR。

3. 协议状态

协议状态分为局部状态和全局状态。局部状态为单个协议实体在某时刻的执行状况，而全局状态为参与执行某种协议功能的所有协议实体（包括 N−1 层通道）状态之总和。N−1 层通道状态就是 N−1 层协议的服务状态。

4. 协议事件

根据事件的用途来分，可将协议事件分为输入事件和输出事件。N 层协议共有三类输入事件和两类输出事件。

三类输入事件如下。

- 收到一个 PDU。
- 收到 N 层服务用户的一条服务原语。
- 内部事件（如定时器超时）。

两类输出事件如下。

- 发送一个 PDU。
- 向 N 层服务用户发送一条服务原语。

N 层协议必须罗列和定义每个协议事件。

5. 协议变量

协议变量是指存储协议运行的历史数据、运行参数的变量，以及协议机制本身所设置的变量。

6. 协议行动和谓词

每种协议功能都是通过一组协议过程的执行来实现的。协议过程是由协议事件驱动的，被驱动的过程执行一系列的操作（或动作），这些操作包括如下。

- 产生输出事件。
- 清除和设置定时器。
- 修改协议变量。
- 改变协议状态。

协议行动由事件驱动，并受到一定条件的制约，描述协议行动条件的语句称之为谓词

(Predicate)。这些约束条件包括参数、协议变量和协议运行环境等。事件驱动过程和事件驱动行为,其含义是等效的。协议过程的描述必须说明过程的行动,并给出行动谓词。

9.1.5　网络协议组织

在协议的构造过程中,每个协议的功能和机制可以单独设计,协议元素也可以单独构造。当各个协议功能的元素构造之后,如何将它们组织成一个完整的协议就属于协议的组织问题。协议的组织对协议功能和协议机制有影响,因此将多个协议功能组合在一起时,可能还要回过头来修改已设计好的协议功能和协议元素。这个过程涉及以下一些技术和方法。

1. 协议层次化

类似于 OSI 模型将整个网络协议分成 7 层,可将 N 层协议的众多功能进一步分成多个子层。子层的划分可使复杂协议的结构变得清晰,有利于协议的设计、验证、实现和测试。但是,子层的划分可能降低协议性能。

2. 协议阶段化

可将 N 层协议分成多个运行阶段(Phase),每个阶段只有一部分协议功能是有用的。协议的阶段化使复杂协议变得简单,有利于协议设计、验证、实现和测试。例如,OSI 体系结构中的传输层协议的正常运行分为连接建立、数据传输、连接撤销三个阶段。

3. 协议分类

协议的复杂性是由于不同用户的不同需求和不同通道的不同要求造成的,因此,可以将协议分成不同类别或不同级别,每类协议只适用于特定用户和特定环境,那么复杂协议就会变得简单。

4. 协议运行方式

协议运行方式有以下三种:

- **协议交替**(Protocol Alternative)　指 N 层内的多个协议,或一个协议的多个类别,或一个协议的多个协议功能,交替活跃运行的方式为协议交替。
- **协议并发**(Protocol Concurrency)　指 N 层内的多个协议,或一个协议的多个类别,或一个协议的多个协议功能,同时活跃并发运行的方式为协议并发。
- **协议并行**(Protocol Parallizm)　指 N 层内的多个协议,或一个协议的多个类别,或一个协议的多个协议功能,同时活跃,同时运行的方式为协议并行。

如果多个协议或一个协议的多个类别交替活跃,交替执行,那么 N 层协议可在不同时间内适用不同用户和不同通道的协议环境。如果同时活跃,并发运行,那么 N 层协议可在同一时间内适用多种协议环境。如果能并行运行,协议的性能会更好。由于协议本身的并发特性,一个协议内的多个协议功能往往是并发的,如果使它们交替化,则会降低协议性能。例如,协议的顺序控制,超时重发,端到端流量控制等是并发执行的。

协议的运行方式不只是协议实现问题,其对协议功能和协议机制有直接影响。多个协议或一个协议的多个类别的交替、并发和并行的实现,需要增加协议选择和协商的功能。由于一个协议的各个功能是与数据相关的,协议设计时必须考虑相关数据对协议功能并行化的影响(协议功能的竞争、碰撞、协议变量的访问冲突等)。

9.1.6 网络协议文本

协议构造的最后工作是用自然语言描述协议,以便人们阅读理解。协议文本必须详细地表述用户要求(或服务性质)、通道性质(或对低层协议服务要求)、工作模式、协议功能、协议组织和协议的各种元素。

协议文本中最重要、最主要部分是对协议元素的描述。协议的各元素是有机联系的,元素之间的关系可表达为:在什么协议状态之下,在什么输入事件驱动下调用什么协议的过程,协议过程在什么条件下(谓词)采取什么协议行动(操作),输出什么事件或修改协议状态和变量。协议文本应清晰地表达这些关系,有限状态机是其中的一种方法,这种方法的优点是表达清晰、简明、系统和完整。

9.2 网络协议设计的基本方法

网络协议设计需要一定的经验和技巧,而且它又是协议开发的第一步,掌握一个好的方法,可以使协议设计的思路清晰,有条理,问题考虑周全,能以最快的省力的途径获得协议的文本初稿。

9.2.1 网络协议设计原则

1. 结构化协议设计的特点

大多数协议设计采用结构化方法,最主要的方法是控制软件的分层和数据的结构化。好的结构化协议设计通常具有以下特点:

- **简单** 协议应该尽量简单而非复杂,因为复杂的协议比较容易出错且很难设计、实现、测试和验证。一个轻量(Light-Weight)协议具有简单、健壮和高效的特点。一个最典型的例子是 SNMPv2 和 SNMPv3,它们从功能和安全性上进行了很大提升,但相对 SNMPv1 复杂了很多,实际上 SNMPv2 和 SNMPv3 在应用上远不如 SNMPv1 提供的功能广泛。
- **模块化** 一个大的具有良好结构的协议可以由许多小的经过精心设计的且容易理解的模块组成。每个模块一般完成一种功能。理解了模块的构造方式和模块间的交互方式就能很好地理解协议的工作方式。这样设计出来的协议比较容易理解和实现,并且容易验证和维护。因此,在实现一个复杂的功能时,应采用模块化的方法将其分解成小的问题,每个小的问题可以用一个独立的轻量级协议来实现。尽量不要将无关的功能混在一起实现,应使用独立的实体来设计和实现。
- **完备性**(Completeness) 完备性是指协议性质完全符合协议环境的各种要求,即协议构造考虑了用户要求、用户特点、通道性质、工作模式等各种潜在因素的影响,考虑了各种错误事件和异常情况处理。
- **一致性**(Consistency) 协议的一致性指协议服务行为(性质)和协议行为(性质)一致。N 层协议的用户所要求的服务以及它所能观察到服务性质与 N 层协议内部机制所表现出的总体行为和性质是一致的,那么协议就有一致性。一致性包括两个方面：协议应该提供用户要求的服务；协议无须提供用户没有要求的服务。在上述特点中，最基本的两个特点是简单和模块化。

2. 协议设计的基本原则

根据上述特点，通过实践总结出来协议设计的十大基本原则，这些原则仅是协议设计的指南，而非必须要做到的原则。以下是这十大基本原则：

（1）在开始设计协议之前，要确保已清楚、完整地了解了所要解决的问题，包括所有的设计标准、要求和限制等。

（2）在定义服务之前不要考虑用什么样的结构去实现这些服务，即考虑如何做之前先考虑做什么。

（3）在设计模块的内部功能之前先设计模块的外部功能，即先考虑它与外部的接口。

（4）尽量用简单的方法来解决问题。复杂的协议比简单的协议更容易出错，更难实现、验证，通常效率也低。复杂的问题通常是由简单问题构成的。设计者的任务是将复杂的问题划分成简单的问题，然后分而治之。

（5）不要将无关的功能混在一起。

（6）不要限制枝节性的东西。一个好的设计应该是可扩展的，能解决一类问题而不是某一特殊问题。

（7）在实现一个设计之前，先建立原型，并进行验证。

（8）实现协议，并进行性能分析；如果有必要，进行性能优化。

（9）检查最后的实现是否与协议设计中的要求一致，即进行协议的一致性测试。

（10）不要跳过原则（1）～（7）。该原则也是最经常被违反的规则。

9.2.2　分层次的网络协议设计

为了简化网络设计的复杂性，网络协议设计常常采用分层的结构，各层协议之间既相互独立又能高效的协调工作。对于复杂的通信协议，其结构应该是采用层次的。分层的协议可以带来很多便利。分层带来的好处如下：

- **各层之间是独立的**　某一层并不需要知道它的下一层是如何实现的，而仅仅需要知道该层通过层间的接口（即界面）所提供的服务。由于每一层只实现一种相对独立的功能，因而可将一个难以处理的复杂问题分解为若干个较容易处理的更小一些的问题。这样，整个问题的复杂程度就降低了。
- **灵活性好**　当任何一层发生变化时（如由于技术的变化），只要层间接口关系保持不变，则在这层以上或以下的各层均不受影响。此外，对某一层提供的服务还可进行修改。当某层提供的服务不再需要时，甚至可以将这层取消。
- **结构上可分割开**　各层都可以采用最合适的技术来实现。
- **易于实现和维护**　这种结构使得实现和调试一个庞大而又复杂的系统变得容易，因为整个系统已被分解为若干个相对独立的子系统了。
- **能促进标准化工作**　因为每一层的功能及其所提供的服务都已有了精确的说明。

分层时应注意使每一层的功能非常明确。若层数太少，就会使每一层的协议太复杂。

但层数太多又会在描述和综合各层功能的系统工程任务时遇到较多的困难。

　　分层当然也有一些缺点,例如,有些功能会在不同的层次中重复出现,因而产生了额外开销。

　　一般来说,分层需要遵循以下几个原则:

- 当需要有一个不同等级的抽象时,就应当有一个相应的层次。
- 每一层的功能应当是非常明确的。
- 层与层的边界应选择得使通过这些边界的信息量尽量少一些。
- 层数太少会使每一层的协议太复杂。

9.2.3　自顶向下的网络协议设计

　　该设计方法类似于软件的自顶向下的开发方法,它的起点是网络总体设计时所提出的要求。网络协议总体设计将一个网络系统划分成若干层,并对各层提出具体要求(服务特性、工作模式、功能接口等)。

　　自顶向下的协议设计过程如图 9.2 所示。

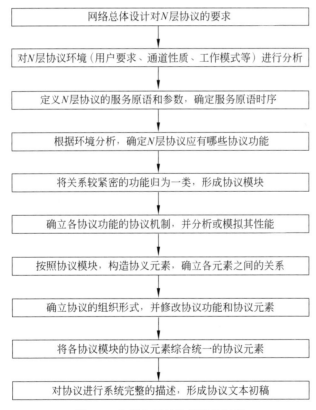

图 9.2　自顶向下的协议设计过程

9.2.4　自底向上的网络协议设计

　　该设计方法与自顶向下的协议设计过程相反,它的起点是含混的。计算机网络的飞跃发展往往要求研制性能更好的协议,至于怎样好,没有具体要求,或者说协议性能越高越好,服务能力越强越好。协议的性能取决于协议机制,因此该方法的第一步是研究新的协议机制。自底向上的协议设计过程如图 9.3 所示。

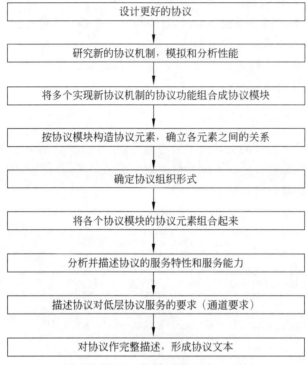

图 9.3　自底向上的协议设计过程

9.3　差错控制技术的设计

　　网络通信的目的是通过网络在应用进程间传输信息,任何数据丢失或损坏都将对通信双方产生重要的影响。因此,如何实现无差错的数据传输是一个非常重要的问题。

　　差错控制是指在网络通信过程中发现(检测)差错,并采取措施纠正,把差错限制在所允许的尽可能小的范围内的技术和方法。

　　差错控制的目的是为了提高数据传输的可靠性,但是任何一种差错控制方法均不可能纠正所有可能出现的差错。差错控制主要有两种方法:

- **硬件方法**　选用高可靠性的设备和传输媒体(如光纤)及相应的辅助措施(如屏蔽)来提高传输的可靠性。
- **软件方法**　这种途径通过通信协议来实现差错控制。在通信协议中,通过差错检测、肯定确认、超时重传、否认重传、选择重传等措施来实现差错控制。

9.3.1　差错类型

1. 根据差错发生的位置分类

一般来说,可以根据差错发生的位置将网络通信中发生的差错分为如下三种类型。

- **通信链路差错**　指有关通信链路上的故障、干扰造成的传输错误。
- **路由差错**　指有关传输报文在路由过程中阻塞、丢失、死锁,以及报文顺序错而造成的传输差错。
- **通信节点差错**　指有关通信中某节点的资源限制、环境条件或文本不符、协议同步关系及操作错误、硬件故障等,可能影响通信链路的正确连接或正常通信的错误中断等。

2. 根据差错的表现形式分类

根据差错的表现形式可以将差错分以下 4 种。

- **失真(Distortion)**　指被传送信息中的一个或多个比特发生了改变,或者被传送的信息中插入了一些新的信息。导致数据失真的原因有很多,包括网络中物理干扰(如线路噪声),发送方和接收方之间的失步,入侵者的故意攻击,节点中的硬件故障和软件差错等。检测这种差错主要是通过各种校验方法来实现的。
- **丢失(Deletion)**　指网络将被传输的信息丢弃。导致丢失的原因有很多,包括噪声脉冲对某个帧的破坏程度太大,以致接收方不知道这个帧已经被传输;发送方和接收方之间的失步;流量控制或拥塞控制措施不当时,因资源不够而被中间节点或接收方丢弃;因接收方检测到信息被损坏而主动将其丢弃等。丢失可以用序号、定时器和确认共同检测,通过重传的方法来纠正错误。
- **重复(Duplication)**　指多次收到同样的信息。造成重复的主要原因是差错控制机制本身,为了实现信息的可靠传输,协议需要重传出错或丢失的数据。如果发送方错误地认为数据丢失而重传了它,就可能造成接收方收到重复的信息。还有一种情况就是路由选择机制引起的重复帧,如使用基于扩散的路由选择策略(如洪泛法)。可以用序号来检测这种错误,用丢弃重复的数据来纠正错误。
- **失序(Reordering)**　主要指数据到达接收方的顺序与发送方发送的顺序不一致。导致失序的主要原因有两个:其一,采用自适应的路由选择策略,分组在网络中传送时可能有多条路由而引起的后发先到;其二,重传丢失的数据也可能导致数据不能按序到达。解决失序的方法主要有:把失序的数据先存储下来,使得以后能把它们存放在正确的位置上;丢弃失序的数据,然后按数据丢失来处理。

9.3.2　差错检测技术

差错检测技术是一种能够发现或检测差错的方法,其前提是使用检错的冗余编码,基本的思想就是在发送方原始信息后根据一定的规则插入特定的冗余信息,接收方根据既定的规则来检测是否满足双方约定的条件。在这样的前提下,差错检测技术所采取的方法一般是各种校验和技术,如奇偶校验、循环冗余校验等。

差错检测码通常放在被检测的传输比特的后面,这样做的好处在于减少处理时间。如果将检测码放在被检测的数据前面,则需要处理两遍数据,第一遍是为了计算检测码,第二遍是为了发送。而如果将检测码放在被检测的数据后面,一旦发送完最后 1 位数据,检测码也已被计算出,发送器就可以立即把检测码附加在输出流的后面发出,这样做可以将处理时间减半。

一般来说,一种差错检测技术很难检测到所有可能发生的差错。将使用了差错检测机制也无法检测出来的差错的概率称为剩余差错率。

1. 奇偶校验(Parity Check)

用单个奇偶校验位(Parity Bit)可以检测出链路发生的单个比特差错。在偶校验方案中,发送方在发送 d 个比特时附加上 1 个校验比特,并使 $d+1$ 个比特中 1 的总数为偶数。对于奇校验方案,选择校验比特值使 1 有奇数个。接收方通过对接收的 $d+1$ 个比特中 1 的数目进行计数即可知道是否出现比特差错。如果在采用偶校验方案中发现了奇数个值为 1 的比特,接收方就可以知道至少出现了一个比特差错。

如果比特差错的概率小,而且比特的差错是独立发生的,在一个分组中多个比特同时出错的概率会非常小,此时单个奇偶校验位就足够了。PER(Packet Error Rate,分组差错率)与 BER(Bit Error Rate,比特差错率)存在如下关系:$PER=1-(1-BER)^N$,如果 $N \times BER \ll 1$,则 $PER \approx N \times BER$,例如当 $N=10^4$,$BER=10^{-7}$ 时,$PER=10^{-3}$。

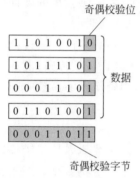

奇偶校验位

数据

奇偶校验字节

图 9.4　二维偶校验举例

然而,测量表明了比特差错经常以"突发"方式聚集在一起,而不是独立地发生。如果出现了偶数个比特差错,就将导致一个未检出的差错。图 9.4 显示了用二维奇偶校验(Two-Dimensional Parity)方案对一个 4 字节的数据帧采用偶校验的操作过程。可以证明,二维奇偶校验可检测到所有 1、2、3 个比特差错及大部分 4 个比特差错,甚至能够纠正 1 比特的差错,从而提供了更强的保护能力。不过其代价是为 28 比特的报文增加了 12 比特的冗余信息,降低了传输效率。

2. 循环冗余校验

为了提供很强的差错检测能力,现代计算机网络普遍在链路层上用硬件芯片实现了基于循环冗余校验(Cyclic Redundancy Check,CRC)编码的差错检测技术。CRC 以有限域数学为理论基础,将要发送的比特序列认为是系数是 0 和 1 的一个 n 次多项式,报文中的每个比特值为多项式中每一项的系数。例如,一个 8 比特报文 11010100 对应于多项式 $M(x)=x^7+x^6+x^4+x^2$。

CRC 编码的操作如下。首先,发送方和接收方必须协商一个除数 $G(x)$,称为生成多项式(Generator)。$G(x)$ 是一个 k 次幂的多项式,例如,取 $G(x)=x^3+1$,此时 $k=3$。其次,发送方对于一个给定 n 比特长的数据段 $M(x)$,要选择 k 位附加比特 $R(x)$,并将其加到数据段后面,得到 $n+k$ 比特 $P(x)=M(x) \times 2^k+R(x)$(它对应一个二进制数)。附加比特 $R(x)$ 是 $M(x)$ 除以 $G(x)$ 所得到的余数。可以证明,得到的比特序列用模 2 运算后恰好能被 $G(x)$ 整除。最后,接收方用 $G(x)$ 去除接收到的 $n+k$ 比特。如果余数为非零,接收方就知道出现了差错;否则认为数据正确而接受它。图 9.5 给出了 CRC 编码的几个重要部分。

n比特　　　k比特

待发送的数据段　CRC

$M(x)$　　　$R(x)$

图 9.5　CRC 编码的几个重要部分

下面举一个例子来说明如何利用 CRC 技术来检测发送数据段是否存在差错。考虑报文 $M(x)=110101$,选择生

成多项式为 $G(x) = x^3 + 1$，则被除数为发送的数据 110101000。用 $G(x)$ 对应的 1001 来除这个多项式。图 9.6 展示了多项式的长除运算，在该例的第 1 步，可以看到除数 1001 除报文的前 4 比特（1101）一次，因为它们是等幂的，得到余数 100（即 1101 XOR 1001）。下一步从报文多项式中拿下一位数字，得到与 $G(x)$ 等幂的另一个多项式 1000。再次计算余数 1，由于从报文多项式中拿下 1，因不够除而商 0……继续计算下去直至完成。这里对长除法的商不感兴趣，感兴趣的是计算得到的余数。

从图 9.6 的下部可以看到，本例计算的余数是 011。因此，实际发送的数据为 $P(x)=$ 110101000011，这与原始报文加上余数相对应，该数是能够被 $G(x)$ 整除的，如前所述。在接收方，再用 $G(x)$ 去除接收到的多项式。若结果为 0，则无错；若结果为非 0，则传输报文出错，将其丢弃。

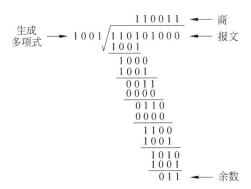

图 9.6　简单的 CRC 运算举例

显然，选择 $G(x)$ 是一个关键问题。对于被传输的 $P(x)$，若传输中引入的差错是多项式 $E(x)$，检查不到差错的情形是 $P(x)+E(x)$ 能够被 $G(x)$ 整除，由于 $P(x)$ 能被 $G(x)$ 整除，所以仅当 $E(x)$ 也能被 $G(x)$ 整除时才会发生这种情形。因此，选择 $G(x)$ 的要求是常见类型的差错不能被它整除的概率很大。理论上可以证明，只要 x^k 和 x^0 项的系数不为 0，就可以检测出所有单比特的错；只要 $G(x)$ 含有一个至少 3 项的因子，就可以检测所有的双比特错；只要 $G(x)$ 含有因子 $x+1$，就可以检测任意奇数个错；检测长度小于 k 比特的连续差错比特序列；等等。国际标准已经定义了 8、12、16 和 32 比特等的生成多项式。这些 CRC 都具有非常优良的检测特性。例如，以太网使用了 CRC-32，其生成多项式为

$$G(x)_{CRC-32} = 100000100110000010001110110110111$$

CRC 编码和检错能力更强的编码理论超出了本书的范围，感兴趣的读者可参考有关 CRC 实现的文献。

3. 算术校验和（Arithmetic Checksum）

校验和方法通常用于因特网网络层而不是链路层的差错检测。这种方法的思想很简单：将传输的所有字节当作整数加起来，其和作为校验和，然后将这个校验和传输到接收方。接收方对收到的数据执行相同的计算，再把得到的结果与收到的校验和进行比较。如果传输的数据（包括校验和）出错，结果则可能不相同，接收方就知道出现了错误。

因特网校验和(Internet Checksum)就基于这种方法：将传输数据中的每2字节作为一个16比特的整数对待并连续两两求和,这个和的反码就形成了因特网校验和。看下面的例子,假定有3个16比特的字：

$$1100011001100110$$
$$1111010101010101$$
$$1000111100001100$$

前两个字之和有溢出,该1就要被加到最低位上(称为回卷)：1011101110111100,将其再与第三个字相加,得到1011010010110001(仍有回卷)。求反码的运算是将所有的0换成1,所有的1转换成0。因此,值1011010010110001的反码运算结果是0100101101001110,这就得到了校验和。在接收方,全部的4个16比特的字(原先3个字加上校验和)一起相加。如果分组无差错,则在接收方这个和将是1111111111111111。如果其中一个比特为0,就知道分组中出现了差错。

RFC 1071详细地讨论因特网校验和算法及它的实现。根据它的工作原理,不难发现因特网校验和具有计算开销小但提供的差错保护能力较弱的特点,有很多差错它都无法发现。

4. 前向纠错(Forward Error Correction,FEC)技术

在远程通信、信息论、编码理论中,前向纠错码和信道编码是在不可靠或强噪声干扰的信道中传输数据时用来控制错误的一项技术,前向纠错编码技术具有引入级联信道编码等增益编码技术的特点,可以自动纠正传输误码的优点。它的核心思想是发送方通过使用纠错码(ECC)对信息进行冗余编码。美国数学家理查德·卫斯理·汉明在20世纪40年代在这一领域进行了开创性的工作,并且发明了第一种纠错码：汉明码。

FEC编码的冗余部分允许接收方检测可能出现在信息任何地方的有限个差错,并且通常可以纠正这些差错而不用重传。FEC使接收方有能力纠正错误而不需要反向请求数据重传,不过这是以一个固定的更高转发的带宽为代价的。因此FEC应用在重传开销巨大或者不可能重传的情况下,比如单向通信链接的时候以及以多路广播的形式传送数据给多个接收方时。FEC信息通常被添加到大量存储设备中,以保障受损数据的恢复。FEC也广泛应用在调制解调中。

汉明码可被纠正的差错数量和丢失比特的最大值是由FEC的编码方式决定的,因此不同的前向纠错码适合不同的应用场景。在一个码组集合中,任意两个码字之间对应位上码元取值不同的位的数目定义为这两个码字之间的汉明距离。任意两个编码之间汉明距离的最小值称为这个码组的最小汉明距离。最小汉明距离是码的一个重要参数,它是衡量码检错、纠错能力的依据。最小汉明距离越大,码组越具有抗干扰能力。假设 d 表示汉明距离,当满足 $d>=e+1$ 时,可检测 e 个位的错误；当满足 $d>=2t+1$ 时,可纠正 t 个位的错误；当满足 $d>=e+t+1$ 时,可纠正 t 个错,检测 e 个错。

当前主要使用的FEC码包括以下两种：分组码和卷积码。

- **分组码** 将信源的信息序列分成独立的块进行处理和编码,称为分组码。编码时将每 k 个信息位分为一组进行独立处理,变换成长度为 $n(n>k)$ 的二进制码组。分组码用于固定大小的比特块(包)或预知大小的符号。分组码的解码时间和组

的长度呈多项式关系,它将信源的信息序列分成独立的块进行处理和编码。

- **卷积码**　若以 (n,k,m) 来描述卷积码,其中 k 为每次输入到卷积编码器的比特数,n 为每个 k 元组码字对应的卷积码输出 n 元组码字,m 为编码存储度,也就是卷积编码器的 k 元组的级数,称 $m+1=K$ 为编码约束度 m 称为约束长度。卷积码将 k 元组输入码元编成 n 元组输出码元。卷积码用于任意长度的比特流或符号流。

卷积码和分组码的根本区别在于,它不是把信息序列分组后再进行单独编码,而是由连续输入的信息序列得到连续输出的已编码序列。进行分组编码时,其本组中的 $n-k$ 个校验元仅与本组的 k 个信息元有关,而与其他各组信息无关;但在卷积码中,其编码器将 k 个信息码元编为 n 个码元时,这 n 个码元不仅与当前段的 k 个信息有关,而且与前面的多段信息有关。

5. 关于被校验的数据的讨论

有些协议是对整个数据单元(帧、分组、报文,或统称为 PDU)进行校验和保护的,而另一些协议则只需要对数据单元的首部(控制部分)或首部中的某个字段进行校验和保护。选择被保护对象的主要依据是根据协议提供的功能,下层协议提供的服务的特点,以及性能上的要求等。

在 IP 协议中,校验和都仅覆盖首部而不包括数据。这样做的主要原因是在首部中的错误比在数据中的错误更严重。例如,一个错误的地址可能导致分组被投递到错误的主机。许多主机并不检查接收的分组目的地址是否正确,因为其假定网络从来不会把本来是要前往另一主机的分组发送给它。有的时候数据不参与校验和的计算,因为这样做代价很大,上层协议通常也会做这种校验工作,从而引起重复和冗余。

校验和的计算函数一般是以被保护对象作为输入参数的。但也有一些例外,如 TCP 和 UDP 协议的校验和的计算函数的输入参数为一个 12 字节的伪首部(IP 分组的首部)加上被保护的分组,这样做的原因是为了保护 IP 分组首部以免可能被交付到错误的主机。

9.3.3　差错控制技术

差错控制技术主要涉及丢失、重复、失序等错误的检测技术,以及各种差错的恢复技术。这些技术涉及的概念主要有:确认、定时器、重传和序号。

1. 确认

确认是接收方显式地通知发送方所发送的特定数据的接收情况。被确认的对象通常是数据 PDU,但在有些面向字节流的传输协议(如 Internet 协议族中的 TCP 协议)中被确认的对象是字节。

确认主要包括三种情况:已正确到达、还没有收到、收到但有错(相当于没有收到)。通常将确认分为三种类型:肯定确认、否定确认、选择确认。肯定确认指示数据已正确收到;否定确认指示数据丢失(没收到或收到但有错误);选择确认既指示已正确接收的数据 PDU,又指示哪些数据 PDU 还没有正确收到。

确认通常有两种存在方式,一种方式是独立确认,另一种是应答携带。通常在一种协议中,这两种确认形式均存在。

- **独立确认**　指用一个确认 PDU 来携带确认信息,而应答携带则是指将确认信息放在数据 PDU 中发送。
- **应答携带**　可以提高协议的效率,但要求接收方有数据发送时才能发送确认,而独立确认则随时可以发送。

在确认信息中,被确认的数据 PDU 用序号来标志。否定和肯定确认由一个序号构成。如果否定确认或肯定确认的语义是表示所给定的序号之前的所有序号的数据 PDU 都已被成功地接收了,则该确认又称为累计确认。

产生一个确认 PDU 的触发机制有以下 6 种主要形式,或者是某种组合。

- 在接收了 n 个数据 PDU 之后,接收方产生一个确认 PDU。
- 发送方产生一个信号,请求产生一个确认 PDU;信号可以随同一个数据 PDU 一起传递,也可以是一个专用的控制 PDU,如数据链路层协议 HDLC 中的 P/F 位。
- 接收方直到数据 PDU 不连续到达时,才产生一个确认 PDU。
- 接收方周期性地产生确认 PDU,与数据 PDU 的到来无关。
- 接收方重复收到同一个数据 PDU,接收方发送确认 PDU,防止确认丢失。
- 接收方在发送的数据中携带确认信息。

通常在一个协议中,上述多种确认形式并存。

2. 定时器

如果携带确认信息的确认 PDU 或数据 PDU 丢失,则发送方无法知道发送的 PDU 的接收情况。对于实现可靠的数据传输协议而言,如果没有收到确认,则不能释放已发送的数据 PDU 所占用的缓存,也可能因为流量控制机制的作用而不能发送新的数据 PDU。为了解决这一问题,需要使用重传定时器来检测确认 PDU 或重传请求信号的丢失。

重传定时器的值依赖于 PDU 的往返时间,即一个 PDU 从发送方传输到接收方,然后再传回所需要的时间。往返时间的确定是非常复杂的,与网络负载和路由选择策略有很大关系,在通常情况下,它是动态变化的。动态地估计往返时间和重传定时器的定时值的算法比较多,如 RFC 793 中定义的 TCP 算法等。

如果重传定时器的超时值设置不当,可能导致连续大量的数据重传,严重情况下将加剧网络的拥塞程度,出现更多的数据丢失。如果超时值设置得太长,出现数据丢失而得不到及时纠正,也会降低协议的性能。

为了差错控制的目的,一个协议中往往存在多个定时器,以 TCP 协议中的定时器为例。为了实现差错控制功能,TCP 协议设置了 4 个定时器:重传定时器、坚持定时器、保活定时器和时间等待定时器。

3. 重传

重传是指发送方重传由确认所指出的数据 PDU 或重传定时器超时时,重传未收到确认的数据 PDU。主要有两种基于滑动窗口的重传方法。

- **选择重传(Selective Repeat)**　发送方只重传否定确认、选择确认和超时中指出的那些数据 PDU。数据链路层的选择重传 ARQ 协议使用的就是这种重传方式。
- **回退 n 帧(Go-Back-n)**　接收方直接丢弃所有无序到达的数据 PDU。并且对于丢弃的数据 PDU,不发送确认。如果在重传定时器超时之前,发送方的发送窗口已满,则发送方停止发送。最终,发送方从一个否定的确认或超时时所指序号的数据 PDU 开始,重传所有后续的数据 PDU。数据链路层的连续 ARQ 协议使用的就是这种重传方式。

4. 序号

为了检测数据 PDU 的重复、失序和丢失,需要对数据 PDU 进行无二义性的编号,此种编号称为数据 PDU 的序号。

通常编号是按照请求服务者传递报文的次序进行的。这些报文被放入 PDU 中进行传输。序号有如下三种不同的产生方式。

- **报文序号**　对每个报文都编上序号,从报文序号得到 PDU 的序号。如果该报文被携带在多个数据 PDU 中时,还应附加一个报文数据块号。
- **PDU 序号**　对 PDU 连续编号,不管其携带的报文数据量。
- **字节序号**　一个报文的每个字节都编号,PDU 的序号来自于它所携带报文的第一个字节的序号和最后一个字节的序号。TCP 协议中使用的就是这种编号方式。

序号是确认和重传的基础,此外序号还可用于流量控制。

9.3.4　差错控制的网络层次

在网络体系结构中,从层的功能分工上看,物理层、数据链路层和网络层属于网络功能,传输层、应用层属于用户功能。从通信和信息处理的角度看,物理层、数据链路层、网络层和传输层属于面向通信部分,因而网络中的绝大部分差错控制功能要在这些层中实现。

物理层和数据链路层主要处理由通信线路引起的传输错误,该类错误大多是随机偶然性错误,一般可以通过检测、重传的方式来纠正。考虑到物理层一般主要依靠硬件实现,重传纠错比较困难,因此原则上把差错恢复的任务交给数据链路层来解决。所以,物理层一般不保证向数据链路层提供无差错的数据传输服务。在数据链路层通常以帧为单位构造 CRC 校验和,接收方在发现 CRC 校验有错时,发送确认信息或丢弃出错帧,发送方超时重传出错的帧。同时,通过帧序号来发现因重传导致的重复帧。在有些情况下,物理层也进行奇偶校验,以供维护、诊断和分析用,如现在有些 MODEM 也可进行差错重传控制。通过以上的差错控制后,数据链路层能向上层(一般是网络层)提供无差错的数据传输服务(按序、无丢失、不重复)。

网络层的主要任务是提供路由选择和网络互连功能。对于路由转发过程中由于拥塞、缓存溢出、死锁、老化等引起的报文丢失、失序等差错,网络层一般只做差错检测而不做纠错处理,只是把不能接收或超过生命周期的非法分组简单丢弃或向发送方报告。纠错则放在传输层处理。但是,如果网络层提供虚电路服务,由于虚电路服务能保证报文无差错、不丢失、不重复且按序地进行交付,此时网络层就需要实现纠错功能。

应用进程可以选择是否要求传输层向上提供端到端的无差错的数据传输服务。通信子网(只包括网络层、数据链路层和物理层)所提供的服务越多,传输层协议就可以做得更简单。例如,网络层提供虚电路服务时,传输层协议就很简单。但是,即使网络层提供的是虚电路服务,某些用户仍可能无法确定其下的网络是否百分之百可靠,因而需要在网络层上面增加用户自己的端到端差错控制和流量控制。传输层通常需要解决的差错包括丢失、重复、失序,采取的差错控制措施包括序号、确认、超时和重传等。

通过数据链路层、网络层及传输层的上述检测纠错措施后,一般来说,传输层逻辑链路提供给应用层用户的服务将是一条无差错可靠的数据传输通道。因此,应用层一般可不考虑传输上的错误。但应用层仍然可以自行进行差错控制,主要原因是协议类型可能不一致、文本或文件系统属性的不匹配、消息包格式错误、程序设计同步关系错误,以及程序执行中的错误等。

本小节讨论了网络体系结构中各个层次差错控制的基本原则,但原则也需要与时俱进,随着网络质量的提高,差错控制功能在各层上的分工也在逐步发生变化。

9.4　流量控制技术的设计

流量(Flow)是指网络中的通信量(Traffic),流量控制(Traffic Control)技术是利用软件或硬件方式来实现对网络中的数据流量进行控制的一种措施。

流量控制是很多通信协议中要研讨的重要问题。本小节介绍现有的各种流量控制技术的基本原理。

首先,给出完全理想化的数据传输的两个假定:

假定 1:链路是理想的传输信道,所传送的任何数据既不会出差错也不会丢失。

假定 2:不管发送方以多快的速率发送数据,接收方总是来得及接收,并及时向上提交给主机。

假定 1 主要使用 9.3 节介绍的差错控制技术,在这种假定下,传输协议无须进行差错控制。假定 2 相当于认为:接收方接收缓存区的容量为无限大而永远不会溢出,或者接收速率与发送速率绝对精确相等,在上述的假定下,不需进行任何流量控制即可保证数据不会因发送方发得太快,而导致数据丢失的情况发生。

实际情况和理想情况完全不同。首先,没有任何一个处理节点有无限大的缓存区;其次,在不进行任何控制的情况下,要保证发送方和接收方之间传输速率的精确同步是非常困难的。因此,若不进行限制,当接收方接收并处理发送方发送数据的速率略低于发送方发送数据的速率时,接收方就需要在缓存区中暂存来不及处理的数据帧,缓存区中的数据帧累积到一定程度后就会造成缓存区溢出和数据帧丢失。

为了使接收方的接收缓存区在任何情况下都不会溢出,最简单的方法是发送方从主机每次取一个数据块,就将其送到数据链路层的发送缓存区中发送出去,然后等待;接收方收到数据帧后,将其放入数据链路层的接收缓存区并交付给主机,同时响应确认信息给发送方表示数据帧已经提交给主机,接收任务已经完成;发送方收到由接收方发送过来的双方事先约定的确认信息,则从主机取一个新的数据帧再次发送。这时,接收方的接收缓存区的大小只要能够容纳一个数据帧即可,这种方法就是最基本的停止-等待(Stop-and-Wait)协议。

在上述协议的控制之下(由接收方控制发送方的发送速率),发送方每发送完一帧就必须停下来,等待接收方的信息,"停止等待"使得通信链路在大部分时间内是空闲的,因此协议的传输效率比较低。为了解决传输效率问题,有必要进行改进。

9.4.1　X-on/X-off 协议

X-on/X-off 协议是一种早期使用的流量控制协议,其原理如下。

接收方可以发送一个 X-off 报文,发送方收到该报文后,就会停止发送数据,直至接收方能够接收跟上发送方发送数据的速度为止。如果接收方能够处理发送过来的所有数据,接收方可以发送一个 X-on 报文。这种技术相当于双方协调各的步调(即"Pacing")。接收方可以设置一个计数器(Counter),每收到一个报文即将 Counter 加 1,当 Counter 的值大于某一门限值时,向发送方发送一个 X-off 报文;接收方每处理完一个报文将 Counter 减 1,当 Counter 的值小于某一门限值时向发送方发送一个 X-on 报文。

X-on/X-off 协议是否能正确运行取决于传输信道的质量。如果 X-off 报文丢失或延迟到达发送方,仍有可能导致接收方缓存区溢出。更严重的问题是,如果 X-on 报文丢失将导致发送方处于停止状态。因此,假定 1 是 X-on/X-off 协议正确运行的前提条件。和停止-等待协议相比,X-on/X-off 协议的运行效率更高。

9.4.2　滑动窗口协议

为了进一步提高协议的传输效率,发送方必须尽可能地连续发送数据(单位为帧、分组或字节,下面的讨论以帧为例。)。但是,在一个非理想的传输信道(数据有可能出错、丢失)上,以及没有无限接收能力的接收方的情况下,由于信息有可能出错和丢失,因此发送方必须在收到接收方返回的确认后才知道所发送的信息是否已成功到达接收方。如果发送方一直没有收到对方的确认信息,那么实际上发送方并不能无限制地发送其数据。原因有以下 3 个:

- 当未被确认的数据的数目太多时,存在两个严重的问题。一方面,只要有一帧出了差错,就可能要有很多的数据帧需要重传,此时必然要浪费较多的时间,因而增大了开销,同时还有可能加重网络的拥塞程度。另一方面,由于在没有收到确认之前,发送方需要缓存所有发送出去但未收到确认的数据。如果未被确认的数据的数目太多时,需要占用大量的缓存。
- 为了对所发送的大量数据帧进行编号,每个数据帧的发送序号也要占用较多的比特空间,这样又增加了一些不必要的开销。
- 发送方的发送速率一旦超出了接收方的接收能力,则接收方会将来不及接收的数据进行丢弃,连续发送有可能导致更多的数据进行重传,出现与帧出错时一样的情况。

因此,应当将已发送出去但未被确认的数据的数目加以限制。

滑动窗口(Slide Window)主要针对上述问题进行研究,在滑动窗口协议中,对每个都要发送的帧进行编号,编号范围是从 0 到某个最大值。最大值通常是 $2^n - 1$。在每一个帧中,都设有序号字段,字段长度为 n 比特。在最简单的滑动窗口协议,即停止等待协议中，$n=1$，因为只需用到 0 和 1 两个序号。但是在复杂的协议中，则使用任意 n 值。

在滑动窗口协议中，设置两个窗口：发送窗口（Sending Window）和接收窗口（Receiving Window）。发送窗口用来对发送方进行流量控制，而发送窗口的大小 W_T 就代表在还没有收到对方确认信息的情况下发送方最多可以连续发送数据帧数量。在任何时刻，发送方都持有一组序号，其对应于允许发送的帧，这些帧的序号位于发送窗口之内。同样，在接收方也要维护一个接收窗口，对应于一组允许接收的帧。在接收方只有当收到的数据帧的发送序号落入接收窗口内时才允许将该数据帧收下。若接收到的数据帧落在接收窗口外，则将其丢弃。发送窗口和接收窗口可以不需要有相同的窗口上限和下限，甚至可以不必具有相同的窗口大小。在某些协议中，窗口的大小是固定的，但在另外一些协议中，窗口大小可以根据接收方的接收能力以及网络的拥塞情况而动态地变化，此种滑动窗口协议称为动态滑动窗口协议。只有在收到接收方发来的数据确认后，发送窗口才能向前移动，以便允许发送新的数据帧；而接收方只有在收到期望的数据帧时，才能移动接收窗口，以便允许接收新的数据帧，即只有在接收窗口向前移动时，发送窗口才能向前移动。

滑动窗口协议主要应用于数据链路层的点对点链路和传输层的端到端链路。在点对点链路应用时，窗口大小的单位通常是帧。在端到端链路应用时，窗口大小的单位通常有两种：字节和报文。例如，Internet 体系结构中的 TCP 协议的窗口大小单位就是字节。由于端到端链路通常需要跨越多个网络，所以端到端链路的滑动窗口协议还需与网络的拥塞控制机制共同协作，窗口的大小还要考虑到网络的拥塞情况，根据接收方的接收能力和网络的拥塞程度来动态地共同确定窗口的大小。TCP 协议中的拥塞控制机制（慢启动和拥塞避免）是其中的一种典型的应用实例。

在滑动窗口协议中，当发送窗口和接收窗口的大小均为 1 时，就是停止-等待协议；当发送窗口大于 1，接收窗口等于 1 时，就是连续 ARQ 协议；当发送窗口和接收窗口均大于 1 时，就是选择重传 ARQ 协议。另外，发送窗口和接收窗口的大小必须满足一定的关系才能保证正确的数据传输，例如，在连续 ARQ 协议中，当用 n 比特进行编号时，发送窗口的大小必须满足条件 $W_T \leqslant 2^n - 1$；在选择重传 ARQ 协议中，接收窗口不应该大于发送窗口，且若用 n 比特进行编号，接收窗口的最大值必须满足 $W_R \leqslant 2^n/2$（即 2^{n-1}）。

TCP 的流量控制机制同样采用了滑动窗口的思想，并将拥塞控制和流量控制相结合。因为 TCP 是端到端传输协议，不仅要解决接收方由于大量数据的到来产生溢出，还要尽量避免网络的拥塞，该问题也是很多端到端的数据传输协议通常需要解决的问题。

第 10 章

网络协议形式化描述技术

协议模型技术作为协议工程的核心技术之一,是协议工程的基础。形式描述语言、协议正确性验证、协议自动化实现以及协议测试等都是以某种模型技术为基础的。

协议形式化是指使用形式描述技术(Formal Description Techniques,FDT)贯穿于协议开发的各个阶段,使得协议的研究开发可以独立于非形式的自然语言文本和最终实现代码,避免协议验证、测试的复杂性。

本章简要介绍有限状态机(Finite State Machine,FSM)、Petri 网这两种网络协议形式化描述技术,并介绍协议规格化描述语言(Specification and Description Language,SDL)。

10.1　网络协议形式化描述的基本概念

网络通信系统具有状态多、行为复杂、与环境联系紧密等特点。采用形式化方法使得对网络通信系统的描述、实现和测试变得更加容易,而通信系统行为的复杂性增大了行为描述的难度,人们必须借助一种语言或一种技术来准确地描述系统行为。在过去,人们习惯使用自然语言进行协议描述(用自然语言书写协议的规格说明或规范),其优点是表达能力强、可读性好、方便,但缺点是不严格、不精确、结构不好、没有描述标准和有二义性,且从自然语言描述的协议到协议的实现一般要手工进行,协议实现、测试的自动化和协议验证难以实现。由于不同的人对协议描述的理解不一样,因此这样设计出的协议难以保证不同协议实现之间的互联互通,而且在协议中可能存在严重的错误。

因此,采用协议形式化描述技术准确获得协议规范,相比于自然语言描述,协议形式化描述技术具有以下 4 个方面的优势:

- 能够提供严格的语法和语义定义,可以更准确、简明地描述协议的特征,为协议开发提供坚实的基础。
- 使用逻辑的方法不仅能够提供无二义的描述,而且能够对描述进行形式分析,提高协议设计的可靠性和鲁棒性。
- 协议的研究开发独立于非形式的自然语言文本和最终实现代码,避免了协议验证测试的复杂性。
- 支持协议工程活动的各环节的自动化和实现,特别是协议综合、验证、自动实现和一致性测试,大大提高协议实现和维护的能力。

目前,在网络协议工程领域,有两大类常见的形式描述技术(Formal Description

Techniques,FDT)：形式描述模型（Formal Description Model,FDM）和形式描述语言（Formal Description Language,FDL）。

用于协议的 FDT 一般应具有如下重要特性：

- 完整的语法和语义定义。
- 体系结构、服务和协议的可表达性。
- 协议重要特性的可分析性（如无死锁）。
- 支持复杂协议的管理（如构造能力）。
- 支持逐步求精的方法。
- 支持实现独立性（包括并发性、非确定性和适当的抽象机制）。
- 支持协议生命周期的各环节，包括验证、实现和测试。
- 支持协议设计、验证、实现和维护过程的自动化或半自动化。
- 能准确描述进程交互的各种原语。

通过形式描述模型，可以获得抽象的协议模型，主要的形式描述模型有：有限状态机（Finite State Machine,FSM）模型、扩展的有限状态机（Extended FSM,EFSM）模型和 Petri 网模型、时序逻辑（或时态逻辑）（Temporal Logic,TL）、通信系统演算（Calculus for Communication System,CCS）和通信顺序进程（Communicating Sequential Processes,CSP）等。形式描述语言总是基于某一种或多种形式描述模型，也有形式化的语法和数学语义，目前标准化的协议形式描述语言主要有：规格化描述语言（Specification and Description Language,SDL）、时态次序语言（Language of Temporal Ordering Specification,LOTOS）、扩展的状态变迁模型语言（Extended State Transition Language,ESTELLE）、抽象语法记法（Abstract Syntax Notation One,ASN.1）等。各种高级程序设计语言，如 Pascal、C，也属于形式化描述语言。用形式化描述语言来描述协议的优点是便于协议的实现，但缺点是大多数高级程序设计语言比较复杂、分析起来较为困难，且不支持不确定性的描述。

在实际应用时，往往将多种形式化描述技术混合起来使用。例如，用状态迁移模型描述协议的最大优点是直观性好，同时也便于协议的验证。但是当协议比较复杂时，描述协议的图形也变得开始复杂，也就是状态空间爆炸问题。同时，状态迁移模型也不利于实现。高级语言则相反，有利于协议的实现，但在进行协议验证时则比较困难。如果将这两种形式描述技术结合起来使用，将协议中的主要状态迁移用图形表示（有限状态机或 Petri 网），而协议其他细节则用高级语言描述，这样就使得协议的描述和验证都更为方便。

10.2　有限状态机与网络协议形式化描述

10.2.1　有限状态机的基本概念

有限状态机（Finite State Machine,FSM）包括以下 3 个部分。

- **有限状态集**　用于描述系统中的不同状态。

- **输入集**　用于表征系统所接收的不同输入信息。
- **状态转移规则集**　用于表述系统在接收不同输入下从一个状态转移到另外一个状态的规则。

有限状态机可由如下形式定义给出。有限状态机是一个五元组 $M=<Q,\sum,\delta,q_0,F>$，其中：

- $Q=\{q_0,q_1,\cdots,q_n\}$ 是有限状态集合。在任一确定的时刻，有限状态机只能处于一个确定的状态 q_i。
- $\sum=\{\sigma_1,\sigma_2,\cdots,\sigma_m\}$ 是有限输入字符集合，在任一确定的时刻，有限状态机只能接收一个确定的输入 σ_j。
- $\delta:Q\times\sum\rightarrow Q$ 是状态转移函数，如果在某一确定的时刻，有限状态机处于某一状态 $q_i\in Q$，并接收一个输入字符 $\sigma_j\in\sum$，那么下一时刻将处于一个确定的状态 $q'=\delta(q_i,\sigma_j)\in Q$。在这里规定 $q=\delta(q,\varepsilon)$，即：对于任何状态 q，当读入空字符 ε 时，有限状态机不发生任何状态转移。
- $q_0\in Q$ 是初始状态，有限状态机由此状态开始接收输入。
- $F\subseteq Q$ 是终结状态集合，有限状态机在达到终态后不再接收输入。

例 10-1　给出一个有限状态机 $M=(\{q_0,q_1,q_2,q_3\},\{0,1\},\delta,q_0,\{q_0\})$，其中状态转移函数 δ 的具体定义如下：

$$\delta(q_0,1)=q_1,\delta(q_1,0)=q_2,\delta(q_1,1)=q_0,\delta(q_1,0)=q_3$$
$$\delta(q_2,1)=q_3,\delta(q_2,0)=q_0,\delta(q_3,1)=q_2,\delta(q_3,0)=q_1$$

对于一个有限状态机来说，状态转移函数是状态机最关键的部分。根据定义，转移函数 δ 是 $Q\times\sum$ 到 Q 的映射。也就是说，它是一个二元函数，第一个变元取自 Q 的一个状态，第二个变元取自 $\sum$ 中的一个符号，函数值是 Q 中的一个状态。在例 10-1 中，Q 有 4 个状态，$\sum$ 中有两个字符，所以要列出 8 个式子才能给出 δ 的完全定义。

为了直观、简便起见，可以用多种方法来表示一个有限状态机，其中最常用的是状态迁移图。下面以停止等待协议为例说明状态迁移图的用法。

设甲、乙双方进行半双工通信，甲方发送信息帧，乙回送确认帧。双方约定采用停止等待协议，因此甲方仅需用 1 比特来编号。下面将 0 号帧和 1 号帧分别记为[0]和[1]。当收到有差错的帧时，则丢弃此帧，同时不发送任何应答帧。当收到序号不正确但无差错的帧时，则发确认帧，同时要丢弃此帧，不送给主机。这里还假定收方在准备发送确认帧 ACK 时，暂不接收外面发来的帧。图 10.1 给出了停止等待协议中甲乙双方各自的有限状态机。

图 10.1 中的椭圆表示状态符号，其右方数字为状态标号，椭圆内的字表示状态的意义。带箭头的直线或弧线表示状态的迁移，而直线或弧线旁边的字代表自动机的输入事件。例如，甲方自动机中的"发[0]"就是一个输入事件。图中在部分方面进行了一些简化。例如，当乙方处于"期望收[0]"的状态时，若收到无差错的[1]帧，仍然应当先进入"准备发 ACK"状态，然后才发出 ACK，而这里就将"收[1]"与"发 ACK"合并成为一个事件。

除上述方法外，还可用状态迁移表（又称为判决表）来表示自动机的工作。例如对图 10.1 中甲方的自动机，可得出如表 10.1 所示的状态迁移表。表中的项目代表"新的状

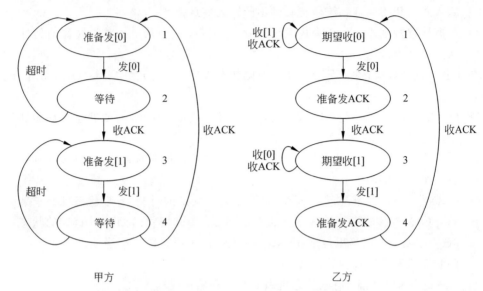

图 10.1　停止等待协议中甲乙双方的有限状态机

态/输出"。例如在状态为 x_1 时,若输入为"发[0]",则状态从 x_1 转为 x_2,同时输出为"[0]帧"。当输出为"—"时表示无输出。这种方法的好处是便于查找,但仍不够直观。

表 10.1　图 10.1 中甲方有限状态机的状态迁移表

状　　　态	输　入　事　件			
	发[0]	收 ACK	发[1]	超时
x_1,准备发[0]	x_2/[0]帧	x_1/—	x_1/—	x_1/—
x_2,发[0]后等待	x_2/—	x_3/—	x_2/—	x_1/—
x_3,准备发[1]	x_3/—	x_3/—	x_4/[1]帧	x_3/—
x4,发[1]后等待	x_4/—	x_1/—	x_4/—	x_3/—

　　图 10.1 所示的甲、乙两方各自的有限状态机,实际上并非独立地工作而是协调在一起工作的。如果合在一起用一个有限状态机来描述整个系统,会更加清楚。在这种情况下,状态数目将大大增加。这是因为甲方和乙方的状态各有 4 个,而信道上的状态也有 4 个(即信道上传送[0],传送[1],传送 ACK,以及出现差错或帧的丢失),这样将总共有 $4^3 = 64$ 种状态,用状态图很难清楚地表示出来。

　　有限状态机模型的缺点是,当描述比较复杂的协议时,状态的数目将急剧增加,以至很难清晰地描述协议。例如,如果将前面描述的半双工通信的停止等待协议改为全双工通信的停止等待协议,则其状态图就要复杂得多。

10.2.2　有限状态机的简化

　　当描述比较复杂的协议时,FSM 的状态空间将变得非常庞大,因而很难清晰地描述协议。对于状态空间很大的有限状态机,人们一般希望能够找到一个与之等价且状态数目较少的有限状态机。这一点对于实际应用有重要意义。对此,可以利用集合等价类的一些相关知识。对于有限状态机 $M=<Q,\Sigma,\delta,q_0,F>$,如果状态集 Q 能够被其上的等价关系 R 划分成等价类,且其中的所有状态对于任何输入符号的状态转移都属于同一等价类,这样就可以把该等价类中的状态看成一个状态,从而实现有限状态机的状态简化。

目前,简化 FSM 的方法主要有:

1. 状态层次化

状态层次化是指将系统状态分层次或分级描述。通常将若干协议功能按阶段或级别组织起来设置状态,然后分阶段设立子状态,从而可以大大减少每一个描述级上的状态数。这相当于将一个软件分成多个大模块,然后再将大模块细分为小模块。

2. 使用原子过程

假设 A 和 B 是同一协议的两个不同的协议过程,它们对应的状态转换函数分别为:S_iS_j 和 S_jS_k。如果可以将这两个协议过程合并成一个原子过程,那么就可消去状态 S_j。能够合并的准则是:合并后的过程为原子过程。

3. 使用协议变量

在扩展的有限状态机(EFSM)中,可以使用协议变量。协议变量的使用可以大大减少状态机的状态数。

4. 隐藏内部协同事件

当合并两个 FSM 时,合并之前两个 FSM 的耦合点就变成了合并后的 FSM 的内部事件点,合并之前分别出现在两个系统中的协同事件变成合并后的 FSM 的内部事件。根据需要,可以隐藏内部协同事件,相关联的状态可以合并。

具体方法如下:

(1) 如果有两个状态转换函数:$e_1 S_i \rightarrow S_j$,$e_2 S_j \rightarrow S_k$,其中 e_1 和 e_2 为协同事件,用 I 表示,即 $I=<e_1,e_2>$。合并后的状态转换函数为:$IS_i \rightarrow S_k$。

(2) 合并关联的状态,即将 S_i 和 S_k 合并成一个状态,或重新定义成一个新状态。至于是否消去状态 S_j,则需要根据其他方法来判断。

5. 通道 FSM 的简化

通道状态数的减少对合成系统的状态数的减少有着重要的影响。在简化通道 FSM 时,有如下两个基本原则:

(1) 如果 N 层协议实体采用同步通信方式(一问一答),那么不管(N−1)层通道是否是缓冲通道,都可以处理成非缓冲通道。

(2) 如果报文传送时间和延迟时间对协议机制无影响,或者只影响协议变量的值,那么非缓冲通道可处理成空通道。

10.2.3　有限状态机的合并

一个全局系统可能包含多个局部系统和通道(信道)系统,如点对点通信系统主要包括两个子系统:发送方和接收方,通道包括前向通道和反向通道。全局系统的 FSM 是由各个子系统和通道的 FSM 合成的。合成一般按下述方式进行:

(1) 简化各个 FSM。

（2）两个单工通道合成一个全双工通道。

（3）对任意两个彼此耦合的系统合成中间系统，并简化合成后的中间系统。然后再将中间系统合成，直至获得全局的 FSM 为止。

（4）在合成全局系统后，消去无用的状态，必要时隐藏内部协同事件。

下面以图 10.1 所示的停止等待协议为例说明有限状态机的合并。在图 10.1 所示的甲、乙两方各自的有限状态机，实际上并非独立地工作而是协调在一起工作的。如果合在一起用一个有限状态机来描述整个系统，将会更加清楚。在这种情况下，状态数目将大大增加。这是因为甲方和乙方的状态各有 4 个，而信道上的状态也有 4 个（即信道上传送[0]，传送[1]，传送 ACK，以及出现差错或帧的丢失），这样将总共有 $4^3 = 64$ 种状态，用状态图很难清楚地表示出来。

因此比较实用的办法是合并一些状态，即隐藏一些次要的细节。例如，甲方的状态 1和状态 2，状态 3 和状态 4 都可以合并，乙方的状态 1 和状态 4，状态 2 和状态 3 也可合并。整个系统的状态是通信双方两个协议机和信道的所有状态的组合。信道的状态是由其内容决定的，例如，如果帧[0]正在信道上（即帧已被部分地发送出去，部分地被接收，但在目的主机还未进行处理。），则信道的状态为帧[0]。这样可以用 3 个字符 XYZ 表示整个系统的状态，其中 X=0 或 1，对应于甲方准备发[0]或[1]（包括发完后等待 ACK 的状态）；Y=0 或 1 对应于乙方期望收到[0]或[1]；Z=0,1,A 或-，对应于信道上传送的是[0]，[1]，ACK 或出现了差错（包括丢失）。这样，就可得出图 10.2 的有限状态机。在弧线（或直线）旁边注明的数字为状态迁移的标号，其意义也注明在图 10.2 的右方。

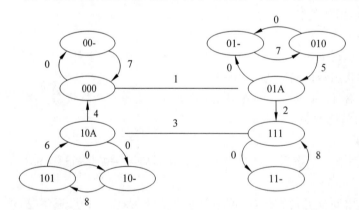

变迁	意义
0	帧丢失或帧出错
1	收[0]，发ACK，送主机
2	收ACK，发[1]
3	收[1]，发ACK，送主机
4	收ACK，发[0]
5	收[0]，发ACK，不送主机
6	收[1]，发ACK，不送主机
7	超时，发[0]
8	超时，发[1]

图 10.2　采用半双工通信的停止等待协议的有限状态机

假设系统开始处在（000）状态，这表示甲发完[0]，乙期望收到[0]，而信道上传送的也是[0]。在无差错的情况下，系统的状态仅在 4 个状态中循环：（000）→（01A）→（111）→（10A）→（000）→…。如果信道丢失了帧[0]，则进行从状态（000）到状态（00-）的转换。最终，发送过程超时（转换 7），且系统回到状态（000）。确认帧的丢失更为复杂，需要两种转换：7 和 5，或 8 和 6，直到修复损坏。从理论上讲，共有 $2 \times 2 \times 4 = 16$ 种不同的状态。去掉没有意义的组合后，还剩下 10 种状态，而导致状态迁移的输入事件共有 9 种（标号 0～8）。

上述有限状态机可帮助检查协议是否正确。例如,检查乙方会不会连续将两个 0 号帧送交主机。相当于检查会不会出现这种情况,即在两次出现状态迁移 1 之间不出现状态迁移 3。仔细检查图 10.2 就可发现这种情况是不会发生的。同样的方法也可用来排除连续将两个 1 号帧送交主机的可能。

再检查一下会不会发生甲方连续改变状态两次(如从 0 到 1,再回到 0)而乙方的状态未改变的情况。这种情况相当于出现了未被发现的报文丢失。可以看出,这种情况也是不存在的。

协议必须不能出现死锁。死锁的出现是因为存在着这样一种状态子集,其特点是:从这一子集内迁移到子集外是不可能的,而在这一子集内状态的迁移总是局限于子集内的几个状态。我们可以看出,图 10.2 所示的自动机没有死锁现象。

10.2.4　扩展的有限状态机(EFSM)

纯粹的 FSM 只反映了协议事件和协议状态之间的关系,它不能表述最重要的协议元素:协议变量、协议动作和谓词等。其具有以下两个显著的缺点:

- FSM 不能方便地描述对变量的操作;
- 缺少描述任意数值的传送能力。

扩展的有限状态机(Extend FSM,EFSM)力图弥补这两点不足,通过从三个方面对前述基本的 FSM 进行扩展:

- 变量。
- 用传送整型值的队列来代替传送未定义数据类型的抽象数据对象队列。
- 引入一组操纵变量的算术和逻辑操作符。

变量一般用一个符号名来表示,主要功能是保存变量取值范围内的某一数值。变量与队列的主要区别是变量一次只能保存一个值,可以将变量取值范围内的任意值赋给该变量,但是只能获取最后一次赋给变量的值。如果变量的取值范围是有限的,则变量的加入并没有增加 FSM 的计算能力。

我们可以用有限状态机来描述一个具有有限取值范围的变量,下面用一个具体的例子来说明。考虑如表 10.2 所示的有限状态机,它描述的是一个取值范围为 0~2 的变量。该有限状态机有 6 个状态,接收 4 个不同的输入报文:s_0,s_1,s_2,r_v。其中前 3 个报文被用来修改变量的值(即将变量分别置成 0、1 或 2);第 4 个报文被用来检查变量的当前值,即当状态机收到报文 r_v 后,将变量的当前值作为输出报文。

变量的引入可以将协议的输入输出动作标准化,即用一组有限的、有序值的集合来定义输入输出动作。集合中的值可以是变量表达式或常量。

利用协议变量和操纵变量的算术和逻辑操作符,可以很好地描述协议动作(对变量进行操作)、状态迁移上的谓词,从而大大丰富 FSM 的状态迁移函数的表达能力。还可以减小 FSM 的状态空间。

下面举例说明扩展的有限状态机,如表 10.3 所示,将状态迁移条件(谓词)、变量赋值和输入输出操作放在同一列,统一用协议动作(Action)来表示。

表 10.2　有限状态机变量举例

当 前 状 态	输　　入	输　　出	下 一 状 态
q_0	s_0	—	—
q_0	s_1	—	q_1
q_0	s_2	—	q_2
q_0	r_v	—	r_0
r_0	—	0	q_0
q_1	s_0	—	q_0
q_1	s_1	—	—
q_1	s_2	—	q_2
q_1	r_v	—	r_1
r_1	—	1	q_1
q_2	s_0	—	q_0
q_2	s_1	—	q_1
q_2	s_2	—	—
q_2	r_v	—	r_2
r_2	—	2	q_2

表 10.3　EFSM 举例

当 前 状 态	协 议 动 作	输 出 状 态
q_0	输入 x , y	q_1
q_1	x > y	q_2
q_1	x < y	q_3
q_1	x = y	q_4
q_2	x = x-y	q_1
q_3	y = y-x	q_1
q_4	输出 x	q_5
q_5	—	—

　　表 10.3 所示的 EFSM 表示的是一个求两个数的最大公约数的过程。过程一开始处于初始状态 q_0，等待输入变量 x 和 y 的值。过程以输出这两个输入的数值的最大公约数结束，共有 6 个状态。

10.3　Petri 网与网络协议形式化描述

10.3.1　Petri 网的基本概念

　　Petri 网的概念最早是由德国的 Carl Adam Petri 于 1962 年在其博士学位论文《自动机通信》中提出来的。它是一种适合于并发、异步、分布式系统描述与分析的图形数学工具，已被广泛应用于计算机科学、电子学、机械学、化学和物理学等许多领域。Petri 网也是一种状态迁移模型。它允许同时发生多个状态迁移,因而是一种并发模型。在描述各种协议或操作系统的过程时,采用 Petri 网模型有时非常方便。当前 Petri 网已成为网络协议分析和设计的典型形式模型之一。本节将介绍 Petri 网的最基本的概念,并举例说明它在描述协议方面的应用。

1. Petri 网定义

Petri 网被定义为一个 4 元组(P,T,I,O),其中:

- P 是位置(Place)的有限集合,$P=\{p_1,p_2,\cdots,p_n\}$。
- T 是迁移(Transition)的有限集合,$T=\{t_1,t_2,\cdots,t_m\}$,且 T 与 P 不相交,即 $T\cap P=\varnothing$。
- I 是输入函数,是迁移 T 到位置的映射。对于每个 $t_k\in T$,都可得出相应的 $I(t_k)=\{p_i,p_j,\cdots\}$。
- O 是输出函数,也是一种迁移 T 到位置的映射。对于每个 $t_k\in T$,都可得出相应的 $O(t_j)=\{p_r,p_s,\cdots\}$。

通常用图形来表示 Petri 网。一个 Petri 网的图形表示方法如图 10.3 所示。图中圆圈代表位置。位置又称为节点或条件。图中的位置共 5 个,位置集合为 $P=\{p_1,p_2,p_3,p_4,p_5\}$。短的线段代表迁移。迁移又称为事件,图中共有 3 个迁移,迁移集合 $T=\{t_1,t_2,t_3\}$。带箭头的直线或弧线指出一个迁移的输入位置和输出位置。例如在图 10.3 中:

$$I(t_1)=\{p_1\},I(t_2)=\{p_2,p_3,p_4,p_4\},I(t_3)=\{p_5\}$$
$$O(t_1)=\{p_2,p_3,p_4\},O(t_2)=\{p_2\},O(t_3)=\{p_3,p_4\}$$

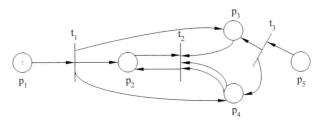

图 10.3　Petri 网的构成举例

在 Petri 网中最值得注意的就是位于圆圈中的黑点,称为标记(Token)。每个位置中都可以有一个或多个标记,当然也可以没有标记。Petri 网所处的状态是由标记的分布来决定的。在位置 p_i 中的标记个数常用 μ_i 来表示。在图 10.3 中,$\mu_1=2$,$\mu_2=\mu_3=\mu_4=\mu_5=0$。也可以用向量 $M=(\mu_1,\mu_2,\cdots,\mu_n)$ 来表示整个 Petri 网的标记分布情况,称为“标志”。可以看出,现在 $M=(2,0,0,0,0)$。

2. Petri 网的状态迁移

Petri 网的特点之一是可运行性,Petri 网的运行依靠连续的触发(Firing)来进行。Petri 网每触发一次,就会发生它的某些迁移,标记就从输入函数迁移到输出函数,Petri 网的状态就更新一次。Petri 网的状态迁移取决于以下两个条件:

(1) 必须有一个或多个迁移满足迁移条件。迁移条件就是某个迁移 t_j 的所有输入位置中都必须有标记存在,并且当输入位置有多根弧线指向这个迁移时,该输入位置也至少具有和弧线根数相等的标记数。

迁移分为源迁移和阱迁移两种，解释如下：

- 源迁移：一个没有任何输入位置的迁移称源迁移，源迁移的使能是无条件的；
- 阱迁移：一个没有任何输出位置的迁移称为阱迁移。

一个源迁移发生触发后只会产生标记（送入迁移的输出位置），而不消耗任何标记；一个阱迁移发生触发后只会消耗输入位置的标记，而不产生任何新的标记。

（2）必须发生触发（Firing）。所谓触发就是发生了一些事件（一个或多个），而这些事件所对应的迁移满足迁移条件。

在发生触发后，标记要重新分布。标记移动的规则是：从触发的迁移 t_j 所有输入位置中取出标记，每个位置取出的标记数等于该位置指向触发的 t_j 的弧线数；然后再将标记送入 t_j 的所有输出位置中去，送入每个位置的标记数等于触发的 t_j 指向该位置的弧线数。显然，触发前后 Petri 网内的标记总数一般是不守恒的。

以图 10.3 的 Petri 网为例。标记的初始分布为 $M_0 = (2,0,0,0,0)$。显然，只有 t_1 满足迁移条件。当发生使 t_1 触发的事件后，标记的分布变为 $M_1 = (1,1,1,1,0)$。若 t_1 再次触发，则触发后的标记分布为 $M_2 = (0,2,2,2,0)$。这时 t_2 已具备触发条件。在 t_2 触发后，新的标记分布变为 $M_3 = (0,2,1,0,0)$。至此，该 Petri 网已不能再发生任何触发了。

Petri 网中的状态迁移大致有以下三种类型：

- 顺序迁移　设 M 为 Petri 网的一个标记，在 M 的标记下，t_1 使能，而 t_2 不使能，且 t_1 的触发会使 t_2 使能，即 t_2 的使能以 t_1 的触发为条件，则称 t_1 和 t_2 在 M 下有顺序关系，如图 10.4(a)所示；
- 并发迁移　设 M 为 Petri 网的一个标记，在 M 的标记下，t_1 和 t_2 都使能，且它们当中任何一个迁移的触发会使另一个迁移使能，则称 t_1 和 t_2 在 M 下有并发关系，如图 10.4(b)所示；
- 互斥迁移　设 M 为 Petri 网的一个标记，在 M 的标记下，t_1 和 t_2 都使能，但它们当中任何一个迁移的触发都会使另一个迁移不使能，则称 t_1 和 t_2 在 M 下有互斥关系，如图 10.4(c)所示。

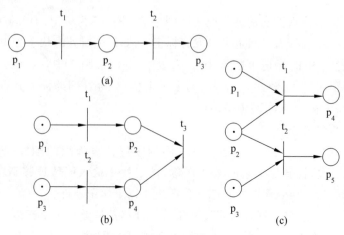

图 10.4　Petri 网的迁移类型

10.3.2　Petri 网的扩充

实践证明,前述的 Petri 网仍难以满足不同规范描述及验证的需求,因为许多协议性质、协议元素的性质和通道性质还不能在 Petri 网中反映出来。所以必须对 Petri 网进行扩充,当前从基本 Petri 网模型衍化出许多扩展模型系统,如谓词/动作 Petri 网、时间 Petri 网(Time PetriNet)、带时态逻辑的 Petri 网、着色 Petri 网(Colored PetriNet)、面向对象 Petri 网(OOPN)、随机 Petri 网(Stochastic PetriNet)和数字 Petri 网(NPN)等。下面从三个方面阐述如何来扩充 Petri 网。

1. 基于标记和位置的扩充

在标准的 Petri 网中,标记没有名字,没有标记号。着色 Petri 网(Colored PetriNet)允许一个位置中的多个标记有自己的名字和标记号,这样就大大扩展了标记的表达能力。如图 10.5(a)所示。例如,当标记表示系统资源时,着色标记表示不同的资源;当标记代表报文时,着色标记代表内容不同的报文或顺序号不同的报文。

2. 基于输入函数和输出函数的扩充

在标准 Petri 网中,输入函数和输出函数中每个位置只出现一次,即转换触发时,输入函数的每个位置中只减少一个标记,输出函数的每个位置中只增加一个标记,如果打破这种限制,允许每个位置可以减少或增加多个标记,并且在它们的弧线上标上增加或减少的标记数,则同样可以增强 Petri 网的表达能力,如图 10.5(b)所示。

在标准 Petri 网中的输入函数实际上是逻辑"与"的关系。如果允许逻辑"或""非"和"异或"关系,就大大扩充了转换的触发条件。如图 10.5(c)所示,t 的触发条件是位置 p_1 中无标记而位置 p_2 中有标记。

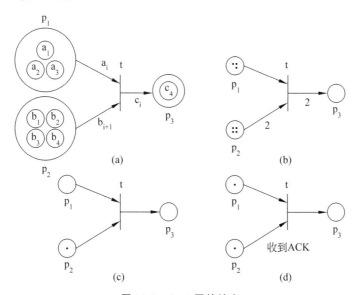

图 10.5　Petri 网的扩充

对于着色 Petri 网,还可以说明输入函数中不同标记之间的关系。例如,可以将

图 10.5(a)中迁移 t 的触发条件定义为：位置 p_1 中有 a_i 存在而位置 p_2 中有 b_{i+1} 存在，触发后位置 p_3 中增加标记 c_i。

3. 基于迁移的扩充

即使是对输入函数进行扩充后，Petri 网的转换触发条件仍然是由输入函数决定的，不能说明是系统中其他因素对迁移施加的附加条件。另外，标准的 Petri 网的迁移只有纯粹的"状态迁移""标记移动"的含义，它不能说明迁移进行时系统伴随的动作。如果去掉这个限制，可以在迁移上标明谓词和动作，这种 Petri 网有时称为谓词-动作 Petri 网，如图 10.5(d)所示，在迁移 t 上标明了迁移进行时伴随的动作"收到 ACK"。

10.3.3　Petri 网的性质

Petri 网具有与初始标记有关的和与初始标记无关的两种性质。前者称为标记有关性质或者行为性质，后者称为标记无关性质或者结构性质。与初始标记向量无关的含义是指：该性质在任何初始标记向量 M_0 下均成立，或者存在某一个初始标记向量 $\boldsymbol{M}_0$ 使其成立。

1. 行为性质

（1）可达性

可达性是研究任何系统动态特性的基础，按照迁移触发规则，使能迁移的触发将改变标记的分布（产生新的标记）。对于初始标记向量为 M_0，如果存在一系列迁移 $t_1, t_2, \cdots, t_n$ 的发生使得 Petri 网的标记向量转换为 M_n，则称标记向量 M_n 是从 M_0 可达的。将 $M_0 t_1, M_1 t_2, M_2 t_3, \cdots, M_{n-1} t_n, M_n$ 称为迁移的引发序列，记为 σ，或简记为 $\sigma = t_1, t_2, \cdots, t_n$。所有可达的标记向量形成一个可达标记向量集，一般记为 $R(M_0)$。从 M_0 出发的所有可能引发序列形成一个引发序列集，一般记为 $L(M_0)$。可达性是 Petri 网的一个非常重要的性质，应在协议分析和验证时着重分析。

（2）有界性和安全性

在 Petri 网中，若存在一个非负整数 k，使得从 M_0 开始的任一可达标记向量中的位置 p 上的标记数都不超过 k，则称位置 p 为 k 有界。有界性意味着位置中的标记数量不会无限地增加。如果 Petri 网中每一位置都是 k 有界的，则称该 Petri 网为 k 有界。如果位置 p 为 1 有界，则称位置 p 是安全的。同样，如果 Petri 网中每一位置都是 1 有界的，则称该 Petri 网是安全的。例如，如果位置表示缓存或寄存器，有界性就表示缓存或寄存器不会发生溢出。

（3）活性

活性是与系统中无死锁相关的一个性质。在 Petri 网中，初始标记向量为 M_0，如果存在一个标记向量 $M \in R(M_0)$ 使得迁移使能（满足迁移条件），则称 t 是潜在可引发的。如果对任何 $M \in R(M_0)$ 迁移 t 都是潜在可引发的，即从 M_0 可达的任一标记向量出发，都可以通过执行某一迁移序列而最终引发迁移 t，则称 t 在标记向量 M_0 下是活的。如果所有迁移 t 都是活的，则称该 Petri 网是活的，或者称 M_0 是网的活标志。显然，活的 Petri 网中应当不存在死锁。

活性是许多系统的理想特征，但这是不现实的，当对于一些复杂的系统，要验证系统是否具有上述定义的活性是比较困难的。因此,可适当放宽对活性的限制,并定义不同的活性等级,Petri 网将迁移 t 的活性分成如下 5 级:

- L_0:活的(死的),在任何迁移序列 $\sigma \in L(M_0)$ 中,迁移 t 都不能被触发。
- L_1:活的(可能启动),在某些迁移序列 $\sigma \in L(M_0)$ 中,迁移 t 至少能被触发一次。
- L_2:活的,给定一个正整数 k,在某些迁移序列 $\sigma \in L(M_0)$ 中,迁移 t 至少能被触发 k 次。
- L_3:活的,在某些迁移序列 $\sigma \in L(M_0)$ 中,迁移 t 可以无限次触发。
- L_4:活的,在每个迁移序列 $\sigma \in L(M_0)$,$M \in R(M_0)$ 中,迁移 t 至少被触发一次。

基于以上的定义,如果 Petri 网的每一个迁移的活性级别都是 L_k,则称该 Petri 网为 L_k 活性(k=0,1,2,3,4)。如果一个迁移是 L_k 活性而不是 L_{k+1} 活性(k=1,2,3),则称该迁移是严格 L_k 活性。很显然 L_0 的迁移实际上是永不引发的,在其他四种活性中,L_4 的活性最好,L_3 次之,然后是 L_2,L_1。

(4)可逆性

在 Petri 网中,如果存在一个引发序列 $\sigma = \{t_1, t_2, \cdots, t_n\}$,使得从该 Petri 网的任一标记向量 M 出发可以返回到初始标记向量 M_0,则称该 Petri 网是可逆的。

(5)可覆盖性

在 Petri 网中,对于标记向量 M,如果对于任一标记向量 M′,在任一位置 p,都有:位置 p 在 M′ 中的分量的值都大于等于该位置在 M 中的分量的值,则称标记向量 M 是可覆盖的。

(6)可持续性

在 Petri 网中,如果对于任何两个满足迁移条件的迁移,其中一个迁移被引发以后,另一个迁移仍然满足迁移条件,则称该 Petri 网是可持续的。也就是说,在具有可持续性的 Petri 网中,一个迁移一旦满足迁移条件,它将保持这种条件直至它被引发为止。

(7)公平性

在 Petri 网中,对于两个迁移 t_1、t_2,若不引发其中的一个迁移,则另一个迁移可以被引发的最大次数是有界的,则称这两个迁移具有有界公平关系。如果该 Petri 网中,任意一对迁移都存在有界公平关系,则称该 Petri 网为有界公平网。对于一个引发序列 σ,如果 σ 中的迁移数目是有限的,或 Petri 网中的任何迁移 t 都在 σ 中无限次地出现,则称 σ 为无条件(全局)公平的。同样,如果任意 σ 都是无条件公平的,则称该 Petri 网为无条件公平网。

活性、有界性和可逆性是 Petri 网具有的三种好的性质,但这三种性质互不相关。

2. 结构性质

Petri 网的结构性质取决于其拓扑结构 N,而与初始标记无关。这里"与初始标记无关"有两层含义:在任何初始标记向量 M_0 下均成立,或者存在某一个初始标记向量 M_0 使其成立。结构性质包括以下几点:

(1)结构活性

在 Petri 网中,如果存在活的初始标记向量 M_0,则称该 Petri 网在结构是活的。

(2)结构有界性

在 Petri 网中,对任何初始标记向量 M_0 都有界,则称该 Petri 网具有结构有界性。

（3）可重复性

可重复性分为两种情况：可重复的和部分可重复的。

- **可重复的**　在 Petri 网中，如果存在一个初始标记向量 M_0 和一个引发序列 $\sigma \in L(M_0)$，使得所有迁移被引发无限次，则称该 Petri 网为可重复的；
- **部分可重复的**　在 Petri 网中，如果使得部分迁移被引发无限次，则称该 Petri 网为部分可重复的。

（4）相容性

相容性分为两种情况：相容的和部分相容的。

- **相容的**　在 Petri 网中，如果存在一个初始标记向量 M_0 和一个引发序列 $\sigma \in L(M_0)$，使得所有迁移至少被引发一次，则称该 Petri 网为相容的。
- **部分相容的**　在 Petri 网中，如果使得部分迁移至少被引发一次，则称该 Petri 网为部分相容的。

（5）结构有界公平性

在 Petri 网中，对于任何初始标记向量，如果两个迁移之间总存在有界公平关系，则称这两个迁移具有结构有界公平关系。如果一个 Petri 网对于任何初始标记向量都是有界公平的，则称该 Petri 网为结构有界公平的。

显然，相容性是可重复性的特殊情况。

10.3.4　Petri 网在协议描述中的应用

Petri 网以及各种基于 Petri 网的扩展模型在协议工程中应用比较广泛，下面以教学中常用的五层模型中的各层为描述对象来简要讨论这些应用技术。

物理层协议主要涉及数据信号传输的电气特性和控制，如握手应答机制、时序关系等，具体表现为通信芯片的设计，其基础是通信协议要求的事件/动作集。Petri 网可以用于建模、模拟运行和冲突检测等。

数据链路层协议向网络层提供以帧为单位的数据传输服务。按照不同的原则将数据链路层协议划分为面向连接和无连接协议、点对点链路和多点链路协议、面向字符和面向二进制比特协议等。数据链路层协议的功能通过服务原语来体现，内部表现为通信双方的状态转换规则。一般用状态迁移图、转换矩阵或状态迁移表进行描述。

网络层处理节点之间的路由选择和数据报的转发，此外，网络层还增加了拥塞控制功能。因此，对于协议控制规程的描述与数据链路层基本类似。

传输层协议向上层提供可靠的端到端数据传输服务。传输层的协议研究内容非常复杂，是协议工程研究中课题最多的部分。除了保证基本数据传输、可靠性、流量控制、多路复用以及连接建立和维护等主要功能以外，传输层的性能评价也是非常重要的问题。由于网络技术和用户需求的发展，为满足高性能网络及多点传输的要求，提出了许多新的协议。因此，对其进行验证和分析显得格外必要。

应用层直接为用户的应用进程提供服务。建立在通信实体之上的高层协议的 Petri 网建模和验证有其特点和要求。基本的仍是网络通信实体间交换数据和控制信息的机制，即相应 Petri 网模型的框架与低层协议类似。但是，由于附加了许多高层应用的特定语义要求,Petri 网必须进行相应的扩展。

使用 Petri 网描述协议时,可以将一组通信实体描述为单一的或成组的相互通信的 Petri 网模型,网间通信由直接耦合或者由位置和迁移表示的通道实现。网络的动态特性(如控制和数据流)由发生规则和标记分布描述。当协议较复杂时 Petri 网同样会出现过多的位置和迁移,以致很难在图中将协议描述清楚。但是,由于 Petri 有标记及触发机制,使得 Petri 网在验证协议的正确性方面成为有力工具。

除了可以将 Petri 网用于协议描述外,还可以利用 Petri 网进行协议验证和分析、辅助测试和实现、一致性测试等。

Petri 网的主要缺点是当描述比较复杂的协议时,状态的数目将急剧增加,以致很难清晰地描述协议。

10.4　SDL 语言与网络协议形式化描述

SDL(Specification and Description Language,规格化描述语言)是由 ITU 开发的一种形式描述语言,于 1976 年提出并标准化,成为 ITU 的建议书 Z.100(Recommendation Z.100)。

SDL 的历史可追溯到 1968 年 ITU 所进行的一项对存储编程控制系统(Stored Programme Control Switching Systems)的研究。在 1972 年时,研究人员一致认为需要有一种语言来用于规格、编程和进行人机交互,从而开始了这方面的相关研究。到了 1976 年,开发出了基本的图形描述语言,并制定成标准,也就是最早的 SDL 标准。在这以后,SDL 基本上每四年得到一次扩充和升级。1980 年时定义了进程语义,1984 年时加入了结构和数据,并使 SDL 的定义更加严格,并开发了相应的工具,1992 年的改变最大,引入了面向对象的特征,后续的版本(SDL-2002)对面向对象的特征进行了更多的扩展,以便可以更好地支持对象建模和代码生成。

本节介绍 SDL 语言的基本概念,并以一些具体的例子来说明 SDL 的应用。

10.4.1　SDL 语言概述

SDL 语言是一种主要针对电信系统的需求而研制的面向对象的形式描述语言,比较适于描述复杂的实时应用。其对系统的结构、行为和数据有较强的描述能力,例如电信系统中的呼叫处理、维护和故障处理、系统控制和数据通信协议等。

SDL 是一种基于扩展有限状态机和抽象数据类型的混合技术。同其他的形式描述语言一样,SDL 既可描述系统的结构,亦可描述系统的详细设计。一般不将其作为实现语言来使用,但是从 SDL 描述的规范自动转换成某种编程语言是完全可能的,有很多这样的工具出现。另外,可以将 SDL 同其他的语言结合起来使用,例如,与 MSC(Message Sequence Chart,Z.120)、ASN.1(Abstract Syntax Notation One,Z.105)、TTCN(Tree and Tabular Combined Notation,ISO/IEC 9646-3)结合起来使用。

SDL 有三种语法形式:图形表示的 SDL/GR(Graphical Representation)、文字短语表示的 SDL/PR(Textual Phrase Representation)、程序语言形式的 SDL。这三种语法形

式在语义上是互相等价的。SDL/GR 采用图形表示,比较适合于描述系统的结构和控制流,使用的图形符号如图 10.6 所示;而 SDL/PR 比较适合于机器处理。为了保证等价性(这样就可互相转换),SDL 的语义严格地和三种具体语法定义分开来。SDL 的语义是利用公共语言模型的抽象语法来定义的。此外,还提供了公共语言模型的数字定义。由于图形表示的 SDL 更易于阅读和理解,所以尽管在许多工具内部用了语句表示的 SDL,但使用者通常都愿意使用图形表示的 SDL。在本书中主要介绍图形表示的 SDL。

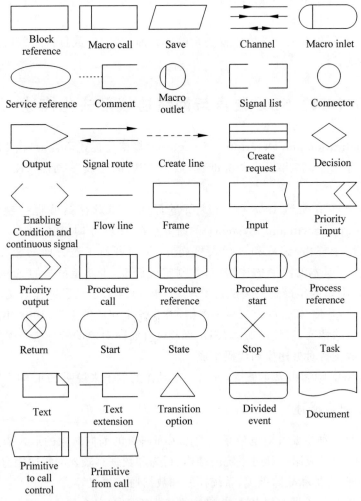

图 10.6　SDL/GR 中使用的主要图形符号

SDL 具有如下基本特点:

- 可用于从需求分析到具体实现的整个开发过程。
- 适用于具有实时反应的系统。
- 以图形的形式表示,可视性好。
- 基于扩展的有限状态机。
- 具有面向对象的特征。

用 SDL 描述网络协议时，SDL 规格可分为如下几个部分：结构（Structure）、行为（Behavior）和通信（Communication）。其中，结构部分是指由系统（Systems）、块（Blocks）、进程（Processes）和过程（Procedure）所组成的层次结构；行为构造部分则是以 SDL 流程图的形式来表示各进程的行为；通信部分是指各对象（包括系统、块、进程等）之间通过通道（Channels）使用信号（Signal）来进行交互。

10.4.2　SDL 的结构

SDL 将一个系统划分为如下几个主要的层次结构：系统（Systems）、块（Blocks）、进程（Processes）和过程（Procedure）。对系统进行划分有以下好处：

- 隐藏信息，即将不重要的细节看成一个整体，等待下层去解决。
- 将模块的规模控制在所能管理的范围内。
- 顺从对功能的自然划分。
- 创建与实际软件和硬件相应的对象。
- 便于重用已经存在的规格描述。

此外，当系统由一个较大的团队来开发时，对系统进行划分更是必不可少的。

SDL 中的系统、块、进程等称为代理（Agent），各个代理以块图（Block Diagram）的形式来表示，一个代理可对应多个块图。各块图以边框（Frame）作为分界，一个块图主要包括四个部分：块图的类型和标记、页号、文本记号、块图的主体内容，如图 10.7 所示。各块图中的 System、Block 和 Process 参考图 10.6 中的对应形式表述。

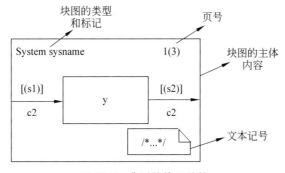

图 10.7　典型的块图结构

"块图的类型和标记"相当于该块图的名字，以关键词 System、Block 或 Process 开始，分别表示该图所描述的代理是一个系统、块或者进程；关键词的后面是对各个代理的命名。"页号"由两个数字组成，括号中的数字说明该对象总共有多少个块图；括号前的数字表示本图是其中的第几张图。例如图 10.7 中的"1(3)"表示系统对象"sysname"总共有 3 张块图，本图是其中的第一张。"文本记号"内描述的是一些文本类型内容，例如对信号（Signal）的定义等。"块图的主体内容"则描述相应代理内部的结构、行为等。

在 SDL 描述中，系统可被分割成块（相当于子系统）和进程，其中的块还可以相互嵌套。故 System 块图主要由块、进程以及用来在块（或进程）之间进行交互的通道组成，同时在通道上方注明相应的信号（Signal），如图 10.8 所示。

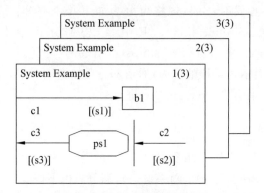

图 10.8　系统划分成块和进程

　　块由进程组成,同时也可以包括别的块或自身。故 Block 块图主要由块、进程,以及用来在块(或进程)之间进行交互的通道组成,同时在通道上方注明相应的信号。例如在图 10.9 中描述了图 10.8 中 Block b1 的块图。进程相当于嵌套的分层状态机,每个子状态机又可通过一个过程来实现。故 Process 块图是对进程的行为过程的描述,其中不能含有块,但可以含有其他进程或过程。如图 10.10 所示,给出了图 10.9 中的进程 p2 的块图。

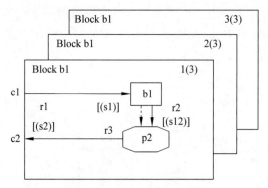

图 10.9　块划分为块和进程

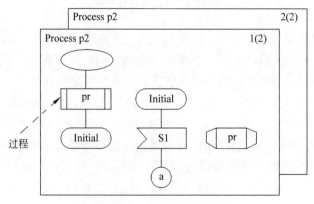

图 10.10　进程 p2 的块图

过程既可以是局部变量,属于某个进程,也可以定义为全局变量。SDL 中还支持远程过程调用,即一个进程可以对在其他进程内部执行的过程进行调用。过程的定义可以是递归的。例如在图 10.10 中,进程调用了过程 pr,该过程 pr 的块图如图 10.11 所示。

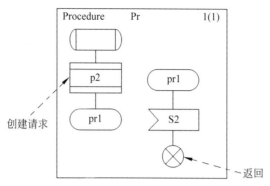

图 10.11　过程 pr 的块图

10.4.3　SDL 的进程行为

分层结构只是对系统的结构进行静态描述,系统的动态行为则在进程内部描述。SDL 中的进程可以在系统一开始时就创建,也可以在运行时进行创建或终止。一个进程可以有多个实例,每个实例都有一个唯一的进程标识(PID),从而可以向单个进程实例发送消息。

对进程行为过程的描述是基于扩展的有限自动机,进程块图中可能包括七种行为:开始(Start)、结束(Stop)、输入(Input)、输出(Output)、状态(State)、作业(Task)和判断(Decision)。各种行为的表示方式如图 10.12 所示。

10.4.4　SDL 的通信机制

SDL 有两种基本的通信机制:使用异步信号和使用同步信号的远端过程调用。两种机制下都可以携带参数,用来在进程及其环境之间交换信息。SDL 中通过对通道(Channel)和信号(Signal)的结合使用,在各个块和各个进程之间定义了清晰的接口(Interface)。

通道是代理之间或代理与其环境之间的通信路径。通道在代理之间以信号的形式传输激励(Stimuli)。为了方便,可以定义一个信号序列(Signallist)来表示一个激励序列。通道可以是单向或双向的,每个方向上使用一个接口。故一个通道可以用一个或两个箭头来表示其所传输的激励的方向。同时在箭头的旁边使用符号"[ ]",符号里面可包括相应的激励、接口以及信号序列。在 SDL 中,通道还可以按是否有延迟分为两种:有延迟的通道和无延迟的通道。在有延迟的通道中,每一个方向都有一个先进先出的延迟队列,信号进入通道后将被放入该延迟队列,经过一段不确定的时间后才从通道的另一端传送出来。表示有延迟的通道时,箭头画在通道线路的中间;而无延迟的通道的箭头则画在线路的端点处。例如图 10.13 给出了四种可能的通道表示方法。

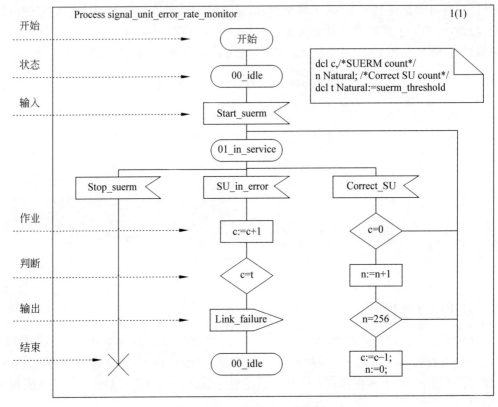

图 10.12　行为表示方式举例

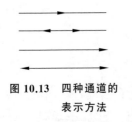

图 10.13　四种通道的
表示方法

接口是指与代理相关的激励的集合。代理所处理的激励决定了它所能提供的接口,代理所生成的激励则决定了它所需要的接口。一个接口可以继承其他接口的特征(比如某个块所能提供的接口可以继承该块内的其他代理的接口)。接口的表示如图 10.14 所示。

接口及通道与代理之间的连接点,相当于定义了固定的通道。例如,如果块 b1 中有某个输出接口 i1,块 b2 有某个输入接口也为 i1,则在 b1 和 b2 之间就存在固定的通道,用来传输 i1 所定义的激励。

10.4.5　SDL 的数据

SDL 中可用两种方式来描述数据:抽象数据类型(ADT)和 ASN.1。使用 ASN.1 可以使 SDL 在不同语言之间可以共享数据,同时也可以对已有的数据结构进行重用。而对抽象数据类型的引入则非常适合于规格语言,抽象数据类型中不描述具体的数据结构,只是规定了一个值的集合、相应操作的集合,以及这些操作所应满足的等式集合。

SDL 定义了一些预定义的数据类型,如布尔(Boolean)、整数(Integer)、自然数(Natural)、实数(Real)、字符(Character)、字符串(CharString)、进程标志符(PID)、时刻(Time)、持续时间(Duration)。此外,SDL 还预定义了一些产生器,如数组(Array)、串

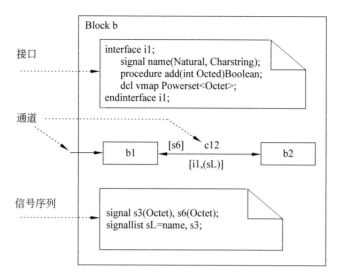

图 10.14　SDL 接口表示举例

(String)、定时器(Timer)和冥集(Powerset)等。这些预定义的数据类可在任何级别的 SDL 描述中使用。用户还可用上述数据类型自行定义其他的数据类型。

1. 类

在 SDL 中,类(Sort)是值的集合。集合中的元素个数可以是有限的,也可以是无限的,但不能为空。例如,布尔类 Boolean 为{True,False}。一般来说,SDL 中的数据类型定义包括三个部分:类定义、操作符(Operators)定义和等式(Equations)定义。

下面以 Boolean 类为例来说明 SDL 类的定义,如下所示。

```
 1:  NEWTYPE Boolean
 2:      LITERALS True,False
 3:      OPERATORS
 4:          "Not":Boolean->Boolean;
 5:          "And":Boolean,Boolean->Boolean;
 6:          "Or":Boolean,Boolean->Boolean;
 7:      AXIOMS
 8:          Not True==False;
 9:          Not False==True;
10:          True And True==True;
11:          True And False==False;
12:          False And True==False;
13:          False And False==True;
14:          True Or True==True;
15:          True Or False==True;
16:          False Or True==True;
17:          False Or False==False;
18: ENDNEWTYPE Boolean;
```

如上所示,类的定义以关键字 NEWTYPE 开始,以 ENDNEWTYPE 结束。类的名字紧跟在 NEWTYPE 和 ENDNEWTYPE 的后面(关键字后空 1 格),如本例中的类名为 Boolean。类名主要用于操作符定义和变量声明。

操作符是指将多个来自同一个类或不同类的值映射成一个值。操作符用关键字 OPERATOR 来定义。例如,Boolean 类中定义了 3 个操作符:Not、And 和 Or。

关键字 LITERALS 定义类的值(称为"Literal"),值之间的关系可以在等价式 (Equation)或规则中描述。值与操作符的组合构成词(Term),词的数量一般要大于类的值的数量。假如,布尔类的值 True 和 False 与操作符 Not 相结合可构成的词的集合是:

```
{True,False,Not(True),Not(False),Not(Not(True)),Not(Not(False)),Not(Not(Not
(True))),…}
```

集合中的元素数量有无穷多个。一般可以给出一些规则,即等价式,来说明给定类中的哪些词表示同一个类的值。等价式定义以关键字 AXIOMS 开始,每一个等价式以分号结束。例如,Boolean 类定义中的等价式:

```
Not(True)==False;
```

说明 Not(True)与 False 表示 Boolean 类的同一个值。根据等式,可以将词的集合分成多个子集,将值相等的词放在同一个子集中,称为等值类(Equivalence Classes)。例如,根据下面两个等价式可以将 Boolean 类的词的集合分成两个等值类:

```
Not(True)==False;
Not(False)==True;
```

两个等值类分别为:

```
{True, Not(False), Not(Not(True)), …}
{False, Not(True), Not(Not(False)), …}
```

换句话说,等价式用来说明操作符的特点。但有时,用有限个等价式来说明操作符的所有特性是不可能的。因此,SDL 提供变量和 FOR ALL 等使等价式参数化,可大大提高它的描述能力。

可以给等价式加上条件,即只有在给定条件成立时,该等价式才成立,则称这种等价式为条件等价式(Conditional Equation)。条件等价式的一般形式如下:

```
condition==>equations;
```

例 10-2　一个关于实数除法的条件等价式:

```
• FOR ALL x, z IN Real
(z/=0==True==>(x/z) * z==x);
• FOR ALL x, x IN Real
(z=0==True==>(x/z) * z==ERROR!);
• FOR ALL x, z IN Real
((x/z) * z==IF z/=0 THEN x ELSE ERROR! FI);
```

在上面的条件等价式中,关键字 ERROR! 表示这种操作符的使用方式是不允许的,如果使用它将会产生动态错误。

2. 产生器(Generators)

有些不同类定义之间的差别很小,且它们的构造方式非常相似。例如,类 Sets、Fields、Look-up Tables、Arrays 和 Queues,有很多相似之处。在这种情况下,我们可以定义一个共同类,不同之处可用参数化方式来解决,这种样参数化的类称为产生器,用关键字 GENERATOR 表示。SDL 预定义了一些产生器,如 Array(数组)、String(串)和 Powerset(冥集)。

3. 继承

在 SDL 中,允许在一个类的定义中直接调用另一个已有的类定义,称为继承(Inheritance)。被调用的类称为父类(Parent Sort),而调用类则称为子类(Child Sort)。子类继承了父类中的所有类的值,一些或全部操作符,所有的等价式。为了避免混淆,可以将继承下来的操作符和类的值重命名。例如,已有一个类定义 Sort1,如下所示(定义中的部分内容省略):

```
1:  NEWTYPE Sort1
2:  LITERALS Lit1, Lit2;
3:  OPERATORS
4:     Opt1: …
5:     Opt2: …
6:     Opt3: …
7:     AXIOMS …
8:  ENDNEWTYPE Sort1;
```

可以利用 Sort1 来定义一个新的类 Sort2,如下所示。

```
1:  NEWTYPE Sort2
2:     INHERITS Sort1
3:        OPERATORS (Opt1, Opt2=OptA);
4:     ADDING
5:        LITERALS LitA;
6:        OPERATORS OptB: …
7:     AXIOMS …
8:  ENDNEWTYPE Sort2;
```

在 Sort2 的定义中,INHERITS 表示继承。在本例中,Sort2 只继承了 Sort1 中的两个操作符 Opt1 和 Opt2,并且将操作符 Opt2 重命名为 OptA。如果要继承所有的操作符,则可以"OPERATORS ALL"来表示。关键字 ADDING 表示在子类中增加的类值、操作符和等价式。

SDL 中的这种继承概念与面向对象的程序设计语言中的继承非常类似。

4. 常量和类的重命名

在 SDL 中,常量用关键字 SYNONYM 定义,类的重命名用 SYNTYPE 定义。例如,

```
SYNONYM max_length Integer=4096;
```

定义的常量名字为 max_length,类型为整型,常量值等于 4096。而下面的语句将类

型 Integer 重命名为 counter：

```
SYNONYM counter=Integer; ENDSYNTYPE;
```

在重命名类时，还可以对新的类的值的范围进行限制，例如：

```
SYNONYM window=Integer CONSTANTS 0:4; ENDSYNTYPE;
```

5. 记录（Records）

在 SDL 中，记录用关键字 STRUCT 定义，如下所示。

```
1:  NEWTYPE address_type
2:      STRUCT
3:          last_name, first_name, street, city: Charstring;
4:          number: Integer;
5:  ENDNEWTYPE;
```

可以用下面的方法给一个记录类型的变量赋值：

```
address: = (.Lai, Richard, Carbost Court, Macleod, 2.);
```

访问记录中的域的方法则是在记录类型的变量名后加一个"!"和被访问的域名。例如，访问记录变量 address 中的 city 域的语句如下：

```
town: = address!city;
```

10.4.6 SDL 在协议描述中的应用

现在用 SDL 对自动回叫系统进行描述。如图 10.15 所示，表示了其系统级（System）的块图。文本记号部分定义了信号（Signal）和四个信号序列（Signallist）。主体内容部分

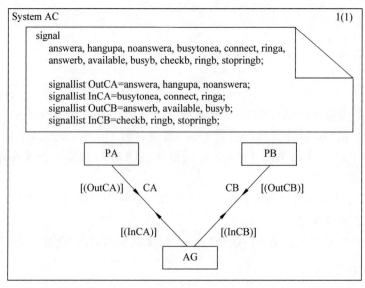

图 10.15 自动回叫系统的 System 图

定义了三个(Block)：PA、PB 和 AG,分别对应三个进程 PartyA,PartyB 和 Agent。CA
和 CB 是双向有延迟的通道。在定义该层时只确定了各块之间的接口,而各块的内部行
为未进行定义。

图 10.16 中描述了三个 Block 块图,每个块包含一个进程。在这些块图中的通道是
无延迟的。各块图的边框处注明了在 System 块图中标记的通道名。

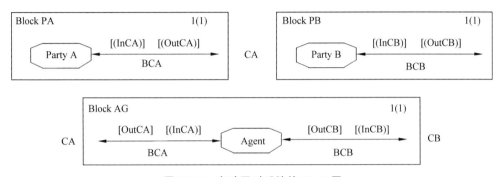

图 10.16　自动回叫系统的 Block 图

图 10.17 是进程 PartyA 的块图。图 10.17(a)从空的椭圆开始,表示进程被创建。接

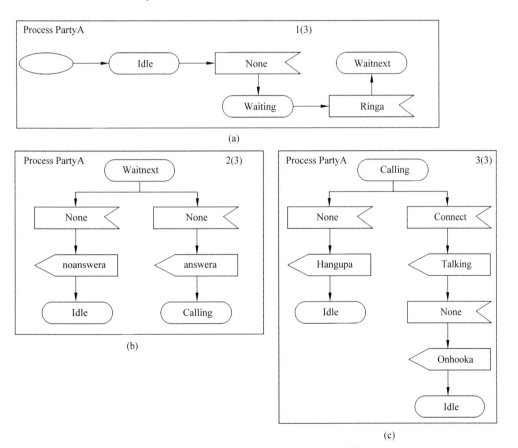

图 10.17　自动回叫系统中进程 PartyA 的块图

下来立刻进入了 Idle 状态。注明为"None"的输入表示在 Idle 状态时将立刻转变到 Waiting 状态。接下来,在接收到 ringa 信号时将转换到 Waitnext 状态。图 10.17(b)描述了从 Waiting 状态开始的状态转换。由于两条路径都有一个为"None"的输入,这相当于是一个不确定的选择。如果选择左边,则发出 noanswera 信号,然后进入 Idle 状态;如果选择右边,则发出 answera 信号,然后进入 Calling 状态。图 10.17(c)表示从 Calling 状态开始的状态转换。

图 10.18 是自动回叫系统中进程 PartyB 的块图,图 10.19 是自动回叫系统中进程 Agent 的块图。

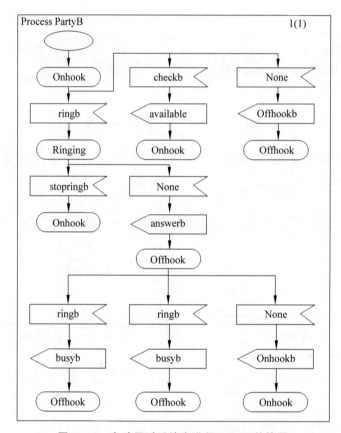

图 10.18　自动回叫系统中进程 PartyB 的块图

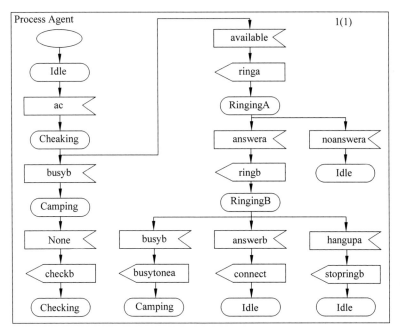

图 10.19　自动回叫系统中进程 Agent 的块图

参 考 文 献

[1] Postel J. Internet Protocol. RFC 791，1981.

[2] Postel J. Transmission Control Protocol. RFC 793，1981.

[3] Plummer D C. An Ethernet Address Resolution Protocol/Converting Network Protocol Addresses to 48.bit Ethernet Address for Transmission on Ethernet Hardware. RFC 826，1982.

[4] Hedrick C. Routing Information Protocol. RFC 1058，1988.

[5] Braden B，Borman D，Partridge C. Computing the Internet Checksum；RFC 1071，1989.

[6] Lloyd B，Simpson W. PPP Authentication Protocols. RFC 1334，1992.

[7] Simpson W. PPP Challenge Handshake Authentication Protocol. RFC 1994，1996.

[8] Moy J. OSPF Version 2. RFC 2328，1998.

[9] Malkin G. RIP Version 2. RFC 2453，1998.

[10] Deering S，Hinden R. Internet Protocol，Version 6（IPv6）Specification. RFC 2460，1998.

[11] Rekhter Y，Li T，Hares S. A Border Gateway Protocol 4（BGP-4）. RFC 4271，2006.

[12] Hinden R，Deering S. IP Version 6 Addressing Architecture. RFC 4291，2006.

[13] Conta A，Deering S，Gupta M. Internet Control Message Protocol（ICMPv6）for the Internet Protocol Version 6（IPv6）Specification. RFC 4443，2006.

[14] Narten T，Nordmark E，Simpson W，et al. Neighbor Discovery for IP version 6（IPv6）. RFC 4861，2007.

[15] Gont G，Pignataro C. Formally Deprecating Some ICMPv4 Message Types. RFC 6918，2013.

[16] Tanenbaum A S. 计算机网络[M]. 5 版. 北京：清华大学出版社,2012.

[17] Forouzan B A，Fegan S C，Forouzan. TCP/IP 协议簇[M]. 北京：清华大学出版社，2004.

[18] Belina F，Hogrefe D，Sarma A. SDL with Applications from Protocol Specification[M]. Prentice Hall International（UK），1991.

[19] Bochmann G V. Specifications of A Simplified Transport Protocol Using Different Formal Description Techniques[J]. Computer Networks & Isdn Systems，1990，18(5)：335-377.

[20] Bochmann G V. Usage of Protocol Development Tools：The Results of a Survey[C]//Ifip Wg6.1 Seventh International Conference on Protocol Specification，Testing and Verification Vii. North-Holland Publishing Co. 1987：139-161.

[21] Bolognesi T，Smolka S A. Fundamental Results for the Verification of Observational Equivalence：A Survey[C]//Ifip Wg6.1 Seventh International Conference on Protocol Specification，Testing and Verification Vii. North-Holland Publishing Co. 1987：165-179.

[22] Burton H O，Sullivan D D. Errors and Error Control[J]. Proceedings of the IEEE，1972，60(11)：1293-1301.

[23] Liu C，Albitz P. DNS 与 BIND[M].5 版. 北京：人民邮电出版社,2014.

[24] Comer D E. 用 TCP/IP 进行网际互联 第一卷：原理、协议与结构[M]. 4 版. 林瑶，蒋慧，杜蔚轩,等译. 北京：电子工业出版社，2001.

[25] Facchi C，Haubner M，Hinkel U. The SDL Specification of The Sliding Window Protocol Revisited[J]. Sdl Time for Testing，1997：507-519.

[26] Wright G R. TCP/IP 详解卷 2：实现[M]. 陆雪莹，蒋慧，译. 北京：机械工业出版社，2000.

［27］ Gast M S / M . 802.11 Wireless Networks：The Definitive Guide，2nd ed.［M］.21 版. O'Reilly & Associates，Inc. 2002.

［28］ Getting Started with GNS3：https：//docs.gns3.com/docs/

［29］ Holzmann G J. Design and Validation of Computer Protocols［J］. Software，1991，5：4720-4725.

［30］ Postel J. Internet Control Message Protocol. RFC 792，1981.

［31］ Kurose J F. 计算机网络——自顶向下方法［M］. 7 版. 北京：机械工业出版社，2018.

［32］ Doyle J. OSPF 和 IS-IS 详解［M］. 孙余强，译. 北京：人民邮电出版社，2014.

［33］ Lai R，Jirachiefpattana A. Communication Protocol Specification and Verification［M］. Kluwer Academic Publishers，1998.

［34］ Leon-Garcia A，Widjaja I. Communication Networks：Fundamental Concepts and Key Architectures［M］. 北京：清华大学出版社，2000.

［35］ Mcgregor G. The PPP Internet Protocol Control Protocol. RFC 1332，1992.

［36］ NS-3 Tutorial，Release ns-3.25：https：//www. nsnam. org/docs/release/3. 25/tutorial /ns-3-tutorial.pdf

［37］ Official GNS3 Documentation：https：//www.gns3.com/support/docs/

［38］ Olsen A. Introduction to SDL-92［M］. Elsevier Science Publishers B. V. 1994.

［39］ PeterLinz. An Introduction to Formal Languages and Automata［M］. 3rd ed. Beijing：China Machine Press，2004.

［40］ Elz R. A Compact Representation of IPv6 Addresses. RFC 1924，1996.

［41］ Deering S，Haberman B，Jinmei T，et al. IPv6 Scoped Address Architecture. RFC 4007，2005.

［42］ Thomson S，Narten T，Jinmei T. IPv6 Stateless Address Autoconfiguration. RFC 4862，2007.

［43］ Silvia Hagen. IPv6 精髓［M］. 夏俊杰，译. 2 版. 北京：人民邮电出版，2013.

［44］ Simpson W. The Point-to-Point Protocol (PPP). RFC 1661，1994.

［45］ Smith J R W，Reed R. Telecommunications Systems Engineering Using SDL［M］. Elsevier Science Inc. 1989.

［46］ Subramanian M. Network Management：An Introduction to Principles and Practice［M］. Addison-Wesley Longman Publishing Co. Inc. 1999.

［47］ Fuller V，Li .T Classless Inter-domain Routing (CIDR)：The Internet Address Assignment and Aggregation Plan. RFC 4632，2006.

［48］ Stevens W R. TCP/IP 详解卷 1：协议［M］. 范建华，译. 北京：机械工业出版社，2000.

［49］ Stevens W R. TCP/IP 详解卷 3：TCP 事务协议、HTTP、NNTP 和 UNIX 域协议［M］. 北京：机械工业出版社，2009.

［50］ Stallings W. 数据与计算机通信［M］.8 版. 北京：电子工业出版社，2008.

［51］ Wireshark User's Guide：https：//www.wireshark.org/docs/wsug_html_chunked/

［52］ Peterson L L，Davie B S. 计算机网络：系统方法［M］. 薛静锋，张龙飞，胡晶，等译. 北京：机械工业出版社，2009.

［53］ 陈虹. 网络协议实践教程［M］. 北京：清华大学出版社，2012.

［54］ 陈鸣. 计算机网络：原理与实践［M］. 北京：高等教育出版社，2013.

［55］ 龚正虎. 计算机网络协议工程［M］. 长沙：国防科技大学出版社，1993.

［56］ 古天龙. 网络协议的形式化分析与设计［M］. 北京：电子工业出版社，2003.

［57］ 胡维华，胡昔祥，张祯，等. 网络协议分析与实现［M］. 北京：高等教育出版社，2012.

［58］ 互联网工程任务组官网：http：//www.ietf.org.

[59]　寇晓蕤，罗军勇，蔡廷荣. 网络协议分析[M]. 北京：机械工业出版社，2009.

[60]　雷震甲. 计算机网络管理[M]. 2 版. 西安：西安电子科技大学出版社，2010.

[61]　雷震甲. 网络工程概论[M]. 北京：人民邮电出版社，2011.

[62]　雷震甲. 网络工程师教程[M]. 4 版. 北京：清华大学出版社，2014.

[63]　雷震甲. 组网实训教程[M]. 西安：西安交通大学出版社，2008.

[64]　李磊. 网络工程师考试辅导[M]. 北京：清华大学出版社，2009.

[65]　李星，徐明伟. 互联网十年发展回顾(2008—2018)[R]. CCF2018—2019 中国计算机科学技术发展报告[R]. 北京：机械工业出版社，2019.

[66]　马素刚，赵婧如，孙韩林. 计算机组网实验教程[M]. 2 版. 西安：西安电子科技大学出版社，2014.

[67]　施威铭研究室. Internet 协议概念与实践[M]. 北京：清华大学出版社，2001.

[68]　吴桦，丁伟，夏震. 网络应用协议与实践教程[M]. 北京：机械工业出版社，2013.

[69]　吴礼发. 网络协议工程[M]. 北京：电子工业出版社，2011.

[70]　吴哲辉. Petri 网导论[M]. 北京：机械工业出版社，2006.

[71]　谢希仁. 计算机网络[M]. 4 版. 北京：电子工业出版社，2003.

[72]　谢希仁. 计算机网络[M]. 7 版. 北京：电子工业出版社，2017.

[73]　袁崇义. Petri 网应用[M]. 北京：科学出版社，2013.

[74]　袁崇义. Petri 网原理与应用[M]. 北京：电子工业出版社，2005.

[75]　张登银，张保峰. 新型网络模拟器 NS-3 研究[J]. 计算机技术与发展，2009(11)：80-84.

图书资源支持

感谢您一直以来对清华版图书的支持和爱护。为了配合本书的使用,本书提供配套的资源,有需求的读者请扫描下方的"书圈"微信公众号二维码,在图书专区下载,也可以拨打电话或发送电子邮件咨询。

如果您在使用本书的过程中遇到了什么问题,或者有相关图书出版计划,也请您发邮件告诉我们,以便我们更好地为您服务。

我们的联系方式:

地　　址:北京市海淀区双清路学研大厦 A 座 714

邮　　编:100084

电　　话:010-83470236　010-83470237

客服邮箱:2301891038@qq.com

QQ:2301891038(请写明您的单位和姓名)

资源下载:关注公众号"书圈"下载配套资源。

资源下载、样书申请

书圈

获取最新书目

观看课程直播